Regelungstechnik für Dummies

Schummelseite

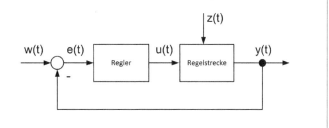
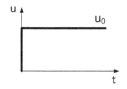
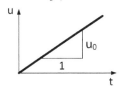
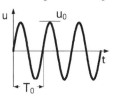

D1724835

Regelungstechnik für Dummies

Schummelseite

DIE SCHALTUNGEN

Reihenschaltung	Parallelschaltung	Kreisschaltung	Regelkreis
$G = G_1 \cdot G_2$	$G = G_1 + G_2$	$G = \dfrac{G_1}{1 + G_1 \cdot G_2}$	$G = \dfrac{G_R \cdot G_S}{1 + G_R \cdot G_S}$

DIE MODELLE FÜR REGELSTRECKEN

P $\qquad y(t) = K_S u(t)$ $\qquad\qquad G_S = K_S$

P-T1 $\quad T_1 \dot{y}(t) + y(t) = K_S u(t)$ $\qquad G_S = \dfrac{K_S}{T_1 s + 1}$

P-T2 $\quad T_1 T_2 \ddot{y}(t) + (T_1 + T_2)\dot{y}(t) + y(t) = K_S u(t)$ $\qquad G_S = \dfrac{K_S}{T_1 T_2 s^2 + (T_1 + T_2)s + 1}$

P-S2 $\quad \dfrac{1}{\omega_0^2}\ddot{y}(t) + \dfrac{2D}{\omega_0}\dot{y}(t) + y(t) = K_S u(t)$ $\qquad G_S = \dfrac{K_S}{\dfrac{1}{\omega_0^2}s^2 + \dfrac{2D}{\omega_0}s + 1}$

I $\qquad y(t) = K_{IS}\displaystyle\int_0^t u(\tau)\,d\tau \text{ oder } \dot{y}(t) = K_{IS}\cdot u(t)$ $\qquad G_S = \dfrac{K_{IS}}{s}$

I-T1 $\quad T_1\dot{y}(t) + y(t) = K_{IS}\displaystyle\int_0^t u(\tau)\,dt \text{ oder } T_1\ddot{y}(t) + \dot{y}(t) = K_{IS}u(t)$ $\quad G_S = \dfrac{K_{IS}}{s(1 + T_1 s)}$

DIE MODELLE FÜR REGLER

P $\qquad u(t) = K_P e(t)$ $\qquad\qquad G_R = K_P$

PI $\qquad u(t) = K_P e(t) + K_I\displaystyle\int_0^t e(\tau)\,d\tau$ $\qquad G_R = K_P + \dfrac{K_I}{s} = \dfrac{K_P s + K_I}{s}$

PD $\qquad u(t) = K_P e(t) + K_D\dot{e}(t)$ $\qquad G_R = K_P + K_D s$

PID $\qquad u(t) = K_P e(t) + K_I\displaystyle\int_0^t e(\tau)\,d\tau + K_D\dot{e}(t)$ $\qquad G_R = K_P + \dfrac{K_I}{s} + K_D s$

PID-T1 $\quad T_R\dot{u}(t) + u(t) = K_P e(t) + K_I\displaystyle\int_0^t e(\tau)\,d\tau + K_D\dot{e}(t)$ $\qquad G_R = \dfrac{K_D s^2 + K_P s + K_I}{s(T_R s + 1)}$

Regelungstechnik für Dummies

Schummelseite

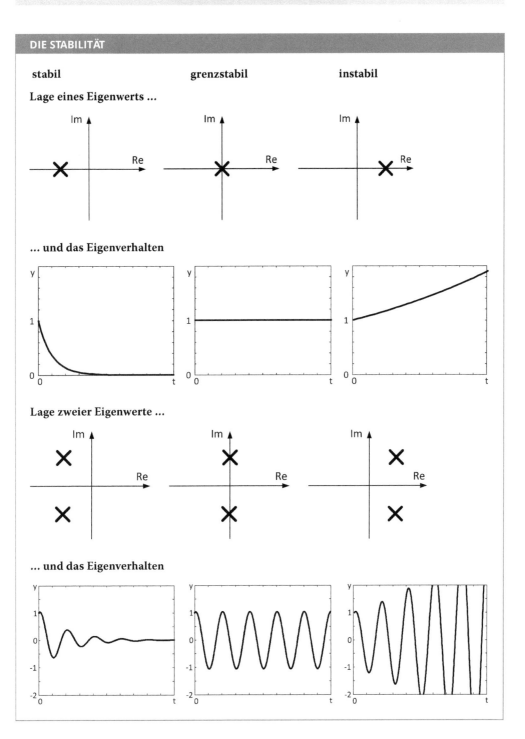

DIE STABILITÄT

stabil   grenzstabil   instabil

Lage eines Eigenwerts ...

... und das Eigenverhalten

Lage zweier Eigenwerte ...

... und das Eigenverhalten

Schummelseite

DER ABLAUF BEIM REGLERENTWURF

✔ Die Stellgröße für den Aktor am Prozesseingang und den Sensor für die Regelgröße am Prozessausgang festlegen

✔ Den dynamischen Zusammenhang zwischen Stellgröße und Regelgröße theoretisch und/oder experimentell modellieren

✔ Die gewünschte Dynamik des geschlossenen Regelkreises vorgeben

✔ Daraus die Struktur und die Einstellung des Reglers ermitteln

✔ Die Funktion der Regelung durch Simulation testen

✔ Regler an die Regelstrecke koppeln

✔ Regelung an der Anlage vorsichtig testen

Regelungstechnik für Dummies

Erwin Hasenjäger

Regelungstechnik
für
dummies ®

Fachkorrektur von Frank Thuselt

WILEY-VCH Verlag GmbH & Co. KGaA

Regelungstechnik für Dummies

Bibliografische Information der Deutschen Nationalbibliothek

Die Deutsche Nationalbibliothek verzeichnet diese
Publikation in der Deutschen Nationalbibliografie;
detaillierte bibliografische Daten sind im Internet über
http://dnb.d-nb.de abrufbar.

2. Auflage 2019

© 2019 WILEY-VCH Verlag GmbH & Co. KGaA, Weinheim

Printed in Germany
Gedruckt auf säurefreiem Papier

Coverfoto: © Sergey Ryzhov – stock.adobe.com
Korrektur: Jürgen Erdmann und Petra Heubach-Erdmann
Satz: SPi Global, Chennai
Druck und Bindung: CPI books GmbH, Leck

ISBN: 978-3-527-71679-1

Über den Autor

Dr. Erwin Hasenjäger studierte Maschinenbau und Technische Kybernetik an der Universität Stuttgart. Schon im Studium hat es ihm besonders die Regelungstechnik angetan. Nach dem Studium sammelte er bei der Firma Krupp in Essen industrielle Erfahrungen mit Projekten der Automatisierung, um anschließend, natürlich mit einem regelungstechnischen Thema, an der Universität Siegen zu promovieren.

Daran schloss sich eine Professur an der Fachhochschule Bingen an. Im Fachbereich Technik, Informatik und Wirtschaft leitete er viele Jahre den Studiengang Maschinenbau und bot eine Vielzahl von Fächern mit Vorlesungen und Arbeiten in den Laboratorien an. Neben der Tätigkeit an der Hochschule war Erwin Hasenjäger für die Industrie und in Berufsverbänden tätig.

Auf einen Blick

Inhaltsverzeichnis

Kapitel 6
Alles schwingt

Kapitel 7
Zustände kompakt

Kapitel 8
Mehr zu den Zuständen **181**

TEIL III
DER REGELKREIS HAT ECKEN 201

Kapitel 9
Das Regeln in einer Schleife **203**

Kapitel 10
Die richtige Reglereinstellung 227

Kapitel 11
Erweiterte Regelkreise 255

Kapitel 12
Regeln mit Rechnern **275**

Kapitel 13
Digitale Regelgeräte **293**

Kapitel 19
Hilfreiche Software für die Regelungstechnik

TEIL VI
DER TOP-TEN-TEIL

Kapitel 20
Zehn Toptipps zur Regelungstechnik

Stichwortverzeichnis

Einführung

Über dieses Buch

Es gibt Menschen, die aus reinem Interesse zu einem Buch über Regelungstechnik greifen, und solche, die sich im Studium mit diesem Fach auseinandersetzen müssen. Gleichgültig zu welcher Gruppe Sie gehören, es ist prima, dass Sie sich für dieses Buch entschieden haben. Regelungstechnik klingt nüchtern, ist aber eine sehr spannende Sache. Sie findet nicht nur in Maschinen, sondern zum Beispiel auch im Menschen statt. Denken Sie nur daran, dass Ihre Bluttemperatur auf ein zehntel Grad genau geregelt ist. Dieses Buch *Regelungstechnik für Dummies* möchte zwei Dinge bei Ihnen erreichen. Zum Ersten möchte das Buch Sie im Umgang mit den Methoden der Regelungstechnik fit machen und zum Zweiten möchte es Sie zu einem regelungstechnisch denkenden Menschen werden lassen. Bei vielem, was wir tun, geht es darum, Ziele mit geeigneten Maßnahmen zu erreichen. Sie werden hier die Sprache der Regelungstechnik lernen, also die Begriffe, aber auch die Mathematik der Regelungstechnik. Dass Regelungstechnik nicht ohne Mathematik geht, das wussten Sie ja schon. Dass es aber überhaupt nicht wehtut, das erfahren Sie hier. Beispiele und Programme helfen Ihnen dabei.

Also – dann viel Spaß!

Konventionen in diesem Buch

Sie sollen sich in diesem Buch leicht zurechtfinden. Neben der detaillierten Gliederung in Kapitel und Unterkapitel erleichtern Ihnen folgende Hilfen das Lesen:

✔ Aufzählungen erfolgen mit einer Häkchenliste.

✔ Nummerierte Aufzählungen werden verwendet, wenn die Reihenfolge der Schritte wichtig ist.

✔ **Fett** Gedrucktes hebt wichtige Textteile hervor.

✔ *Kursiv* Gedrucktes erscheint für die Einführung neuer Begriffe, die Sie auch im Stichwortverzeichnis finden.

✔ Die Auszeichnung `Listing` wird für Eingaben in Programme und für Webadressen verwendet.

✔ *Kursives Listing* steht für Ausgaben von Programmen.

Dann gibt es noch die Textkästen. Das sind meist mathematische Details oder auch interessante Ergänzungen, die Sie nur lesen sollten, wenn es da was zum Auffrischen gibt oder Sie auf ergänzende Details neugierig sind.

Jetzt bekommen Sie noch zwei formale Hinweise. Zum Ersten verwendet dieses Buch für die Sekunde das Einheitenzeichen *sec* und nicht das übliche *s*, da die Regelungstechnik *s* für eine andere wichtige Größe benötigt. Zum Zweiten werden in Abbildungen anders als im Text keine kursiven Formelzeichen verwendet.

Wie dieses Buch aufgebaut ist

Das Buch besteht aus sechs Teilen mit mehreren Kapiteln. Sie müssen die Kapitel nicht unbedingt der Reihe nach lesen, aber ein reines Nachschlagewerk ist dieses Buch auch nicht. Was die Teile enthalten, erfahren Sie hier.

Teil I: Der Einstieg in ein spannendes Fach

Überall, wo in der Technik eine Maschine Bewegungen und Veränderungen automatisch und mit hoher Genauigkeit ausführt, treffen Sie auf die Regelungstechnik. Sie wird von »Regelungstechnikern« eingerichtet und zum Laufen gebracht, die genau das draufhaben, was Sie in diesem Buch lernen können. Sie werden fasziniert davon sein, was mit der Regelungstechnik möglich ist.

Kapitel 1 zeigt Ihnen, dass die Regelungstechnik als Teilgebiet der Automatisierungstechnik ein Prinzip anwendet, das Sie nicht nur in der Technik finden, sondern das Sie überall in der Natur erkennen können: das Prinzip der Rückkopplung in einem Regelkreis oder wie es im Englischen heißt: *feedback control*.

Kapitel 2 fängt ganz sachte mit einem Beispiel aus der Mechatronik an. Es erklärt Ihnen, aus welchen Bausteinen ein Regelungstechniker einen Regelkreis aufbaut und wie er dabei vorgeht. Ein Regelkreis besteht immer aus zwei Partnern: dem zu regelnden Prozess und dem, der es macht, dem Regler. Der Regler wirkt auf den Prozess und der Prozess auf den Regler und … Wo ist der Anfang in diesem Kreislauf? Es gibt keinen! Wenn Sie das spannend finden, werden Sie in diesem Buch auf Ihre Kosten kommen.

Nach Kapitel 3 können Sie sich schon mit Regelungstechnikern unterhalten, weil Sie die wichtigsten Begriffe der Regelungstechnik bereits kennengelernt haben. Und behalten Sie bitte auf dem weiteren Weg durch dieses Buch trotz der vielen regelungstechnischen Details das Wesentliche im Blick: das Prinzip der Rückkopplung.

Teil II: Theorie kann praktisch sein

Ingenieure haben ein spezielles Verhältnis zur Mathematik. Sie wenden sie an, um praktische Probleme elegant zu lösen, nach dem Motto »Nur so viel Mathematik wie nötig«. Und da Ingenieure für die Regelungstechnik zuständig sind, können Sie beruhigt und interessiert diesen Teil lesen. Wenn auch manches zunächst etwas theoretisch klingt, für die Anwendung erfahren Sie sofort die praktische Quintessenz.

In einem dynamischen System finden Veränderungen statt. Und natürlich ist ein Regelkreis mit Regelstrecke und Regler ein dynamisches System. Dynamik beschreiben Sie mathematisch mit zeitlichen Differenzialen. Wie Sie damit umgehen, zeigt Ihnen Kapitel 4.

Da aber die Differenzialgleichung nicht des Ingenieurs liebstes Kind ist, macht er daraus schnell eine algebraische Gleichung. Wie Sie damit sehr einfach arbeiten können, erfahren Sie in Kapitel 5.

Schwingungen treten in der Technik häufig auf, teils sind sie erwünscht, teils unerwünscht. Die Regelungstechnik setzt Schwingungen zu Testzwecken ein und hat wieder eine feine Untersuchungsmethode entwickelt, die Sie in Kapitel 6 kennenlernen.

In den Kapiteln 7 und 8 erfahren Sie, wie Sie mit Zustandsgleichungen mehrere Einzelvorgänge auf einen Rutsch erfassen können. Das ist total spannend. Diese Kapitel stellen allerdings etwas höhere Ansprüche an den regelungstechnischen Einsteiger und können zunächst übersprungen werden. Wenn Sie bei Kapitel 14 im übernächsten Teil angekommen sind, wo solche Vorgänge geregelt werden, sollten Sie jedoch vorher auch diese beiden Kapitel gelesen haben. Aber eins nach dem anderen.

Teil III: Der Regelkreis hat Ecken

Hier lesen Sie alles, was ein Regelungstechniker zur Berechnung und technischen Realisierung eines Reglers wissen muss.

Kapitel 9 beschreibt, was einen guten Regler ausmacht. Er muss stabil, genau und schnell sein. Wie Sie diese Eigenschaften erzeugen und überprüfen können, erfahren Sie hier.

Der wichtigste Begriff in der Regelungstechnik ist der sogenannte PID-Regler, den Sie in Kapitel 10 kennenlernen. Sie erfahren die verschiedenen Möglichkeiten, die richtigen Einstellwerte für den PID-Regler zu finden.

In Kapitel 11 lesen Sie etwas darüber, wie durch zusätzliche Maßnahmen im Regelkreis das Regelverhalten noch verbessert werden kann.

Heutzutage steckt in fast jedem Gerät digitale Elektronik. Natürlich hat die Regelungstechnik mit dieser Entwicklung Schritt gehalten. Kapitel 12 befasst sich mit den Besonderheiten des digitalen Reglers. Sie lernen, wie die Dynamik eines Reglers in einem Rechner aussieht.

Digitale Regelgeräte können sehr unterschiedlich aussehen. Aber meistens sieht man außer einer Rechnerbox überhaupt nichts mehr. Den Rest macht die Software. Eine Ausnahme ist der Kompaktregler mit einer realen Bedienfront, mit der Sie noch verstehen können, welche Funktionen der Regler hat. In Kapitel 13 erfahren Sie einiges darüber.

Teil IV: Alles gleichzeitig regeln

Die Regelungstechnik hat in den letzten 40 Jahren eine Alternative zum PID-Regler entwickelt, die Zustandsregelung. Damit ist es möglich, nicht nur eine Prozessgröße, sondern mehrere Prozessgrößen gleichzeitig zu regeln. Die Zustandsregelung gehört unbedingt in ein Buch über Regelungstechnik, da es mittlerweile fester Bestandteil von Vorlesungen ist und es sehr viele industrielle Anwendungen der Zustandsregelung gibt.

In Kapitel 14 lesen Sie, wie eine Zustandsregelung aussieht, wie diese Regelung berechnet wird und welche Vorteile sie hat.

Aber wie es oft so ist, wo Vorteile sind, gibt es auch Nachteile. Der Nachteil der Zustandsregelung liegt häufig darin, dass nicht alles, was Sie für die Regelung benötigen, an der Anlage gemessen werden kann. Abhilfe schafft das Verfahren des Beobachters, das in Kapitel 15 vorgestellt wird.

Auch ein Zustandsregler wird natürlich als Programm auf einem Rechner realisiert. Näheres dazu erfahren Sie in Kapitel 16.

Teil V: Optimales, Menschliches und Hilfreiches

Mit drei interessanten Kapiteln, die auf keinen Fall fehlen dürfen, können Sie Ihr Wissen über die Regelungstechnik abrunden.

Sie erfahren in Kapitel 17 einiges über Optimierung und optimale Regler. Sie werden feststellen, dass das Optimale nur eine Frage der Bewertung ist.

Einen ganz anderen Weg, um zu einer Regelstrategie zu kommen, beschreitet Kapitel 18. Hier wird das, was der Mensch als Regler tun würde, in leicht verständliche Regeln gegossen – ohne Mathematik.

Alle Verfahren, die Sie in diesem Buch gelesen haben, finden Sie in Programmen für die Regelungstechnik. Vier wichtige Programme stellt Kapitel 19 vor.

Teil VI: Der Top-Ten-Teil

Der Top-Ten-Teil in ... *für Dummies*-Büchern ist für den Autor eine feine Sache. Hier kann er ganz nach seinem Geschmack einen Schlusspunkt setzen.

Mit Kapitel 20 schließt dieses Buch und stellt für die Leser zehn hilfreiche Tipps zusammen.

Die Studenten der Regelungstechnik werden ebenso angesprochen wie die Praktiker. Am besten wäre es natürlich, wenn auch die Studenten ein wenig praktische Erfahrung in einem Labor für Regelungstechnik sammeln könnten. Eine geregelte Maschine beeindruckt mehr als ein Diagramm.

Sie erfahren, wer sich mit Regelungstechnik befasst, Sie können sich Videos ansehen, lernen die wichtigsten englischen Fachbegriffe und schließlich können Sie mit der angegebenen Literatur tiefer einsteigen.

Symbole, die in diesem Buch verwendet werden

In diesem Buch werden Symbole verwendet, die Sie auf besondere Sachverhalte hinweisen. Achten Sie also besonders auf diese Symbole:

Hier erhalten Sie Tipps, die Ihnen das Leben leicht machen, oder Sie werden hier auf wichtige Zusammenhänge hingewiesen.

Hier erfahren Sie neue Begriffe, die Sie zum Experten machen.

 Hier sollten Sie bei der Anwendung besonders vorsichtig sein.

 Hier kommt ein Beispiel, das gut zum Thema passt.

Wie es weitergeht

Der Überblick über das Inhaltsverzeichnis und diese Einführung sollten Ihnen schon eine Vorstellung gegeben haben, was Sie in diesem Buch erwartet. Machen Sie nun dieses ... *für Dummies*-Buch zu Ihrem Freund und Begleiter in Sachen Regelungstechnik, dem Fach mit *Feedback*. Deshalb freut sich auch der Autor dieses Buches über Feedback zu dem, was Ihnen gefallen hat und, noch wichtiger, wo Sie Verbesserungsvorschläge haben. Schreiben Sie einfach an `mail@e-hasenjaeger.de`.

Vielen Dank und nun geht's los mit Kapitel 1.

Teil I
Der Einstieg in ein spannendes Fach

UNTERSCHIEDE ZWISCHEN OPTIMIST, PESSIMIST
UND INGENIEUR:

DAS GLAS IST HALB VOLL!

DAS GLAS IST HALB LEER.

DAS GLAS IST DOPPELT SO GROSS WIE ES EIGENTLICH SEIN MÜSSTE.

IN DIESEM TEIL ...

Die drei Kapitel in diesem Teil führen Sie in die Regelungstechnik ein. Dazu gehört, dass Sie erfahren, wo Regelungstechnik stattfindet, was man für sie braucht und wie sie funktioniert. Dann folgt ein ausführliches Beispiel aus der Antriebstechnik, das Ihnen die Arbeitsweise zeigt. Schließlich erfahren Sie das Grundwissen der Regelungstechnik und sind damit für alles Weitere bestens gerüstet.

Kapitel 1

Das Ganze im Überblick

D ie Regelungstechnik ist eine Methode, die reale Welt möglichst nahe an einen gewünschten Zustand heranzuführen. Das wird Sie faszinieren. Sie können mit der Regelungstechnik fachübergreifend Vorgänge nicht nur dynamisch beschreiben, sondern auch in gewünschter Weise beeinflussen. Am Anfang steht dabei nicht gleich die Mathematik, sondern das grundlegende Verständnis, wie ein Regelkreis aufgebaut ist und was ein Regelkreis leisten kann. Hierzu lernen Sie in diesem ersten Kapitel die wichtigsten regelungstechnischen Begriffe und die Elemente von Regelkreisen kennen.

Königsdisziplin der Automatisierung

Wenn Sie auf den Anfang des Industriezeitalters blicken, dann begann dieses mit der Mechanisierung und nahm dem Menschen damit schwere körperliche Arbeit ab. Mit der Weiterentwicklung von Elektronik und Digitaltechnik war es dann möglich, immer mehr Prozesse selbsttätig ablaufen zu lassen, sodass damit zur Mechanisierung die Automatisierung kam. Die Automatisierungstechnik hat das Ziel, Maschinen und Anlagen selbstständig ohne ständige Mitwirkung des Menschen zu betreiben. Der Automatisierungsgrad wird ständig erhöht. Damit verbunden sind die Senkung von Produktionskosten sowie die Steigerung von Qualität und Sicherheit.

Das Servicehaus

Die Regelungstechnik ist ein wichtiges Teilgebiet der *Automatisierungstechnik*. Das können Sie sich wie eine Abteilung im Haus der Automatisierungstechnik vorstellen, in der Projekte für automatisierte Produktionsmethoden oder Produkte mit automatisierten Funktionen bearbeitet werden (siehe Abbildung 1.1).

Abbildung 1.1: Zur Automatisierung gehören mehrere Abteilungen

Natürlich arbeiten alle Abteilungen der Automatisierung eng zusammen. Sie müssen auch viel Fachwissen über die jeweilige Branche besitzen, in der die Automatisierung stattfindet.

Zu diesen Branchen gehören die

✔ Fertigungstechnik,

✔ Verfahrenstechnik,

✔ Energieerzeugung,

✔ Grundstoffindustrie,

✔ Versorgung und Entsorgung,

✔ medizinische Technik,

✔ Gebäudetechnik,

✔ Luft- und Raumfahrt,

✔ Fahrzeug- und Verkehrstechnik.

Elektrotechnik, Hydraulik und Pneumatik bilden die Basis für die Automatisierung. Mit elektrischen, hydraulischen und pneumatischen Aktoren erzeugen Sie die gewünschten mechanischen, thermischen und stofflichen Abläufe in den Prozessen. Aktoren sind Motoren, Ventile, Heizungen, Hydraulik- und Pneumatikzylinder.

Messen, Steuern, Regeln

Die Messtechnik, die Steuerungstechnik und die Regelungstechnik sind die Bindeglieder zwischen den gewünschten physikalischen Prozessgrößen in der Maschine und Anlage und den Informationen (Signalen) darüber.

 Die *Messtechnik* behandelt Geräte und Methoden zur Messung, also zur zahlenmäßigen Bestimmung physikalischer Größen wie Geschwindigkeit, Kraft, elektrische Spannung oder Temperatur. Die Messtechnik erzeugt mit Sensoren aus den physikalischen Größen Informationen in Form von Signalen.

Ein Beispiel: Temperaturen bewirken in metallischen Leitern eine Widerstandsänderung. Das ist das Messprinzip eines Temperatursensors. Ein konstanter Strom durch diesen Messwiderstand erzeugt eine temperaturabhängige Spannung. Diese Spannung wird durch elektronische Verstärkung auf Standardwerte für die Erfassung mit einem Rechner gebracht. Schließlich erfolgt im Rechner die Rückrechnung auf die zugehörige Temperatur. Die Sensorik besteht also aus dem Sensor und der elektronischen Anpassung.

Umgekehrt zur Messtechnik macht die *Steuerungstechnik* aus Signalen physikalische Aktionen.

 Die *Steuerungstechnik* befasst sich mit der Einwirkung von Signalen auf physikalische Größen in Geräten und Maschinen mithilfe von Aktoren. Ein Steuerungsprogramm erzeugt die Signale nach einem Plan.

Ein Beispiel: Die Vorgabe für die Durchflussmenge einer Flüssigkeit in einem Rohr kommt von einem Programm. Der Rechner gibt ein Signal aus, das der Aktor zunächst in eine elektrische Spannung umsetzt. Diese Spannung treibt den Motor an einer Klappe eines Durchflussventils im Flüssigkeitsrohr an.

Wie Sie aus dem Beispiel erkennen können, gibt es keine Rückmeldung darüber, ob die erzeugte Klappenstellung den gewünschten Durchfluss erzeugt. Sie merken, dass bei den Aktionen der Steuerungstechnik keine Rückmeldungen darüber erfolgen, ob die Programmvorgaben auch wirklich erreicht wurden. Während bei der Messtechnik die Information über den Prozess mit der Sensorik erzeugt wird, wirkt bei der Steuerungstechnik die Information auf den Prozess. In beiden Fällen geht die Wirkung also nur in einer Richtung (siehe Abbildung 1.2). Erst die Regelungstechnik verbindet die Aktorik und die Sensorik.

 Die *Regelungstechnik* setzt Geräte und Programme als Regler ein, um damit die tatsächlichen Zustände eines Prozesses in gewünschte Zustände zu bringen. Die Regelungstechnik nutzt dazu die Sensorik und die Aktorik. Mit der Sensorik bekommen Sie eine Rückmeldung über die Wirkung der Aktorik auf den Prozess.

Für das Beispiel bedeutet es, dass der eingestellte Durchfluss gemessen und über die Klappenstellung richtig eingestellt wird.

Sie sehen an dem Beispiel, dass das Messen, das Steuern und das Regeln eng zusammenhängen, weshalb die Automatisierungstechnik auch von der Mess-, Steuerungs- und Regelungstechnik spricht.

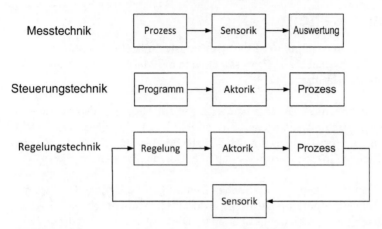

Abbildung 1.2: Messen, Steuern und Regeln sind die Kernfächer der Automatisierung

Aktoren und Sensoren

Mit *Aktoren* und *Sensoren* kann die Regelung ihre Aufgaben am Prozess erfüllen. Aktoren und Sensoren haben aber auch außerhalb von Regelkreisen wichtige Funktionen in der Automatisierungstechnik.

 Prozesseingriffe durch den Menschen, einfache, schaltende Steuerungen und vor allem die Regelungstechnik nutzen *Aktoren*, mit denen aus Signalen physikalische Prozesseingriffe werden.

 Sensoren werden immer dann eingesetzt, wenn Information über das, was in der Maschine geschieht, gewünscht wird. Das ist für den beobachtenden und bedienenden Menschen genauso wichtig wie für den automatisch arbeitenden Regler.

Die Aufbereitung von Sensorsignalen für den Menschen wird in der Automatisierung »zentrales Beobachten« genannt, die Möglichkeit, manuell in den Prozess einzugreifen, ist das »zentrale Bedienen« (siehe Abbildung 1.3.)

Auch die *Mechatronik* und die *Simulation* gehören in den Bereich der Automatisierung.

 Die *Mechatronik* verbindet die Mechanik, Elektronik und Informatik zu einer modernen, leistungsfähigen Mess-, Steuerungs- und Regelungstechnik im Maschinen- und Fahrzeugbau. Zur Mechatronik zählen komplexe Anwendungen von Industrierobotern genauso wie Antischleuderprogramme in Straßenfahrzeugen.

 Simulationen spielen bei der Entwicklung von Automatisierungssystemen eine große Rolle. Simulationen bilden reale Vorgänge auf Rechnern nach. Das verkürzt Entwicklungszeiten, spart Entwicklungskosten und gibt frühzeitig Auskunft darüber, ob das auch alles so funktioniert, wie es geplant ist. Deshalb verwendet auch die Regelungstechnik sehr häufig die Simulationstechnik. Bereits vor der Inbetriebnahme einer Regelung möchten Sie wissen, ob Sie die Regelung richtig berechnet haben.

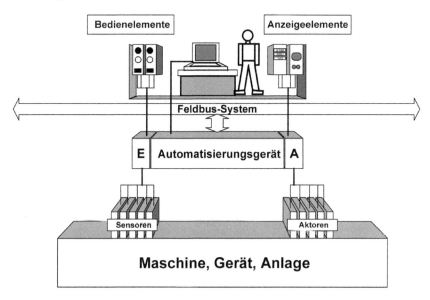

Abbildung 1.3: Auch bei hoher Automatisierung – ohne den Menschen geht es nicht

Die Leittechnik und Kommunikationstechnik überwacht, steuert und koordiniert ganze Produktionsbereiche. Die Leittechnik fasst die Daten untergeordneter Bereiche zusammen. Sie finden die Leittechnik im Straßen-, Schienen- und Luftverkehr, in Kraftwerken, in der mechanischen Fertigung, in der Verfahrenstechnik und im Gebäudemanagement.

In den untergeordneten Bereichen sind eine Vielzahl von Mess-, Steuerungs- und Regelungssystemen installiert. Die Kommunikation der einzelnen Automatisierungssysteme erfolgt über Datenleitungen, sie heißen Feldbusse. Das sind lokale Netzwerke mit hoher Sicherheit, Geschwindigkeit und Reaktionsfähigkeit.

Regelungen in Technik und Natur

Alles geregelt – das klingt gut. Tatsächlich wird in der Technik und auch in der Biologie sehr vieles erfolgreich geregelt. In der Technik kennen Sie zum Beispiel die Temperaturregelung einer Heizungsanlage, die Geschwindigkeitsregelung durch einen »Tempomat« in einem Fahrzeug, den Autopiloten eines Flugzeugs oder Schiffs.

Die biologische Regelung lässt Sie auf zwei Beinen stehen, eine gewisse Zeit sogar auf einem. Die Frequenz des Herzschlags ist geregelt, der Blutdruck, die Körpertemperatur, die Atmung, die Pupillenöffnung. Auch der Mensch führt Regelungen aus, zum Beispiel beim Autofahren. Sie fahren auf der Autobahn mit einer bestimmten Geschwindigkeit und Sie achten dabei auf den passenden Abstand zum vorderen Fahrzeug und zum Seitenstreifen.

Das Prinzip Rückmeldung

Das Prinzip der Rückmeldung von Prozessgrößen an eine Instanz, die bei Abweichungen dieser Größen von einem gewünschten Sollzustand geeignete Maßnahmen ergreift, ist in Technik und Natur eine der faszinierendsten Funktionsweisen, man nennt sie *Regelung*.

Ein gemeinsames Prinzip

Der US-amerikanische Mathematiker Norbert Wiener (1894–1964) erkannte, dass Regelungsvorgänge bei Lebewesen und Maschinen nach dem gleichen Prinzip funktionieren. Er schuf für diese Gemeinsamkeit einen neuen Begriff, die *Kybernetik*. Dieses Kunstwort leitete er aus dem Griechischen ab, wo *kybernetes* der Steuermann eines Bootes ist. Kybernetik ist also die Steuermannskunst. Das erste Buch zur Kybernetik erschien 1948 mit dem Titel *Cybernetics or Control and Communication in the Animal and the Machine*.

 Die *Regelung* ist ein Wirkungskreislauf in Natur und Technik, der auf dem Prinzip der Rückkopplung basiert.

Allen Regelungen gemeinsam ist ein geschlossener Wirkungskreislauf, ein *Regelkreis*, den Abbildung 1.4 zeigt.

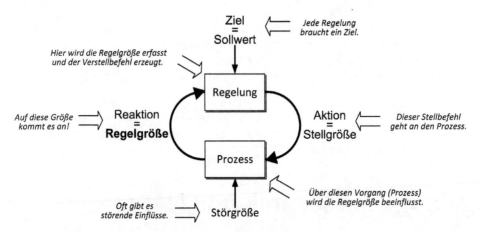

Abbildung 1.4: Regelkreise haben sich in vielen Bereichen bewährt

 Das Wichtigste im *Regelkreis* ist die *Regelgröße*, um sie dreht sich alles. Sie wird mithilfe der *Regelung* auf einen gewünschten Wert, den *Sollwert*, gebracht. Die Regelung erzeugt dazu eine geeignete Aktion, die *Stellgröße*, die im Veränderungsvorgang, dem *Prozess*, umgesetzt wird und so die Regelgröße in gewünschter Weise beeinflusst. Häufig treten auch unerwünschte *Störgrößen* auf, die ebenfalls auf die Regelgröße wirken. Sie können von der Regelung ausgeglichen werden.

Die mit Pfeilen versehenen Linien am Prozess und an der Regelung in Abbildung 1.4 geben die Richtung der Wirkungen an.

Es besteht eine Wechselwirkung zwischen dem, was geregelt werden soll, dem Prozess, und der Instanz, die es tut, der Regelung. Und das ist das Besondere in der Regelungstechnik: Sie können nicht sagen, ob die Regelgröße die Stellgröße beeinflusst oder umgekehrt. Wie war das mit der Henne und dem Ei? Diese gegenseitige Beeinflussung bereitet anfänglich etwas Vorstellungsschwierigkeiten. Sie werden aber sehen, dass ein bisschen Mathematik dieses Problem leicht lösen kann. Das wird spannend in den Kapiteln 4 und 5.

Wichtig ist es, die beiden Begriffe Prozess und Regelung auseinanderzuhalten und die Größen im Regelkreis wie Regelgröße, Sollwert, Stellgröße und Störgröße zu verstehen. Die Alltagsbeispiele in Tabelle 1.1 sollen Ihnen dabei helfen.

Beispiel	Regelgröße	Regelung	Stellgröße	Prozess	Störgröße
Heizung	Raumtemperatur	Thermostat und Heizungsregler	Ventilöffnung und Mischerstellung	Erzeugung und Transport von Warmwasser	Außentemperatur und Wärmeverluste
Tempomat	Geschwindigkeit	Steuergerät	Kraftstoffzufuhr	Erzeugung von Antriebsmoment und Bremsmoment	Steigungen, Gegenwind
Autopilot	Kurs	Elektronische Steuerung	Ruderstellung	Kursänderung	Querströmung
Aufrechtes Stehen	Senkrechte Haltung	Zentrales Nervensystem	Motorik und Muskeln	Stabilisierende Bewegung	Anrempeln, Windstoß
Körpertemperatur	Bluttemperatur	Temperaturzentrum Zwischenhirn	Schweißdrüsen, Hautkapillare	Wärmeerzeugung, Wärmeabfuhr	Außentemperatur, Muskelarbeit
Pupille	Lichteinfall auf Netzhaut	Zentrales Nervensystem	Irismuskulatur	Veränderung Pupillenöffnung	Plötzlich veränderter Lichteinfall
Mensch in der Dusche	Wassertemperatur	Mensch	Mischhebel	Kalt- und Warmwassertransport	Druckschwankungen
Autofahren Lenkung	Fahrtrichtung	Fahrer	Lenkrad, Lenkgetriebe, Lenkwinkel	Kurvenfahrt des Fahrzeugs	Seitenwind

Tabelle 1.1: Regelungsbeispiele aus Technik und Biologie

Alles ist in Bewegung

Sie werden schon bemerkt haben, in der Regelungstechnik steckt Bewegung, also zeitliche Veränderung. Die Physik und die Regelungstechnik nennen das *Dynamik*.

Die *Dynamik* beschreibt die zeitliche Veränderung eines Systems.

Das Besondere der Regelungstechnik ist, dass sie Dynamik nicht nur beschreibt, sondern auch gewünschte Dynamik erzeugt. Aha! Wie aber lässt sich Dynamik, also zeitliche Veränderung, in einem Buch darstellen? Das geht zum einen mit der verbalen Beschreibung »schnell« oder »langsam«, viel besser aber mit Diagrammen, die eine Zeitachse besitzen. Abbildung 1.5 zeigt zwei Temperaturverläufe unterschiedlicher Dynamik.

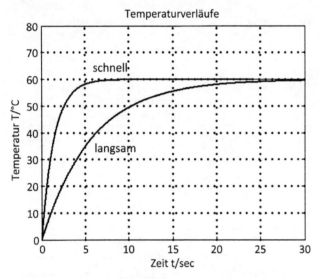

Abbildung 1.5: Prozessverläufe können unterschiedliche Dynamik besitzen

Dynamik darstellen

Halten Sie Ihre rechte oder Ihre linke Hand flach nach vorn. Heben Sie die Hand dann um etwa 40 Zentimeter an und zwar mit der Geschwindigkeit, wie sich die Temperaturen in Abbildung 1.5 verändern, erst die »langsame«, dann die »schnelle«. Beachten Sie, dass in beiden Fällen die Geschwindigkeit beim Ansteigen abnimmt. Im langsamen Fall sind die 50 Prozent, also 30 °C, nach vier Sekunden, im schnellen Fall nach einer Sekunde erreicht. Stellen Sie so den Temperaturanstieg in »Echtzeit« dar. Sie bekommen ein Gefühl dafür, was Zeitdiagramme darstellen.

Die Aufgaben von Regelungen

Im Zentrum des Interesses steht die *Regelgröße*.

 Die *Regelgröße* ist diejenige physikalische Größe eines Prozesses, die mithilfe eines Reglers auf einen gewünschten Wert gebracht und dort gehalten werden soll.

Was sind solche Regelgrößen in der Technik? Das sind Bewegungen von Maschinenteilen wie Arme von Industrierobotern, Bewegungen von Werkzeugmaschinen, aber auch Temperaturen in Industrieöfen, Flüssigkeitsstände in Behältern, Gasdrücke in chemischen und verfahrenstechnischen Anlagen, um erst mal einige Beispiele zu nennen.

Durch das Zusammenspiel von Prozess und Regelung entstehen dabei ganz neue Möglichkeiten, einen Prozess ablaufen zu lassen. Allerdings ist dazu für die Regelung die richtige Strategie und Einstellung zu wählen. In diesem Buch lernen Sie, wie dabei vorzugehen ist.

Die Regelstrecke

Um einen Prozess regeln zu können, das heißt eine Regelgröße schnell und genau auf einen gewünschten Wert zu bringen, ist eine Einrichtung nötig, die den Stellbefehl der Regelung in eine Veränderung des Prozesses umsetzt. Das ist die Aktorik, sozusagen das Gaspedal. Der Erfolg dieser Prozesseinflussnahme wird gemessen, das ist die Sensorik. Das ist der Tachometer, um im Bild zu bleiben.

 Die Regelung arbeitet somit an den drei Teilsystemen Aktorik, Prozess und Sensorik. Das Zusammenspiel von Aktorik, Prozess und Sensorik nennt die Regelungstechnik die *Regelstrecke* (siehe Abbildung 1.6).

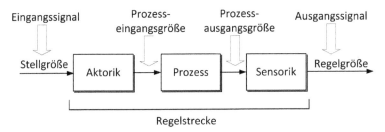

Abbildung 1.6: Die Regelstrecke besteht aus Aktorik, Prozess und Sensorik

Die Stellgröße gibt vor, was am Prozess getan werden soll. Die Aktorik setzt das am Prozess mit der Prozesseingangsgröße um. Die Regelgröße gibt über die Sensorik Auskunft darüber, wie der Prozess mit der Prozessausgangsgröße darauf reagiert. Stellgröße und Regelgröße sind also die Signale für die physikalischen Ursachen und Auswirkungen am Prozess. Nur mit diesen Signalen sind überhaupt quantitative Aussagen über das Geschehen in Maschine und Anlage möglich.

Da der Befehl der Stellgröße an die Aktorik und die Meldung der Sensorik durch die Regelgröße nur Signale, also Informationen über Prozesseingänge und Prozessausgänge, sind, ist es wichtig, dass die Aktorik und Sensorik verlässlich arbeiten und diese Signale fehlerfrei umsetzen.

Die drei Schritte zu Regelungen

Der Aufbau von gut funktionierenden Regelungen erfolgt immer in drei Schritten:

1. **Analyse der Regelstrecke**

   Wie verhält sich der Prozess, wenn er über die Aktorik verstellt wird? Gemessen wird das über die Sensorik.

2. **Vorgabe des gewünschten Regelverhaltens**

   Was wird von der Regelung an Genauigkeit, Geschwindigkeit und Robustheit erwartet?

3. **Berechnung der Regelung**

   Aus dem Verhalten der Regelstrecke und den Erwartungen an die Regelung resultiert die Einstellung der Regelung.

Es gibt viel zu tun

Die Regelung hat dabei vier wesentliche Aufgaben zu erfüllen:

✔ Das Wichtigste zuerst: Die Regelung muss die Regelgröße stabil auf einem Wert halten können und darf nicht instabil werden.

✔ Die Regelgröße soll möglichst genau auf den Sollwert laufen.

✔ Bei der Veränderung des Sollwerts ist die Regelgröße schnell und möglichst ohne Überschwingen dem Sollwert nachzuführen.

✔ Auftretende Störungen sind schnell und ohne große Einbrüche auszuregeln.

Die Abbildungen 1.7 bis 1.10 geben Beispiele zu diesen vier Aufgaben.

Abbildung 1.7 zeigt für eine Positionierung eines Industrieroboters von 6 Millimeter auf 5 Millimeter einen stabilen und einen instabilen Fall. Der Regelkreis wird instabil, wenn die Regelung falsch berechnet oder eingestellt wurde. Es kann aber auch passieren, dass die Dynamik des Prozesses sich so stark verändert, dass der Regler dazu nicht mehr passt und die Regelung instabil wird.

Die Temperaturregelung in Abbildung 1.8 zeigt einen günstigen Fall ohne Abweichung des Prozesszustands vom Sollzustand und einen ungünstigen mit einer bleibenden Abweichung von etwa 2 °C.

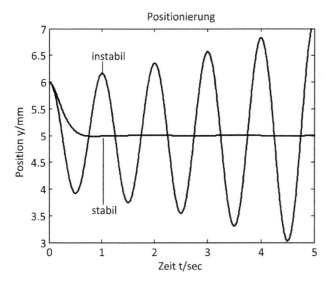

Abbildung 1.7: Bei einem falsch eingestellten Regler wird der Regelkreis instabil

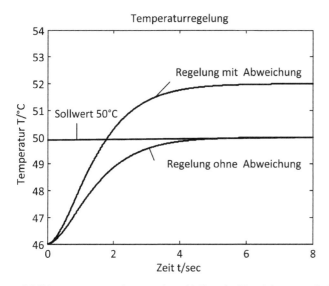

Abbildung 1.8: Regelungen ohne bleibende Abweichungen sind erwünscht

Abbildung 1.9 dokumentiert zwei Fälle einer Füllstandsregelung: ein »schnelles« und gut gedämpftes Erreichen des Sollwerts sowie ein »langsameres« Verhalten mit starken Schwingungen.

Abbildung 1.10 zeigt zwei Fälle einer Druckregelung nach einer Störung. Mit einer richtigen Einstellung der Regelung kann der Einfluss der Störung deutlich verringert werden.

Versuchen Sie auch für diese vier Diagramme, die Dynamik mit einer entsprechenden Armbewegungen in Echtzeit darzustellen.

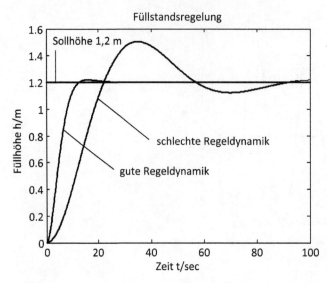

Abbildung 1.9: Schnelles Erreichen der Sollhöhe ist erwünscht

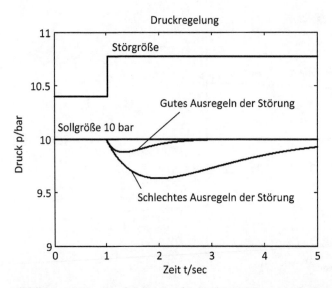

Abbildung 1.10: Regelungen werden auch mit Störungen fertig

Viele Partner in einem Kreis

Für das Funktionieren technischer Regelkreise sind mehrere Komponenten erforderlich. Das zeigt Abbildung 1.11 – hier einmal wirklich in einem Kreis dargestellt, denn es wird ja in der Regelungstechnik immer vom Regelkreis gesprochen. Bei dieser Darstellung wird das Besondere der Regelungstechnik sehr deutlich: die gegenseitige Beeinflussung aller Komponenten.

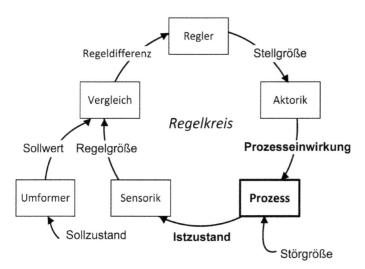

Abbildung 1.11: Im Regelkreis arbeiten viele Partner zusammen

Es gibt zwei Größen, die von außen in diesen Kreislauf gehen: die Vorgabe des gewünschten Sollzustands und der unerwünschte Einfluss von Störgrößen. Das Ziel ist es, mit dem Regler den Sollwert schnell zu erreichen und Störungen gut zu kompensieren. Die physikalischen Vorgänge in der Maschine oder Anlage sind in Abbildung 1.11 mit fetten Linien dargestellt.

Die folgende Beschreibung der Teile des Regelkreises fasst alles noch einmal zusammen.

✔ **Prozess:** Die Prozesse in Maschinen, Anlagen, Fahrzeugen oder Geräten sind Vorgänge, die in gewünschter Weise ablaufen sollen. In vielen Fällen sind dazu Regelungen, das heißt kontinuierliche Beeinflussungen erforderlich. Die Regelung bringt mithilfe der Einwirkung auf einen Prozess den physikalischen Zustand auf einen gewünschten Wert.

✔ **Sensorik:** Die Sensorik erfasst den Istzustand des Prozesses und macht daraus die Messsignale der Regelgröße. Erst mit der Sensorik sind quantitative Aussagen über den Prozessverlauf möglich.

✔ **Sollwert-Umformer:** Der Sollwert-Umformer ist ein Eingabegerät, das aus den physikalischen Vorgaben (Sollzustände) für die Regelung solche Sollwerte macht, die mit den Messsignalen verglichen werden können.

✔ **Vergleich:** Der Vergleich von Sollwert und Regelgröße ergibt die Regeldifferenz. Dabei wird die Regelgröße vom Sollwert abgezogen.

✔ **Regler:** Der Regler wertet die Regeldifferenz aus und berechnet eine geeignete Stellgröße, um die Regeldifferenz abzubauen.

✔ **Aktorik:** Die Aktorik setzt die berechnete Stellgröße in eine physikalische Prozesseinwirkung (Prozesseingangsgröße) um. Das Ziel ist es, damit den Istzustand so zu verstellen, dass die Regeldifferenz möglichst zu null wird.

Der Prozess findet im technischen System (Maschine, Anlage, Fahrzeug oder Gerät) statt. Sensorik und Aktorik sind im technischen System integriert und über Signalleitungen mit der Regeleinrichtung (Sollwert-Umformer, Vergleich und Regler) verbunden.

Regelung einer Füllhöhe

Das Beispiel in Abbildung 1.12 zeigt die Regelung einer Füllhöhe in einem Flüssigkeitsbehälter. Ist die Füllhöhe im Vergleich zum Sollwert zu gering, wird der Zulauf geöffnet, im anderen Fall wird der Ablauf geöffnet.

✔ **Prozess:** Die Füllhöhe ändert sich mit Verstellung von Zulauf und Ablauf.

✔ **Sensorik:** Ein Drucksensor am Behälterboden misst die aktuelle Füllhöhe über den hydrostatischen Druck.

✔ **Sollwert-Umformung:** Die Vorgabe der Soll-Füllhöhe wird umgeformt in den elektrischen Sollwert für die Regelung.

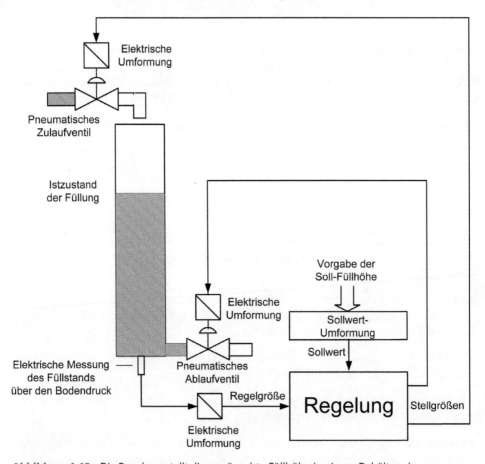

Abbildung 1.12: Die Regelung stellt die gewünschte Füllhöhe in einem Behälter ein

✔ **Vergleich:** Die Bildung der Regeldifferenz findet in der elektronischen Regelung statt.

✔ **Regelung:** Aus der Regeldifferenz berechnet die Regelung geeignete Stellgrößen für Zulauf und Ablauf.

✔ **Aktorik:** Die Aktorik besteht für Zulauf und Ablauf aus einer elektrischen Umformung und einem pneumatischen Ventil.

Das Anlagenbild in Abbildung 1.12 hat zunächst wenig Ähnlichkeit mit der Struktur in Abbildung 1.11. Es sind jedoch alle Teile enthalten, und das gehört zu den Kompetenzen in der Regelungstechnik: in konkreten technischen Gegebenheiten regelungstechnische Strukturen zu erkennen.

Prozess und Regelung im Wechselspiel

Es ist Ihnen schon klar geworden, dass die Regelung in gewünschter Weise auf den Prozess einwirken soll und dass sich Prozess und Regelung gegenseitig beeinflussen. Während der Prozess mit handfester Technik Energie umsetzt, besteht die Regelung im Wesentlichen aus Informationsverarbeitung, realisiert in einem Rechner oder einem speziell für diese Aufgabe vorgesehenen digitalen Regelgerät. Die an den Prozess angekoppelte Aktorik erzeugt aus der von der Regelung berechneten Stellinformation den physikalischen Prozesseingang. Die Sensorik erfasst den für die Regelung wichtigen Prozesszustand und stellt diese Information dem Regler zur Verfügung.

 Das kann auch so formuliert werden: Im Prozess wird Materie und Energie transportiert und umgeformt, die Sensorik sorgt für die Informationsgewinnung über den Prozess, die Regelung verarbeitet diese Information und die Aktorik ist zuständig für die Informationseinwirkung.

Dieser Zusammenhang, der nicht nur auf die Regelungstechnik zutrifft, sondern allgemein für die Automatisierungstechnik gilt, ist in Abbildung 1.13 dargestellt.

Die Informationseinwirkung (Aktorik), der Prozess und die Informationsgewinnung (Sensorik) ergeben zusammen die Regelstrecke mit Signalen am Eingang und Ausgang, wie schon weiter vorn in diesem Kapitel in Abbildung 1.6 dargestellt. An die Regelstrecke kann jetzt die Informationsverarbeitung der Regelung angekoppelt werden. Diese beiden Partner mit Signalen an Eingängen und Ausgängen werden zum Regelkreis zusammengeschaltet. Die beiden Partner haben jeder für sich ein Eigenleben, eine Dynamik. Die Dynamik des Prozesses mit Aktorik und Sensorik ist vorgegeben. Die Dynamik der Regelung wird entworfen – das ist Inhalt und Aufgabe der Regelungstechnik.

Allerdings können Sie mit einer Regelung weder das Flugverhalten eines Jumbojets in das eines Sportflugzeugs umwandeln noch ein träges Frachtschiff durch Regelung zu einem flotten Motorboot machen. Da sind Grenzen gesetzt, das sehen Sie sicher sofort ein. Jedoch kann eine Regelung einen trägen Vorgang in Grenzen durchaus verbessern.

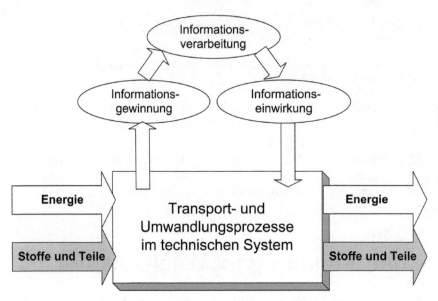

Abbildung 1.13: Stoffe, Energien und Informationen werden verarbeitet

Die Beispiele machen deutlich, dass der Regelungstechniker sich zunächst mit der Dynamik des Prozesses auseinandersetzen muss. Da reichen keine qualitativen Aussagen wie »viel« und »wenig« oder »schnell« und »langsam«, sondern Sie brauchen quantitative Angaben zum Verhalten des Prozesses, also genaue Zahlen. Da die Regelungstechnik in allen Branchen stattfindet, hat sie fachübergreifend eine einheitliche und einfache mathematische Beschreibung von Prozessen entwickelt. Die in der Regelungstechnik verwendeten Prozessbeschreibungen heißen *Prozessmodelle*.

Ob das Sensorsignal von der Position eines Roboterarms, von der Temperatur in einem Industrieofen, von dem Flüssigkeitsniveau in einem Behälter oder von dem Druck in einem Gasbehälter stammt, ist für die Regelungstechnik nicht entscheidend, sondern es interessiert, wie die Signale sich dynamisch verhalten und was von der Regelung erwartet wird.

 Prozessmodelle beschreiben das Verhalten von realen Prozessen mit mathematischen Methoden. Das gelingt nie hundertprozentig, deshalb gilt für die Modellbildung: Mach das Modell so einfach wie möglich und so genau wie für den Zweck nötig.

Der Entwurf einer Regelung basiert auf dem Prozessmodell und den Anforderungen an die Regelung. Auch für die Regelung stehen standardisierte mathematische Funktionen zur Verfügung. Die Einstellwerte der Regelung müssen allerdings zum Prozess passen. So wird eine Regelung für einen Prozess, der in Bruchteilen einer Sekunde ablaufen soll, sicherlich andere Einstellwerte benötigen als ein Vorgang im Minutenbereich.

Das Prozessmodell ist also für die richtige Berechnung und Einstellung der Regelung sehr wichtig. Es gibt zwei Methoden, um zum Prozessmodell zu kommen:

✔ die theoretische Methode der physikalischen Modellbildung und

✔ die experimentelle Methode mit Versuchen am Objekt.

Kapitel 2
Ein Beispiel zum Einstieg

D ass es in der Regelungstechnik nicht ohne Mathematik geht, ist bekannt. Deshalb gehört die Regelungstechnik bei den Ingenieuren auch nicht zu den Lieblingsfächern. Zu Unrecht, denn in diesem Fach kann man sehr viel bewegen, allerdings sollte die Anwendung und Anschauung im Vordergrund stehen. Zu diesem Zweck dient dieses Kapitel, das als Beispiel eine Drehzahlregelung mit einfachen Methoden untersucht, dabei aber schon typische Vorgehensweisen in der Regelungstechnik zeigt.

Am Anfang steht der Auftrag

Drehbewegungen sind in der Technik sehr verbreitet und spielen eine große Rolle, auch im wörtlichen Sinn. Ob in Maschinen oder Fahrzeugen, Bewegungen werden hauptsächlich mit drehenden Elektro- oder Verbrennungsmotoren erzeugt. Ursache für die Bewegung ist das *Drehmoment*.

 Das *Drehmoment* kann die Drehbewegung eines Körpers beschleunigen oder bremsen, es kann den Körper verwinden oder verbiegen.

Was die Kraft für die Linearbewegung ist, ist das Drehmoment für die Drehbewegung. Die physikalische Beschreibung beider Bewegungsarten ist direkt vergleichbar. Die Kraft beschleunigt eine Masse geradlinig, das Drehmoment beschleunigt eine Masse im Kreis (siehe Abbildung 2.1).

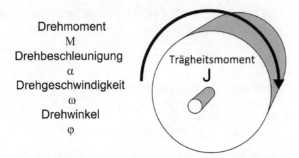

Drehmoment
M
Drehbeschleunigung
α
Drehgeschwindigkeit
ω
Drehwinkel
φ

Trägheitsmoment
J

Abbildung 2.1: Drehbewegungen sind in der Technik sehr wichtig

Die Drehmasse wird auch Trägheitsmoment genannt, die Drehbeschleunigung auch Winkelbeschleunigung. Mit physikalischen Formeln sieht das wie in Tabelle 2.1 aus.

Längsbewegung (Translation)	Drehbewegung (Rotation)
$F = m \cdot a$	$M = J \cdot \alpha$
Kraft F	Drehmoment M
Masse m	Trägheitsmoment J
Beschleunigung a	Winkelbeschleunigung α
$v = \int a \cdot \mathrm{d}t$	$\omega = \int \alpha \cdot \mathrm{d}t$
Geschwindigkeit v	Winkelgeschwindigkeit ω
$s = \int v \cdot \mathrm{d}t$	$\varphi = \int \omega \cdot \mathrm{d}t$
Weg s	Winkel φ

Tabelle 2.1: Translation und Rotation

Die Geschwindigkeit ist also das zeitliche Integral der Beschleunigung, der Weg ist das zeitliche Integral der Geschwindigkeit. Analog ist bei der Drehbewegung die Winkelgeschwindigkeit das zeitliche Integral der Winkelbeschleunigung und der Winkel wiederum das zeitliche Integral der Winkelgeschwindigkeit. Und umgekehrt: Die Geschwindigkeit ist die zeitliche Ableitung des Weges und die Beschleunigung ist die zeitliche Ableitung der Geschwindigkeit, analog verhält es sich in der rechten Spalte mit den entsprechenden Rotationsgrößen.

Geregelte Drehbewegungen finden Sie zum Beispiel in Fördereinrichtungen, in numerisch gesteuerten Werkzeugmaschinen, bei der Papierherstellung, in Druckereien, in Walzwerken und in Industrierobotern.

Bei der Erzeugung und Regelung von Drehbewegungen gibt es je nach Anwendung zwei unterschiedliche Aufgaben:

✔ veränderliche Drehgeschwindigkeiten erzeugen

✔ veränderliche Drehwinkel anfahren

Das Beispiel in diesem Kapitel beschreibt den Fall »veränderliche Drehgeschwindigkeiten ω erzeugen«. Die Techniker verwenden neben dem Begriff der Dreh- oder Winkelgeschwindigkeit auch gerne den Ausdruck *Drehzahl*. Es geht hier also um die Regelung der Drehzahl n.

Winkelgeschwindigkeit ω in $\dfrac{\text{rad}}{\text{sec}}$, sprich Radiant pro Sekunde (die Einheit Radiant darf man bei Umrechnungen auch weglassen)

Drehzahl n in $\dfrac{1}{\text{min}}$, sprich Umdrehungen pro Minute

Umrechnung $n = \dfrac{30\omega}{\pi} \cdot \dfrac{\text{sec}}{\text{min}}$

Der Auftrag für Sie als Regelungstechniker ist es nun, eine Regelung zu entwerfen, die eine gewünschte Drehzahl stabil, schnell, mit guter Dynamik und ohne Abweichung einstellt.

Der Regelkreis besteht aus vier Komponenten:

✔ dem mechanischen Bewegungsprozess,

✔ der Aktorik mit Leistungselektronik und Elektromotor,

✔ der Sensorik zur Messung der Drehzahl und

✔ dem elektronischen Regler.

Die Aktorik erzeugt aus den Signalen des Reglers das beschleunigende oder abbremsende Drehmoment, die Sensorik liefert für die Regelung ein Signal der Drehzahl.

Der Elektromotor und der Drehzahlsensor sind auf der Welle der Drehmasse montiert.

 Die Regelungstechnik kann nicht zaubern. Ist der antreibende Elektromotor zu schwach ausgewählt, kann der Regler zwar hohe Drehmomente und damit hohe Drehbeschleunigungen berechnen, diese kommen aber am Prozess nicht an. Das bedeutet: Die Regelungstechniker, die Mechaniker und die Elektrotechniker müssen einander verstehen und bei der Entwicklung der Maschine eng zusammenarbeiten.

Mit Aktor und Sensor an dem mechanischen Bewegungsprozess ist nun die Regelstrecke komplett (siehe Abbildung 2.2). Der Aktor, bestehend aus der Leistungselektronik und dem Motor, macht aus der Steuerspannung U_M das Motordrehmoment M_M. Das Motordrehmoment erzeugt die Winkelgeschwindigkeit ω, die der Sensor als Signal U_ω ausgibt.

Die Stellgröße als Eingangssignal für die Regelstrecke ist die Steuerspannung U_M, die Regelgröße als Ausgangssignal der Regelstrecke ist Messspannung U_ω.

Die Regelungstechnik stellt diese Regelstrecke in abstrakter Form als Blockdiagramm wie in Abbildung 2.3 dar. Natürlich interessiert Sie als Betreiber der Regelung die richtige

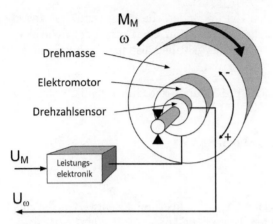

Abbildung 2.2: An dieser Regelstrecke sind nun Messungen möglich

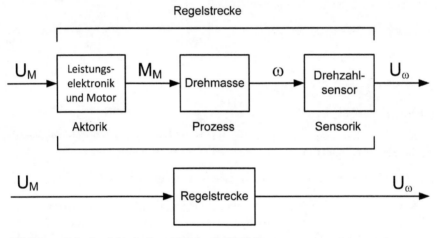

Abbildung 2.3: So sieht die Regelstrecke als Blockdiagramm aus

Drehzahl ω; diese können Sie aber nur über das Signal des Sensors U_ω überprüfen. Deshalb wird üblicherweise der Sensor zur Regelstrecke gezählt.

Vergleichen Sie bitte Abbildung 2.2 mit Abbildung 2.3, damit Sie sich einprägen, was die Blöcke im Blockdiagramm bedeuten können.

Den Prozess gut kennenlernen

Im ersten, wichtigen Schritt beim Entwurf von Regelungen untersuchen Sie die Regelstrecke und beschreiben sie mathematisch. Es geht darum, die Funktionen für Aktorik, Prozess und Sensorik auf theoretischem und experimentellem Weg zu bestimmen. Die theoretische Untersuchung erfolgt meist in der Planungsphase, die experimentelle Untersuchung ist natürlich erst an der bestehenden Maschine möglich. Beide Analysemethoden ergänzen sich sinnvoll und sind im Folgenden beschrieben.

Modelle sind hilfreich

Modelle in der Regelungstechnik haben immer die Form:

Die Ursache (Eingangsgröße) wirkt auf das Modell, das Modell erzeugt die Auswirkung (Ausgangsgröße).

Oder mit einer Gleichung ausgedrückt:

Ausgangsgröße = Modellfunktion(Eingangsgröße)

Dieses Prinzip können Sie auf alle Elemente (Aktorik, Prozess und Sensorik) des Regelkreises anwenden. Somit gilt für die drei Komponenten der Regelstrecke:

✔ Aktorik

Die Leistungselektronik für den Gleichstrommotor setzt die Steuerspannung U_M in den Ankerstrom für den Rotor des Motors um. Der Rotor erfährt damit durch das Magnetfeld des Stators ein Drehmoment M_M.

In den meisten Fällen genügt es, die Aktorik bei elektrischen Antrieben mit einem einfachen Modell, das heißt mit einem konstanten Faktor zu beschreiben. Die Aktorgleichung wird damit zu:

$$M_M(t) = K_M \cdot U_M(t)$$

M_M Motormoment, K_M Motorkonstante, U_M Steuerspannung.

✔ Mechanischer Prozess

Die Bewegung der Drehmasse über das Drehmoment ist ein *Beschleunigungsvorgang*, allerdings wirkt dem Motormoment bei realen Antrieben ein *Reibmoment* entgegen, das mit der Winkelgeschwindigkeit zunimmt:

$$J \cdot \alpha(t) = M_M(t) - M_R(t) = M_M(t) - d \cdot \omega(t)$$

J Trägheitsmoment, α Winkelbeschleunigung, M_M Motormoment, M_R Reibmoment, d Reibungskonstante, ω Winkelgeschwindigkeit.

Da die zeitliche Ableitung der Geschwindigkeit die Beschleunigung $\alpha(t) = \dot{\omega}(t)$ ist, können Sie das Modell des Bewegungsprozesses damit darstellen als

$$J \cdot \dot{\omega}(t) = M_M(t) - d \cdot \omega(t) \,.$$

Vielleicht erkennen Sie, dass das mathematische Modell des Bewegungsprozesses eine Differenzialgleichung ist. Die Gleichung enthält nämlich die zeitliche Ableitung einer Prozessgröße, es ist hier die Ableitung der Drehgeschwindigkeit.

 Zeitliche Differenzialgleichungen deuten immer darauf hin, dass Dynamik vorliegt, also zeitliche Veränderungen vorhanden sind.

Sie können bei dieser Differenzialgleichung auch die Art der Dynamik erkennen. Nehmen Sie an, dass der Anfangszustand $\omega(t) = 0$ ist und ein konstantes Motormoment eingeschaltet wird. Dann ist zu Beginn die Winkelbeschleunigung $\dot{\omega}(t)$ maximal, das heißt, die Winkelgeschwindigkeit $\omega(t)$ nimmt maximal zu. Damit steigt aber auch das Reibmoment und die Winkelbeschleunigung wird geringer. Das geht so lange, bis $M_M(t) = d \cdot \omega(t)$ wird und eine konstante Winkelgeschwindigkeit erreicht ist: $\omega = const.$, $\dot{\omega} = 0$.

Sie erkennen zwei Abschnitte des Verhaltens: erstens den dynamischen Übergang mit $\dot{\omega} \neq 0$, das *transiente* Verhalten, und zweitens den Zustand ohne zeitliche Veränderung $\dot{\omega} = 0$, das *stationäre* Verhalten. Das zeitliche Verhalten von ω bei konstantem M_M ist die Lösung der Differenzialgleichung. Für den Fall, dass zu Anfang $\omega(t = 0) = 0$ ist, lautet die Lösung für den Verlauf von $\omega(t)$

$$\omega(t) = \frac{M_M}{d}(1 - e^{-t \cdot \frac{d}{J}}) \quad \text{für} \quad t \geq 0 \, .$$

Bei der Lösung erkennen Sie sofort, dass für $t = 0$ wegen $e^0 = 1$ die Winkelgeschwindigkeit $\omega = 0$ ist und für $t \to \infty$ wegen $e^{-\infty} = 0$ gegen $\omega = \frac{M_M}{d}$ geht. Der transiente Zustand geht in den stationären Zustand über. Sind alle Werte der Parameter in der Differenzialgleichung bekannt, kann der Verlauf $\omega(t)$ grafisch dargestellt werden.

✔ Sensorik

Die dritte Komponente der Regelstrecke ist der Drehzahlsensor. Wie beim Aktor ist das auch hier ein einfacher Faktor, der die Winkelgeschwindigkeit in die Messspannung umrechnet:

$$U_\omega(t) = K_\omega \cdot \omega(t)$$

U_W Messspannung der Drehzahl, K_W Sensorkonstante, ω Winkelgeschwindigkeit.

Die drei Komponenten der Regelstrecke sind nun in Formeln gefasst und die theoretische Analyse ist fast abgeschlossen.

Jetzt können Sie die drei Komponenten zur Regelstrecke »zusammenbauen«. Aus der Prozessgleichung

$$J \cdot \dot{\omega}(t) = M_M(t) - d \cdot \omega(t)$$

wird durch Einsetzen der Gleichungen für den Sensor und für den Aktor

$$\omega(t) = \frac{U_\omega(t)}{K_\omega}, \qquad \dot{\omega}(t) = \frac{\dot{U}_\omega(t)}{K_\omega} \quad \text{und} \quad M_M(t) = K_M \cdot U_M(t)$$

die Gleichung der Regelstrecke

$$J \cdot \frac{\dot{U}_\omega(t)}{K_\omega} = K_M \cdot U_M(t) - d \cdot \frac{U_\omega(t)}{K_\omega} \, .$$

Mit einer Umstellung wird daraus:

$$\frac{J}{d} \cdot \dot{U}_\omega(t) + U_\omega(t) = \frac{K_\omega \cdot K_M}{d} \cdot U_M(t) \, .$$

Es bleibt noch, die Werte für die Parameter K_M, J, d, K_W zu bestimmen. Den Wert für K_M liefert der Hersteller der Leistungselektronik und des Motors, den Wert für K_W liefert der Hersteller des Drehzahlmessers. Die mechanischen Parameter J und d erfahren Sie von den Konstrukteuren des Antriebs, wobei der Wert für d meist nicht sehr genau vorhergesagt werden kann.

Möglichst auch Messungen machen

Die experimentelle Analyse mit Messungsauswertungen setzt voraus, dass der Drehantrieb schon aufgebaut ist. Sie erfolgt also später als die theoretische Analyse. Die Messung kennt nur die elektrischen Signale $U_M(t)$ am Eingang und $U_\omega(t)$ am Ausgang der Regelstrecke. Die Dynamik der Regelstrecke, die mit dem theoretischen Modell vorhergesagt wird, soll nun das Experiment bestätigen.

Das Experiment an dem realen Antrieb kann zum Beispiel so aussehen: Die Stellspannung $U_M(t)$ für das Antriebsmoment $M_M(t)$ wird von null auf einen konstanten Wert umgeschaltet und gleichzeitig wird aufgezeichnet, wie sich die Messspannung $U_\omega(t)$ für die Drehzahl $\omega(t)$ erhöht. Dieses Experiment heißt »Hochlaufversuch« (siehe Abbildung 2.4).

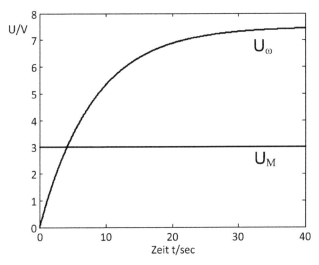

Abbildung 2.4: Der Hochlaufversuch zeigt das dynamische Verhalten der Regelstrecke

Das gemessene Verhalten des Antriebs bestätigt das theoretische Modell. Die Drehzahl läuft bei einem konstanten Antriebsmoment verzögert hoch, die Beschleunigung nimmt mit zunehmender Drehzahl ab. Das liegt an dem zunehmenden Reibmoment. Sobald das Reibmoment so groß ist wie das Antriebsmoment, steht kein Beschleunigungsmoment mehr zur

Verfügung und die Drehzahl ist konstant. Jetzt ist die Phase mit Veränderungen im Prozess beendet, der Prozess ist jetzt in einem stationären Zustand.

Die Auswertung der Messung an der Regelstrecke und der Vergleich mit dem theoretischen Modell machen es nun möglich, alle Daten der Anlage genau zu bestimmen.

Theorie und Praxis zusammenführen

Der Verlauf einer Prozessgröße als Reaktion auf eine Eingangsgröße wie in Abbildung 2.4 ist sehr häufig zu beobachten. Es gibt mechanische, elektrische, hydraulische, thermische und biologische Vorgänge, die sich so verhalten. Sie werden »Verzögerungsprozesse erster Ordnung« genannt und mit zwei Parametern beschrieben.

 Für die Beschreibung von Verzögerungsprozessen erster Ordnung genügen zwei Parameter, die *Zeitkonstante* T_1 und die *Übertragungskonstante* K_S. Die Zeitkonstante gibt an, wie lange es bei einer plötzlichen Veränderung des Prozesseingangs dauert, bis sich die Prozessgröße auf 63 Prozent eines neuen Wertes angenähert hat. Bei Verzögerungsprozessen erster Ordnung sind also nach Ablauf der Zeitkonstanten diese 63 Prozent des Endwerts erreicht. Die Übertragungskonstante beschreibt den Quotienten von Ausgangsgröße und Eingangsgröße, nachdem die Dynamik abgeklungen ist, also den stationären Ausgang geteilt durch den stationären Eingang. Erster Ordnung bedeutet, dass eine Differenzialgleichung mit »einer« zeitlichen Ableitung ausreicht, den Übergang zu beschreiben.

Im Beispiel (siehe Abbildung 2.4) ist die Zeitkonstante $T_1 = 8$ sec und die Übertragungskonstante $K_S = 2{,}5$.

Die Berechnung der Zeitkonstanten T_1: 63 Prozent von 7,5 V ist 4,7 V; dieser Wert ist nach 8 Sekunden erreicht.

Die Berechnung der Übertragungskonstanten K_S: Der Quotient der stationären Werte von Ausgang und Eingang ist $\dfrac{7{,}5\ \text{V}}{3\ \text{V}} = 2{,}5$.

Die Differenzialgleichung erster Ordnung, die dieses Verhalten beschreibt, lautet

$$T_1 \cdot \dot{U}_\omega(t) + U_\omega(t) = K_S \cdot U_M \,.$$

Sie sehen, dass die Ergebnisse der theoretischen und der experimentellen Analyse bei genauerer Betrachtung gleich sind.

Sie können jetzt die Theorie und das Experiment gegenüberstellen und mithilfe der bekannten Herstellerdaten (K_M, K_ω) und der Auswertung der Messungen (K_S, T_1) die tatsächlichen mechanischen Parameterwerte (J, d) bestimmen.

Theoretisches Modell:

$$\frac{J}{d} \cdot \dot{U}_\omega(t) + U_\omega(t) = \frac{K_\omega \cdot K_M}{d} \cdot U_M(t)$$

Experiment (Verhaltensmodell):

$$T_1 \cdot \dot{U}_\omega(t) + U_\omega(t) = K_S \cdot U_M(t)$$

Durch den Vergleich der Parameter des Verhaltensmodells mit denen des theoretischen Modells

$$K_s = \frac{k_\omega \cdot K_M}{d} \quad \text{und} \quad T_1 = \frac{J}{d}$$

können Sie daraus die Werte für

$$d = \frac{K_\omega \cdot K_M}{K_S} \quad \text{und} \quad J = d \cdot T_1$$

bestimmen. Mit den Herstellerdaten $K_\omega = 0{,}2\dfrac{\text{Vs}}{\text{rad}}$, $\quad K_M = 2\dfrac{\text{Nm}}{\text{V}}$ und den Auswertungen des Hochlaufversuchs $K_S = 2{,}5\dfrac{\text{V}}{\text{V}}$, $\quad T_1 = 8$ sec ergeben die mechanischen Parameter $d = 0{,}16\dfrac{\text{N m sec}}{\text{rad}}$ und $J = 1{,}28\dfrac{\text{Nm sec}^2}{\text{rad}} = 1{,}28 \text{ kg m}^2$.

Die theoretische Prozessbeschreibung (also das *Warum*) gibt Ihnen Einblick in das Zustandekommen der Dynamik. Für den Entwurf der Regelung ist das tatsächliche dynamische Verhalten der Regelstrecke entscheidend (das *Wie*).

Den Regelkreis schließen

Nach der Regelstrecke betrachten Sie jetzt den Regler und den Vergleich des gewünschten Drehzahlsignals mit dem aktuellen Drehzahlsignal. Dieser Vergleich erfolgt als Differenzbildung, das Ergebnis ist die »Regeldifferenz«:

Regeldifferenz = Sollwert – Regelgröße (Istwert)

Damit ist der Regelkreis geschlossen (siehe Abbildung 2.5).

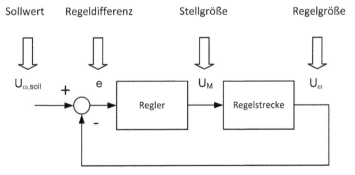

Abbildung 2.5: So sieht nun der Drehzahlregelkreis aus

In der Regelungstechnik haben die veränderlichen Größen (Signale und Prozessgrößen) immer ein Vorzeichen, es sind »gerichtete Größen«. Sie können also positiv oder negativ sein. Bei Bewegungsgrößen ist es ganz wichtig, die positive und negative Drehrichtung eindeutig festzulegen und an der Maschine auch zu markieren.

Ist der Sollwert für die Drehzahl zum Beispiel größer als der aktuelle Istwert (die aktuelle Regelgröße), das heißt ist $U_\omega^{soll} > U_\omega$, dann wird die Regeldifferenz positiv, das heißt $e = U_\omega^{soll} - U_\omega > 0$, die Maschine dreht also zu langsam. Bekommt der Regler ein positives Signal, ist somit klar, dass der Regler das Signal für das Drehmoment erhöhen muss. Ein vergrößertes Drehmoment muss nun aber auch die Drehmasse in die richtige Richtung beschleunigen. Sie merken daran, wie wichtig die Festlegung der positiven und negativen Drehrichtungen ist. Würde zum Beispiel ein positives Drehmoment eine Drehbeschleunigung in die falsche Richtung erzeugen, wäre die Eingabe der Regeldifferenz in den Regler mit $e = U_\omega^{soll} - U_\omega$ völlig falsch und würde den Regelkreis sofort instabil machen. Das darf in der Praxis nicht geschehen.

Wie kann nun die Gleichung des Reglers aussehen? Folgender Gedanke liegt nahe: Je größer die Regeldifferenz ist, desto größer soll das positive Beschleunigungsmoment

$$U_M(t) = K_P \cdot e(t) = K_P \cdot [U_\omega^{soll}(t) - U_\omega(t)]$$

werden.

Wegen der Proportionalität zwischen Regeldifferenz und Stellgröße wird dieser einfache Regler auch *P-Regler* genannt.

Ein *P-Regler* (Proportional-Regler) multipliziert die Regeldifferenz $e(t)$ mit einem Faktor K_P und gibt dieses Produkt als Stellgröße $U_M(t)$ aus.

Mit diesem P-Regler ist der Regelkreis geschlossen. Die Gleichungen des Regelkreises, passend zu Abbildung 2.5, lauten dann:

✔ Bildung der Regeldifferenz: $e(t) = [U_\omega^{soll}(t) - U_\omega(t)]$

✔ Gleichung des P-Reglers: $U_M(t) = K_P \cdot e(t)$

✔ Gleichung der Regelstrecke: $T_1 \cdot \dot{U}_\omega(t) + U_\omega(t) = K_S \cdot U_M(t)$

Die erste in die zweite und die zweite in die dritte Gleichung eingesetzt, ergibt

$$T_1 \cdot \dot{U}_\omega(t) + U_\omega(t) = K_S \cdot K_P \cdot [U_\omega^{soll}(t) - U_\omega(t)]$$

oder etwas umsortiert, sodass auf die linke Seite kommt, was den Regelkreis verlässt, und auf die rechte Seite, was in den Regelkreis hineingeht,

$$T_1 \cdot \dot{U}_\omega(t) + [1 + K_S \cdot K_P] \cdot U_\omega(t) = K_S \cdot K_P \cdot U_\omega^{soll}(t) \,.$$

Wenn Sie nun diese Gleichung schließlich durch $[1 + K_S \cdot K_P]$ teilen, erkennen Sie wieder eine Gleichung eines Verzögerungssystems erster Ordnung wie bei der Regelstrecke, allerdings mit neuen Parametern:

$$\frac{T_1}{[1 + K_S \cdot K_P]} \cdot \dot{U}_\omega(t) + U_\omega(t) = \frac{K_S \cdot K_P}{[1 + K_S \cdot K_P]} \cdot U_\omega^{soll}(t) \,.$$

Mit den Abkürzungen

$$T_{RK} = \frac{T_1}{[1 + K_S \cdot K_P]} \quad \text{und} \quad K_{RK} = \frac{K_S \cdot K_P}{[1 + K_S \cdot K_P]}$$

wird die Differenzialgleichung des geschlossenen Regelkreises schließlich

$$T_{RK} \cdot \dot{U}_\omega(t) + U_\omega(t) = K_{RK} \cdot U_\omega^{soll}(t)$$

mit einer neuen Zeitkonstanten T_{RK} und mit einer neuen Übertragungskonstanten K_{RK}.

Die beiden Konstanten des Regelkreises hängen nun vom Reglerparameter K_P ab. Die neue Zeitkonstante T_{RK} bestimmt die Geschwindigkeit der Regelung, die Übertragungskonstante K_{RK} gibt an, wie gut der Istwert auf den Sollwert geführt wird. Der Idealfall ist $K_{RK} = 1$, denn dann wäre im stationären Fall

$$U_\omega(t) = U_\omega^{soll}(t) \,.$$

Ein erster wichtiger Arbeitsschritt für die Regelung der Drehzahl ist getan, der Reglertyp (P-Regler) ist festgelegt. Sie können den Drehzahlregelkreis in einem Block zusammenfassen, in den der Sollwert hineingeht und aus dem der aktuelle Istwert herauskommt (siehe Abbildung 2.6).

Abbildung 2.6: In diesem Block steckt alles drin

Der Regelungstechniker arbeitet mit den Signalen $U_\omega^{soll}(t)$ und $U_\omega(t)$. Physikalisch interessant sind die Winkelgeschwindigkeiten ω^{soll} und ω, der Techniker ist besser mit den Drehzahlen n^{soll} und n vertraut. Das können Sie aber mit den bekannten Zusammenhängen leicht umrechnen:

$$\omega^{soll} = \frac{1}{K_\omega} U_\omega^{soll}(t) \,, \qquad \omega = \frac{1}{K_\omega} U_\omega(t) \,,$$

$$n^{soll} = \frac{30}{\pi} \omega^{soll} \,, \qquad n = \frac{30}{\pi} \omega \,.$$

Alles eine Frage der Einstellung

Es ist der übliche Weg, im Regelkreis mit der Einstellung des P-Reglers zu beginnen. Die Regelungstechnik bietet viele Möglichkeiten, den Wert für den Reglerparameter K_p zu bestimmen. Ein Weg, der noch keine Theorie benötigt, ist das Erproben oder »Simulieren« von verschiedenen Werten. Simulieren ist das Erproben auf einem Rechner, eine in der Regelungstechnik etablierte Methode.

Abbildung 2.7 zeigt im oberen Bildteil das Verhalten der Regelung beim Einschalten des Sollwerts der Drehzahl auf 100/min und im unteren Bildteil die zugehörigen Steuerspannungen für das Motormoment bei verschiedenen Reglerparametern K_p. Mit steigendem Wert von K_P nimmt die Zeitkonstante T_{RK} des Regelkreises ab, wird der Regelkreis also schneller. Die Übertragungskonstante K_{RK} wird gleichzeitig größer und nähert sich besser dem Wert 1. Beides können Sie mit den Berechnungsformeln im vorherigen Abschnitt bereits vorhersagen.

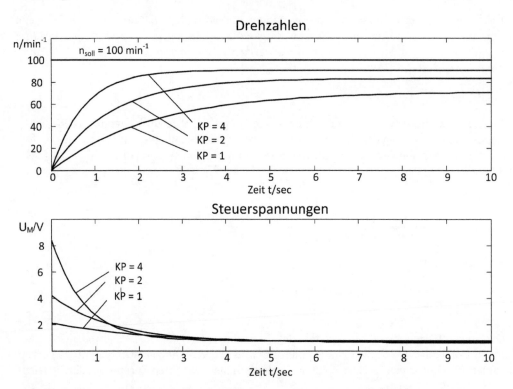

Abbildung 2.7: Das Verhalten der Drehzahlregelung hängt von der Reglereinstellung ab

Der Regelkreis hat eine höhere Dynamik als die Regelstrecke, das zeigt der Vergleich von Abbildung 2.7 mit Abbildung 2.4 und das ist auch erwünscht. Die Grenzen setzt das maximale Drehmoment, das bei einer Steuerspannung von 10 V erreicht würde, da die Steuerelektronik auf 10 V begrenzt ist. Wie war es möglich, die Hochlaufdynamik zu verbessern? Das erkennen Sie an dem Verlauf der Steuerspannung, die vom Regler nicht nur auf den erforderlichen stationären Wert eingestellt wird, sondern zunächst eine hohe Drehbeschleunigung erzeugt.

Sie werden allerdings bei der Regelung noch einen Schönheitsfehler feststellen. Es tritt eine bleibende Regeldifferenz auf, der Sollwert wird nicht ganz erreicht.

 P-Regler an Verzögerungsstrecken haben immer bleibende Regeldifferenzen zur Folge.

Das ist schnell erklärt. Der P-Regler multipliziert die Regeldifferenz e mit dem Faktor K_P. Bei $e = 0$ würde der Regler also keine Stellgröße und damit kein Motormoment erzeugen. Abhilfe schafft eine erweiterte Reglerfunktion. Zum proportionalen Anteil kommt ein integrierender Anteil hinzu. Dieser Regler heißt »Proportional-Integral-Regler« oder kurz »PI-Regler«.

$$U_M(t) = K_P \cdot e(t) + K_I \cdot \int e(t)\, \mathrm{d}t \text{ mit dem P-Anteil } K_P \text{ und dem I-Anteil } K_I$$

Die Wirkung des I-Anteils sehen Sie in Abbildung 2.8. Die Regeldifferenz wird jetzt null. Die Einstellwerte des PI-Reglers sind $K_P = 4$ und $K_I = 0{,}5\,\dfrac{1}{\text{sec}}$.

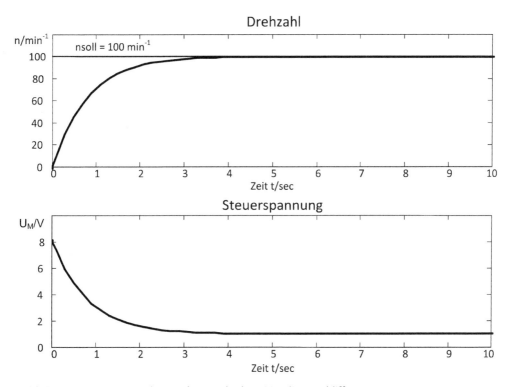

Abbildung 2.8: Der integrale Anteil im Regler beseitigt die Regeldifferenz

Warum kann der integrale Anteil im Regler die Regeldifferenz zu null machen? Die Antwort ist: Das Integral einer Konstanten, hier der konstanten Regeldifferenz, ergibt eine ansteigende Funktion, hier eine ansteigende Stellgröße. Erst wenn die Istdrehzahl die Solldrehzahl erreicht hat, die Regeldifferenz also gleich null wird, steigt der I-Anteil nicht mehr an, sondern hält seinen Wert konstant. Der integrale Regleranteil hat in der Regelungstechnik also große Bedeutung.

Ein paar Dinge sind schon klar geworden

Natürlich ist am Ende des zweiten Kapitels nur ein kleiner Teil der Regelungstechnik behandelt und doch sind in diesem Beispiel schon ein paar grundlegende Dinge angesprochen. Es ist sicher sinnvoll, sie noch einmal kurz zusammenzufassen.

✔ **Der Regelkreis enthält physikalische Prozessgrößen und Signale.**

Das Besondere der Regelungstechnik ist, dass arbeitverrichtende Prozessgrößen und informationliefernde Signale im Regelkreis gekoppelt sind. Die Schnittstellen sind die Aktoren und Sensoren.

✔ **Die Regelungstechnik erfasst und erzeugt Dynamik.**

Anders als in anderen technischen Disziplinen interessiert sich der Regelungstechniker sehr dafür, wie Vorgänge in Maschinen und Anlagen dynamisch ablaufen und wie diese Abläufe verbessert werden können.

✔ **Differenzialgleichungen beschreiben die Dynamik.**

Keine Angst vor Differenzialgleichungen. Sie sind die anschauliche Methode, um Dynamik zu beschreiben. Sie enthalten Hinweise über das transiente und das stationäre Verhalten eines Vorgangs.

✔ **Die Regelstrecke wird mit Theorie und Experiment untersucht.**

Bevor die Regelung entworfen werden kann, muss die Regelstrecke untersucht werden. Dies kann theoretisch oder experimentell erfolgen, am besten beides. Dann weiß man, wie sich die Regelstrecke verhält und warum das so ist.

✔ **Es gibt Standardregler, ihre Einstellung hängt von der Regelstrecke ab.**

Unabhängig von der Prozessart sind die eingesetzten Reglertypen immer ähnlich. Die Einstellung der Reglerparameter hängt von der Dynamik der Regelstrecke ab und ist Gegenstand der regelungstechnischen Mathematik.

✔ **Die Regelungstechnik setzt spezielle Methoden und Programme ein.**

Regelungstechnik wird von Ingenieuren betrieben, sie versuchen, den mathematischen Teil möglichst einfach zu gestalten. Das gelingt mit entsprechenden Methoden und Programmen, die Sie in den weiteren Kapiteln kennenlernen.

Kapitel 3

Das Grundwissen für die Regelungstechnik

Regelungstechnik findet in vielen verschiedenen technischen Bereichen statt, die Darstellungen und Methoden sind jedoch einheitlich und fachübergreifend. Das Gemeinsame ist die mathematische Beschreibung von Signalen, Prozessen und Reglern. Der Entwurf von Regelungen beginnt mit der Fragestellung, welche Prozessgröße mit welcher Genauigkeit zu regeln ist. Das Regelungsziel erreichen Sie, wenn Sie zunächst das Verhalten der Regelstrecke theoretisch und am besten auch experimentell untersuchen. Dann wählen Sie den passenden Regler aus und bestimmen seine Einstellwerte.

Der komplette Regelkreis

Die übliche Darstellung für eine Regelung ist das *Signalflussbild* des Regelkreises wie in Abbildung 3.1.

 Das *Signalflussbild* zeigt, wie die Signale zwischen den Komponenten eines Regelkreises laufen. Die Komponenten sind als Blöcke dargestellt, die Signale mit Linien. Pfeile an den Linien geben die Signalrichtung an.

Was geregelt werden soll, ist im Block der Regelstrecke zusammengefasst; wie das geschieht, enthält der Block des Reglers. Zwischen den Blöcken zeigen die Linien, wie die Signale laufen. Die Bezeichnungen für die Signale sind in der regelungstechnischen Literatur international weitgehend einheitlich, dennoch gibt es immer wieder Unterschiede. Es ist deshalb sinnvoll, dass Sie genau hinschauen, welches Symbol wofür verwendet wird.

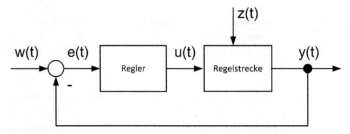

Abbildung 3.1: Das Signalflussbild eines Regelkreises

Die Komponenten

Die Komponenten des Signalflussbildes sind:

✔ *Signale*, dargestellt als Linien mit Richtungspfeilen. In Tabelle 3.1 sind die Signale des Regelkreises erläutert.

✔ *Summationsstellen*, dargestellt als große Kreise. Wenn an einem Signal ein Minuszeichen steht, wird der negative Wert addiert.

✔ *Signalverzweigungen*, dargestellt als kleine schwarze Punkte. Nach Signalverzweigungen sind die Signalwerte an mehreren Stellen verfügbar.

✔ Die Teilsysteme Regler und Regelstrecke sind als *Blöcke* dargestellt. Der Block der Regelstrecke besteht aus den Teilen Aktor, Prozess und Sensor.

Signal	Symbol	Bedeutung
Sollwert	$w(t)$	Sollsignal für die Regeleinrichtung
Regeldifferenz	$e(t)$	Signal der Regeldifferenz $e = w - y$
Stellgröße	$u(t)$	Stellsignal für den Aktor
Regelgröße	$y(t)$	Messsignal der zu regelnden Prozessgröße
Störgröße	$z(t)$	Störeinwirkung auf die Regelstrecke

Tabelle 3.1: Signale im Regelkreis

Die Signale im Regelkreis sind zeitabhängig. Bei vereinfachter Darstellung wird das Zeitargument t oft auch weggelassen. Die Signale von Sollwert w und Störgröße z wirken von außen auf den Regelkreis. Die Signale e, u und y laufen innerhalb des Regelkreises und hängen voneinander ab. Für den Entwurf des Reglers ist es wichtig, die Signale w und z zu kennen und mathematisch zu beschreiben. Jede Regelung benötigt ein Ziel: Wo soll es hingehen und was stört dabei? Der Sollwert wird vom Betreiber der Regelung vorgegeben, ihr soll die Regelgröße möglichst gut folgen. Die Störgröße stört, wie der Name schon sagt, die Regelung.

Wenn die Störung schon nicht vermeidbar ist, soll die Regelung ihren Einfluss zumindest klein halten.

Im Regler und in der Regelstrecke ist immer Bewegung. Sie wissen schon, dass Sie diese Dynamik mit Differenzialgleichungen beschreiben können (siehe Kapitel 2, Abschnitt »Modelle sind hilfreich«). Eine Differenzialgleichung liegt vor, wenn mindestens eine Ableitung nach der Zeit enthalten ist. Erfreulicherweise hält die Regelungstechnik eine Methode bereit, Differenzialgleichungen durch algebraische Gleichungen zu ersetzen, die leichter zu behandeln sind. Aus Differenzialgleichungen werden dann Übertragungsfunktionen, die Sie in Kürze kennenlernen werden.

Signalfluss

Der Signalfluss in Abbildung 3.2 enthält Summationen und Verzweigungen. Die Funktionen $y_1 = f_1(u_1, u_2)$ und $y_2 = f_2(u_1, u_2)$ sind zu bestimmen.

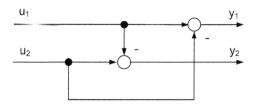

Abbildung 3.2: Der Signalfluss enthält Summationen und Verzweigungen von Signalen

Signale, die sich ohne Verzweigungspunkt kreuzen, haben, wie elektrische, isolierte Adern, keinen Kontakt miteinander. Wenn Sie die Signale von links nach rechts betrachten, sehen Sie, dass oben u_2 von u_1 abgezogen und daraus y_1 gebildet wird. Unten wird u_1 von u_2 für die Bildung von y_2 abgezogen. Das Ergebnis ist

$$y_1 = u_1 - u_2 \quad und \quad y_2 = u_2 - u_1 \,.$$

Fragen zum Entwurf

Der Entwurf von Regelungen läuft in Schritten ab. Es sind dazu Antworten auf folgende Fragen gesucht:

1. **Auf welche Sollwerte ist die Regelgröße zu bringen und welche Störgrößen treten auf?**

   Häufig ist die Regelgröße auf einen konstanten Sollwert zu bringen und dort zu halten, das sind *Festwertregelungen*. Es gibt aber auch Fälle, in denen sich die Sollwerte ständig ändern, indem sie ansteigen oder abfallen. Die Regelgröße muss dann gut nachgeführt werden. Das sind *Folgeregelungen*.

   Störgrößen wirken auf die Regelstrecke mit meist unbekannter Stärke und zu unbekanntem Zeitpunkt. Sie können die Auswirkungen nur dadurch feststellen, dass sich die Regelgröße vom Sollwert plötzlich entfernt. Dann muss der Regler korrigierend eingreifen.

2. Wie verhält sich die Regelstrecke ohne Regler?

Die Antwort auf diese Frage kann für die verschiedenen technischen Prozesse sehr unterschiedlich ausfallen. Generell wird zwischen dem *stationären Verhalten* und dem *dynamischen Verhalten* der Regelstrecke unterschieden.

 Stationäres Verhalten liegt vor, wenn alle Größen im Regelkreis konstant sind, wenn also im Prozess keine Veränderung zu erkennen ist, wie zum Beispiel eine konstante Temperatur einer Flüssigkeit oder ein konstanter Abstand zweier Fahrzeuge. Stationäres Verhalten können Sie mit algebraischen Gleichungen beschreiben. *Dynamisches Verhalten* bedeutet zeitliche Veränderung der Größen im Regelkreis, gleichgültig ob »schnell« oder »langsam«. Für die Beschreibung von Dynamik verwenden Sie zeitliche Differenzialgleichungen.

Kann die Regelstrecke mit einer konstanten Stellgröße ohne Regelung in einem konstanten Zustand bleiben, ist die Regelstrecke *stabil*. Wenn Sie die Stellgröße verändern, läuft die Regelgröße in einen neuen stabilen Zustand. Wie dieser Übergang geschieht, das beschreibt das dynamische Verhalten.

Können Sie mit einer konstanten Stellgröße ohne Regelung keine konstante Regelgröße erreichen, ist die Regelstrecke *instabil*.

3. Welche Anforderungen werden an die Regelung gestellt?

Von allen Regelungen wird verlangt, dass die Regelgröße möglichst genau auf den Sollwert geführt wird. Die zulässigen stationären Abweichungen hängen vom Prozess ab und sind in den Spezifikationen festgelegt. Auch die dynamischen Anforderungen können sehr unterschiedlich sein. Generell ist bei Festwertregelungen ein verzögerungsarmer und gut gedämpfter Übergang in einen neuen Sollwert gewünscht. Bei Folgeregelungen ist es wichtig, dass die Regeldifferenz sehr klein bleibt. Die Regelung muss mit Störungen gut fertigwerden und auch bei verändertem Verhalten der Regelstrecke noch gut arbeiten.

4. Welcher Regler ist geeignet und wie muss er eingestellt werden?

Zunächst entscheidet der Regelungstechniker, welches Regelgerät eingesetzt wird. Dann prüft er, ob ein Standardreglertyp infrage kommt. Und schließlich sind die passenden Einstellwerte zu ermitteln.

Damit Sie Antworten auf diese Fragen zum Entwurf von Regelungen geben können, lesen Sie am besten in diesem Buch weiter.

Testsignale für den Regelkreis

Das Besondere der Regelungstechnik ist, dass sie automatisch abläuft. Ob das alles richtig funktioniert, muss aber vorher getestet werden.

Einfach mal einschalten

Wenn Sie eine Regelung testen wollen, schalten Sie einen Sollwert ein und beobachten, wie schnell sich die Regelgröße auf diesen Sollwert einstellt. Das Einschalten ist also ein wichtiger Test. Dieses Testsignal heißt *Sprungfunktion* und wenn die Sprunghöhe den Wert 1 hat, ist das ein *Einheitssprung*. Das ist sehr hilfreich, denn damit können Sie die Reaktion der Regelung frühzeitig studieren, also berechnen oder simulieren, bevor Sie an die Anlage gehen.

Das Einschalten mit dem *Einheitssprung* können Sie mathematisch formulieren mit

Einheitssprung $\sigma(t)$

$\sigma(t) = 0$ für $t < 0$

$\sigma(t) = 1$ für $t \geq 0$

Dieser Einheitssprung mit dem griechischen Formelzeichen σ (Sigma) ist ein Signal, das zum Zeitpunkt null vom Wert 0 auf den Wert 1 springt.

Soll das Einschalten zu einem anderen Zeitpunkt als $t = 0$ erfolgen oder soll das Signal auf einen anderen Wert als 1 springen, können Sie das auch sehr einfach mit dem Einheitssprung beschreiben (siehe Abbildung 3.3).

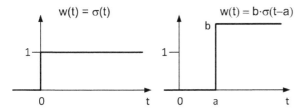

Abbildung 3.3: Der Einheitssprung kann verändert werden

Mit dem Wert a verschieben Sie den Sprungzeitpunkt und mit dem Faktor b verändern Sie die Sprunghöhe. Aus dem Einheitssprung ist dann eine beliebige Sprungfunktion geworden. Der Sprung erfolgt, wenn das Argument von σ (der Klammerinhalt) von minus nach plus wechselt. Im linken Bildteil ist das bei $t = 0$ der Fall, im rechten Bildteil bei $t = a$.

Zusammengesetzte Sprungfunktionen

Mit der zweifachen Verwendung der Sprungfunktion können Sie auch ein Impulssignal bilden (siehe Abbildung 3.4).

Das gelingt dadurch, dass Sie vom ersten Sprung zum Zeitpunkt $t = 0$ einen zweiten Sprung gleicher Höhe zum Zeitpunkt $t = a$ wieder abziehen.

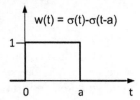

Abbildung 3.4: Mit Sprungfunktionen können Sie auch Impulse beschreiben

Hochlaufen lassen

Nicht immer ist es erwünscht, dass sich ein Signal für den Regelkreis schlagartig ändert und dann konstant bleibt. Deshalb gibt es ein weiteres Testsignal, die *Einheitsrampe*.

Auch die Einheitsrampe beginnt bei $t = 0$, sie steigt mit der Steigung 1/sec (1 pro Sekunde) kontinuierlich an; sie erhält ebenfalls ein eigenes griechisches Formelzeichen, das ρ (Rho):

Einheitsrampe $\rho(t)$

$\rho(t) = 0$ für $t < 0$

$\rho(t) = t$ für $t \geq 0$

Abbildung 3.5 zeigt im linken Bildteil die Einheitsrampe und im rechten Bildteil eine daraus abgeleitete allgemeine Signalrampe. Der Wert a ist die *Einschaltzeit*, der Wert b ist die *Steigung* der Rampe.

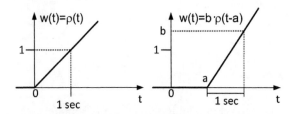

Abbildung 3.5: Rampensignale steigen linear an

Natürlich können Sie auch Rampensignale aus mehreren Teilen zusammensetzen und das mathematisch beschreiben.

Harmonisch schwingen

Sie haben sicher schon einmal gesehen, wie der Arm eines Industrieroboters elegant hin- und herfährt, um etwas zu lackieren oder zu verschweißen. Auch das sind geregelte Bewegungen, die allerdings mit Sprung- oder Rampenfunktionen nicht gut modellierbar sind. Dafür sind sinusförmige Signale besser geeignet.

Sie kennen die Sinusfunktion $y = \sin(x)$.

Handelt es sich um einen Sinusverlauf bezüglich der Zeit, wird das Argument zu $x = \omega t$ mit der Kreisfrequenz ω, was eine Sinusschwingung darstellt.

Die allgemeine *Sinusschwingung* lautet:

$$w(t) = a \cdot \sin(\omega \cdot t + \varphi) + b$$

a Amplitude, $\omega = 2\pi \cdot f$ Kreisfrequenz, f Frequenz in Hz (Hertz), φ Phasenverschiebung, b Nullpunktverschiebung.

Da Ihnen die Sinusschwingung in der Regelungstechnik noch oft begegnen wird, können Sie mit dem folgenden Beispiel trainieren, wie die Parameter für eine gegebene Schwingung bestimmt werden.

Schwingungsparameter

Für den in Abbildung 3.6 dargestellten sinusförmigen Schwingungsverlauf sind die *Schwingungsparameter* a, ω, φ, b in $w(t) = a \cdot \sin(\omega \cdot t + \varphi) + b$ zu bestimmen.

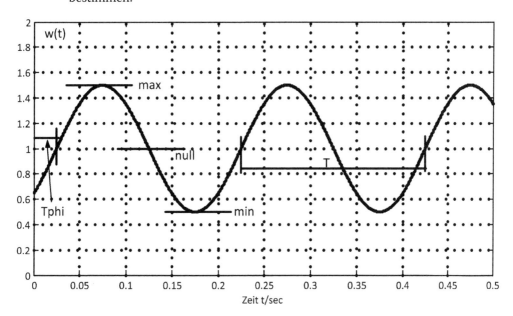

Abbildung 3.6: Die Sinusschwingung ist ein wichtiges Testsignal der Regelungstechnik

1. **Bestimmen Sie die Amplitude und Nullpunktverschiebung.**

   Maximum des Signals $w_{max} = 1{,}5$; Minimum des Signals $w_{min} = 0{,}5$;
   Amplitude $a = \left(w_{max} - w_{min}\right)/2 = 0{,}5$;
   Nullpunktverschiebung $b = (w_{max} + w_{min})/2 = w_0 = 1{,}0$

2. **Bestimmen Sie die Frequenz.**

Periodendauer $T = 0,2$ sec; Frequenz in Hz $f = 1/T = 5$ Hz; Kreisfrequenz
$$\omega = 2\pi f = 10\pi\,\frac{\text{rad}}{\text{sec}} = 31,42\,\frac{\text{rad}}{\text{sec}}$$

3. **Bestimmen Sie die Phasenverschiebung.**

Das Signal geht bei $T_{phi} = 0,025\,s$ und damit bei $t > 0$ durch die Nulllinie. Damit ist die Phasenverschiebung negativ.

Phasenverschiebung in Grad: $\varphi = -\dfrac{T_{phi}}{T} \cdot 360° = -\dfrac{0,025}{0,2} \cdot 360° = -45°$,

$$\text{in rad: } \varphi = -\frac{T_{phi}}{T}2\pi = -\frac{0,025}{0,2}2\pi = -\frac{\pi}{4}\,.$$

4. **Berechnen Sie das Ergebnis.**

Das Signalmodell für die dargestellte Sinusschwingung ist damit

$$w(t) = 0,5\,\sin\left(10\pi\frac{\text{rad}}{\text{sec}} \cdot t - \frac{\pi}{4}\right) + 1\,.$$

Die Testsignale für Sprung, Rampe und Sinus können Sie nicht nur für Sollwerte verwenden, sondern auch für Störgrößen annehmen. Allerdings verlaufen Störungen selten mathematisch exakt. Für die Beurteilung des Regelverhaltens sind solche Signalmodelle jedoch ausreichend. Auch für das Kennenlernen der Regelstrecke ist es üblich, Testsignale für die Stellgröße einzusetzen, hauptsächlich das Sprungsignal und das Sinussignal.

Das Verhalten der Regelstrecke

Für den Entwurf des Reglers müssen Sie das Verhalten der Regelstrecke kennen und am besten mit einem mathematischen Modell beschreiben. Je mehr Sie über die Regelstrecke wissen, umso besser können Sie einen guten Regler entwerfen. Bei der Betrachtung der Regelstrecke ist der Regelkreis nicht geschlossen, es fehlt noch der Regler (siehe Abbildung 3.7).

Abbildung 3.7: Vor dem Reglerentwurf kommt die Untersuchung der Regelstrecke

Eine gute Möglichkeit, das Verhalten der Regelstrecke zu untersuchen, ist, ein Testsignal für die Stellgröße $u(t)$ vorzugeben, zum Beispiel die Sprungfunktion $\sigma(t)$. Die Reaktion der Regelgröße $y(t)$ auf diese Sprunganregung wird beobachtet, gemessen und ausgewertet.

In Tabelle 3.2 sehen Sie einige Beispiele für Tests an Regelstrecken.

Stellsignal $u(t)$ für	Messsignal $y(t)$ von
Motormoment	Motordrehzahl
Motormoment	Position Maschinenschlitten
Motormoment	Bewegung Roboterarm
Ventilöffnung	Durchflussmenge
Ventilöffnung	Füllstandshöhe
Ventilöffnung	Gasdruck
Heizleistung	Ofentemperatur
Stoffzufuhr	Stoffkonzentration
Klappenöffnung	Förderbandbelag

Tabelle 3.2: Beispiele für Tests an Regelstrecken

Abbildung 3.8 zeigt Ihnen den Ablauf der Untersuchung einer Regelstrecke. Dieser Ablauf enthält zunächst die Auswertung der gemessenen Sprungantwort, dann die Modellierung des dynamischen Verhaltens und schließlich den Vergleich von Messung und Modell.

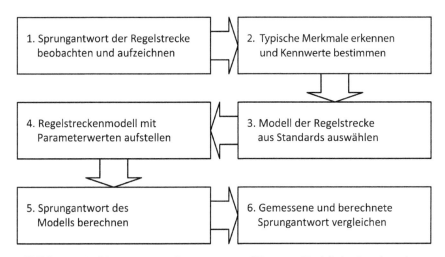

Abbildung 3.8: Die gemessene Sprungantwort führt zum Modell der Regelstrecke

 Die *mathematische Modellierung* realer Vorgänge ist nie hundertprozentig. Trotzdem sind Modelle sehr hilfreich, besonders wenn Sie das Motto »So einfach wie möglich, so genau wie nötig« beherzigen. Mit Modellen können Sie gefahrlos experimentieren und Vorhersagen machen und Sie können sie für weitere Berechnungen verwenden. Die Ergebnisse der Modellrechnungen sind dann auf die Wirklichkeit übertragbar.

Prominente Modelle

Das Verhalten von Regelstrecken kann sehr unterschiedlich sein. Typische Reaktionen tauchen jedoch immer wieder auf, unabhängig davon, um welchen Prozess es sich handelt. Das macht die Regelungstechnik fachübergreifend.

 Wenn konstante Stellgrößen nach einer Übergangsphase auch konstante Regelgrößen erzeugen, sind das stabile Regelstrecken; sie heißen auch *Regelstrecken mit Ausgleich*. Wenn die Regelgrößen bei konstanten Stellgrößen immer größer werden, sind das instabile Regelstrecken; sie heißen auch *Regelstrecken ohne Ausgleich*.

In diesem Abschnitt finden Sie die wichtigsten Modelle zusammengestellt, mit denen Sie das Verhalten von Regelstrecken beschreiben können. Dazu suchen Sie diejenige Sprungantwort aus, deren Verlauf am besten zu der Messung passt.

Da bei Untersuchungen an der realen Regelstrecke das Testsignal für die Stellgröße nicht immer die Sprunghöhe 1 hat, wird für den Stellgrößensprung allgemein $u(t) = u_0 \cdot \sigma(t)$ angesetzt. Um die Sprungantwort von der jeweiligen Sprunghöhe u_0 jedoch unabhängig zu machen, wird die Sprungantwort $y(t)$ auf die Sprunghöhe u_0 bezogen, sie heißt dann *Übergangsfunktion $h(t)$*:

$$h(t) = \frac{y(t)}{u_0} \ .$$

 Die *Übergangsfunktion $h(t)$* ist die Sprungantwort eines Systems für den Einheitssprung $\sigma(t)$. Wenn Sie die Übergangsfunktion mit der aktuellen Sprunghöhe u_0 multiplizieren, bekommen Sie die passende *Sprungantwort $y(t)$*.

Die Vorstellung der prominenten Regelstreckenmodelle enthält folgende Angaben:

✔ Name

✔ Typbezeichnung

✔ Blockdarstellung und Beispiel einer Übergangsfunktion

✔ Modellparameter

✔ Differenzialgleichung (DGL)

✔ Lösung der Differenzialgleichung für den Einheitssprung (LSG)

✔ Anmerkungen und Beispiele

In dem Graphen der Übergangsfunktion sind die Größen eingetragen, die Sie für die Modellparameter in der Differenzialgleichung benötigen. Unter der Differenzialgleichung (DGL) steht ihre Lösung (LSG) für den Einheitssprung als Eingang.

✔ **Reines Proportionalsystem:** *P-System* (Regelstrecken mit Ausgleich sind sogenannte Proportionalsysteme)

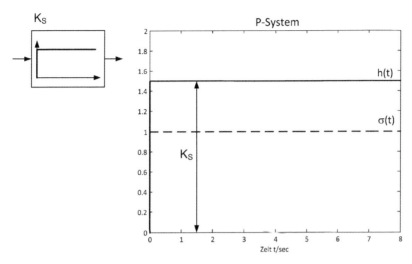

Abbildung 3.9: Das P-System springt ohne Verzögerung auf den Endwert

Die *Übertragungskonstante* K_S ist die Amplitude der Übergangsfunktion.

DGL $\quad y(t) = K_S u(t) \quad$ das ist noch keine DGL

LSG $\quad h(t) = K_S \sigma(t) \quad$ hier gibt es nichts zu lösen

Bei reinen P-Systemen wird kein zeitliches Verhalten angenommen. Mechanische Beispiele sind Hebel und Getriebe. Elektrische Beispiele sind Verstärker und Spannungsteiler. Auch Sensoren sind meist als reine P-Systeme beschreibbar.

✔ **Proportionalsystem mit Laufzeit:** *P-T0-System*

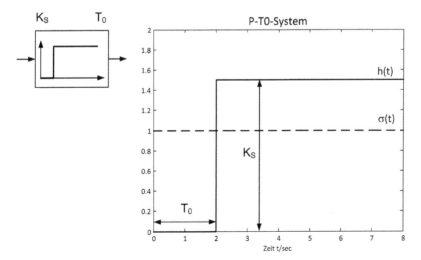

Abbildung 3.10: Das P-T0-System reagiert erst nach einer Laufzeit

Übertragungskonstante K_S (siehe *P-System*); die Laufzeit T_0(oft auch Totzeit genannt) ist die zeitliche Verschiebung des Ausgangssignals gegenüber dem Eingangssignal.

DGL $y(t + T_0) = K_S u(t)$ es ist nur eine zeitliche Verschiebung

LSG $h(t) = K_S \sigma(t - T_0)$ der Sprung erfolgt nach T_0

Beim P-T0-System reagiert der Ausgang der Regelstrecke erst nach einer Laufzeit. Beispiele sind Förderbänder mit Schüttgut und laminare Strömungen in Rohren.

✔ **Proportionalsystem mit Verzögerung erster Ordnung:** *P-T1-System*

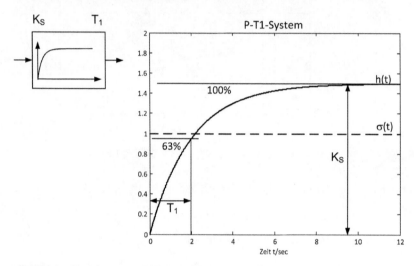

Abbildung 3.11: Das P-T1-System steigt verzögert auf den Endwert an

Die Übertragungskonstante K_S ist der Endwert der Übergangsfunktion (100 Prozent), die Zeitkonstante T_1 ist die Zeit, in der 63 Prozent des Endwerts erreicht sind.

DGL $T_1 \dot{y}(t) + y(t) = K_S u(t)$

LSG $h(t) = K_S(1 - e^{-\frac{t}{T_1}})\sigma(t)$

P-T1-Systeme sind sehr verbreitete Dynamikmodelle. Sie beschreiben Ausgleichsvorgänge in der Mechanik, in der Wärmelehre und in der Elektrotechnik. Ein Energiespeicher ändert seinen Zustand so lange, bis die abgeführte Energie der zugeführten Energie entspricht. Beispiele sind in der Mechanik: Antriebsmoment = Reibmoment und in der Wärmelehre: Wärmezufuhr = Wärmeverlust.

✔ **Proportionalsystem mit Verzögerung zweiter Ordnung:** *P-T2-System*

Übertragungskonstante K_S (wie beim P-T1-System); die Zeitkonstanten T_1 und T_2 können Sie nicht direkt am Graphen der Übergangsfunktion ablesen, aber mit verschiedenen Methoden über die Wendetangente bestimmen (siehe Abbildung 3.12).

DGL $\qquad T_1 T_2 \ddot{y}(t) + (T_1 + T_2)\dot{y}(t) + y(t) = K_S u(t)$

LSG $\qquad$ für $T_1 \neq T_2 \qquad h(t) = K_S \left(1 - \dfrac{T_1}{T_1 - T_2} \cdot e^{-\frac{t}{T_1}} + \dfrac{T_2}{T_1 - T_2} \cdot e^{-\frac{t}{T_2}} \right) \sigma(t)$

LSG für $\qquad T_1 = T_2 \qquad h(t) = K_S \left(1 - e^{-\frac{t}{T_1}} - \dfrac{1}{T_1} \cdot e^{-\frac{t}{T_1}} \right) \sigma(t)$

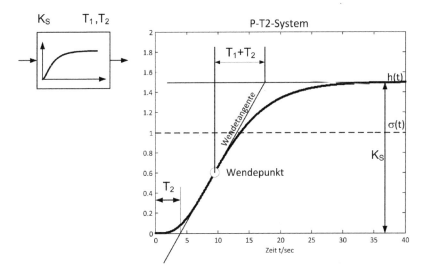

Abbildung 3.12: Das P-T2-System steigt stärker verzögert an als das P-T1-System

P-T2-Systeme sind noch stärker verzögert als P-T1-Systeme. Sie können sich das als zwei hintereinandergeschaltete Verzögerungen erster Ordnung vorstellen, das heißt, es handelt sich um zwei Energiespeicher. Je größer die Zahl der Energiespeicher ist, desto höher werden die Verzögerungen. Mit passenden Zeitkonstanten können Sie auch solche Systeme mit P-T2-Modellen beschreiben.

✔ **Proportionalsystem zweiter Ordnung mit Schwingverhalten:** *P-S2-System*

Übertragungskonstante K_S (wie beim P-T1-System); die Dämpfung D und die Eigenkreisfrequenz ω_0 können Sie aus der Übertragungskonstanten K_S, der Überschwingweite $\ddot{u}$ und der Periodendauer T_P berechnen:

$$D = \sqrt{\frac{\lambda^2}{\lambda^2 + \pi^2}} \quad \text{mit} \quad \lambda = \ln\left(\frac{\ddot{u}}{K_S}\right), \qquad \omega_0 = \frac{2\pi}{T_P\sqrt{1 - D^2}} \, .$$

DGL $\dfrac{1}{\omega_0^2}\ddot{y}(t) + \dfrac{2D}{\omega_0}\dot{y}(t) + y(t) = K_S u(t)$

LSG $h(t) = K_S[1 - \dfrac{e^{-D\omega_0 t}}{\sqrt{1 - D^2}}\sin(\omega_0\sqrt{1 - D^2}\cdot t + \arccos D)]\sigma(t)$

Schwingungen treten hauptsächlich in mechanischen Regelstrecken auf, wenn Massen, Federn und Dämpfer beteiligt sind. Es gibt aber auch etwas Entsprechendes in der Elektrotechnik: den Schwingkreis mit Kondensator, Spule und Widerstand.

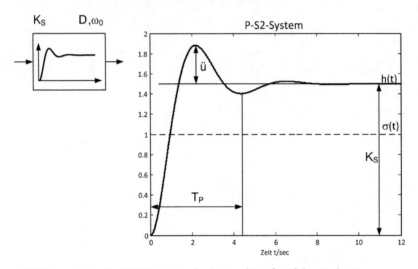

Abbildung 3.13: Das P-S2-System schwingt gedämpft auf den Endwert zu

Die *Ordnung* einer Differenzialgleichung entspricht der höchsten Ableitung der Ausgangsgröße (auf der linken Seite der Gleichung). Bei einer Differenzialgleichung zweiter Ordnung gibt es also höchstens eine zweite Ableitung $\ddot{y}(t)$.

Im Folgenden sind die Regelstrecken ohne Ausgleich aufgeführt, dazu gehören die Integralsysteme.

✔ **Reines Integralsystem:** *I-System*

Die Integrationskonstante K_{IS} ist die Steigung der Übergangsfunktion.

DGL $y(t) = K_{IS}\displaystyle\int_0^t u(\tau)\mathrm{d}\tau$ oder $\dot{y}(t) = K_{IS}u(t)$

LSG $h(t) = K_{IS} \cdot t \cdot \sigma(t)$

Das I-System verhält sich wie eine Integration. Die Sprungantwort bedeutet also zum Beispiel: Die konstante Drehzahl eines Rades auf einer Straße ergibt einen linear ansteigenden Weg. Allerdings muss die Drehzahl nicht konstant sein, jede beliebige Drehzahl wird zum Weg integriert. Genauso wird jede Zulaufmenge in einem Flüssigkeitsbehälter zum Füllstand integriert. Oder: Der Strom, der in einen Kondensator fließt, wird integriert und ergibt die Ladung.

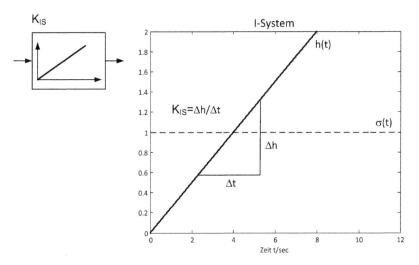

Abbildung 3.14: Das I-System läuft mit konstanter Steigung hoch

✔ **Integralsystem mit Verzögerung erster Ordnung:** *I-T1-System*

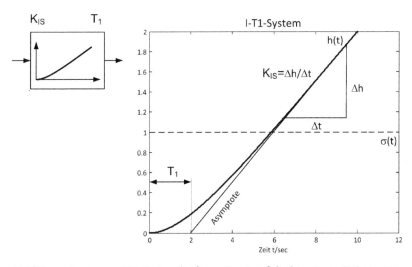

Abbildung 3.15: Das I-T1-System läuft verzögert auf die konstante Steigung zu

Die Integrationskonstante K_{IS} ist die Steigung der Asymptote, angelegt an die Übergangsfunktion; der Schnittpunkt der Asymptote mit der Zeitachse ergibt die Zeitkonstante T_1 der Verzögerung.

DGL $T_1 \dot{y}(t) + y(t) = K_{IS} \int\limits_0^t u(\tau)\mathrm{d}\tau$ oder $T_1 \ddot{y}(t) + \dot{y}(t) = K_{IS} u(t)$

LSG $h(t) = K_{IS}[t - T_1(1 - e^{-\frac{t}{T_1}})]\sigma(t)$

Das I-T1-System unterscheidet sich vom I-System nur dadurch, dass die Integration hier mit einer Verzögerung eintritt.

Im Signalflussbild können Sie in den Block der Regelstrecke entweder die Typbezeichnung oder, wie hier in den Beispielen dargestellt, die skizzierte Übergangsfunktion eintragen.

Lineares bevorzugt

Bei allen aufgeführten Systemen für Regelstrecken mit Ausgleich lautet die rechte Seite des Modells

$$\ldots = K_S u(t) \, .$$

Damit wird angenommen, dass die Stellgröße $u(t)$ mit dem konstanten Faktor K_S auf die Regelgröße $y(t)$ wirkt, die Regelgröße also linear von der Stellgröße abhängt. Das ist mathematisch angenehm, da für lineare Modelle viele regelungstechnische Methoden anwendbar sind. Da aber in der Realität zwischen Stellgröße und Regelgröße häufig ein nichtlinearer Zusammenhang besteht, wählt die Regelungstechnik den Weg der *Linearisierung*.

 Die *Linearisierung* ersetzt eine nichtlineare mathematische Funktion durch eine lineare Funktion, mit der die nichtlineare Funktion in einem ausgewählten Wertebereich angenähert wird. Die Linearisierung ist in der Regelungstechnik häufig erforderlich, da viele Entwurfsmethoden nur auf lineare Funktionen anwendbar sind.

Beginnen Sie die Linearisierung mit der nichtlinearen, statischen Kennlinie $Y = f(U)$, die den Zusammenhang zwischen U und Y beschreibt. Diese nichtlineare Funktion erhalten Sie entweder direkt mit theoretischer Modellbildung oder über Messungen und Kurvenanpassungen. Die Großbuchstaben weisen auf den nichtlinearen Zusammenhang hin.

Die Linearisierung läuft dann in folgenden Schritten ab:

1. **Wählen Sie einen Arbeitspunkt S auf der Kennlinie.**

    Im *Arbeitspunkt $S(U_S, Y_S)$* soll die Regelung stattfinden.

2. **Berechnen oder ermitteln Sie grafisch die Tangentensteigung von $Y = f(U)$ im Arbeitspunkt S.**

    $$K_S = \left. \frac{\partial Y}{\partial U} \right|_{U=U_S} = \left. \frac{\partial f(U)}{\partial U} \right|_{U=U_S}$$

3. **Ersetzen Sie die nichtlineare Funktion $Y = f(U)$ durch**

    $$Y \approx Y_S + K_S(U - U_S) \, .$$

4. **Wählen Sie ein neues Koordinatensystem (u, y) im Arbeitspunkt S.**

    $$(u, y) = (U - U_S, Y - Y_S)$$

5. **Ersetzen Sie die nichtlineare Funktion durch die lineare Funktion.**

    $Y = f(U)$ nichtlineare Funktion

    $y = K_S u$ lineare Funktion

Das Ergebnis dieser fünf Schritte sehen Sie in Abbildung 3.16.

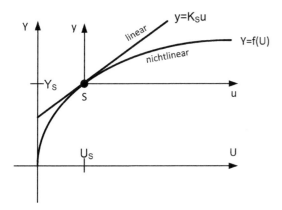

Abbildung 3.16: Die linearisierte Kennlinie ist die Tangente im Arbeitspunkt

Sie können hier erkennen, dass die lineare Tangente die nichtlineare Funktion besonders gut in der Nähe des Arbeitspunkts beschreibt.

Regelungen sorgen dafür, dass Prozesse stabil in der Nähe des Arbeitspunkts bleiben. Deshalb ist es zulässig, nichtlineare Regelstrecken in diesem Arbeitspunkt zu linearisieren, um mit linearer Theorie gute Regler entwerfen zu können. Diese Regler erfüllen damit ihre eigenen Voraussetzungen für den Entwurf!

Stabil oder nicht

Neben den stabilen Regelstrecken (mit Ausgleich) gibt es auch *grenzstabile* und *instabile Regelstrecken.*

Bei *grenzstabilen* und *instabilen Regelstrecken* gibt es ohne Regelung keine stabile Ruhelage der Regelgröße. Bei konstanten Stellgrößen läuft die Regelgröße weg.

Abbildung 3.17 zeigt die drei möglichen Fälle der Stabilität am Beispiel einer Kugel auf einer Bahn. Die nur angedeutete Kugel (nicht ausgefüllt) zeigt die Position in der Ruhelage. Die grau ausgefüllte Kugel stellt eine beliebige Anfangslage außerhalb der Ruhelage dar.

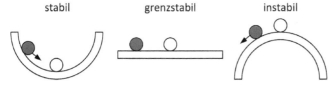

Abbildung 3.17: Der Lauf einer Kugel macht Stabilität anschaulich

Jetzt können Sie erkennen, was in den drei Fällen geschieht, wenn die Kugel aus dieser Anfangslage losgelassen wird. Im Fall der stabilen Regelstrecke läuft die Kugel von sich aus in die Ruhelage zurück. Im grenzstabilen Fall bleibt sie in der Anfangslage liegen und im instabilen Fall entfernt sich die Kugel immer weiter von der Ruhelage.

Das, was Sie am Beispiel der Kugel beobachten, können Sie auf beliebige Regelstrecken mit unterschiedlichen Prozessen übertragen und allgemein formulieren.

✔ **Stabile Regelstrecken:** Stabile Regelstrecken bewegen sich aus einem Anfangszustand in den Ruhezustand. Beispiele: Behälter mit geöffnetem Abfluss laufen leer, Öfen ohne Heizung werden kalt, Drehbewegungen ohne Antriebsmoment kommen zur Ruhe. Die oben aufgeführten P-Systeme gehören zu den stabilen Regelstrecken.

✔ **Grenzstabile Regelstrecken:** Grenzstabile Regelstrecken haben keinen eindeutigen Ruhezustand, sondern können in beliebigen Zuständen verharren. Beispiel: Ein Werkzeugmaschinenschlitten bleibt ohne Antrieb an einer beliebigen Stelle stehen, ein Fahrzeug ohne Antrieb ebenso. I-Systeme gehören zu den grenzstabilen Regelstrecken.

✔ **Instabile Regelstrecken:** Instabile Regelstrecken laufen vom labilen Ruhezustand weg. Aber Regler können auch instabile Regelstrecke stabil halten.

Sie können Stabilität beobachten oder, wenn ein dynamisches Modell existiert, anhand der Differenzialgleichung auch theoretisch prüfen.

Regelung einer instabilen Regelstrecke

Ein Beispiel für eine instabile Regelstrecke ist eine Kugel unter einem Dauermagneten (Permanentmagneten) mit den Polen N und S. In einem bestimmten Abstand entspricht die Magnetkraft nach oben der Gewichtskraft nach unten. Ohne Regelung wird die Kugel bei zu kleinem Abstand vom Permanentmagneten angezogen und bei zu großem Abstand überwiegt die Schwerkraft und die Kugel fällt nach unten. Erst die Regelung einer zusätzlichen elektromagnetischen Kraft führt zur Stabilisierung und die Kugel kann in der Schwebe gehalten werden (siehe Abbildung 3.18).

Akrobatik einer Maschine

Ein schönes Beispiel dafür, dass ein instabiles System durch Regelung stabilisiert werden kann, ist der *Segway Human Transporter*. Die Elektronik der Regelung des einachsigen Elektrorollers übernimmt das Ausbalancieren für den Fahrer und erkennt anhand der Neigung des Fahrers nach vorn oder nach hinten den Wunsch der Fahrgeschwindigkeit. Noch spektakulärer sind die Einradroller, auf denen Sie stehen oder sitzen können. Regelungstechnik macht es möglich!

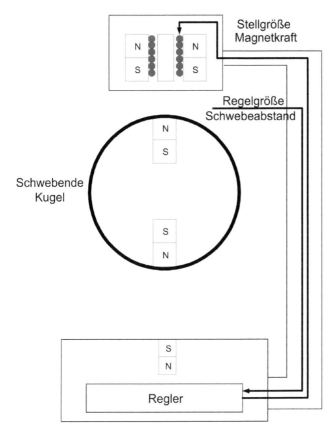

Abbildung 3.18: Regler sind in der Lage, instabile Regelstrecken zu stabilisieren

Reglertypen

Der Entwurf von Regelungen lässt sich auf eine simple Formel bringen:

Verhalten der Regelstrecke + Verhalten des Reglers = Verhalten des Regelkreises

Wenn also das Verhalten der Regelstrecke geklärt ist, kommt jetzt der Regler dran (siehe Abbildung 3.19).

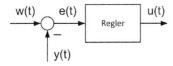

Abbildung 3.19: Nach der Untersuchung der Regelstrecke folgt der Entwurf des Reglers

Wenn vom Regler gesprochen wird, können Sie zwei Dinge darunter verstehen:

✔ die dynamische Funktion des Reglers

✔ den gerätetechnische Aufbau des Reglers

Für die Entwicklung einer Regelung steht zunächst die dynamische Funktion des Reglers im Vordergrund. Darauf folgt die Realisierung dieser Funktion in einem Gerät oder in einem Rechner. Über die Realisierung erfahren Sie in den Kapiteln 12 und 13 mehr.

Bei Reglern gibt es Standards

Die Mathematik des Standardreglers enthält drei Anteile mit unterschiedlichem Verhalten:

✔ proportionales Verhalten, kurz P-Anteil

✔ integrierendes Verhalten, kurz I-Anteil

✔ differenzierendes Verhalten, kurz D-Anteil

Der *P-Anteil* multipliziert die Regeldifferenz mit einem konstanten Wert

$$u(t) = K_P e(t) + \cdots,$$

der *I-Anteil* multipliziert das Integral der Regeldifferenz mit einem konstanten Wert

$$u(t) = \cdots + K_I \int_0^t e(\tau)\mathrm{d}\tau + \cdots$$

und der *D-Anteil* multipliziert die Ableitung der Regeldifferenz mit einem konstanten Wert

$$u(t) = \cdots + K_D \dot{e}(t).$$

Die drei Regleranteile haben im Regelkreis unterschiedliche Wirkungen:

✔ Der P-Anteil reagiert sofort auf eine Regeldifferenz. Bei Regelstrecken mit Ausgleich kann der P-Anteil die Regeldifferenz allerdings nicht vollständig zu null machen.

✔ Der I-Anteil macht die Regeldifferenz zu null, hat jedoch eine schlechtere Dynamik als der P-Regler.

✔ Der D-Anteil kann nur auf Veränderungen der Regeldifferenz reagieren, verbessert aber die Dynamik des Regelkreises im Zusammenspiel mit P- und I-Anteilen.

Wenn Sie die Regleranteile einzeln verwenden oder zusammenfassen, erhalten Sie die unterschiedlichen Reglertypen:

✔ *P-Regler:* $u(t) = K_P e(t)$

✔ *I-Regler:* $u(t) = K_I \int_0^t e(\tau)\mathrm{d}\tau$

✔ *PI-Regler:* $u(t) = K_P e(t) + K_I \int_0^t e(\tau)\mathrm{d}\tau$

✔ *PD-Regler:* $u(t) = K_P e(t) + K_D \dot{e}(t)$

✔ *PID-Regler:* $u(t) = K_P e(t) + K_I \int\limits_0^t e(\tau)\mathrm{d}\tau + K_D \dot{e}(t)$

Das sind die üblichen Kombinationen im Regler. Der PID-Regler enthält alle drei Anteile und heißt deshalb auch Universalregler. Die drei Regleranteile wirken parallel, ihre Summe ergibt das Stellsignal (siehe Abbildung 3.20).

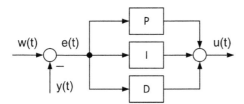

Abbildung 3.20: Die drei Anteile des PID-Reglers arbeiten parallel

Die Wirkung der drei Regleranteile sehen Sie an einem Beispiel:

Die Anteile des PID-Reglers

Abbildung 3.21 zeigt das Regelkreisverhalten für eine P-T2-Regelstrecke mit P-Regler, PI-Regler und PID-Regler.

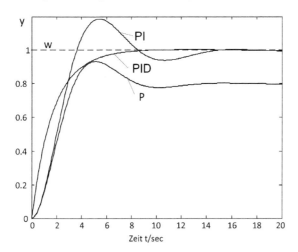

Abbildung 3.21: Jeder der drei Regleranteile hat seine Wirkung

Der P-Regler bringt die Regelgröße $y(t)$ in die Nähe des Sollwerts $w(t)$, es bleibt aber eine Regeldifferenz. Der I-Anteil des PI-Reglers baut diese Regeldifferenz ab. Der D-Anteil des PID-Reglers verbessert schließlich die Dynamik des geregelten Systems.

Anders als der P-Anteil und der D-Anteil des Reglers hat der I-Anteil ein »Gedächtnis«.

Das liegt an der Mathematik der Integration.

Wenn Sie eine Funktion $x(t)$ über der Zeit zu $y(t)$ integrieren, müssen Sie immer den Anfangswert $y(0)$ berücksichtigen.

$$y(t) = \int_0^t x(\tau)d\tau + y(0)$$

Was das für eine abschnittweise Integration bedeutet, sehen Sie hier im Beispiel:

Das Gedächtnis eines Integrators

Es wird eine Eingangsfunktion $x(t)$ mit zwei Zeitabschnitten über der Zeit t zu $y(t)$ integriert. Im ersten Zeitabschnitt $0 \leq t \leq t_1$ mit $t_1 = 1$ ist $x(t) = 1$, im zweiten Zeitabschnitt $t > t_1 = 1$ ist $x(t) = 0$. Mit dem angenommenen Anfangswert des Integrals $y(0) = 0$ wird das Integral für den ersten Zeitabschnitt $y(t) = \int x(t)\,dt + 0 = \int 1 \cdot dt = t$, eine rampenförmig ansteigende Funktion. Am Ende des ersten Zeitabschnitts ist $y(t_1) = t_1 = 1$. Dieser Wert ist der Anfangswert für den zweiten Zeitabschnitt $y(t) = \int 0 \cdot dt + y(t_1) = 1$. Obwohl der Integrand $x(t)$ jetzt null ist, hat sich der Integrator den letzten Wert gemerkt. Diese Integration zeigt Abbildung 3.22.

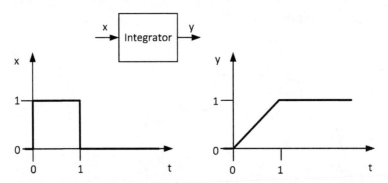

Abbildung 3.22: Der Integrator hat ein Gedächtnis

Der I-Anteil in einem Regler wächst deshalb so lange an, bis die Regeldifferenz zu null wird, und hält dann die Ausgangsgröße.

Für Regelstrecken mit Ausgleich, also für proportionale Regelstrecken, muss der Regler einen I-Anteil besitzen, damit keine Regeldifferenz auftritt.

Der PID-Regler erzeugt kontinuierliche Stellgrößen, also kontinuierliche Einwirkungen auf den Prozess, was zu guten Regelergebnissen führt. Die Aktoren dafür sind jedoch aufwendig und deshalb nicht immer möglich und notwendig.

Manchmal genügt schalten

Wenn an Regelungen nicht sehr hohe Anforderungen gestellt werden und der technische Aufwand gering bleiben soll, reicht für die Stellgröße oft ein Einschalten und Ausschalten. Häufig ist das bei einfachen Temperaturregelungen der Fall. Je nachdem, ob die Temperatur zu gering oder zu hoch ist, können Sie die Wärmezufuhr einschalten oder ausschalten. Das kennen Sie zum Beispiel bei elektrischen Kochplatten oder bei der Regelung der Kesseltemperatur von Heizungsanlagen.

Die Stellgröße ist dann nicht das Ergebnis einer PID-Rechnung, sondern das Ergebnis eines Kleiner-Größer-Vergleichs:

✔ Wenn IST-Temperatur < SOLL-Temperatur, dann Heizung = EIN

✔ Wenn IST-Temperatur ≥ SOLL-Temperatur, dann Heizung = AUS

Die Heizung nimmt also nur zwei Zustände an. Es handelt sich also um einen *Zwei-Punkt-Regler*. Seine Kennlinie zeigt Abbildung 3.23.

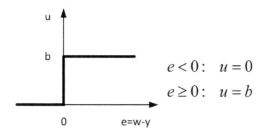

$$e < 0 : \quad u = 0$$
$$e \geq 0 : \quad u = b$$

Abbildung 3.23: Der Zwei-Punkt-Regler gibt nur zwei konstante Werte aus

Abbildung 3.24 zeigt das Regelverhalten eines Zwei-Punkt-Reglers an einer Regelstrecke mit Laufzeit T_0 und Verzögerungszeit T_1. Typisch beim Zwei-Punkt-Regler ist der schaltende Verlauf der Stellgröße u und die Schwingung der Regelgröße y um den Sollwert w.

Bei großen Laufzeiten und Verzögerungen in der Regelstrecke ist die Schaltfrequenz der Stellgröße zwar niedrig (das ist günstig), die Schwankungsbreite der Regelgröße um den Sollwert wird aber hoch (das ist ungünstig). Damit bei kleinen Laufzeiten und Verzögerungen die Schaltfrequenz nicht zu hoch wird, bekommt der Zwei-Punkt-Regler eine *Schalthysterese*.

Abbildung 3.25 zeigt eine *Schalthysterese* eines Zwei-Punkt-Reglers.

Bei der Schalthysterese erfolgt das Einschalten an einem anderen Schaltpunkt als das Ausschalten:

Schaltung $u = 0 \Rightarrow u = b$ an der Stelle $e = a$

Schaltung $u = b \Rightarrow u = 0$ an der Stelle $e = -a$

Die Stellgröße u hängt also nicht nur von der Regeldifferenz e ab, sondern auch davon, wie die Stellgröße aktuell ist.

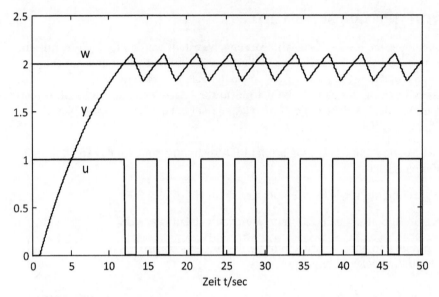

Abbildung 3.24: Mit einem Zwei-Punkt-Regler schwingt die Regelgröße um den Sollwert

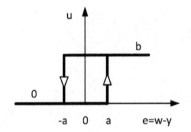

Abbildung 3.25: Der Zwei-Punkt-Regler
mit Hysterese hat zwei Schaltpunkte

Schalthysteresen sind in der Technik sehr verbreitet. Ein sportliches Beispiel ist die Steuerung des Heckspoilers an einem Fahrzeug. Er wird bei 80 km/h ausgefahren und bei 60 km/h eingefahren. Ohne diese Hysterese wäre der Heckspoiler bei einer Geschwindigkeit um 80 km/h ständig in Bewegung.

Wenn das Stellsignal positive und negative Werte hat und auch mal den Wert Null annehmen soll, ist das mit dem *Drei-Punkt-Regler* möglich (siehe Abbildung 3.26).

Beispiele sind: Vorwärts–Null–Rückwärts, Öffnen–Null–Schließen, Heben–Null–Senken, Heizen–Null–Kühlen. Auch bei Drei-Punkt-Reglern sind Schalthysteresen sinnvoll.

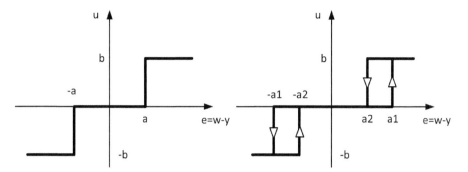

Abbildung 3.26: Drei-Punkt-Regler gibt es ohne Hysterese (links) und mit Hysterese (rechts)

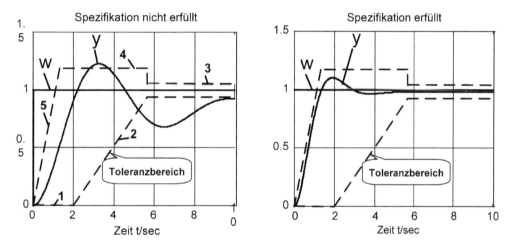

Abbildung 3.27: Für das Regelkreisverhalten gibt es Spezifikationen

Wünsche erfüllen

Wenn Sie an den Parametern des PID-Reglers drehen, um ein gutes Regelkreisverhalten zu erhalten, müssen Sie wissen, was gewünscht wird. Ihr Auftraggeber kann die Güte der Regelung zum Beispiel mit einem *Toleranzbereich* festlegen, in dem sich die Regelgröße bei einer Änderung des Sollwerts bewegen soll (siehe Abbildung 3.27).

Die nummerierten Begrenzungslinien des Toleranzbereichs haben folgende Bedeutung:

1. Die Regelgröße darf nicht in die falsche Richtung gehen.

2. Der Regelkreis darf nicht zu träge sein.

3. Die maximal zulässige bleibende Regeldifferenz ist vorgegeben.

4. Das Überschwingen darf einen bestimmten Wert nicht übersteigen. Bei Werkzeugmaschinen ist zum Beispiel kein Überschwingen zulässig.

5. Die Zunahme (die Geschwindigkeit) der Regelgröße ist begrenzt.

Im linken Teil von Abbildung 3.27 sind die Spezifikationen nicht erfüllt, im rechten Teil sind sie erfüllt. Ähnliche Vorgaben sind für das Regelkreisverhalten bei Störungen üblich.

Teil II
Theorie kann praktisch sein

IN DIESEM TEIL ...

In fünf Kapiteln lesen Sie alles, was Sie an Mathematik in der Regelungstechnik brauchen. Das ist ein Werkzeugkasten mit sehr hilfreichen mathematischen Werkzeugen, mit denen die Regelungstechniker arbeiten. Und die sind keine Mathematiker, also nur Mut! Außerdem lernen Sie ein erstes Programm kennen, das Sie perfekt unterstützt.

Kapitel 4
Schnell fertig mit Mathe

D ie Aussage »Schnell fertig mit Mathe« ist doppeldeutig. Die negative Bedeutung wäre: Sie ließen sich auf die *Mathematik der Regelungstechnik* gar nicht ein. Die positive Interpretation, die hier natürlich gemeint ist, wäre: Sie können mit ein bisschen Mathematik dynamische Aufgabenstellungen der Regelungstechnik sehr schnell und elegant lösen und Prozesse viel besser verstehen.

Differenziale machen dynamisch

In Technik und Natur ist ständig Bewegung und Veränderung. Ingenieure und Naturwissenschaftler möchten diese Dynamik verstehen und mathematisch formulieren. Zeitliche Veränderungen von Vorgängen beschreiben sie mit der zeitlichen Ableitung, das heißt mit dem Differenzialquotienten von Prozessgrößen.

Wenn Sie feststellen, dass sich ein Druck p in einem Zeitintervall $\Delta t = 10$ sec um $\Delta p = 2$ bar erhöht hat, dann können Sie den Druckanstieg als *Differenzenquotienten* $\frac{\Delta p}{\Delta t} = 0{,}2\frac{\text{bar}}{\text{sec}}$ angeben. Mit dem Zeitintervall Δt kann eine Druckveränderung aber nur zu einzelnen Zeitpunkten angegeben werden. Mit dem Übergang $\Delta t \to 0$ wird dagegen aus dem Differenzenquotienten der Differenzialquotient $\frac{\mathrm{d}p(t)}{\mathrm{d}t}$, mit dem Sie die Veränderung zu jedem

Zeitpunkt kennen. Es ist die Ableitung $\frac{dp(t)}{dt} = \dot{p}(t)$ der Zeitfunktion für den Druck $p(t)$. Ein solcher Differenzialquotient macht eine Gleichung zu einer *Differenzialgleichung*.

> *Prozessgröße:* $x(t)$
>
> *Zeitliche Ableitung der Prozessgröße:* $\frac{dx(t)}{dt} = \dot{x}(t)$

Mit Differenzialgleichungen können Sie zum Beispiel beschreiben, wie ein Druck ansteigt, eine Temperatur abfällt, ein Füllstand sinkt, sich eine Konzentration ändert oder eine Spannung schwingt. Die Fachleute des jeweiligen Wissensgebiets greifen dazu in ihre Modellkiste und bauen ein mathematisches Modell der Dynamik in Form einer Differenzialgleichung auf.

Die Regelungstechniker nutzen diese Modelle, um für die verschiedenen Prozesse Regelungen zu entwickeln. Zwei Besonderheiten erkennt der Regelungstechniker dabei:

✔ Für die unterschiedlichsten Prozesse gibt es ähnliche dynamische Modelle.

✔ Die Regelungstechnik kann nicht nur Dynamik erfassen und beschreiben, sondern auch neue, verbesserte Dynamik erzeugen.

Die Differenzialgleichung stellt den dynamischen Zusammenhang zwischen den Einwirkungen auf den Prozess (Eingangsgrößen) und den Auswirkungen im Prozess (Ausgangsgrößen) her. Sie können das auch als Ursache und Wirkung bezeichnen. Bei Vorgängen in der Biologie spricht man auch von Reiz und Reaktion.

Unterschiedlich und doch ähnlich

Ein wichtiger Beitrag der Regelungstechnik ist es, die Gemeinsamkeiten von unterschiedlichen Prozessmodellen aufzuzeigen. Das werden Sie mit den folgenden Beispielen erkennen.

Beispiel 1 – Beschleunigung eines Fahrzeugs (siehe Abbildung 4.1)

Eingangsgröße: Antriebskraft $F_A(t)$

Ausgangsgröße: Geschwindigkeit $v(t)$

Veränderung: Beschleunigungskraft = Antriebskraft – Gegenkraft

$$m \cdot \dot{v}(t) = [F_A(t) - F_R(t)] = [F_A(t) - r \cdot v(t)]$$

mit der Gesamtmasse m und der geschwindigkeitsabhängigen Gegenkraft $F_R = r \cdot v(t)$

Die Beschleunigung ist die Ableitung der Geschwindigkeit, also die Veränderung der Geschwindigkeit. Mit zunehmender Geschwindigkeit nehmen die Gegenkräfte wie Reibung und Luftwiderstand so lange zu, bis die Gegenkraft die Antriebskraft erreicht hat. Die Geschwindigkeit ist dann $v(t) = const.$ beziehungsweise $\dot{v}(t) = 0$.

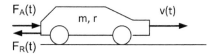

Abbildung 4.1: Die Antriebskraft erzeugt die Geschwindigkeit

Beispiel 2 – Erwärmung eines Industrieofens (siehe Abbildung 4.2)

Eingangsgröße: Wärmezufuhr durch eine Elektroheizung $Q_{zu}(t)$

Ausgangsgröße: Temperatur im Ofeninneren $\theta(t)$

Veränderung: Wärmeinhalt im Ofen = zugeführte Wärme – abgeführte Wärme an die Umgebung

$$m \cdot c \cdot \dot{\theta}(t) = Q_{zu}(t) - Q_{ab}(t) = Q_{zu}(t) - k[\theta(t) - \theta_u]$$

mit der Masse m und der spezifischen Wärmekapazität c im Ofen, mit dem Wärmedurchgangskoeffizienten der Ofenwand k und der Umgebungstemperatur θ_u.

Die Temperatur im Ofen steigt nur so lange an, bis der Wärmeverlust an die Umgebung so groß geworden ist wie die von der Heizung zugeführte Wärme. Dann kommt es auch hier zu einem Ausgleich mit $\theta(t) = const.$ beziehungsweise $\dot{\theta}(t) = 0$.

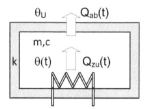

Abbildung 4.2: Die Wärmezufuhr erzeugt die Temperatur im Ofen

Beispiel 3 – Konzentrationsänderung in einem Behälter
(siehe Abbildung 4.3)

Eingangsgröße: Konzentration im Zulauf c_E

Ausgangsgröße: Konzentration im Behälter c

Veränderung: Volumenänderung des Stoffes im Behälter = Stoffstrom im Zufluss – Stoffstrom im Ablauf

$$V \cdot \dot{c}(t) = q \cdot c_E(t) - q \cdot c(t)$$

mit dem Behältervolumen V und dem Volumenstrom q in Zulauf und Ablauf.

Die Konzentrationsänderung im Behälter wird $\dot{c}(t) = 0$, wenn die Konzentration im Behälter der Konzentration im Zufluss entspricht.

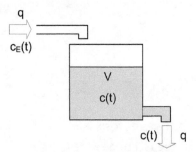

Abbildung 4.3: Die Konzentration im Zulauf erzeugt die Konzentration im Behälter

Beispiel 4 – Ladung eines Kondensators (siehe Abbildung 4.4)

Eingangsgröße: angelegte Spannung U_E

Ausgangsgröße: erzeugte Spannung U_A

Veränderung: Änderung der Kondensatorladung = Strom in den Kondensator

$$C \cdot \dot{U}_A(t) = \frac{1}{R}[U_E(t) - U_A(t)]$$

mit der Kapazität des Kondensators C und dem Widerstand R

Der Ausgleich $\dot{U}_A = 0$ ist erreicht, wenn die Kondensatorspannung U_A die angelegte Spannung U_E erreicht hat.

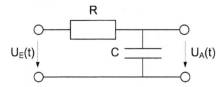

Abbildung 4.4: Die Spannung am Eingang erzeugt die Spannung am Ausgang

Die Differenzialgleichungen dieser vier Prozesse haben bemerkenswerte Gemeinsamkeiten:

✔ Es tritt immer nur die erste Ableitung der Ausgangsgröße auf.

✔ Auf der rechten Seite der Differenzialgleichung steht immer die Differenz von Eingangsgröße und Ausgangsgröße.

✔ Die Änderungsgeschwindigkeit der Ausgangsgröße nimmt mit wachsender Ausgangsgröße ab. Ein stationärer Zustand ist erreicht, wenn die rechte Seite der Differenzialgleichung null wird und damit die Ableitung der Ausgangsgröße verschwindet.

Stellen Sie Differenzialgleichungen für Prozesse so um, dass die Variablen der Ausgangsgrößen auf der linken Seite der Gleichung und die Variablen der Eingangsgrößen auf der rechten Seite stehen.

Wenn Sie diesen Tipp berücksichtigen, erhalten Sie für die vier Beispiele die Gleichungen in Tabelle 4.1. Alle vier Gleichungen sind Differenzialgleichungen erster Ordnung, da die Prozessausgangsgröße nur in der ersten Ableitung vorkommt. Die Gleichungen haben die Struktur und das Verhalten des P-T1-Systems (siehe Kapitel 3, Abschnitt »Prominente Modelle«), deshalb können Sie zu jedem Beispiel die Zeitkonstante T_1 und die Übertragungskonstante K_S angeben.

System	Differenzialgleichung	Zeitkonstante	Übertragungs-konstante
P-T1-System	$T_1 \cdot \dot{y}(t) + y(t) = K_S \cdot u(t)$	T_1	K_S
Beispiel 1 Fahrzeug	$\dfrac{m}{r} \cdot \dot{v}(t) + v(t) = \dfrac{1}{r} \cdot F_A(t)$	$T_1 = \dfrac{m}{r}$	$K_S = \dfrac{1}{r}$
Beispiel 2 Industrieofen	$\dfrac{m \cdot c}{k} \cdot \dot{\theta}(t) + \theta(t) = \dfrac{1}{k} Q_{zu}(t) + \theta_u$	$T_1 = \dfrac{m \cdot c}{k}$	$K_S = \dfrac{1}{k}$
Beispiel 3 Konzentration	$\dfrac{V}{q} \cdot \dot{c}(t) + c(t) = c_E(t)$	$T_1 = \dfrac{V}{q}$	$K_S = 1$
Beispiel 4 Kondensator	$RC \cdot \dot{U}_A(t) + U_A(t) = U_E(t)$	$T_1 = RC$	$K_S = 1$

Tabelle 4.1: Systeme mit P-T1-Verhalten

Die Ausgangsgrößen von Systemen mit P-T1-Verhalten reagieren verzögert auf Veränderungen der Eingangsgröße. Bei positiver Veränderung der Eingangsgröße steigt die Ausgangsgröße bis zum Ausgleich langsam an, bei negativer Veränderung der Eingangsgröße fällt die Ausgangsgröße langsam ab.

Wenn Sie die Differenzialgleichung lösen, können Sie für beliebige zeitliche Verläufe der Eingangsgröße das Verhalten der Ausgangsgröße berechnen. Bei der Lösung helfen Ihnen Programme mit numerischen Lösungsverfahren.

Da steckt alles drin

Sie wissen, dass es neben den Systemen mit P-T1-Verhalten auch Systeme mit Verzögerungen höherer Ordnung gibt wie die P-T2-Systeme und Systeme, die Schwingungsverhalten besitzen wie die P-S2-Systeme (siehe Kapitel 3, Abschnitt »Prominente Modelle«). Sie wissen auch, dass Systeme grenzstabil oder instabil sein können (siehe Kapitel 3, Abschnitt »Stabil oder nicht«).

Ob Prozess, komplette Regelstrecke mit Aktor und Sensor, Regler oder geschlossener Regelkreis, all diese dynamischen Vorgänge können Sie einheitlich mit Differenzialgleichungen beschreiben. Die Lösungen der Differenzialgleichungen machen das dynamische Verhalten sichtbar.

Die allgemeine Form für lineare Dynamik ist die *Differenzialgleichung n-ter Ordnung* mit der Eingangsgröße $x_E(t)$ und der Ausgangsgröße $x_A(t)$ nach Abbildung 4.5.

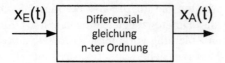

Abbildung 4.5: Hier steckt alles drin

Diese lineare Differenzialgleichung lautet

$$a_n \overset{(n)}{x_A} + \cdots + a_1 \dot{x}_A + a_0 x_A = b_m \overset{(m)}{x}_E + \cdots + b_1 \dot{x}_E + b_0 x_E$$

mit den konstanten Koeffizienten a_i, $(i = 0, 1, \cdots n)$ und b_j, $(j = 0, 1, \cdots m)$ sowie den Anfangsbedingungen $x_A(0)$, $\dot{x}_A(0)$, $\cdots \overset{(n-1)}{x}_A(0)$. Die eingeklammerte Zahl über den Variablen gibt die Zahl der Ableitungen an. Das ist bei höheren Ableitungen praktisch. Die Differenzialgleichung n-ter Ordnung besitzt n Ableitungen.

Auf der rechten Seite der Differenzialgleichung können ebenfalls Ableitungen auftreten. In der Praxis ist aber die Zahl der Ableitungen der Eingangsgröße immer kleiner oder gleich der Zahl der Ableitungen der Ausgangsgröße, es ist also $m \leq n$.

In der allgemeinen Gleichung können sehr unterschiedliche Dynamiken enthalten sein.

Vergleichen Sie die folgenden zwei Beispiele mit der allgemeinen Gleichung von oben.

Beispiel 1: Die Regelstrecke ist ein P-T2-System

P-T2-System: $T_1 T_2 \ddot{y}(t) + (T_1 + T_2)\dot{y}(t) + y(t) = K_S u(t)$

Der Vergleich mit der allgemeinen linearen Differenzialgleichung ergibt $n = 2$, $a_2 = T_1 T_2$, $a_1 = T_1 + T_2$, $a_0 = 1$ $m = 0$, $b_0 = K_S$.

Beispiel 2: Der Regler ist ein PI-Regler

PI-Regler: $u(t) = K_P e(t) + K_I \int\limits_0^t e(\tau)\, \mathrm{d}\tau$ beziehungsweise

$$\dot{u}(t) = K_P \dot{e}(t) + K_I e(t)$$

Der Vergleich mit der allgemeinen linearen Differenzialgleichung ergibt $n = 1$, $a_1 = 1$, $a_0 = 0$, $m = 1$, $b_1 = K_P$, $b_0 = K_I$.

Systeme sich selbst überlassen

Bei der Beschreibung von Dynamik wird zwischen der *homogenen* und der *inhomogenen Differenzialgleichung* unterschieden. Wenn Sie in der Differenzialgleichung die rechte Seite $x_E(t) = 0$ setzen, wird aus der inhomogenen Differenzialgleichung die homogene Differenzialgleichung.

Die *homogene Differenzialgleichung* beschreibt das Verhalten des Prozesses, wenn keine Eingangsgröße $x_E(t)$ wirkt, die Ausgangsgröße $x_A(t)$ aber eine Anfangsauslenkung $x_A(0)$ besitzt. Bildlich gesprochen heißt das: Anheben und dann loslassen. Dieses Verhalten wird auch autonomes Verhalten genannt. Die *inhomogene Differenzialgleichung* beschreibt die Wirkung der Eingangsgröße $x_E(t)$ auf die Ausgangsgröße $x_A(t)$.

Die homogene Differenzialgleichung für ein System erster Ordnung lautet

$$a_1 \cdot \dot{x}_A(t) + a_0 \cdot x_A(t) = 0 \quad \textit{mit der Anfangsbedingung} \quad x_A(0) = x_0.$$

Es interessiert nun, wie $x_A(t)$ nach dem Start in x_0 verläuft. Die Lösung der homogenen Differenzialgleichung gibt die Antwort. Der Ansatz für die Lösung ist

$$x_A(t) = C \cdot e^{st}$$

mit den beiden noch unbekannten Größen C und s. Diesen Ansatz können Sie für alle linearen Differenzialgleichungen machen. Im aktuellen Fall für das System erster Ordnung benötigen Sie noch die erste Ableitung

$$\dot{x}_A(t) = C \cdot s \cdot e^{st},$$

um $x_A(t)$ und $\dot{x}_A(t)$ in die Differenzialgleichung einsetzen zu können. Sie erhalten dann

$$a_1 \cdot C \cdot s \cdot e^{st} + a_0 \cdot C \cdot e^{st} = 0 \quad \textit{beziehungsweise} \quad a_1 \cdot s + a_0 = 0,$$

weil immer $C \cdot e^{st} \neq 0$ gesetzt und die Gleichung durch diesen Faktor geteilt werden kann. Die Gleichung $a_1 \cdot s + a_0 = 0$ heißt *charakteristische Gleichung* der Differenzialgleichung mit der Unbekannten s. Die Lösung dieser charakteristischen Gleichung ist $s = -\dfrac{a_0}{a_1}$ und heißt *Eigenwert*. Bei einer Differenzialgleichung erster Ordnung, wie hier beschrieben, gibt es also nur einen Eigenwert.

Wegen

$$x_A(0) = C \cdot e^0 = C = x_0$$

ist auch $C = x_0$ bestimmt. Die Lösung der homogenen Differenzialgleichung ist damit

$$x_A(t) = x_0 \cdot e^{-\frac{a_0}{a_1}t}.$$

Abbildung 4.6 zeigt den Graphen dieser Lösung $x_A(t)$ für $x_0 = 1$ und für die drei Fälle:

Fall 1: $\quad \dfrac{a_0}{a_1} = 1\,\dfrac{1}{\text{sec}}, \quad$ also $\quad s = -1\,\dfrac{1}{\text{sec}} \quad$ und $\quad x_A(t) = e^{-\frac{t}{\text{sec}}}$

Fall 2: $\quad \dfrac{a_0}{a_1} = 0\,\dfrac{1}{\text{sec}}, \quad$ also $\quad s = 0\,\dfrac{1}{\text{sec}} \quad$ und $\quad x_A(t) = e^0 = 1$

Fall 3: $\quad \dfrac{a_0}{a_1} = -1\,\dfrac{1}{\text{sec}}, \quad$ also $\quad s = 1\,\dfrac{1}{\text{sec}} \quad$ und $\quad x_A(t) = e^{\frac{t}{\text{sec}}}$

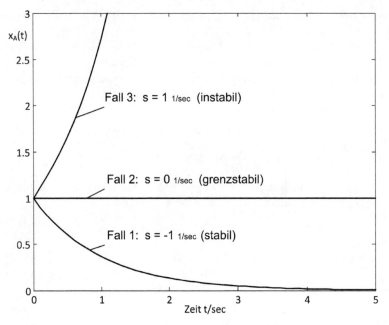

Abbildung 4.6: Die Eigenwerte bestimmen die Stabilität

✔ In Fall 1 ist der Eigenwert negativ. Die homogene Lösung $x_A(t)$ läuft vom Anfangswert x_0 asymptotisch gegen null, da der Exponent der e-Funktion negativ ist. Es handelt sich um ein stabiles, autonomes Verhalten.

✔ In Fall 2 ist der Eigenwert null. Die homogene Lösung $x_A(t)$ bleibt auf dem Anfangswert x_0, da auch der Exponent der e-Funktion null ist. Es handelt sich um grenzstabiles Verhalten.

✔ In Fall 3 ist der Eigenwert positiv. Die homogene Lösung $x_A(t)$ läuft vom Anfangswert x_0 in Richtung größerer Werte weg, da der Exponent der e-Funktion positiv ist. Es handelt sich um instabiles Verhalten.

Bei Systemen höherer Ordnung mit mehreren Eigenwerten genügt nur ein positiver Eigenwert, um das System instabil werden zu lassen.

Steckbriefe der Dynamik

Um Aussagen zum dynamischen Verhalten eines Systems zu bekommen, brauchen Sie die Differenzialgleichung meist nicht analytisch zu lösen, denn das können Ingenieure nach einiger Zeit sowieso nicht mehr. Für die Regelungstechnik reicht es meist, die *Eigenwerte* und die *Übertragungskonstanten* zu kennen. Lösungen der Differenzialgleichungen werden Sie in der Praxis nur numerisch berechnen.

Die *charakteristische Gleichung* der allgemeinen homogenen Differenzialgleichung $a_n \overset{(n)}{x_A} + \cdots + a_1 \dot{x}_A + a_0 x_A = 0$ ist $a_n s^n + \cdots + a_2 s^2 + a_1 s + a_0 = 0$. Die n Lösungen $s_1, s_2, \cdots s_n$ der charakteristischen Gleichung heißen *Eigenwerte* der Differenzialgleichung. Dazu gibt es eine gute Website: `de.wikipedia.org/wiki/Charakteristische_Gleichung`.

 Die höchste Ableitung $\overset{(n)}{x_A}$ in der Differenzialgleichung bestimmt ihre Ordnung n und gleichzeitig die Zahl n der Eigenwerte. Mit Kenntnis der Eigenwerte können Sie nicht nur Aussagen über die Stabilität machen, sondern auch darüber, wie sich stabile Systeme dynamisch verhalten.

Schnell zu den Eigenwerten

Mit den folgenden Schritten kommen Sie schnell zu den Eigenwerten:

1. Leiten Sie den Ansatz $x_A(t) = e^{st}$ für die Differenzialgleichung so oft ab, wie Sie es für den jeweiligen Fall benötigen. Die Konstante C können Sie für die Berechnung der Eigenwerte weglassen.

$$x_A(t) = e^{st}$$

$$\dot{x}_A(t) = s e^{st}$$

$$\ddot{x}_A(t) = s^2 e^{st}$$

$$\cdots$$

$$\overset{(n)}{x}_A(t) = s^n e^{st}$$

2. Dann setzen Sie die Ableitungen in die homogene Differenzialgleichung ein und teilen diese durch e^{st}. Sie erhalten die Gleichung

$$a_n s^n + \cdots + a_2 s^2 + a_1 s + a_0 = 0.$$

Das ist die *charakteristische Gleichung* n-ten Grades für die Differenzialgleichung n-ter Ordnung.

3. Wenn Sie diese homogene Differenzialgleichung

$$a_n \overset{(n)}{x_A} + \cdots + a_1 \dot{x}_A + a_0 x_A = 0$$

mit der charakteristischen Gleichung vergleichen, erkennen Sie, dass es noch schneller geht. Sie brauchen nur

$$x_A = 1$$

$$\dot{x}_A = s$$

$$\ddot{x}_A = s^2$$

allgemein

$$\overset{(n)}{x} = s^n$$

setzen, um die charakteristische Gleichung zu erhalten.

4. Jetzt müssen Sie »nur« noch die Lösungen $s_1, s_2, \ldots, s_n$ der charakteristischen Gleichung ausrechnen, dann kennen Sie die Eigenwerte. Für $n = 1$ und $n = 2$ geht das noch leicht mit Bleistift und Papier. Gleichungen höheren Grades lösen Sie elegant mit Programmen, wozu Sie in Kapitel 5 im Abschnitt »Hilfreiches Programm« und im kompletten Kapitel 19 einiges erfahren.

Wenn Sie die Eigenwerte berechnet haben, können Sie das autonome Verhalten der Systeme vorhersagen.

Ab Grad $n = 2$ hat die charakteristische Gleichung nur dann reelle Lösungen, wenn die Diskriminante (der Wurzelinhalt) positiv ist. Ist die Diskriminante negativ, gibt es keine reellen, sondern konjugiert komplexe Lösungen.

Komplexe Zahlen

In diesem Abschnitt können Sie Ihre Kenntnisse über »komplexe Zahlen« auffrischen. Neue Zahlentypen haben die Mathematiker immer dann eingeführt, wenn eine Rechenoperation nicht mehr möglich war. Das begann mit der Einführung der negativen Zahlen, damit Aufgaben wie $3 - 5 = -2$ lösbar wurden, und endete im 16. Jahrhundert mit den komplexen Zahlen. Die komplexen Zahlen bestehen aus den reellen Zahlen und den imaginären (nicht so recht vorstellbaren) Zahlen. Die Eigenschaft der imaginären Zahlen ist, dass ihr Quadrat eine negative reelle Zahl ergibt. Damit wird die Gleichung

$$x^2 + 1 = 0 \quad \text{mit der imaginären Einheit} \quad j = \sqrt{-1} \quad \text{lösbar:} \quad x_{1,2} = \pm j.$$

Die komplexe Zahl

$$z = x + j \cdot y$$

setzt sich aus dem Realteil x und dem Imaginärteil y zusammen. Die imaginäre Einheit erhält in den Ingenieurfächern das Symbol j, da das in der Mathematik übliche Symbol i zu Verwechslungen mit dem Momentanwert des Stroms i führen kann.

Mit den komplexen Zahlen ist jetzt auch folgende Gleichung lösbar:

$$x^2 + 2x + 2 = 0$$

$$x_{1,2} = -1 \pm \sqrt{-1} = -1 \pm j.$$

Die beiden Lösungen heißen konjugiert komplex, sie haben den gleichen Realteil und die Imaginärteile unterscheiden sich nur im Vorzeichen.

Während reelle Größen auf der eindimensionalen Zahlengeraden darstellbar sind, benötigen komplexe Zahlen eine zweidimensionale Darstellung in der z-Ebene, die *gaußsche Zahlenebene*. Sie können komplexe Zahlen deshalb behandeln wie einen Vektor mit zwei Komponenten (siehe Abbildung 4.7).

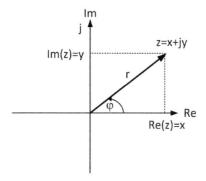

Abbildung 4.7: Komplexe Zahlen haben zwei Komponenten

Die reelle Komponente, den Realteil, tragen Sie auf der x-Achse auf, die imaginäre Komponente, den Imaginärteil, auf der y-Achse. Eine komplexe Zahl ist also ein Punkt in der gaußschen Zahlenebene, auf den ein Vektor zeigt. Dieser Vektor besitzt eine Länge und eine Richtung. Deshalb können Sie eine komplexe Zahl nicht nur mit der x- und der y-Komponente (kartesische Koordinaten), sondern auch mit Länge und Richtung (Polarkoordinaten) beschreiben:

✔ Komplexe Zahlen in kartesischen Koordinaten

$$z = \mathrm{Re}\,(z) + j \cdot \mathrm{Im}\,(z) = x + j \cdot y$$

mit Realteil $\mathrm{Re}\,(z) = x$ und Imaginärteil $\mathrm{Im}\,(z) = y$

✔ Komplexe Zahlen in Polarkoordinaten mit Verwendung der Euler-Formel

$$z = r \cdot e^{j\varphi} = r \cdot (\cos\varphi + j \cdot \sin\varphi)$$

mit dem Betrag $r = |z|$ und dem Phasenwinkel $\varphi = \angle z = \arg\,(z)$ der komplexen Zahl

✔ Zusammenhänge zwischen kartesischen Koordinaten und Polarkoordinaten

Realteil $x = r \cdot \cos;\ \varphi$, Imaginärteil $y = r \cdot \sin;$

Betrag $r = \sqrt{x^2 + y^2}$,

Phasenwinkel

$$\varphi = \arctan\left(\frac{y}{x}\right) \quad \text{für} \quad x > 0 \quad \text{und} \quad y \quad \text{beliebig}$$

$$\varphi = \arctan\left(\frac{y}{x}\right) + \pi \quad \text{für} \quad x < 0 \quad \text{und} \quad y \geq 0$$

$$\varphi = \arctan\left(\frac{y}{x}\right) - \pi \quad \text{für} \quad x < 0 \quad \text{und} \quad y < 0$$

$$\varphi = \frac{\pi}{2} \quad \text{für} \quad x = 0 \quad \text{und} \quad y > 0$$

$$\varphi = \frac{\pi}{2} \quad \text{für} \quad x = 0 \quad \text{und} \quad y < 0$$

unbestimmt für $x = 0$ und $y = 0$

Werden Eigenwerte s in der gaußschen Zahlenebene betrachtet, heißt diese Ebene auch *s-Ebene*. Die Eigenwerte tragen Sie mit einem Kreuz in die s-Ebene ein. Für die Lage von Eigenwerten s gibt es nun wichtige Regeln.

Die Lage der Eigenwerte s gibt Auskunft über die Stabilität von Systemen:

✔ Haben alle Eigenwerte einen negativen Realteil, liegen sie also in der linken Halbebene der s-Ebene, ist das System stabil.

✔ Liegt nur ein Eigenwert auf der imaginären Achse, ist das System grenzstabil.

✔ Liegt nur ein Eigenwert in der rechten Halbebene, ist das System instabil.

Berechnung von Eigenwerten

Die Eigenwerte der homogenen Differenzialgleichung

$$\ddot{x}(t) + 2\dot{x}(t) - 3x(t) = 0$$

sind zu berechnen und die Stabilität des Systems ist zu prüfen.

1. **Bilden Sie die charakteristische Gleichung.**

   Mit dem Zusammenhang $\overset{(n)}{x} = s^n$ können Sie aus der Differenzialgleichung sofort die charakteristische Gleichung machen: $s^2 + 2s - 3 = 0$.

2. **Berechnen Sie die Eigenwerte.**

   Die charakteristische Gleichung hat zwei Lösungen s_1 und s_2. Mit der bekannten Formel für quadratische Gleichungen $a \cdot s^2 + b \cdot s + c = 0$ und deren Lösung $s_{1,2} = \dfrac{-b \pm \sqrt{b^2 - 4ac}}{2a}$ wird in diesem Fall mit $a = 1$, $b = 2$, $c = -3$: $s_{1,2} = \dfrac{-2 \pm \sqrt{4+12}}{2} = -1 \pm 2$ beziehungsweise $s_1 = 1$ und $s_2 = -3$.

3. **Prüfen Sie die Stabilität.**

Der Eigenwert s_1 ist positiv und liegt in der rechten s-Halbebene.

Das System ist damit instabil.

Stabile Bekannte

Die wichtigsten stabilen Regelstrecken erster und zweiter Ordnung sind das P-T1-System, das P-T2-System und das P-S2-System in Tabelle 4.2, die Sie weiter vorn in diesem Kapitel schon kennengelernt haben.

Differenzialgleichung	Charakteristische Gleichung	Eigenwerte
Grad $n = 1$ $a_1 \dot{y} + a_0 y = b_0 u$	$a_1 s + a_0 = 0$	$s_1 = -\dfrac{a_0}{a_1}$
Beispiel P-T1 $T_1 \dot{y} + y = K_S u$	$T_1 s + 1 = 0$	$s_1 = -\dfrac{1}{T_1}$
Grad $n = 2$ $a_2 \ddot{y} + a_1 \dot{y} + a_0 y = K_S u$	$a_2 s^2 + a_1 s + a_0 = 0$	$s_{1,2} = -\dfrac{a_1}{2a_2} \pm \sqrt{(\dfrac{a_1}{2a_2})^2 - \dfrac{a_0}{a_2}}$
Beispiel P-T2 $T_1 T_2 \ddot{y} + (T_1 + T_2) \dot{y} + y = K_S u$	$T_1 T_2 s^2 + (T_1 + T_2)s + 1 = 0$	$s_1 = -\dfrac{1}{T_1},\ s_2 = -\dfrac{1}{T_2}$
Beispiel P-S2 $\dfrac{1}{\omega_0^2} \ddot{y} + \dfrac{2D}{\omega_0} \dot{y} + y = K_S u$	$\dfrac{1}{\omega_0^2} s^2 + \dfrac{2D}{\omega_0} s + 1 = 0$	$s_{1,2} = -D\omega_0 \pm j \cdot \omega_0 \sqrt{1 - D^2}$

Tabelle 4.2: Berechnung von Eigenwerten

In den folgenden drei Abbildungen sehen Sie für diese Systeme Zahlenbeispiele mit

✔ den Eigenwerten in der s-Ebene,

✔ dem autonomen Verhalten $y(t)$ nach einer Anfangsauslenkung $y(0)$,

✔ der Übergangsfunktion $h(t)$ bei einer Übertragungskonstanten $K_S = 0{,}5$.

Abbildung 4.8 zeigt das P-T1-System mit einem Eigenwert $s = -2\,\dfrac{1}{\text{sec}}$.

Nach Tabelle 4.2 ist die Zeitkonstante damit $T_1 = 0{,}5$ sec. Diese Zeitkonstante erkennen Sie beim autonomen Verhalten, wo die der Ausgangsgröße nach T_1 um 63 Prozent abgefallen und bei der Übergangsfunktion auf 63 Prozent angestiegen ist. Der Endwert der Übergangsfunktion ist

$$y(t) = K_S \cdot \sigma(t) = 0{,}5.$$

Weil $s = -\dfrac{1}{T_1}$ ist, wandert der Eigenwert mit zunehmender Trägheit in Richtung des Nullpunkts der s-Ebene.

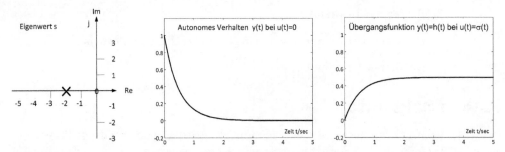

Abbildung 4.8: Das P-T1-System hat einen Eigenwert auf der negativen reellen Achse

 Je näher ein Eigenwert eines Systems am Nullpunkt der s-Ebene liegt, umso träger ist das System. Systeme mit hoher Dynamik besitzen Eigenwerte weit entfernt vom Nullpunkt.

Bei dem P-T2-System in Abbildung 4.9 liegen die beiden Eigenwerte bei $s_1 = -4\,\dfrac{1}{\text{sec}}$ und $s_2 = -1\,\dfrac{1}{\text{sec}}$.

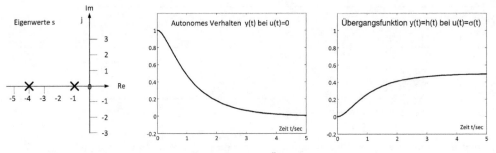

Abbildung 4.9: Das P-T2-System hat einen weicheren Übergang

Die beiden Zeitkonstanten können Sie wieder an den Eigenwerten ablesen. Es ist $T_1 = -\dfrac{1}{s_1} = 0{,}25$ sec und $T_2 = -\dfrac{1}{s_2} = 1$ sec. Am autonomen Verhalten und an der Übergangs-funktion sehen Sie, dass die größere Trägheit T_2 dominiert, der kleinere Eigenwert s_2 bestimmt die Trägheit.

 Hat ein System mehrere Eigenwerte in der linken s-Halbebene, dann prägt der kleinste Eigenwert, also die größte Trägheit, das dynamische Verhalten.

Abbildung 4.10 zeigt ein P-S2-System.

Die Eigenwerte $s_{1,2} = -2 \pm j \cdot 3$ haben in diesem Fall nicht nur reelle Anteile σ, sondern auch imaginäre Anteile ω und sind konjugiert komplex. Das deutet auf ein gedämpftes Schwing-verhalten des Systems hin.

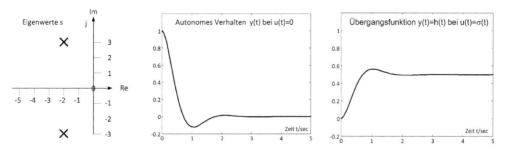

Abbildung 4.10: Das P-S2-System hat konjugiert komplexe Eigenwerte

Aus der Lage der Eigenwerte können Sie auch hier mithilfe von Tabelle 4.2 leicht die Koeffizienten der homogenen Differenzialgleichung berechnen. Abbildung 4.11 hilft Ihnen dabei.

Da die Eigenwerte aufgrund der Lösung der charakteristischen Gleichung bei $s_{1,2} = -D\omega_0 \pm j \cdot \omega_0 \sqrt{1 - D^2}$ liegen, können Sie den Abstand a zum Nullpunkt der s-Ebene ausrechnen:

$$a = \sqrt{\mathrm{Re}^2 + \mathrm{Im}^2} = \sqrt{(D\omega_0)^2 + \omega_0^2(1 - D^2)} = \omega_0.$$

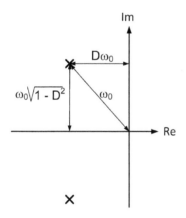

Abbildung 4.11: Die Lage der Eigenwerte
zeigt die Schwingeigenschaften

Algebra ist einfacher

Regelungstechniker sind bekannt dafür, dass sie mit dynamischen Systemen umgehen können. Da aber die dazu erforderlichen Differenzialgleichungen mathematisch anspruchsvoll sind, nutzt die Regelungstechnik eine Methode, aus Differenzialgleichungen algebraische Gleichungen zu machen. Dies gelingt mit der Laplace-Transformation, die nach dem französischen Mathematiker, Physiker und Astronomen Pierre-Simon Laplace (1749–1827) benannt ist.

Eine sehr brauchbare Transformation

Die *Laplace-Transformation* ist eine Integraltransformation, die eine Zeitfunktion $x(t)$(auch Originalfunktion genannt) in eine Bildfunktion $x(s)$ im komplexen Bildbereich überführt.

Die Laplace-Transformation lautet:

$$x(s) = \int_0^\infty x(t) \cdot e^{-st}\, dt.$$

Es gibt dazu zwei Kurzschreibweisen:

$$x(s) = L\{x(t)\} \quad \text{und} \quad x(s) \;\bullet\!\!-\!\!\circ\; x(t)\,.$$

Das Symbol, das wie eine Hantel aussieht, stellt die Bildfunktion (ausgefüllter Kreis) der zugehörigen Zeitfunktion (nicht ausgefüllter Kreis) gegenüber.

Mit der Laplace-Transformation können Sie aus Differenzialen einfache algebraische Terme machen und aus Differenzialgleichungen werden algebraische Gleichungen. Noch einmal: Die Beschreibung von Dynamik wird damit einfacher, nicht komplizierter. Damit Sie das auch glauben können, werden Sie hier nur mit den Dingen konfrontiert, die in der praktischen Regelungstechnik eingesetzt werden.

Wie Sie leicht erkennen können, ist die Laplace-Transformation eine Integraltransformation. Das Produkt aus $x(t)$ und e^{-st} wird über der Zeit von $t = 0$ bis $t \to \infty$ integriert. Das bedeutet, dass die Zeitfunktion nur für $t \geq 0$ von null verschieden ist, $x(t)$ zum Zeitpunkt 0 also eingeschaltet wird. So werden Vorgänge in der Regelungstechnik ja auch meist betrachtet.

Sie kennen das Beispiel eines Schaltsignals, den Einheitssprung $x(t) = \sigma(t)$. Die Laplace-Transformation dieses Signals ist

$$x(s) = \int_0^\infty \sigma(t) \cdot e^{-st}\, dt = \int_0^\infty e^{-st}\, dt = -\frac{1}{s}e^{-st}\big|_0^\infty \cdot = \frac{1}{s}.$$

Es ist also

$$L\{\sigma(t)\} = \frac{1}{s} \quad \text{beziehungsweise} \quad \sigma(t) \;\circ\!\!-\!\!\bullet\; \frac{1}{s}.$$

Keine Sorge, die für Sie wichtigen Laplace-Transformationen von Schaltfunktionen haben andere für Sie bereits berechnet und in Tabellen festgehalten. Diese Tabellen heißen *Korrespondenzentabellen* der Laplace-Transformation.

In diesen Tabellen steht auch die wichtige Korrespondenz

$$\frac{dx(t)}{dt} = \dot{x}(t) \;\circ\!\!-\!\!\bullet\; s \cdot x(s) - x(0).$$

Um die erste Ableitung der Zeitfunktion im Bildbereich zu bekommen, muss die Bildfunktion also nur mit der Laplace-Variablen s multipliziert werden. Meistens werden die Anfangswerte null gesetzt, sodass auch $x(0)$ verschwinden kann.

Wenn es Sie interessiert, wie diese wichtige Korrespondenz zustande kommt, lesen Sie den Kasten »Ableitung im Bildbereich«.

Ableitung im Bildbereich

Zunächst eine mathematische Vorbereitung:

Aus der Produktregel

$$\frac{\mathrm{d}}{\mathrm{d}t}(u(t) \cdot v(t)) = \dot{u}(t) \cdot v(t) + u(t) \cdot \dot{v}(t)$$

und deren Integration

$$u(t) \cdot v(t) = \int \dot{u}(t) \cdot v(t)\,\mathrm{d}t + \int u(t) \cdot \dot{v}(t)\,\mathrm{d}t$$

folgt durch Umstellung die partielle Integration

$$\int \dot{u}(t) \cdot v(t)\,\mathrm{d}t = u(t) \cdot v(t) - \int u(t) \cdot \dot{v}(t)\,\mathrm{d}t,$$

die jetzt bei der Laplace-Transformation der Ableitung angewendet wird:

$$x(s) = \int_0^\infty \dot{x}(t) \cdot e^{-st}\,\mathrm{d}t = x(t) \cdot e^{-st}|_0^\infty . - \int_0^\infty x(t) \cdot (-s)e^{-st}\,\mathrm{d}t$$

$$= -x(0) + s\int_0^\infty x(t) \cdot e^{-st}\,\mathrm{d}t = s \cdot x(s) - x(0).$$

Die Zahl der Ableitungen nach der Zeit entspricht den Potenzen von s vor der Bildfunktion:

$$x(t) \circ\!\!-\!\!\bullet \; x(s)$$

$$\dot{x}(t) \circ\!\!-\!\!\bullet \; s \cdot x(s)$$

$$\ddot{x}(t) \circ\!\!-\!\!\bullet \; s^2 \cdot x(s)$$

$$\overset{(n)}{x}(t) \circ\!\!-\!\!\bullet \; s^n \cdot x(s)$$

Die Anfangsbedingungen $x(0), \dot{x}(0), \cdots \overset{(n-1)}{x}(0)$ sind hier, wie auch später, null gesetzt.

Ableiten nach der Zeit bedeutet im Bildbereich also einfach das Multiplizieren mit s. Jetzt kommt es noch besser: Da sich Differenziation und Integration aufheben, bedeutet die Integration über der Zeit im Bildbereich das Dividieren der Bildfunktion $x(s)$ durch s:

$$\int_0^t x(\tau)\,\mathrm{d}\tau \;\; \circ\!\!-\!\!\bullet \; \frac{1}{s} \cdot x(s).$$

Wenn die Korrespondenzen $x(t) \circ\!\!-\!\!\bullet x(s)$ und $y(t) \circ\!\!-\!\!\bullet y(s)$ bekannt sind, sind es auch die Linearkombinationen

$$a \cdot x(t) + b \cdot y(t) \circ\!\!-\!\!\bullet a \cdot x(s) + b \cdot y(s),$$

da Sie

$$\int_0^\infty [a \cdot x(t) + b \cdot y(t)] \cdot e^{-st} \, dt = a \cdot \int_0^\infty x(t) \cdot e^{-st} \, dt + b \cdot \int_0^\infty y(t) \cdot e^{-st} \, dt$$

schreiben können.

Mit den Eigenschaften von Ableitungen, Faktoren und Summen können Sie bereits Differenzialgleichungen im Bildbereich darstellen.

 Die Laplace-Transformation können Sie nur auf lineare Differenzialgleichungen anwenden. Deshalb ist das Linearisieren in der Systemdynamik so wichtig und beliebt.

Dynamik im Bildbereich

Sie kennen die Differenzialgleichung der P-T1-Regelstrecke (siehe Kapitel 3, Abschnitt »Prominente Modelle«)

$$T_1 \cdot \dot{y}(t) + y(t) = K_S \cdot u(t)$$

und können nun die Regeln der Laplace-Transformation anwenden und erhalten

$$T_1 \cdot s \cdot y(s) + y(s) = K_S \cdot u(s) \quad \text{beziehungsweise} \quad [T_1 \cdot s + 1] \cdot y(s) = K_S \cdot u(s).$$

Da die Bildfunktion nun eine algebraische Funktion ist, können Sie nach $y(s)$ auflösen und erhalten damit die Lösung für eine beliebige Eingangsgröße $u(s)$ im Bildbereich:

$$y(s) = \frac{K_S}{T_1 \cdot s + 1} \cdot u(s).$$

Wenn Sie nun wissen möchten, wie die Lösung für ein spezielles Eingangssignal, zum Beispiel für den Einheitssprung $u(t) = \sigma(t)$ aussieht, setzen Sie

$$u(s) = \frac{1}{s}$$

ein und erhalten die Lösung der Differenzialgleichung im Bildbereich:

$$y(s) = \frac{K_S}{(T_1 \cdot s + 1)s}.$$

Der Weg zurück

Es interessiert Sie aber auch, wie die Lösung im Zeitbereich aussieht, denn Sie wollen eine Vorstellung vom Verlauf von $y(t)$ haben. Dazu müssen Sie die Laplace-Transformation rückgängig machen.

Da die Rücktransformation mathematisch anspruchsvoll ist, sollten Sie dazu am besten auf die Tabellen mit den Laplace-Korrespondenzen zurückgreifen, denn Sie können diese Tabellen in beiden Richtungen $x(t) \Rightarrow x(s)$ und $x(s) \Rightarrow x(t)$ verwenden.

Tabelle 4.3: zeigt auszugsweise einige wichtige Eigenschaften und Korrespondenzen der Laplace-Transformation. Die Korrespondenzen Nr. 2, 5 und 10 benötigen Sie für dieses Beispiel.

Eine ausführliche Zusammenstellung finden Sie unter de.wikipedia.org/wiki/Laplace-Transformation/Korrespondenztabellen.

Nr.	Funktion im Zeitbereich	Funktion im Bildbereich
1	$y(t) = x_1(t) + x_2(t)$	$y(s) = x_1(s) + x_2(s)$
2	$\dfrac{dx(t)}{dt} = \dot{x}(t)$	$s \cdot x(s) - x(0)$
3	$\dfrac{d^2x(t)}{dt^2} = \ddot{x}(t)$	$s^2 \cdot x(s) - s \cdot x(0) - \dot{x}(0)$
4	$\displaystyle\int_0^t x(\tau)\, d\tau$	$\dfrac{1}{s} \cdot x(s)$
5	$\sigma(t)$	$\dfrac{1}{s}$
6	$\delta(t)$	1
7	$\rho(t) = t \cdot \sigma(t)$	$\dfrac{1}{s^2}$
8	e^{-at}	$\dfrac{1}{(s+a)}$
9	$t \cdot e^{-at}$	$\dfrac{1}{(s+a)^2}$
10	$1 - e^{-at}$	$\dfrac{a}{(s+a)s}$
11	$\sin(\omega t)$	$\dfrac{\omega}{s^2+\omega^2}$
12	$e^{-at} \cdot \sin(\omega t)$	$\dfrac{\omega}{(s+a)^2+\omega^2}$
13	$\cos(\omega t)$	$\dfrac{s}{s^2+\omega^2}$
14	$e^{-at} \cdot \cos(\omega t)$	$\dfrac{s+a}{(s+a)^2+\omega^2}$

Tabelle 4.3: Auszug aus der Tabelle der Laplace-Korrespondenzen

Der Dirac-Impuls $\delta(t)$ in der Tabelle beschreibt einen unendlich hohen Nadelimpuls zum Zeitpunkt t, der mathematisch wichtig, aber physikalisch nicht realisierbar ist.

Mit der Umformung

$$y(s) = \frac{K_S}{(T_1 s + 1)s} = K_S \frac{1/T_1}{(s + 1/T_1)s}$$

erkennen Sie, dass die Originalfunktion im Zeitbereich nach Korrespondenz Nr. 10

$$y(t) = K_S(1 - e^{-t/T_1})$$

sein muss. Das ist die Lösung der Differenzialgleichung.

Eine Stärke der Laplace-Transformation haben Sie nun erkannt: die einfache algebraische Lösung von Differenzialgleichungen. Abbildung 4.12 zeigt hierzu noch einmal die Vorgehensweise.

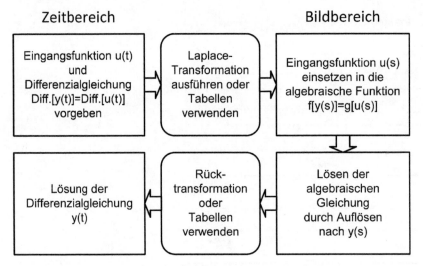

Abbildung 4.12: Das Lösen von Differenzialgleichungen wird einfach

Ein zentraler Begriff

In der Regelungstechnik kann bei der Untersuchung von Regelkreisen die Rückkehr in den Originalbereich meist ausbleiben. Es wird die Differenzialgleichung im Bildbereich in Form der *Übertragungsfunktion* verwendet (siehe Abbildung 4.13).

Die *Übertragungsfunktion* ist in der Regelungstechnik ein zentraler Begriff und eine wichtige Beschreibungsform. Das gilt auch international, im Englischen *transfer function* genannt.

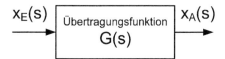

Abbildung 4.13: Die Übertragungsfunktion beschreibt Dynamik im Bildbereich

Die *Übertragungsfunktion eines dynamischen Systems* ist die Laplace-Transformation der Ausgangsgröße dividiert durch die Laplace-Transformation der Eingangsgröße.

Wenn Sie die Differenzialgleichung n-ter Ordnung

$$a_n \overset{(n)}{x}_A + \cdots + a_1 \dot{x}_A + a_0 x_A = b_m \overset{(m)}{x}_E + \cdots + b_1 \dot{x}_E + b_0 x_E$$

mit der Laplace-Transformation und den bekannten Regeln in den Bildbereich befördern

$$[a_n s^n + \cdots + a_1 s + a_0] \cdot x_A(s) = [b_m s^m + \cdots + b_1 s + b_0] \cdot x_E(s)$$

und den Quotienten $\frac{x_A(s)}{x_E(s)}$ bilden, erhalten Sie die Übertragungsfunktion:

$$G(s) = \frac{x_A(s)}{x_E(s)} = \frac{b_m s^m + \cdots + b_1 s + b_0}{a_n s^n + \cdots + a_1 s + a_0}.$$

Die gebrochen rationale Funktion $G(s)$ mit Zähler- und Nennerpolynom hängt nicht mehr von den Eingangs- und Ausgangsgrößen ab, sondern beschreibt die Dynamik des Systems im Bildbereich.

Bei der Bildung der Übertragungsfunktion aus der Differenzialgleichung müssen Sie darauf achten, wo die Koeffizienten der Differenzialgleichung in der Übertragungsfunktion stehen: Die Koeffizienten der Eingangsgrößen stehen im Zähler, die Koeffizienten der Ausgangsgrößen stehen im Nenner.

Wenn Sie diesen Hinweis berücksichtigen, fällt Ihnen der Übergang von der Differenzialgleichung im Zeitbereich zur Übertragungsfunktion im Bildbereich leicht.

Zeitbereich: $a_n \overset{(n)}{x}_A + \cdots + a_1 \dot{x}_A + a_0 x_A = b_m \overset{(m)}{x}_E + \cdots + b_1 \dot{x}_E + b_0 x_E$

Bildbereich: $G(s) = \dfrac{b_m s^m + \cdots + b_1 s + b_0}{a_n s^n + \cdots + a_1 s + a_0}$

Ein Beispiel macht Ihnen das nochmals deutlich.

Übertragungsfunktion

Die schwingungsfähige Regelstrecke zweiter Ordnung, das P-S2-System, mit der Differenzialgleichung

$$\frac{1}{\omega_0^2}\ddot{y}(t) + \frac{2D}{\omega_0}\dot{y}(t) + y(t) = K_S u(t)$$

hat die Übertragungsfunktion

$$G(s) = \frac{y(s)}{u(s)} = \frac{K_S}{\frac{1}{\omega_0^2}s^2 + \frac{2D}{\omega_0}s + 1}.$$

Kapitel 5

Die Algebra der Regelungstechnik

Für die Arbeit mit dynamischen Systemen verwendet die Regelungstechnik gerne Übertragungsfunktionen. Damit gelingt ein einfacher, algebraischer Zusammenbau von Einzelsystemen zu Regelkreisen. Die Kenntnis der Übertragungsfunktionen typischer Regler und Regelstrecken gehört zum Grundwissen des Regelungstechnikers. Unterstützt wird er von Programmen, die für regelungstechnische Aufgaben sehr gut geeignet sind. Sehr verbreitet ist das Programm MATLAB®, das Sie bei der Lösung der Aufgaben sehr unterstützen kann.

Die Übertragungsfunktion im Fokus

Die *Übertragungsfunktion* beschreibt im Bildbereich der Laplace-Transformation, wie das Ausgangssignal eines linearen Systems auf ein Eingangssignal reagiert (siehe Kapitel 4, Abschnitt »Ein zentraler Begriff«). Die Übertragungsfunktion ist der Quotient von Ausgangsgröße zu Eingangsgröße im Bildbereich der Laplace-Transformation. Sie können auch sagen: Die Ausgangsgröße ist die Übertragungsfunktion multipliziert mit der Eingangsgröße:

$$G(s) = \frac{x_A(s)}{x_E(s)} \quad \text{beziehungsweise} \quad x_A(s) = G(s) \cdot x_E(s) \,.$$

Oben und unten

Die Übertragungsfunktion in der allgemeinen Form ist eine gebrochen rationale Funktion und besteht aus einem *Zählerpolynom* $Z(s)$ mit Grad m und einem *Nennerpolynom* $N(s)$ mit Grad n:

$$G(s) = \frac{Z(s)}{N(s)} = \frac{b_m s^m + \cdots + b_1 s + b_0}{a_n s^n + \cdots + a_1 s + a_0} \quad \text{mit} \quad m \leq n.$$

Der Grad eines Polynoms gibt die höchste Potenz der Veränderlichen an. Diese Variable ist hier eine komplexe Größe mit Realteil σ und Imaginärteil ω:

$$s = \sigma + j\omega.$$

Die m Nullstellen des Zählerpolynoms $Z(s)$ heißen auch *Nullstellen* der Übertragungsfunktion $s_{n,i}(i = 1, \ldots m)$, die n Nullstellen des Nennerpolynoms $N(s)$ heißen die *Pole* der Übertragungsfunktion $s_{p,j}(j = 1, \ldots n)$. Sie können die Nullstellen und Pole ausrechnen, indem Sie Polynome zu null setzen und die Wurzeln s_n und s_p ausrechnen.

Nullstellen und Pole einer Übertragungsfunktion

Die Differenzialgleichung

$$\ddot{x}_A(t) + 4\dot{x}_A(t) + 5x_A(t) = 2\dot{x}_E(t) + 6x_E(t)$$

hat die Übertragungsfunktion

$$G(s) = \frac{2s + 6}{s^2 + 4s + 5}.$$

Im Zähler kommt nur die erste Potenz vor, der Zählergrad ist damit $m = 1$ und es gibt nur eine Nullstelle. Der Nennergrad ist $n = 2$, es gibt also zwei Pole. Die Nullstelle erhalten Sie aus

$$2s + 6 = 0 \quad \text{zu} \quad s_{n,1} = -3,$$

die Pole erhalten Sie aus

$$s^2 + 4s + 5 = 0 \quad \text{zu} \quad s_{p,1} = -2 + j, \qquad s_{p,2} = -2 - j.$$

Die Nullstelle ist negativ reell, die Pole sind konjugiert komplex.

Pole und Nullstellen können Sie im Pol-Nullstellen-Plan mit Kreuzen für die Pole und Kreisen für die Nullstellen darstellen (siehe Abbildung 5.1).

Das Nennerpolynom $N(s)$ der Übertragungsfunktion hat für die Dynamik des Systems eine besondere Bedeutung, denn $N(s) = 0$ ist die bekannte charakteristische Gleichung. Damit sind die Pole der Übertragungsfunktion nichts anderes als die Eigenwerte der zugehörigen Differenzialgleichung. Das Zählerpolynom $Z(s)$ beschreibt den Einfluss der Eingangsgröße auf das System.

Die *Eigenwerte* einer homogenen Differenzialgleichung werden im Bildbereich der Laplace-Transformation zu den *Polen* der Übertragungsfunktion. Die Pole sind also, wie die Eigenwerte, der Steckbrief der autonomen Systemdynamik.

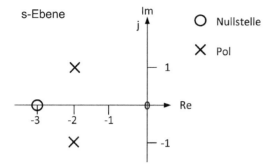

Abbildung 5.1: Der Pol-Nullstellen-Plan zeigt die Lage

Wohin die Reise geht

Wenn Sie festgestellt haben, dass die Pole der Übertragungsfunktion, also die Eigenwerte des Systems, einen negativen Realteil haben, wissen Sie, dass das System stabil ist. Dann können Sie mithilfe der Laplace-Transformation schnell feststellen, wohin die Ausgangsgröße $x_A(t)$ des Systems läuft, wenn es mit einer Eingangsgröße $x_E(t)$ angeregt wird. Dabei hilft Ihnen der *Endwertsatz* der Laplace-Transformation.

 Um zu erfahren, welchen Endwert ein Signal nach langer Zeit erreicht, müssen Sie die Bildfunktion des Signals mit s multiplizieren und den Übergang $s \to 0$ berechnen. Der *Endwertsatz* lautet $\lim\limits_{t \to \infty} x(t) = \lim\limits_{s \to 0} s \cdot x(s)$.

Das gilt somit auch für

$$\lim_{t \to \infty} x_A(t) = \lim_{s \to 0} s \cdot x_A(s) = \lim_{s \to 0} s \cdot G(s) \cdot x_E(s) .$$

 Endwertsatz

Ein System hat wieder die Übertragungsfunktion

$$G(s) = \frac{2s + 6}{s^2 + 4s + 5}$$

und wird nun mit der Sprungfunktion

$$x_E(t) = \sigma(t) \circ\!\!-\!\!\bullet\ x_E(s) = \frac{1}{s}$$

angeregt. Der Endwertsatz für $x_A(t)$ lautet dann

$$\lim_{t \to \infty} x_A(t) = \lim_{s \to 0} s \cdot x_A(s) = \lim_{s \to 0} s \cdot G(s) \cdot x_E(s)$$

$$= \lim_{s \to 0} s \cdot \frac{2s + 6}{s^2 + 4s + 5} \cdot \frac{1}{s} = \lim_{s \to 0} \frac{(2s + 6)}{s^2 + 4s + 5} = \frac{6}{5} .$$

Wenn die Dynamik abgeklungen ist, erreicht die Ausgangsgröße für große Zeiten somit den Endwert

$$x_A(t \to \infty) = \frac{6}{5} .$$

Häufige Vertreter

Die Übertragungsfunktion in der allgemeinen Form ist für die Beschreibung von beliebiger linearer Dynamik geeignet. Die Regelungstechnik verwendet häufig spezielle Grundformen. In Tabelle 5.1 sind die wichtigsten Übertragungsfunktionen für Regelstrecken und Regler zusammengestellt.

Regelstrecken		Regler	
Typ	Übertragungsfunktion	Typ	Übertragungsfunktion
P	$G_S = K_S$	P	$G_R = K_P$
P-T1	$G_S = \dfrac{K_S}{T_1 s + 1}$	PI	$G_R = K_P + \dfrac{K_I}{s} = \dfrac{K_P s + K_I}{s}$
P-T2	$G_S = \dfrac{K_S}{T_1 T_2 s^2 + (T_1 + T_2)s + 1}$	PD	$G_R = K_P + K_D s$
P-S2	$G_S = \dfrac{K_S}{\frac{1}{\omega_0^2}s^2 + \frac{2D}{\omega_0}s + 1}$	PD-T1	$G_R = \dfrac{K_P + K_D s}{T_1 s + 1}$
I	$G_S = \dfrac{K_S}{s}$	PID	$G_R = K_P + \dfrac{K_I}{s} + K_D s$
I-T1	$G_S = \dfrac{K_S}{s(1 + T_1 s)}$	PID-T1	$G_R = \dfrac{K_D s^2 + K_P s + K_I}{s(T_1 s + 1)}$

Tabelle 5.1: Wichtige Übertragungsfunktionen für Regelstrecken und Regler

 Die dynamischen Modelltypen für Regelstrecken und Regler in Tabelle 5.1 werden in diesem Buch an verschiedenen Stellen erwähnt, prägen Sie sich am besten die Typbezeichnungen P, P-T1 und so weiter ein.

Einfacher Zusammenbau

Meist treffen Sie bei Prozessen, die geregelt werden sollen, mehrere Teilsysteme an, die auf unterschiedliche Weise miteinander verschaltet sind. Das kennen Sie zum Beispiel von der Reihenschaltung des Aktors mit dem Prozess und dem Sensor. Der Prozess selbst kann auch aus mehreren Teilprozessen bestehen. Der Regelkreis selbst ist eine Zusammenschaltung von Regler und Regelstrecke mit Rückkopplung. Für die Beschreibung solcher zusammengesetzten Strukturen sind Übertragungsfunktionen besonders gut geeignet.

In Reihe

Eine erste Möglichkeit der Verkopplung ist die *Reihenschaltung*.

Bei der *Reihenschaltung* ist das Ausgangssignal eines ersten Systems mit der Übertragungsfunktion $G_1(s)$ gleichzeitig das Eingangssignal des Folgesystems $G_2(s)$. Das Gesamtsystem hat die Übertragungsfunktion $G(s) = G_1(s) \cdot G_2(s)$.

Abbildung 5.2 zeigt diese Reihenschaltung.

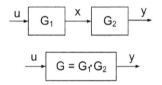

Abbildung 5.2: Systeme in Reihe werden multipliziert

Die Signale an den beiden Übertragungsfunktionen $G_1(s)$ und $G_2(s)$ einzeln betrachtet sind:

$x(s) = G_1(s) \cdot u(s)$ und $y(s) = G_2(s) \cdot x(s)$,

$x(s)$ in $y(s)$ eingesetzt, ergibt $y(s) = G_1(s) \cdot G_2(s) \cdot u(s)$;

es ist also $y(s) = G(s) \cdot u(s)$ mit der Gesamtübertragungsfunktion $G(s) = G_1(s) \cdot G_2(s)$.

In Reihe geschaltete Übertragungsfunktionen werden multipliziert. Das gilt natürlich auch für die Reihenschaltung von mehr als zwei Teilsystemen.

Das folgende Beispiel ist eine Reihenschaltung von zwei Füllprozessen.

Reihenschaltung zweier Füllvorgänge

Eine Flüssigkeit wird mit dem Volumenstrom $q_E(t)$ in einen ersten Behälter mit dem Querschnitt A_1 gefüllt. Der Flüssigkeitsspiegel steigt auf $h_1(t)$ an und damit steigt auch der Abfluss $q_1(t)$, der in den zweiten Behälter fließt. Abbildung 5.3 zeigt die Anordnung der in Reihe geschalteten Behälter.

Die Fülldynamik der beiden Behälter ist leicht zu modellieren. Sie können einen linearisierten Modellansatz machen: Beim ersten Behälter ist der Abfluss proportional zur Füllhöhe

$q_1(t) = K_1 \cdot h_1(t)$

und die Änderung des Flüssigkeitsvolumens ist

$\dot{V}(t) = A_1 \cdot \dot{h}_1(t) = q_E(t) - q_1(t)$.

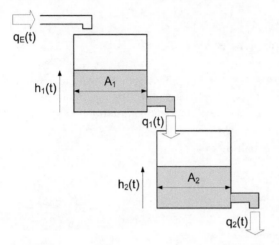

Abbildung 5.3: Die Flüssigkeit durchläuft zwei in Reihe angeordnete Behälter

Wird $\dot{h}_1(t)$ durch $\dfrac{1}{K_1}\dot{q}_1(t)$ ersetzt, führt das zu

$$\frac{A_1}{K_1}\dot{q}_1(t) + q_1(t) = q_E(t)\,.$$

Die Vorgänge im zweiten Behälter können Sie auf die gleiche Weise beschreiben und erhalten entsprechend

$$\frac{A_2}{K_2}\dot{q}_2(t) + q_2(t) = q_1(t)\,.$$

Die Übertragungsfunktionen der beiden Teilsysteme können Sie nun mit den bekannten Regeln sehr leicht aufstellen:

Behälter 1:　$G_1(s) = \dfrac{q_1(s)}{q_E(s)} = \dfrac{1}{\dfrac{A_1}{K_1}s + 1}$

Behälter 2:　$G_2(s) = \dfrac{q_2(s)}{q_1(s)} = \dfrac{1}{\dfrac{A_2}{K_2}s + 1}$

Die Zusammenschaltung beider Systeme wird dann zu

$$G(s) = \frac{q_2(s)}{q_E(s)} = G_1(s) \cdot G_2(s) = \frac{1}{\left(\dfrac{A_1}{K_1}s + 1\right)} \cdot \frac{1}{\left(\dfrac{A_2}{K_2}s + 1\right)}$$

$$= \frac{1}{\dfrac{A_1}{K_1}\dfrac{A_2}{K_2}s^2 + \left(\dfrac{A_1}{K_1} + \dfrac{A_2}{K_2}\right)s + 1}\,.$$

Einzeln betrachtet erkennen Sie zwei P-T1-Systeme mit den beiden Zeitkonstanten

$$T_1 = \frac{A_1}{K_1} \quad \text{und} \quad T_2 = \frac{A_2}{K_2} \, .$$

Das Gesamtsystem mit der Eingangsgröße $q_E(t)$ und der Ausgangsgröße $q_2(t)$ ist ein P-T2-System.

Eine Erhöhung des Zulaufs $q_E(t)$ ergibt eine verzögerte Vergrößerung der Füllhöhe $h_1(t)$ und damit des Abflusses $q_1(t)$. Das Gleiche passiert dann im Behälter 2, allerdings mit noch größerer Verzögerung in $q_2(t)$.

Nebeneinander

Es können auch Systeme nebeneinander angeordnet sein. Abbildung 5.4 zeigt Ihnen diese *Parallelschaltung*.

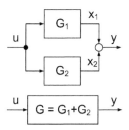

Abbildung 5.4: Parallele Systeme werden addiert

Die Signale an den beiden Übertragungsfunktionen $G_1(s)$ und $G_2(s)$ einzeln betrachtet sind

$$x_1(s) = G_1(s) \cdot u(s) \quad \text{und} \quad x_2(s) = G_2(s) \cdot u(s) \, .$$

Die Summe der beiden Signale wird zu

$$y(s) = x_1(s) + x_2(s) = G_1(s) \cdot u(s) + G_2(s) \cdot u(s) = [G_1(s) + G_2(s)] \cdot u(s) \, .$$

Es ist also

$$y(s) = G(s) \cdot u(s) \quad \text{mit} \quad G(s) = G_1(s) + G_2(s) \, .$$

Die Parallelschaltung von Teilsystemen bedeutet die Addition der Übertragungsfunktionen. Das gilt natürlich auch für die Parallelschaltung von mehr als zwei Teilsystemen.

Parallel geschaltete Übertragungsfunktionen werden addiert.

Im Kreis

Bei der *Kreisschaltung* nach Abbildung 5.5 wird das Ausgangssignal, das aus dem Vorwärtszweig mit dem Teilsystem $G_1(s)$ kommt, über das Teilsystem $G_2(s)$ zum Eingang zurückgeführt und dort negativ aufgeschaltet.

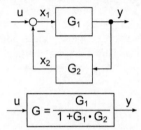

Abbildung 5.5: Bei Kreisschaltungen sind die Vorzeichen wichtig

Das ist eine *Rückführung mit negativer Aufschaltung.*

 Die Rückführung in einer Kreisschaltung mit negativer Aufschaltung heißt *Gegenkopplung.*

Die negative Rückführung ist ein Grundprinzip der Dynamik und Regelungstechnik. Dass sich das Ausgangssignal $y(t)$ beziehungsweise $y(s)$ über die Rückführung selbst beeinflusst, ist zunächst nicht leicht zu verstehen, erzeugt aber erstaunliche Möglichkeiten. Eine positive Rückführung ist uninteressant, da sie zu instabilem Verhalten führt.

Die Signale an den beiden Übertragungsfunktionen $G_1(s)$ und $G_2(s)$ in Abbildung 5.5 einzeln betrachtet sind

$$y(s) = G_1(s) \cdot x_1(s) \quad \text{und} \quad x_2(s) = G_2(s) \cdot y(s),$$

die Signaldifferenz ist

$$x_1(s) = u(s) - x_2(s) = u(s) - G_2(s) \cdot y(s).$$

Wenn Sie nun $x_1(s)$ in die Gleichung von $y(s)$ einsetzen, erhalten Sie

$$y(s) = G_1(s) [u(s) - G_2(s) \cdot y(s)].$$

Hier sehen Sie, wie sich $y(s)$ selbst beeinflusst.

Etwas umsortiert wird daraus

$$[1 + G_1(s)G_2(s)] \cdot y(s) = G_1(s) \cdot u(s)$$

beziehungsweise

$$y(s) = \frac{G_1(s)}{1 + G_1(s)G_2(s)} \cdot u(s) \,,$$

es ist also

$$y(s) = G(s) \cdot u(s) \quad \text{mit} \quad G(s) = \frac{G_1(s)}{1 + G_1(s)G_2(s)} \,.$$

Der Regelkreis im Bildbereich

Das Zusammenschalten von Übertragungsfunktionen im Regelkreis ist in der Regelungstechnik eine zentrale Aufgabe. Auch der Regelkreis muss eine negative Rückführung besitzen, damit das Ganze stabil funktioniert.

Zusammenschalten von Regler und Strecke

Die Standardstruktur eines Regelkreises (siehe Abbildung 5.6) besteht bekanntlich aus dem Regler mit der Übertragungsfunktion $G_R(s)$, der Regelstrecke mit der Übertragungsfunktion $G_s(s)$ und dem Soll-Ist-Vergleich. Auch der Regelkreis arbeitet nur stabil mit der Gegenkopplung.

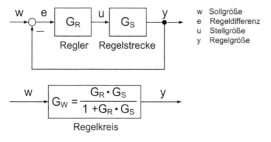

Abbildung 5.6: Der Regelkreis hat eine negative Rückführung

Die Signale

an der Vergleichsstelle $e(s) = w(s) - y(s)$,

am Regler $u(s) = G_R(s) \cdot e(s)$ und

an der Regelstrecke $y(s) = G_S(s) \cdot u(s)$

können Sie durch Einsetzen von $e(s)$ in $u(s)$ und dann in $y(s)$ auf

$$y(s) = G_R(s)\, G_S(s)\, [w(s) - y(s)]$$

beziehungsweise auf

$$[1 + G_R(s)\, G_S(s)] \cdot y(s) = G_R(s)\, G_S(s) \cdot w(s)$$

führen. Die Übertragungsfunktionen sind lineare Funktionen, deshalb können bei Produkten dieser Funktionen die Faktoren vertauscht werden. Das wird bei Berechnungen von Regelkreisen häufig verwendet.

Damit erhalten Sie den Zusammenhang zwischen der Sollgröße $w(s)$ und der Regelgröße $y(s)$:

$$y(s) = \frac{G_R(s)\,G_S(s)}{1 + G_R(s)\,G_S(s)} \cdot w(s)\,,$$

es ist also

$$y(s) = G_W(s) \cdot w(s) \quad \text{mit} \quad G_W(s) = \frac{G_R(s)\,G_S(s)}{1 + G_R(s)\,G_S(s)}\,.$$

 Die Übertragungsfunktion $G_W(s)$ des Regelkreises heißt *Führungsübertragungsfunktion*.

An Zähler und Nenner denken

Übertragungsfunktionen sind gebrochen rationale Funktionen, haben also ein Zählerpolynom und ein Nennerpolynom. Wenn Sie die Führungsübertragungsfunktion des Regelkreises betrachten, stellen Sie fest, dass $G_W(s)$ ein »Bruch von Brüchen« ist. Das wird für weitere Berechnungen unübersichtlich, deshalb ist hier eine genauere Betrachtung angebracht. Das muss nur ein Mal geschehen, dann können Sie das immer wieder so verwenden.

Führen Sie für den Regler und die Regelstrecke Zähler- und Nennerpolynome ein:

Regler: $G_R(s) = \dfrac{Z_R(s)}{N_R(s)}$

Regelstrecke: $G_S(s) = \dfrac{Z_S(s)}{N_S(s)}\,.$

Setzen Sie diese in die Führungsübertragungsfunktion des Regelkreises ein

$$G_W(s) = \frac{\dfrac{Z_R(s)}{N_R(s)} \cdot \dfrac{Z_S(s)}{N_S(s)}}{1 + \dfrac{Z_R(s)}{N_R(s)} \cdot \dfrac{Z_S(s)}{N_S(s)}}$$

und multiplizieren Sie Zähler und Nenner mit $N_R(s) \cdot N_S(s)$, um

$$G_W(s) = \frac{Z_R(s) \cdot Z_S(s)}{Z_R(s) \cdot Z_S(s) + N_R(s) \cdot N_S(s)}$$

zu erhalten.

Jetzt ist auch $G_W(s)$ eine gebrochen rationale Funktion. Im Zähler von $G_W(s)$ steht das Produkt der Zähler von Regler und Regelstrecke, im Nenner von $G_W(s)$ stehen die Produkte der

Zähler und Nenner der beiden Systeme. Das können Sie nun für alle Regler und Regelstrecken verwenden.

Bei der Multiplikation von zwei Polynomen wird jeder Summand des ersten Polynoms mit jedem Summanden des zweiten Polynoms multipliziert. Wenn das erste Polynom den Grad m hat und das zweite Polynom den Grad n, dann hat das Produkt den Grad $m + n$ und Sie müssen $(m + 1) \cdot (n + 1)$ Multiplikationen ausführen.

Multiplikation zweier Polynome

Die Multiplikation des Polynoms $P_1(s)$ mit Grad $m = 1$ mit dem Polynom $P_2(s)$ mit Grad $n = 2$

$$P_1(s) \equiv a \cdot s + b \quad \text{und} \quad P_2(s) \equiv c \cdot s^2 + d \cdot s + e$$

ergibt

$$P_1 \cdot P_2(s) \equiv ac \cdot s^3 + ad \cdot s^2 + bc \cdot s^2 + ae \cdot s + bd \cdot s + be$$

$$= ac \cdot s^3 + (ad + bc) s^2 + (ac + bd) s + be \ .$$

Am Beispiel eines PI-Reglers, der eine P-T1-Strecke regelt, können Sie sehen, wie schnell Sie zur Übertragungsfunktion des geschlossenen Regelkreises kommen. Die Übertragungsfunktionen des Reglers und der Regelstrecke sind

$$G_R = \frac{Z_R(s)}{N_R(s)} = \frac{K_P s + K_I}{s} \quad \text{und} \quad G_S = \frac{Z_S(s)}{N_S(s)} = \frac{K_S}{T_1 s + 1} \ .$$

Die Führungsübertragungsfunktion des Regelkreises wird damit zu

$$G_W(s) = \frac{Z_R(s) \cdot Z_S(s)}{Z_R(s) \cdot Z_S(s) + N_R(s) \cdot N_S(s)} = \frac{(K_P s + K_I) \cdot K_S}{(K_P s + K_I) \cdot K_S + s(T_1 s + 1)} \ .$$

Wenn Sie das Ergebnis nach den Potenzen von s sortieren, erhalten Sie das Ergebnis

$$G_W(s) = \frac{K_P K_S s + K_I K_S}{T_1 s^2 + (K_P K_S + 1) s + K_I K_S} \ .$$

Hilfreiches Programm

Jeder technische Bereich kennt Programme, die den Entwickler und Anwender bei der Arbeit unterstützen. Das ist auch in der Regelungstechnik so. Die entsprechenden Programme zu kennen, ist heutzutage genauso wichtig wie der Umgang mit den Methoden in der Theorie. Ein sehr verbreitetes und leistungsfähiges Programm für die Regelungstechnik ist MATLAB® von *MathWorks*®. Beachten Sie bitte dabei folgende zwei Dinge:

✔ MATLAB ist international an Hochschulen und in der Industrie sehr verbreitet und hat einen großen Anwendungsbereich. Es ist aber nicht das einzige Programm für regelungstechnische Untersuchungen.

✔ Sie haben ein Lehrbuch der Regelungstechnik vorliegen und nicht eines für MATLAB. Deshalb werden Sie hier nur die für Sie wichtigsten Grundlagen zu MATLAB finden, die Sie für die Regelungstechnik benötigen.

MATLAB – weltweit

MATLAB ist eine Programmiersprache und interaktive Umgebung für numerische Berechnungen und Visualisierungen. Die Stärke von MATLAB ist der große Umfang leistungsfähiger mathematischer Funktionen. Das Grundpaket mit Hunderten von Funktionen wird mit sogenannten *Toolboxes* für unterschiedlichste Anwendungen ergänzt.

 Ein wichtiger Werkzeugkasten (*toolbox*) für die Regelungstechnik ist die *Control System Toolbox*. Diese ist bereits in der Version für Studenten enthalten.

Sie können MATLAB auf zwei Arten verwenden:

✔ Im interaktiven Betrieb erhalten Sie nach jeder Eingabe einer Anweisung sofort das Ergebnis auf dem Bildschirm. Diese Arbeitsweise ist nur für sehr einfache Tests sinnvoll.

✔ Der bessere Weg ist es, MATLAB als Programmiersprache einzusetzen und die Anweisungen in einer Datei zusammenzufassen und komplett auszuführen. Eine Programmdatei heißt bei MATLAB *m-file* mit der Endung *.m*.

Wie Sie richtig vermuten: MATLAB verwendet Englisch für die Dokumentation und für die Benennung von Funktionen. Aber daran werden Sie sich schnell gewöhnen.

MATLAB leitete sich ursprünglich von *MATrix LABoratory* ab, denn der Grundbaustein ist nicht eine Zahl, sondern ein Zahlenfeld mit Zeilen und Spalten. Durch diese Stärke von MATLAB können Sie extrem schnell numerische Probleme lösen.

 Im Internet finden Sie eine große Zahl guter Einführungen in MATLAB. Einfach googeln und herausfinden, welche für Ihre Zwecke am besten geeignet ist.

Die Arbeitsweise

MATLAB ist eine Programmiersprache für numerische Berechnungen. Jeder Variablen muss also ein Zahlenwert zugewiesen werden oder die Variable muss mit bereits zugewiesenen Werten berechenbar sein. Die MATLAB-Beispiele in diesem Buch sind aufgebaut nach dem Muster:

```
Eingaben in einem m-file
Ausgaben auf dem Bildschirm
```

Die Befehle in MATLAB haben meist die Struktur:

```
Ergebnis = Funktion(Variable)
```

Soll das Ergebnis nur im Arbeitsspeicher abgelegt und nicht auf dem Bildschirm ausgegeben werden, müssen Sie den Befehl mit einem Semikolon (;) abschließen.

Erste Schritte mit MATLAB

Sie erkennen im Beispiel die Berechnung einer skalaren Größe c sowie die Bildung eines Zeilenvektors d, dessen Elemente in eckigen Klammern stehen müssen und mit einem Leerzeichen getrennt sind. Bei einem zweidimensionalen Zahlenfeld E, also einer Matrix, werden die Zeilen mit einem Semikolon getrennt.

```
% Eingabe
a = 2;
b = 5;
c = a + b
d = [a b c]
E = [d;2*d]
% Ausgabe
c =
    7
d =
    2    5    7
E =
    2    5    7
    4   10   14
```

Bei der Verwendung von Variablennamen müssen Sie Folgendes beachten:

✔ Verwenden Sie keine Sonderzeichen außer dem Unterstrich.

✔ Das erste Zeichen muss ein Buchstabe sein.

✔ Der Name darf maximal 19 Zeichen enthalten.

✔ MATLAB unterscheidet zwischen Groß- und Kleinbuchstaben.

Polynome

Natürlich können Sie mit MATLAB alle Berechnungen mit Polynomen ausführen. Bei der Eingabe von Polynomen müssen Sie darauf achten, dass der Koeffizient vor der höchsten Potenz ganz links steht. Das Polynom

$$P(x) \equiv 5x^3 + 2x^2 + x + 3$$

geben Sie ein mit dem Vektor:

```
P = [5 2 1 3];
```

Die Nullstellen dieses Polynoms erhalten Sie mit der Funktion roots:

```
Nullstellen = roots(P)
Nullstellen =
 -0.9078
  0.2539 + 0.7723i
  0.2539 - 0.7723i
```

Auch die Multiplikation zweier Polynome ist mit MATLAB kein Problem. Das Produkt

$$P_1(x) \cdot P_2(x) \equiv (5x^3 + 2x^2 + x + 3) \cdot (x^2 + 4x + 1)$$

wird berechnet mit:

```
P1 = [5 2 1 3]; P2 = [1 4 1];
P = conv(P1,P2)% das ist die Polynommultiplikation
P =
   5 22 14 9 13 3
```

Es ist also

$$P(x) = P_1(x) \cdot P_2(x) \equiv 5x^5 + 22x^4 + 14x^3 + 9x^2 + 13x + 3 \,.$$

Hinter dem Prozentzeichen (%) können Sie Kommentare einfügen. Kommentare in Programmen sind äußerst wichtig.

Der Werkzeugkasten für die Regelungstechnik

Übertragungsfunktionen – noch einmal

Die Übertragungsfunktion wird im Englischen *transfer function* (*tf*) genannt. Sie können mit MATLAB eine Übertragungsfunktion definieren, indem Sie zunächst die Koeffizienten des Zählerpolynoms $Z(s)$ und des Nennerpolynoms $N(s)$ eingeben und dann die Übertragungsfunktion bilden:

```
% Definition von Zähler und Nenner
Z1 = [2 6]; N1 =[1 4 5];
% Bildung der Übertragungsfunktion
G1 = tf(Z1,N1)

G1 =
   2 s + 6
  -------------
  s^2 + 4 s + 5
Continuous-time transfer function.
```

Mit weiteren Funktionen in MATLAB können Sie die Nullstellen und Pole von Übertragungsfunktionen berechnen:

```
Nullstellen = zero(G1)
Pole = pole(G1)

Nullstellen =
   -3
Pole =
  -2.0000 + 1.0000i
  -2.0000 - 1.0000i
```

Sie können auch die Verschaltung von Übertragungsfunktionen leicht berechnen:

```
% Reihenschaltung
Z2 = [2 1]; N2 = [1 2 1];
G2 = tf(Z2,N2);
G3 = G1*G2;
% oder
G3 = series(G1,G2);
% Parallelschaltung
G4 = G1+G2;
% oder
G4 = parallel(G1,G2);
% Kreisschaltung mit G1 im Vorwärtszweig
% und G2 im Rückwärtszweig mit Gegenkopplung
G5 = feedback(G1,G2);
```

 Nähere Informationen und Anwendungsbeispiele zu einzelnen Funktionen erhalten Sie bei MATLAB mit der Eingabe `help Funktionsname`, zum Beispiel `help feedback`. Eine Übersicht über alle Funktionsgruppen gibt Ihnen das Programm mit `help` allein. Alle Funktionen innerhalb einer Funktionsgruppe kommen mit `help Funktionsgruppe` auf den Bildschirm, also zum Beispiel `help control`.

Der Regelkreis mit MATLAB

Den Regelkreis in seiner Standardform mit den Übertragungsfunktionen für Regler und Regelstrecke kennen Sie schon aus Abbildung 5.6. Für die Umsetzung in MATLAB benötigen Sie Daten. Der Regler ist ein PI-Regler und die Regelstrecke ist eine P-T1-Strecke. Diese beiden Systeme im Einzelnen sind:

$$\text{Regler:}\quad G_R(s) = \frac{K_P s + K_I}{s} \quad \text{mit}\quad K_P = 12 \quad \text{und}\quad K_I = 3\,\frac{1}{\text{sec}}$$

$$\text{Regelstrecke:}\quad G_S(s) = \frac{K_S}{T_1 s + 1} \quad \text{mit}\quad K_S = 0{,}5 \quad \text{und}\quad T_1 = 5\ \text{sec}$$

Da Regler und Regelstrecke im Vorwärtszweig in Reihe geschaltet sind, können Sie das Produkt von $G_R(s)$ und $G_S(s)$ ersetzen durch

$$G_0(s) = G_R(s) \cdot G_S(s) \,.$$

Der MATLAB-File für die Berechnung der Führungsübertragungsfunktion $G_W(s)$ sieht dann wie folgt aus:

```
% Regler
KP = 12; KI = 3;        % Parameter
ZR = [KP KI];           % Zählerpolynom
NR = [1 0];             % Nennerpolynom
% Übertragungsfunktion des Reglers
disp('Regler GR')       % Textausgabe
GR = tf(ZR,NR)
% Regelstrecke
KS = 0.5; T1 = 5;       % Parameter
ZS = [KS];              % Zählerpolynom
NS = [T1 1];            % Nennerpolynom
% Übertragungsfunktion der Regelstrecke
disp('Regelstrecke GS')
GS = tf(ZS,NS)
% Serienschaltung von Regler und Regelstrecke
G0 = series(GR,GS);
% Führungsübertragungsfunktion des Regelkreises
% G0 im Vorwärtszweig, 1 im Rückwärtszweig
disp('Regelkreis GW')
GW = feedback(G0,1)
```

Ausgabe:

```
Regler GR
12 s + 3
--------
   s
Regelstrecke GS
 0.5
--------
5 s + 1
Regelkreis GW
  6 s + 1.5
-----------------
5 s^2 + 7 s + 1.5
```

Dynamik sichtbar machen

MATLAB bietet Ihnen auch die Möglichkeit, das dynamische Verhalten von Systemen, das Sie als Übertragungsfunktionen definiert haben, zu simulieren. Ein beliebter Test ist die Anregung mit einem sprungförmigen Signal, dem *Einheitssprung* $\sigma(t)$, die Sprungantwort können Sie mit der Funktion *step* erzeugen.

In regelungstechnischen Programmen ist es üblich, Dynamik von Systemen als Übertragungsfunktion anzugeben, obwohl das Zeitverhalten dargestellt wird. Zeitbereich und Bildbereich werden da vermischt. Das wird in Kauf genommen, da die Übertragungsfunktion eine so kompakte Darstellung ist.

Mit

```
hold on          % alle Grafiken auf dem Bildschirm halten
step(GS)         % Sprungantwort der Regelstrecke
step(GW)         % Sprungantwort des Regelkreises
```

erhalten Sie in einer Grafik die Übergangsfunktionen für die Regelstrecke G_S und für den Regelkreis G_W (siehe Abbildung 5.7). Beachten Sie, dass die Eingangsgröße für die Regelstrecke die Stellgröße $u(t)$ und für den Regelkreis der Sollwert $w(t)$ ist.

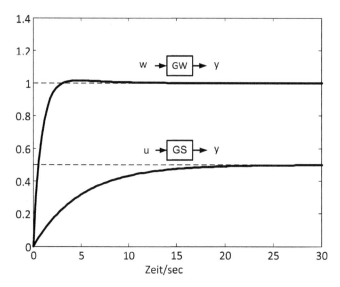

Abbildung 5.7: Die Funktion »step« erzeugt Sprungantworten

Die Sprungantwort der Regelstrecke läuft auf den Wert $y(t \to \infty) = 0{,}5$. Das muss auch so sein, da das die Übertragungskonstante ist. Die Sprungantwort des Regelkreises läuft auf den Wert $y(t \to \infty) = 1$. Der Regelkreis arbeitet ohne bleibende Regeldifferenz, es ist $y(t \to \infty) = w$. Das liegt an dem I-Anteil im PI-Regler. Die gute Einstellung des Reglers erzeugt im Regelkreis gegenüber der Regelstrecke eine höhere Dynamik, die Regelgröße kommt schneller auf den Endwert. Im ungeregelten Fall erkennen Sie die Zeitkonstante $T_1 = 5$ sec, da die Sprungantwort der Regelstrecke 63 Prozent des Endwerts nach dieser Zeit erreicht.

Blöcke zusammenschalten

Zu MATLAB gehört ein weiterer, für die Regelungstechnik sehr praktischer Werkzeugkasten für die Simulation dynamischer Systeme. Bei der blockorientierten, grafischen Programmierung mit Simulink® können Sie unterschiedlichste Funktionsblöcke aus einer Bibliothek auf eine Grafikoberfläche ziehen und mit Signalpfeilen verbinden. Ein Doppelklick öffnet die Blöcke für die Eingabe aktueller Einstellparameter, die Sie im MATLAB-Programm vorher definiert haben.

Auch zu Simulink gibt es im Internet viele gute Einführungen, sodass sich die Darstellungen in diesem Buch auf die regelungstechnische Anwendung beschränken können.

Ein Beispiel für eine Simulink-Struktur zeigt Abbildung 5.8, die den weiter vorn in diesem Kapitel im Abschnitt »Der Regelkreis mit MATLAB« definierten Regelkreis simuliert.

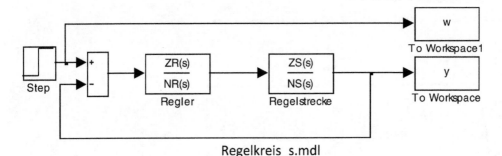

Regelkreis_s.mdl

Abbildung 5.8: Simulink bearbeitet grafisch definierte Strukturen

Sie geben die Übertragungsfunktionen für Regler und Regelstrecke mit den in MATLAB definierten Zählern und Nennern ein, fügen die Vergleichsstelle und den Sollwertsprung hinzu, verbinden diese Elemente mit Signalpfeilen und geben die Regelgröße in den Arbeitsspeicher aus.

Der *m-file*, der diese Simulink-Struktur mit dem Namen Regelkreis_s.mdl aufruft und das Simulationsergebnis darstellt, lautet:

```
% Regler
KP = 12; KI = 3;     % Parameter
ZR = [KP KI];        % Zählerpolynom
NR = [1 0];          % Nennerpolynom
% Regelstrecke
KS = 0.5; T1 = 5;    % Parameter
ZS = [KS];           % Zählerpolynom
NS = [T1 1];         % Nennerpolynom
% Sollwert
w0=1;
```

```
% Simulation
Tsim=30;                % Simulationszeit
[t]=sim('Regelkreis_s',Tsim); % Aufruf von Simulink
% Ergebnisdarstellung
plot(t,y,t,w)
```

Sie brauchen bei der Verwendung der Simulink-Struktur nur die Übertragungsfunktionen des Reglers und der Regelstrecke einzugeben, um den geschlossenen Regelkreis zu simulieren. Wenn Sie den Befehl plot für die Daten aus dem Simulink-Block To Workspace verwenden, muss das Format dieses Blocks als An array gewählt werden. Wenn Sie mit MATLAB und Simulink arbeiten wollen, werden Sie sich ohnehin etwas genauer mit dem Programm befassen.

Kapitel 6
Alles schwingt

D ie Untersuchung eines Prozesses mit einem sinusförmigen Testsignal gibt sehr viel Aufschluss über die Dynamik. Deshalb setzt die Regelungstechnik diese Methode für experimentelle Untersuchungen an Maschinen und Anlagen ein und nutzt sie für theoretische Berechnungen der Prozessdynamik. Es interessiert dabei, wie unterschiedliche Frequenzen übertragen werden. Wird ein Prozess mit höher werdenden Frequenzen angeregt, kann er aufgrund seiner Trägheit irgendwann nicht mehr folgen. Die Amplituden am Ausgang werden immer kleiner. Sie lernen in diesem Kapitel den Frequenzgang kennen, mit dem Sie dieses Verhalten kompakt dokumentieren können.

Schwingung rein, Schwingung raus

Schwingungen können Sie hören, sehen und spüren, sie sind oft erwünscht und angenehm, sie können aber auch störend wirken. Schwingungen sind meist Stoff der Physik. Aber auch die Regelungstechnik befasst sich mit Schwingungen. Dafür gibt es drei Gründe:

✔ Viele mechanische oder elektrische Prozesse führen unerwünschte Schwingungen aus, denen die Regelungstechnik zu Leibe rücken kann.

✔ Prozesse werden bewusst zu Schwingungen angeregt, um über diesen Weg den Prozess durch Messung der Schwingungen mit einem Modell beschreiben zu können.

✔ Die Regelungstechnik nutzt für den Entwurf von Regelungen Methoden, die mit Schwingungen arbeiten.

Schwingungen können entweder frei sein oder erzwungen werden.

Freie Schwingungen treten in autonomen schwingungsfähigen Systemen auf, die nach einer Anfangsauslenkung Eigenschwingungen ausführen wie bei einer Stimmgabel. In mechanischen Systemen sind dann meist Massen und elastische Elemente beteiligt.

Anders ist das bei erzwungenen Schwingungen.

Bei *erzwungenen Schwingungen* wird das System mit einer Schwingung mit unterschiedlichen Frequenzen angeregt, um das Systemverhalten zu studieren. Für diese Untersuchungen hält die Regelungstechnik clevere Methoden bereit.

Der Gang mit der Frequenz

Der zentrale Begriff für erzwungene Schwingungen ist der *Frequenzgang*. Dahinter steckt Folgendes: Um ein System zu untersuchen, regen Sie es mit einem sinusförmigen Eingangssignal an und messen, wie das Ausgangssignal darauf reagiert. Bei linearen Systemen wird das auch eine sinusförmige Reaktion sein.

Der *Frequenzgang* gibt an, wie die Amplitude des Ausgangssignals eines Systems von der Amplitude und der Frequenz des Eingangssignals abhängt.

Bei konstanter Eingangsamplitude variieren Sie die Frequenz der Anregung und beobachten, wie sich das auf die Ausgangsamplitude und die Phasenverschiebung zwischen Eingangssignal und Ausgangssignal auswirkt. Das ist die experimentelle Bestimmung des Frequenzgangs. Wenn das Modell des Systems in Form der Differenzialgleichung oder der Übertragungsfunktion bekannt ist, können Sie den Frequenzgang auch mathematisch bestimmen.

Abbildung 6.1 zeigt die Grundidee des Frequenzgangs.

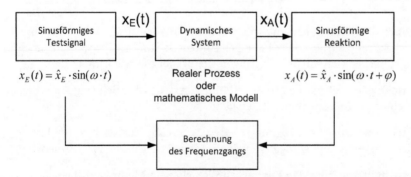

Abbildung 6.1: Der Frequenzgang zeigt, wie sinusförmige Signale übertragen werden

Der Frequenzgang enthält zwei Informationen:

✔ das Verhältnis $\dfrac{\hat{x}_A(\omega)}{\hat{x}_E}$ der Amplituden von Ausgangsgröße zu Eingangsgröße in Abhängigkeit der Frequenz ω

✔ die Phasenverschiebung $\varphi(\omega)$ zwischen Ausgangsgröße und Eingangsgröße in Abhängigkeit der Frequenz ω

Bei der experimentellen Untersuchung eines Prozesses müssen Sie also nur das Amplitudenverhältnis und die Phasenverschiebung in Abhängigkeit der anregenden Frequenz bestimmen, um den Frequenzgang zu erhalten.

Auf theoretischem Weg können Sie den Frequenzgang eines dynamischen Modells auch aus der Differenzialgleichung des Systems berechnen. Die dazu erforderlichen Berechnungen werden mathematisch einfacher, wenn Sie das Eingangssignal

$$x_E(t) = \hat{x}_E \cdot \sin(\omega t)$$

als Imaginärteil der komplexen Funktion

$$x_E(j\omega) = \hat{x}_E[\cos(\omega t) + j \cdot \sin(\omega t)]$$

betrachten, denn wegen der eulerschen Formel

$$\cos(\omega t) + j \cdot \sin(\omega t) = e^{j\omega t}$$

können Sie die Schwingung dann als

$$x_E(j\omega) = \hat{x}_E \cdot e^{j\omega t}$$

schreiben.

Diese Schreibweise wenden Sie auch auf das Ausgangssignal

$$x_A(t) = \hat{x}_A(\omega) \cdot \sin[\omega \cdot t + \varphi(\omega)]$$

an. Sie erhalten dann

$$
\begin{aligned}
x_A(j\omega) &= \hat{x}_A(\omega)\left\{\cos[\omega t + \varphi(\omega)] + j \cdot \sin[\omega t + \varphi(\omega)]\right\}\\
&= \hat{x}_A(\omega) \cdot e^{j[\omega t + \varphi(\omega)]} = \hat{x}_A(\omega) \cdot e^{j\omega t} \cdot e^{j\varphi(\omega)}.
\end{aligned}
$$

Der Frequenzgang $F(j\omega)$ ist das Verhältnis von Ausgangsschwingung zu Eingangsschwingung:

$$F(j\omega) = \frac{x_A(j\omega)}{x_E(j\omega)} = \frac{\hat{x}_A(\omega) \cdot e^{j\omega t} \cdot e^{j\varphi(\omega)}}{\hat{x}_E \cdot e^{j\omega t}} = \frac{\hat{x}_A(\omega)}{\hat{x}_E} \cdot e^{j\varphi(\omega)}.$$

Erinnern Sie sich beim Arbeiten mit dem *Frequenzgang* immer an die Bedeutung der *Kreisfrequenz ω*. Es ist die Frequenz, mit der das dynamische System angeregt wird. Mit dem Frequenzgang können Sie sehr einfach die Reaktion auf unterschiedliche Anregungsfrequenzen untersuchen.

Der Frequenzgang $F(j\omega)$ ist eine komplexe Funktion. Bei Verwendung von Polarkoordinaten ist

$$F(j\omega) = |F(j\omega)| \cdot e^{j\varphi(\omega)}$$

mit dem Betrag des Frequenzgangs $|F(j\omega)| = \dfrac{\hat{x}_A(\omega)}{\hat{x}_E}$.

und dem Phasenwinkel $\angle F(j\omega) = \varphi(\omega)$.

Bei Verwendung von kartesischen Koordinaten ist

der Realteil: $\operatorname{Re}[F(j\omega)] = \dfrac{\hat{x}_A(\omega)}{\hat{x}_E} \cdot \cos\,\varphi(\omega)$

und der Imaginärteil: $\operatorname{Im}[F(j\omega)] = \dfrac{\hat{x}_A(\omega)}{\hat{x}_E} \cdot \sin\,\varphi(\omega)$.

Auch hier wird Dynamik einfach

Für den Frequenzgang kommt wieder die Differenzialgleichung des zu untersuchenden Systems ins Spiel. In der allgemeinen Form ist dies eine Differenzialgleichung n-ter Ordnung mit n Ableitungen der Ausgangsgröße und m Ableitungen der Eingangsgröße:

$$a_n \overset{(n)}{x}_A + \cdots + a_1 \dot{x}_A + a_0 x_A = b_m \overset{(m)}{x}_E + \cdots + b_1 \dot{x}_E + b_0 x_E .$$

Die komplexen Eingangsgrößen und deren Ableitungen werden dann

$$x_E(j\omega) = \hat{x}_E \cdot e^{j\omega t}$$

$$\frac{\mathrm{d}}{\mathrm{d}t}[x_E(j\omega)] = j\omega \cdot \hat{x}_E \cdot e^{j\omega t} = j\omega \cdot x_E(j\omega)$$

...

$$\frac{\mathrm{d}^m}{\mathrm{d}t^m}[x_E(j\omega)] = (j\omega)^m \cdot x_E(j\omega)$$

und die komplexen Ausgangsgrößen werden

$$x_A(j\omega) = \hat{x}_A \cdot e^{j(\omega t + \varphi)}$$

$$\frac{\mathrm{d}}{\mathrm{d}t}[x_A(j\omega)] = j\omega \cdot x_A(j\omega)$$

...

$$\frac{\mathrm{d}^n}{\mathrm{d}t^n}[x_A(j\omega)] = (j\omega)^n \cdot x_A(j\omega) .$$

Damit lautet die Differenzialgleichung im Frequenzbereich:

$$[a_n(j\omega)^n + \cdots + a_1 j\omega + a_0] \cdot x_A(j\omega) = [b_m(j\omega)^m + \cdots + b_1(j\omega) + b_0] \cdot x_E(j\omega) .$$

Wenn Sie nun wieder das Ausgangssignal durch das Eingangssignal dividieren, erhalten Sie den Frequenzgang:

$$F(j\omega) = \frac{x_A(j\omega)}{x_E(j\omega)} = \frac{b_m(j\omega)^m + \cdots + b_1 j\omega + b_0}{a_n(j\omega)^n + \cdots + a_1 j\omega + a_0}\,.$$

Der *Betrag des Frequenzgangs* $|F(j\omega)| = \dfrac{\hat{x}_A(\omega)}{\hat{x}_E}$ ist das frequenzabhängige Amplitudenverhältnis der Ausgangsgröße zur Eingangsgröße; der *Phasenwinkel* $\angle F(j\omega) = \varphi(\omega)$ ist die frequenzabhängige Phasenverschiebung zwischen Ausgangsgröße und Eingangsgröße.

Die unabhängige Variable des Frequenzgangs ist die *imaginäre Größe* $j\omega$. Bei der Übertragungsfunktion ist es die *komplexe Variable* $s = \sigma + j\omega$. Jetzt wissen Sie, wie der Frequenzgang zustande kommt, und Sie dürfen sich an dem kurzen Weg von der Übertragungsfunktion zum Frequenzgang erfreuen.

Wenn Sie die Übertragungsfunktion $G(s)$ kennen, kennen Sie auch den Frequenzgang $F(j\omega)$. Sie müssen lediglich $s = j\omega$ setzen.

Mehr zu komplexen Zahlen

Für die Arbeit mit dem Frequenzgang benötigen Sie einige weitere Regeln für komplexe Zahlen.

Die Potenzen der imaginären Einheit j sind $j^2 = -1$, $j^3 = -j$, $j^4 = 1$, $j^5 = j$ und so weiter; die Grundrechenarten mit zwei komplexen Zahlen $z_1 = a + jb$ und $z_2 = c + jd$ in kartesischen Koordinaten sind

die Addition: $z_1 + z_2 = (a + jb) + (c + jd) = (a + c) + j(b + d)$,

die Subtraktion: $z_1 - z_2 = (a + jb) - (c + jd) = (a - c) + j(b - d)$,

die Multiplikation: $z_1 \cdot z_2 = (a + jb) \cdot (c + jd) = (ac - bd) + j(ad + bc)$,

die Division: $\dfrac{z_1}{z_2} = \dfrac{(a + jb)}{(c + jd)} = \dfrac{(a + jb)}{(c + jd)} \cdot \dfrac{(c - jd)}{(c - jd)} = \dfrac{ac + bd}{c^2 + d^2} + j \cdot \dfrac{bc - ad}{c^2 + d^2}$

(das heißt Erweitern mit dem konjugiert Komplexen des Nenners),

die Division der Beträge: $\left|\dfrac{z_1}{z_2}\right| = \dfrac{|z_1|}{|z_2|} = \dfrac{\sqrt{a^2 + b^2}}{\sqrt{c^2 + d^2}}\,.$

Die Multiplikation und Division von zwei komplexen Zahlen in Polarkoordinaten

$z_1 = r_1 \cdot e^{j\varphi_2}$ und $z_2 = r_2 \cdot e^{j\varphi_2}$ werden

$z_1 \cdot z_2 = r_1 \cdot r_2 \cdot e^{j(\varphi_1 + \varphi_2)}$ und $\dfrac{z_1}{z_2} = \dfrac{r_1}{r_2} \cdot e^{j(\varphi_1 - \varphi_2)}\,.$

Vom einen zum anderen

Da auch der Übergang von der Differenzialgleichung im Zeitbereich zur Übertragungsfunktion im Bildbereich nach einfachen Regeln erfolgt, können Sie sich nun entspannt dem Beispiel zuwenden.

Verschiedene Bereiche

Ein Verzögerungssystem zweiter Ordnung mit der Differenzialgleichung im Zeitbereich

$$T_1 T_2 \cdot \ddot{y}(t) + (T_1 + T_2) \cdot \dot{y}(t) + y(t) = K_S \cdot u(t)$$

hat die Übertragungsfunktion im Bildbereich

$$G(s) = \frac{K_S}{T_1 T_2 \cdot s^2 + (T_1 + T_2) \cdot s + 1}$$

und den Frequenzgang im Frequenzbereich

$$F(j\omega) = \frac{K_S}{T_1 T_2 \cdot (j\omega)^2 + (T_1 + T_2) \cdot j\omega + 1} = \frac{K_S}{(1 - T_1 T_2 \omega^2) + j\omega(T_1 + T_2)} \, .$$

In dieser Gleichung wird im Nenner von $F(j\omega)$ berücksichtigt, dass $j^2 = -1$ ist, und Sie können damit nach Realteil und Imaginärteil sortieren.

In Tabelle 6.1 sehen Sie die Frequenzgänge der wichtigsten, Ihnen schon bekannten Modelle für Regelstrecken und Regler.

Regelstrecken		Regler	
Typ	Frequenzgang	Typ	Frequenzgang
P	$F_S(j\omega) = K_S$	P	$F_R(j\omega) = K_P$
P-T1	$F_S(j\omega) = \dfrac{K_S}{1 + j\omega T_1}$	PI	$F_R(j\omega) = K_P - j\dfrac{K_I}{\omega}$
P-T2	$F_S(j\omega) = \dfrac{K_S}{(1 - \omega^2 T_1 T_2) + j\omega(T_1 + T_2)}$	PD	$F_R(j\omega) = K_P + j\omega K_D$
P-S2	$F_S(j\omega) = \dfrac{K_S}{\left(1 - \dfrac{\omega^2}{\omega_0^2}\right) + j\omega \dfrac{2D}{\omega_0}}$	PD-T1	$F_R(j\omega) = \dfrac{K_P + j\omega K_D}{1 + j\omega T_1}$
I	$F_S(j\omega) = -j\dfrac{K_S}{\omega}$	PID	$F_R(j\omega) = K_P + j\left(K_D \omega - \dfrac{K_I}{\omega}\right)$
I-T1	$F_S(j\omega) = \dfrac{K_S}{-T_1 \omega^2 + j\omega}$	PID-T1	$F_R(j\omega) = \dfrac{-K_D \omega^2 + j\omega K_P + K_I}{-T_1 \omega^2 + j\omega}$

Tabelle 6.1: Wichtige Frequenzgänge für Regelstrecken und Regler

Ein Beispiel aus der Mechanik

Das Beispiel ist das Modell einer Kolbenpumpe. Hier treten Schwingungen auf, die Sie mit dem Frequenzgang untersuchen können. Abbildung 6.2 zeigt das Prinzipbild der Anordnung.

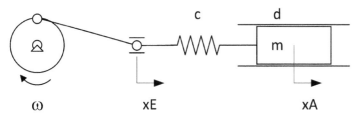

Drehantrieb Elastische Schubstange Kompressionskolben

Abbildung 6.2: Eine Kolbenpumpe wird elektrisch angetrieben

Der Antrieb erzeugt Schwingungen

Die Drehbewegung des elektrischen Antriebs hat die veränderbare Winkelgeschwindigkeit ω. Der Kurbeltrieb erzeugt aus der Drehbewegung die Linearbewegung x_E. Die Schubstange, die den Kompressionskolben bewegt, ist elastisch und hat die Federsteifigkeit c. Der Kolben mit der Masse m macht die Bewegung x_A. Die Lagerung des Kolbens ist reibungsbehaftet mit dem Dämpfungsfaktor d.

Die Bewegung x_E des Fußpunkts der Schubstange hängt mit guter Annäherung sinusförmig von der Drehbewegung ω des Antriebs ab:

$$x_E(t) = \hat{x}_E \cdot \sin(\omega t).$$

Aufgrund der Elastizität der Schubstange entspricht die Kolbenbewegung x_A nur bei niedrigen Winkelgeschwindigkeiten der Bewegung des Fußpunkts der Schubstange x_E. Bei höheren Winkelgeschwindigkeiten wächst die Kolbenbewegung x_A zunächst an, wenn die Winkelgeschwindigkeit in einem kritischen Resonanzbereich von Schubstange und Kolben liegt. Oberhalb dieses Frequenzbereichs wird die Amplitude von x_A kleiner als die Amplitude von x_E. Die Amplitude der Kolbenbewegung x_A ist eine Funktion der Winkelgeschwindigkeit ω:

$$x_A(t) = \hat{x}_A(\omega) \cdot \sin(\omega t + \varphi).$$

Die Bilanz führt zum Modell

Den dynamischen Zusammenhang zwischen $x_E(t)$ und $x_A(t)$ können Sie mit einer einfachen Kräftebilanz herstellen.

Die Kräftebilanz

elastische Kraft in der Schubstange $c \cdot [x_E(t) - x_A(t)]$

$= $ Beschleunigungskraft am Kolben $m \cdot \ddot{x}_A(t)$

$+ $ Reibungskraft am Kolben $d \cdot \dot{x}_A(t)$

führt auf die Differenzialgleichung zweiter Ordnung

$$c \cdot [x_E(t) - x_A(t)] = m \cdot \ddot{x}_A(t) + d \cdot \dot{x}_A(t)$$

beziehungsweise umgestellt auf

$$m \cdot \ddot{x}_A(t) + d \cdot \dot{x}_A(t) + c \cdot x_A(t) = c \cdot x_E(t)\,.$$

Die Übertragungsfunktion $G(s)$ und den Frequenzgang $F(j\omega)$ können Sie nun schnell und einfach berechnen.

Die Differenzialgleichung im Bildbereich der Laplace-Transformation lautet

$$m \cdot s^2 x_A(s) + d \cdot s \cdot x_A(s) + c \cdot x_A(s) = c \cdot x_E(s)$$

und die Übertragungsfunktion lautet damit

$$G(s) = \frac{x_A(s)}{x_E(s)} = \frac{c}{m \cdot s^2 + d \cdot s + c}\,.$$

Mit $s = j\omega$ erhalten Sie daraus den Frequenzgang

$$F(j\omega) = \frac{x_A(j\omega)}{x_E(j\omega)} = \frac{c}{m \cdot (j\omega)^2 + d \cdot j\omega + c} = \frac{c}{(c - m\omega^2) + j \cdot d\omega}\,.$$

Wenn Sie zunächst das Verhältnis der Amplituden interessiert, genügt es, den Betrag $|F(j\omega)|$ zu betrachten:

$$|F(j\omega)| = \frac{\hat{x}_A(\omega)}{\hat{x}_E} = \frac{c}{\sqrt{(c - m\omega^2)^2 + (d\omega)^2}}\,.$$

Nun können Sie das Amplitudenverhältnis der Endpunkte der Schubstange für beliebige Drehgeschwindigkeiten berechnen.

Sie erkennen an der Gleichung für $|F(j\omega)|$ sofort, dass für sehr kleine Drehgeschwindigkeiten $\omega \approx 0$

$$|F(j\omega)| = \frac{\hat{x}_A(\omega)}{\hat{x}_E} \approx \frac{c}{c} = 1$$

wird, die Elastizität der Schubstange also nicht zu merken ist.

Der Frequenzgang zeigt die Resonanz

Wie sich das Amplitudenverhältnis mit steigender Drehgeschwindigkeit ändert, sehen Sie am besten in einem Diagramm mit der Darstellung von $|F(j\omega)| = \dfrac{\hat{x}_A(\omega)}{\hat{x}_E}$. Dazu brauchen Sie die Daten des Modells:

$$m = 0,5\,\text{kg}; \qquad c = 72\,\frac{\text{N}}{\text{m}}; \qquad d = 5\,\frac{\text{Ns}}{\text{m}}.$$

Die Anregung ω wird in Abbildung 6.3 von $0,01\,\text{sec}^{-1}$ bis $21\,\text{sec}^{-1}$ variiert, das entspricht einem Drehzahlbereich n von $0,95\,\text{U/min}$ bis $201\,\text{U/min}$.

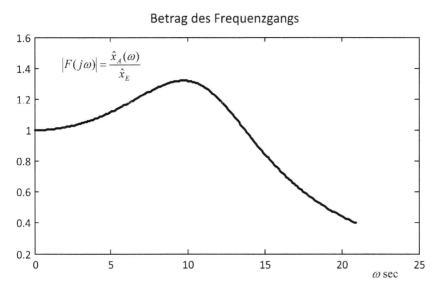

Abbildung 6.3: Der Betrag des Frequenzgangs zeigt, wo die Resonanzfrequenz liegt.

 Die anregende Frequenz, die bei Schwingsystemen die größte Ausgangsamplitude erzeugt, heißt *Resonanzfrequenz*.

Die Resonanzfrequenz liegt hier bei $\omega = 9,7\,\dfrac{1}{\text{sec}}$, das entspricht einer Drehzahl des Antriebs von $n = 92,6\,U/\text{min}$. Das Amplitudenverhältnis wächst an dieser Stelle auf $\dfrac{\hat{x}_A(\omega)}{\hat{x}_E} = 1,32$ an, der Ausschlag am Kolben ist also um 32 Prozent höher als am Schubstangenfußpunkt.

Abbildung 6.4 zeigt Ihnen das Eingangs- und Ausgangssignal bei dieser Resonanzfrequenz. Sie können die Amplituden ablesen und das Amplitudenverhältnis von 1,32 bestimmen. Sie sehen auch die Phasenverschiebung von $x_E(t)$ und $x_A(t)$.

Die Phasenverschiebung können Sie entweder aus den Zeitverläufen bestimmen oder mithilfe des Frequenzgangs theoretisch berechnen.

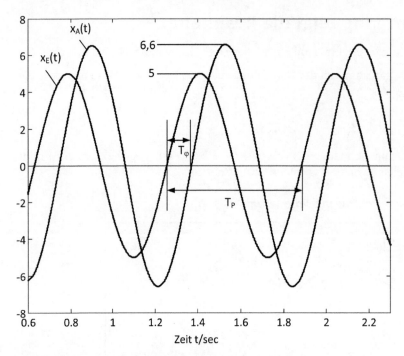

Abbildung 6.4: Die Zeitverläufe zeigen die Phasenverschiebung

Zunächst die Bestimmung aus der Messung: Die zeitliche Verschiebung T_φ der Signale wird auf die Periodendauer T_P bezogen. Das entspricht dem Verhältnis von φ zu 2π. Eilt das Ausgangssignal wie hier dem Eingangssignal nach, ist die Phasenverschiebung negativ. Eilt das Ausgangssignal voraus, wäre die Phasenverschiebung positiv.

Aus $\quad \dfrac{T_\varphi}{T_P} = -\dfrac{\varphi}{2\pi}$

folgt die Phasenverschiebung im Bogenmaß (rad) $\quad \varphi = -2\pi\dfrac{T_\varphi}{T_P}$.

und im Winkelmaß (°) $\quad \varphi = -360°\,\dfrac{T_\varphi}{T_P}$.

In Abbildung 6.4 ist $T_\varphi = 0{,}12$ sec und $T_P = 0{,}63$ sec. Damit wird $\varphi = -1{,}2$ rad, entsprechend $\varphi = -69°$.

Bei der Berechnung der Phasenverschiebung aus dem Frequenzgang

$$F(j\omega) = \frac{c}{(c - m\omega^2) + j \cdot d\omega}$$

erhalten Sie mit den Regeln »Division zweier komplexer Zahlen« und »Phasenwinkel«

$$\arctan \varphi = \arctan \left\{ \frac{\text{Im}[F(j\omega)]}{\text{Re}[F(j\omega)]} \right\} = \arctan \left\{ \frac{-d\omega}{c - m\omega^2} \right\}$$

$$= \arctan \left\{ \frac{-(5 \cdot 9{,}7)}{72 - 0{,}5 \cdot 9{,}7^2} \right\}$$

$$\varphi = -1{,}14 \text{ rad beziehungsweise } \varphi = -65{,}5°.$$

Nicht wundern: Dass die theoretisch berechnete Phasenverschiebung von der grafisch bestimmten etwas abweicht, liegt nur an der Ablesegenauigkeit im Diagramm.

Der Frequenzgang grafisch

Die Regelungstechnik, die Schwingungstechnik und die Signalverarbeitung arbeiten gerne mit dem Frequenzgang, da die Übertragung von Schwingungen damit sehr einfach berechnet werden kann. Zwei Darstellungen des Frequenzgangs müssen Sie hierzu kennen, die Ortskurve und das Bode-Diagramm. Beide Darstellungen können Sie experimentell oder theoretisch erhalten. Beim experimentellen Weg erfordert jeder Punkt des Frequenzgangs eine Schwingungsmessung am Prozess, beim theoretischen Weg berechnen Sie den Verlauf über das Modell des Prozesses. Das Beste ist natürlich, beide Wege zu kombinieren, um die Theorie am realen Prozess zu bestätigen.

Die Ortskurve

Sie wissen schon, dass der Frequenzgang

$$F(j\omega) = |F(j\omega)| \cdot e^{j\varphi(\omega)}$$

eines Prozesses angibt, wie sich

$$\text{das Amplitudenverhältnis} \quad |F(j\omega)| = \frac{\hat{x}_A(\omega)}{\hat{x}_E}$$

$$\text{und die Phasenverschiebung} \quad \angle F(j\omega) = \varphi(\omega)$$

in Abhängigkeit der anregenden Frequenz ω verhält.

So wie Sie eine einzelne komplexe Zahl in der komplexen Zahlenebene in kartesischen Koordinaten mit Realteil und Imaginärteil oder in Polarkoordinaten mit Zeigerlänge und Zeigerrichtung darstellen können, geht das auch für eine komplexe Funktion $F(j\omega)$, die von ω abhängt. Die Zeigerlänge entspricht dem Amplitudenverhältnis, die Zeigerrichtung der Phasenverschiebung. Anstelle eines einzelnen Punktes erhalten Sie eine von ω abhängige, geschlossene Linie, die *Ortskurve* des Frequenzgangs (siehe Abbildung 6.5).

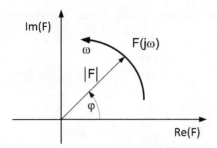

Abbildung 6.5: Die Ortskurve des Frequenzgangs ist eine geschlossene Linie

 Die *Ortskurve* stellt den Verlauf einer komplexen Größe in Abhängigkeit eines reellen Parameters dar. Bei der Frequenzgang-Ortskurve ist $F(j\omega)$ die komplexe Größe und der reelle Parameter ist die anregende Frequenz ω.

Bei der experimentellen Ermittlung der Ortskurve wählen Sie ein zum Prozess passendes Frequenzintervall $[\omega_{min}, \omega_{max}]$ beziehungsweise $[f_{min}, f_{max}]$, in dem Sie das Amplitudenverhältnis und die Phasenverschiebung bestimmen wollen. Für die Aufnahme von Ortskurven gibt es spezielle Geräte oder virtuelle Instrumente, sogenannte *Frequenzganganalysatoren*. Sie erzeugen eine Sinusschwingung mit programmierter Frequenz, erfassen die Prozessreaktion, berechnen das Amplitudenverhältnis und die Phasenverschiebung und stellen die Ortskurve oder das Bode-Diagramm dar (siehe Abbildung 6.6).

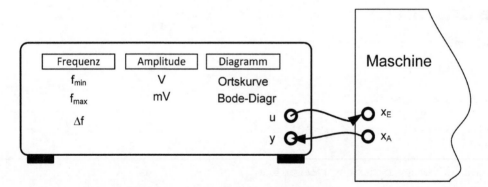

Abbildung 6.6: Der Frequenzganganalysator testet Maschinen

Basiert der Frequenzgang auf einem dynamischen Modell, können Sie den Frequenzgang berechnen und den Verlauf der Ortskurve von $\omega = 0$ bis $\omega \to \infty$ darstellen.

Das P-T1-System aus dem Katalog der wichtigsten Modelle für Regelstrecken ist ein erstes Beispiel. Die Parameter des Systems sollen $K_S = 1$ und $T_1 = 2$ sec sein.

Der Frequenzgang des P-T1-Systems ist nach Tabelle 6.1

$$F_S(j\omega) = \frac{K_S}{1 + j\omega T_1} \, ,$$

mit dem Realteil $\quad \mathrm{Re}(F_S) = \dfrac{K_S}{1 + (\omega T_1)^2}$

und dem Imaginärteil $\quad \mathrm{Im}(F_S) = \dfrac{-K_S \omega T_1}{1 + (\omega T_1)^2} \, ,$

mit dem Betrag $\quad |F_S(j\omega)| = \dfrac{K_S}{\sqrt{1 + (\omega T_1)^2}}$

und der Phasenverschiebung $\quad \varphi = -\arctan(\omega T_1) \, .$

Bei dieser Berechnung helfen Ihnen die Regeln des Abschnitts »Mehr zu komplexen Zahlen« weiter vorn in diesem Kapitel.

Die Ortskurve startet auf der reellen Achse mit der Zeigerlänge $|F| = K_S$ und dem Phasenwinkel $\angle F = 0$. Das bedeutet, dass für sehr kleine Frequenzen ω das Amplitudenverhältnis der Übertragungskonstanten K_S entspricht. Die Ortskurve durchläuft den vierten Quadranten der komplexen Ebene auf einem Halbkreis und endet im Ursprung mit $|F| = 0$. Mit steigender Frequenz wird also das Amplitudenverhältnis immer kleiner und der negative Phasenwinkel geht gegen $-90°$. Abbildung 6.7 zeigt den Verlauf der Ortskurve.

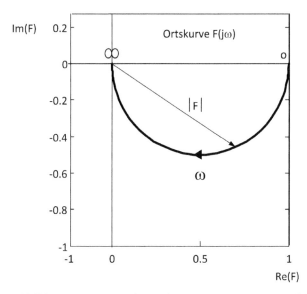

Abbildung 6.7: Die Ortskurve des P-T1-Systems ist ein Halbkreis

Die Markierungen (o) und (∞) kennzeichnen den Startpunkt der Ortskurve bei $\omega = 0$ und den Endpunkt bei $\omega \to \infty$. Die Richtung mit zunehmendem ω können Sie auch mit einem Pfeil an der Ortskurve kennzeichnen. Da der Parameter der Ortskurve die Frequenz ω ist, können Sie die Frequenz nicht an den Achsen der Grafik direkt ablesen, Sie könnten aber die Werte für ω an der Ortskurve notieren.

 Die Winkel in der komplexen Zahlenebene werden gegen den Uhrzeigersinn gemessen, also links herum. Ortskurven, die in den vierten Quadranten rechts herum laufen, haben damit negative Winkel.

Es ist wichtig, dass Ihnen bei diesen Betrachtungen der physikalische Hintergrund bewusst bleibt: Das System mit Verzögerung kann einem sinusförmigen Eingangssignal umso schlechter folgen, je höher die anregende Frequenz ist. Das macht Abbildung 6.8 mit drei ausgewählten Frequenzen deutlich:

$f_1 = 0,03$ Hz, entsprechend $\omega_1 = 0,189$ sec^{-1}

$f_2 = 0,1$ Hz, entsprechend $\omega_2 = 0,628$ sec^{-1}

$f_3 = 0,3$ Hz, entsprechend $\omega_3 = 1,89$ sec^{-1}.

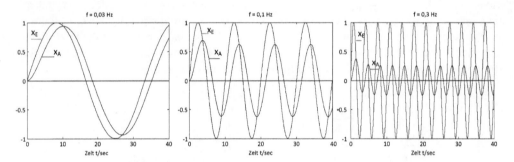

Abbildung 6.8: Das P-T1-System kann höheren Frequenzen schlechter folgen

Die Ortskurve des vollkommen verzögerungsfreien P-Systems mit dem Frequenzgang $F_S(j\omega) = K_S$ ist frequenzunabhängig und besteht nur aus einem Punkt auf der reellen Achse.

Abbildung 6.9 zeigt im Vergleich zum P-T1-System die Ortskurven für das P-T2-System mit Verzögerung zweiter Ordnung und für das schwingungsfähige P-S2-System.

Die Ortskurven beider Systeme zweiter Ordnung durchlaufen zwei Quadranten der komplexen Ebene. Die Phasenverschiebung geht also bis −180°. Beim P-T2-System nimmt die Zeigerlänge mit zunehmender Frequenz wie beim P-T1-System stetig ab. Beim P-S2-System gibt es Frequenzbereiche, in denen das Amplitudenverhältnis im Resonanzbereich größer wird. Alle drei Systemtypen sind Systeme mit Ausgleich, deren Ortskurven auf der reellen Achse bei der Übertragungskonstanten K_S starten.

Ganz anders sehen die Ortskurven für Systeme ohne Ausgleich, also für integrierende Systeme aus (siehe Abbildung 6.10).

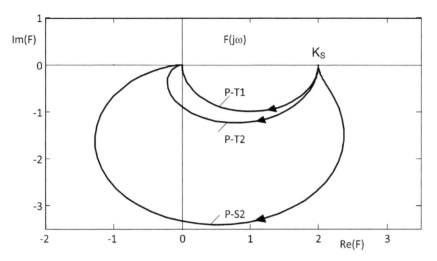

Abbildung 6.9: Die Ortskurven aller dynamischer P-Systeme starten bei K_S

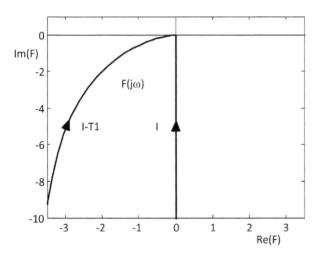

Abbildung 6.10: Die Ortskurven von I-Systeme haben keinen endlichen Anfangspunkt

Die Ortskurven des reinen I-Systems und des I-T1-Systems mit Verzögerung starten mit unendlich großer Zeigerlänge und einer Phasenverschiebung von −180°. Das kann mit dem integrierenden Verhalten leicht erklärt werden. Wenn Sie das Eingangssignal

$$x_E(t) = \hat{x}_E \cdot \sin(\omega t)$$

integrieren, erhalten Sie das Ausgangssignal

$$x_A(t) = \int \hat{x}_E \cdot \sin(\omega t)\, \mathrm{d}t = \frac{\hat{x}_E}{\omega} \cdot [-\cos(\omega t)]\,.$$

Die Ausgangsamplitude $\hat{x}_A = \dfrac{\hat{x}_E}{\omega}$ wird für sehr kleine ω also sehr groß. Auch die Phasenverschiebung zwischen Eingangssignal und Ausgangssignal wird klar, denn $-\cos{(\omega t)}$ hat zu $\sin{(\omega t)}$ die Phasenverschiebung von $-90°$.

Verlauf der Ortskurve eines I-T1-Systems

Wir wählen für ein I-T1-System die Parameter $K_S = 2\ \text{sec}^{-1}$ und $T_1 = 2\ \text{sec}$, nach Tabelle 6.1 wird der Frequenzgang

$$F_S(j\omega) = \frac{K_S}{-T_1\omega^2 + j\omega} \,.$$

Wenn Sie den Realteil $\text{Re}[F_S(j\omega)]$ und den Imaginärteil $\text{Im}\,[F_S(j\omega)]$ trennen, erhalten Sie

$$\text{Re} = \frac{-K_S T_1}{T_1^2\omega^2 + 1} \quad \text{und} \quad \text{Im} = \frac{-K_s\omega}{T_1^2\omega^4 + \omega^2} \,.$$

Auch hierbei kann Ihnen der Abschnitt »Mehr zu komplexen Zahlen« weiter vorn in diesem Kapitel sehr helfen. Betrachten Sie nun die beiden Extremfälle $\omega \to 0$ und $\omega \to \infty$, dann wird

$$\lim_{\omega\to 0}(\text{Re}) = -K_S T_1 = -4 \quad \text{und} \quad \lim_{\omega\to 0}(\text{Im}) = -\infty\,,$$

$$\lim_{\omega\to\infty}(\text{Re}) = 0 \quad \text{und} \quad \lim_{\omega\to\infty}(\text{Im}) = 0\,.$$

Die Ortskurve von $F_S(j\omega)$ dieses I-T1-Systems verläuft also wie das Beispiel in Abbildung 6.10.

Das Bode-Diagramm

Bei der Ortskurve des Frequenzgangs sehen Sie in einem einzigen Diagramm, wie sich das Amplitudenverhältnis und die Phasenverschiebung mit der Frequenz verändern. Dafür können Sie die zugehörige Frequenz nicht direkt ablesen. Deshalb verwendet die Regelungstechnik eine weitere Darstellung des Frequenzgangs, die den Betrag und die Phasenverschiebung in zwei getrennten Diagrammen darstellt.

Der US-amerikanische Elektrotechniker Hendrik W. Bode (1905–1982) gab dieser Darstellung den Namen, das *Bode-Diagramm*.

Das Bode-Diagramm besitzt einige Eigenschaften, die Sie sich merken sollten:

✔ Das Bode-Diagramm besteht aus zwei Teildiagrammen, dem *Amplitudengang* und dem *Phasengang*, die am besten untereinander angeordnet werden, oben der Amplitudengang und unten der Phasengang.

✔ In beiden Teildiagrammen ist die Kreisfrequenz ω auf der Abszisse im logarithmischen Maßstab aufgetragen.

✔ Die Ordinate des Amplitudengangs ist das Amplitudenverhältnis in logarithmischer Dezibel-Darstellung. Sie können sich dazu den Kasten »Darstellungen in Dezibel« ansehen.

✔ Die Ordinate des Phasengangs zeigt die Phasenverschiebung entweder im Bogenmaß (Radiant) oder im Gradmaß (Grad).

Darstellungen in Dezibel

Die Einheit Bel (B) ist nach Alexander G. Bell (1847–1922) benannt und als dekadischer Logarithmus zweier Signalleistungen definiert:

$$\log_{10} \left(\frac{P_2}{P_1} \right) B = \lg \left(\frac{P_2}{P_1} \right) B,$$

verwendet wird ein Zehntel dieses Wertes mit dem Vorsatz Dezi (d):

$$R = 10 \cdot \lg \left(\frac{P_2}{P_1} \right) \text{dB}.$$

Geht es nicht um Leistungen P, sondern wie in der Regelungstechnik um Amplituden A, die in Leistungen quadratisch stehen $P \sim A^2$, wird

$$R = 10 \cdot \lg \left(\frac{A_2^2}{A_1^2} \right) \text{dB} = 20 \cdot \lg \left(\frac{A_2}{A_1} \right) \text{dB}.$$

Am besten sehen Sie die Eigenschaften des Bode-Diagramms an einem Beispiel eines »alten Bekannten«, dem P-T1-System, hier mit den Daten $K_S = 5$ und $T_1 = 10$ sec (siehe Abbildung 6.11).

Der Amplitudengang ist der logarithmische Betrag des Frequenzgangs in Dezibel:

$$R = 20 \lg \left(\frac{\hat{x}_A}{\hat{x}_E} \right) \text{dB} .$$

In Abbildung 6.11 sehen Sie den Amplitudengang im Bereich von 50 dB über vier Zehnerpotenzen (vier Dekaden) der Frequenz dargestellt. Der Phasengang läuft in diesem Frequenzbereich von 0 bis −90°.

Das Formelzeichen R steht für das Verhältnis (englisch *ratio*) der Amplituden. Wenn Sie das logarithmische Amplitudenverhältnis R in das lineare Amplitudenverhältnis $\frac{\hat{x}_A}{\hat{x}_E}$ zurückrechnen, machen Sie das mit der Umkehrfunktion:

$$\frac{\hat{x}_A}{\hat{x}_E} = 10^{\frac{R}{20 \text{ dB}}} .$$

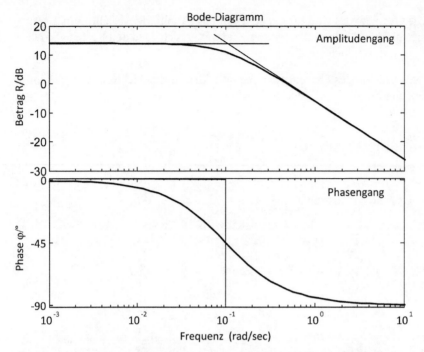

Abbildung 6.11: Das Bode-Diagramm zeigt den Amplituden- und den Phasengang

Im Beispiel des obigen Bode-Diagramms läuft der Amplitudengang für niedrige Frequenzen horizontal bei etwa $R = 14$ dB, das entspricht einem linearen Amplitudenverhältnis von $\frac{\hat{x}_A}{\hat{x}_E} = 5$. Wird das P-T1-System mit sehr niedriger Frequenz angeregt, ist das Amplitudenverhältnis identisch mit der Übertragungskonstanten K_S. Werden die Frequenzen höher, fällt der Amplitudengang ab, das heißt, die Ausgangsamplitude wird kleiner. Aufgrund der Systemträgheit kann das Ausgangssignal dann dem Eingangssignal nicht mehr folgen.

Mit der Dezibeldarstellung sieht das relativ harmlos aus. Sie sollten sich deshalb Tabelle 6.2 ansehen, in der die linearen Amplitudenverhältnisse den Dezibelwerten gegenübergestellt sind.

$\dfrac{\hat{x}_A}{\hat{x}_E}$	$R = 20 \lg \left(\dfrac{\hat{x}_A}{\hat{x}_E} \right)$ dB
1000	60 dB
100	40 dB
10	20 dB
1	0 dB
0,1	−20 dB
0,01	−40 dB
0,001	−60 dB

Tabelle 6.2: Amplitudenverhältnisse in Dezibel

Amplitudengänge und Phasengänge von Regelstrecken und Reglern werden in der Regelungstechnik meist mit Asymptoten angenähert.

Da die verwendeten Modelle linear sind, gibt es für die Amplitudengänge nur Asymptotensteigungen als ganzzahlige Vielfache von 20 dB. Das liegt an der doppelt-logarithmischen Darstellung der Amplitudengänge.

 Asymptoten von Amplitudengängen im Bode-Diagramm können für lineare Systeme nur Steigungen haben, die null sind oder ein positives oder negatives Vielfaches von 20 Dezibel pro Dekade besitzen: 0 dB/Dek., ± 20 dB/Dek., ± 40 dB/Dek., …

In Abbildung 6.11 sind die Steigungen der Asymptoten

$R \approx 0$ dB/Dekade für niedere Frequenzen ω,

$R \approx -20$ dB/Dekade für hohe Frequenzen ω.

Die beiden Asymptoten schneiden sich bei der Frequenz $\omega_E = 0{,}1 \, \dfrac{1}{\text{sec}}$, diese Frequenz heißt *Eckfrequenz*.

 Werden Amplitudengänge durch Asymptoten angenähert, entstehen Knicke oder Ecken. Die Frequenzen an diesen Ecken heißen *Eckfrequenzen*. Sie charakterisieren die Dynamik der Systeme.

An der Eckfrequenz beträgt beim P-T1-System die Abweichung zwischen dem tatsächlichen Amplitudengang und der asymptotischen Annäherung –3 dB. Das entspricht einem linearen Verhältnis von 0,707.

Bei einer Systemanregung mit $\omega_E = 0{,}1 \, \dfrac{1}{\text{sec}}$ oder $f_E = \dfrac{\omega_E}{2\pi} = 0{,}016$ Hz ist das Ausgangssignal damit bereits um circa 30 Prozent gedämpft.

 Die Frequenz am 3-dB-Punkt wird bei Geräten als Kennwert für die Systemträgheit angegeben und heißt deshalb auch *Grenzfrequenz* oder *Bandbreite*.

Die Asymptoten für die Phasengänge sind immer horizontale Linien bei Vielfachen von 90°: 0 °, ± 90 °, ± 180 °, …

In Abbildung 6.11 sind es die horizontalen Asymptoten

$\varphi \approx 0°$ für niedere Frequenzen ω,

$\varphi \approx -90°$ für hohe Frequenzen ω.

Der Sprung der Asymptoten von 0° auf –90° erfolgt bei der Eckfrequenz ω_E.

Einen Schwinger schwingend anregen

Das schwingungsfähige P-S2-System sehen Sie hier noch einmal in der Gegenüberstellung der drei Formen Differenzialgleichung, Übertragungsfunktion und Frequenzgang, die sehr leicht ineinander überführbar sind.

Differenzialgleichung:
$$\frac{1}{\omega_0^2}\ddot{y} + \frac{2D}{\omega_0}\dot{y} + y = K_S u$$

Übertragungsfunktion:
$$G_S(s) = \frac{K_S}{\frac{1}{\omega_0^2}s^2 + \frac{2D}{\omega_0}s + 1}$$

Frequenzgang:
$$F_S(j\omega) = \frac{K_S}{\left(1 - \frac{\omega^2}{\omega_0^2}\right) + j\omega\frac{2D}{\omega_0}}$$

Für das Bode-Diagramm des Frequenzgangs $F_S(j\omega)$ benötigen Sie noch den Betrag $|F_S|$, die zugehörige logarithmische Form R_S und den Phasenwinkel φ:

Betrag:
$$|F_S(j\omega)| = \frac{K_S}{\sqrt{\left(1 - \left(\frac{\omega}{\omega_0}\right)^2\right)^2 + \left(2D\frac{\omega}{\omega_0}\right)^2}}$$

Logarithmische Form: $R_S = 20\,\lg\left(|F_S|\right)\,\mathrm{dB}$

Phasenwinkel:
$$\varphi = \arctan\left[-2D\frac{\left(\frac{\omega}{\omega_0}\right)}{1 - \left(\frac{\omega}{\omega_0}\right)^2}\right]$$

Jetzt haben Sie alles beieinander und können immer darauf zurückgreifen.

In Abbildung 6.12 sehen Sie das Bode-Diagramm für die Übertragungskonstante $K_S = 1$ und die Eigenkreisfrequenz $\omega_0 = 1$ bei verschiedenen Werten des Dämpfungsgrads D.

Aus dem höchsten Punkt des Amplitudengangs R_{max} an der Stelle f_{max} ermitteln Sie

$$D = \sqrt{\frac{1}{2} - \sqrt{\frac{1}{4} - \left(\frac{10^{\frac{-(R_{max}-R_0)}{20\,\mathrm{dB}}}}{2}\right)^2}} \quad \text{und} \quad \omega_0 = \frac{2\pi f_{max}}{\sqrt{1 - 2D^2}}\,.$$

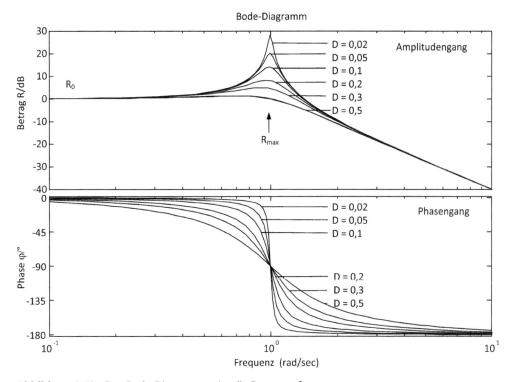

Abbildung 6.12: Das Bode-Diagramm zeigt die Resonanzfrequenz

... und wieder helfen Programme

Auch bei diesen Untersuchungen unterstützt Sie MATLAB. Im Listing sehen Sie das Programm für ein P-S2-System. Damit können Sie für jede Frequenz den Realteil und den Imaginärteil des Frequenzgangs sowie das Amplitudenverhältnis und die Phasenverschiebung berechnen.

```
% Parameter des Modells
   KS = 1; w0 = 1; D = 0.5;
% Zähler und Nenner der Übertragungsfunktion
   Z = [KS]; N = [1/w0/w0 2*D/w0 1];
% Realteil Re und Imaginärteil Im für eine Frequenz w
   w = 0.5;
[Re,Im,w] = nyquist(Z,N,w)
» Re =
   0.9231
Im =
  -0.6154
w =
   0.5000
```

```
% Lineares Amplitudenverhältnis und Phase in grad
% bei einer Frequenz
   w = 0.5;
   [ampl,phase,w] = bode(Z,N,w)
» ampl =
   1.1094
phase =
  -33.6901
w =
   0.5000
```

Wenn Sie einfach nur bode(Z,N) eingeben, erhalten Sie automatisch das komplette Bode-Diagramm des Systems, das Sie definiert haben.

Mit Asymptoten arbeiten

In der Regelungstechnik ist es wichtig, aus Messungen an Prozessen dynamische Modelle zu bilden und damit Regelungen zu entwerfen. Besonders gut geeignet sind hierfür die asymptotischen Darstellungen des Bode-Diagramms. Aus den Asymptotensteigungen und den Eckfrequenzen können Sie sehr leicht die Modellparameter bestimmen.

Wie Asymptoten entstehen

Um das P-T1-Verhalten mit einem Modell zu beschreiben, benötigen Sie die beiden Parameter Übertragungskonstante K_S und Zeitkonstante T_1. Der logarithmische Amplitudengang R_S ist

$$R_S = 20 \lg \left[\frac{K_S}{\sqrt{1 + (\omega T_1)^2}} \right] \mathrm{dB} \,.$$

Die Asymptoten des Amplitudengangs erhalten Sie für die beiden Grenzübergänge $\omega \to 0$ und $\omega \to \infty$ aus

$$\lim_{\omega \to 0} R_S = \lim_{\omega \to 0} 20 \lg \left[\frac{K_S}{\sqrt{1 + (\omega T_1)^2}} \right] \mathrm{dB} = 20 \lg (K_S) \, \mathrm{dB}$$

$$\lim_{\omega \to \infty} R_S = \lim_{\omega \to \infty} 20 \lg \left[\frac{K_S}{\sqrt{1 + (\omega T_1)^2}} \right] \mathrm{dB} = 20 \lg \left(\frac{K_S}{\omega T_1} \right) \mathrm{dB}$$

$$= 20 [\lg(K_S) - \lg (\omega T_1)] \, \mathrm{dB} \,.$$

Für $\omega \to 0$ ist das eine Asymptote parallel zur ω-Achse bei $R = 20 \lg (K_S) \, \mathrm{dB}$; für $\omega \to \infty$ erhalten Sie eine Asymptote, die pro Dekade um 20 dB abfällt und die horizontale Asymptote bei der Eckfrequenz $\omega_E = \frac{1}{T_1}$ schneidet. Das sind die beiden Parameter K_S und T_1, die Sie für das Modell des P-T1-Systems benötigen.

Modellparameter dynamischer Systeme können Sie bestimmen, indem Sie an den logarithmischen Amplitudengang Asymptoten mit Steigungen $\pm i \cdot 20$ dB/Dekade, $i = 0, 1, 2, \ldots$ anlegen und die Eckfrequenzen bestimmen.

In Abbildung 6.13 sehen Sie den asymptotischen Amplitudengang für ein P-T1-System.

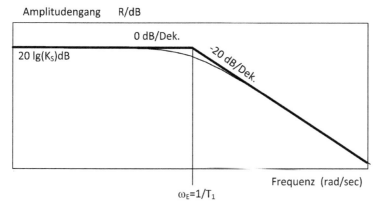

Abbildung 6.13: Asymptotische Amplitudengänge liefern Modellparameter

 Auswertung eines Amplitudengangs

Die horizontale Asymptote eines P-T1-Systems liegt bei $R = 15\ dB$. Die Eckfrequenz liegt bei $\omega_E = 0,2\ \text{sec}^{-1}$. Die Modellparameter werden damit zu

$$K_S = 10^{\frac{15\ dB}{20\ dB}} = 5,62 \quad \text{und} \quad T_1 = \frac{1}{\omega_E} = \frac{1}{0,2\ \text{sec}^{-1}} = 5\ \text{sec}\,.$$

Wichtige Typen schnell erkennen

Für die wichtigsten Typen von Regelstrecken und Reglern finden Sie in Tabelle 6.3 und Tabelle 6.4 die asymptotischen Amplitudengänge mit ihren Kennwerten für Steigungen und Eckfrequenzen an den Schnittpunkten. Damit können Sie aus den Amplitudengängen die Modellparameter in Schritten bestimmen:

1. Annäherung des Amplitudengangs mit Asymptoten $\pm i \cdot 20$ dB/Dekade, $i = 0, 1, 2, \ldots$

2. Bestimmung des Modelltyps durch Vergleich mit den Tabellen

3. Bestimmung der Lage der Asymptote R_0 für die niedrigen Frequenzen

4. Bestimmung der Eckfrequenzen ω_E an den Schnittstellen der Asymptoten

5. Berechnung der Modellparameter aus diesen Kennwerten

6. Zurücklehnen und entspannen

Regelstreckentyp	Asymptotischer Amplitudengang	Kennwerte
Reines Proportionalsystem P-System	0 dB/Dek. R_0	$R_0 = 20 \lg(K_S) \text{ dB}$ $K_S = 10^{\frac{R_0}{20 \text{ dB}}}$
Proportionalsystem mit Verzögerung erster Ordnung P-T1-System	0 dB/Dek. R_0 –20 dB/Dek. ω_{E1}	$R_0 = 20 \lg(K_S) \text{ dB}$ $\omega_{E1} = \dfrac{1}{T_1}$
Proportionalsystem mit Verzögerung zweiter Ordnung P-T2-System	0 dB/Dek. R_0 –20 dB/Dek. ω_{E1} ω_{E2} –40 dB/Dek.	$R_0 = 20 \lg(K_S) \text{ dB}$ $\omega_{E1} = \dfrac{1}{T_1}, \; \omega_{E2} = \dfrac{1}{T_2}$
Proportionalsystem zweiter Ordnung mit Schwingverhalten P-S2-System	0 dB/Dek. R_0 –40 dB/Dek. ω_{E1}	$R_0 = 20 \lg(K_S) \text{ dB}$ $\omega_{E1} = \omega_0$
Reines Integralsystem I-System	R –20 dB/Dek. ω	$R = 20 \lg\left(\dfrac{K_S}{\omega}\right) \text{ dB}$ $K_S = \omega \cdot 10^{\frac{R}{20 \text{ dB}}}$
Integralsystem mit Verzögerung erster Ordnung I-T1-System	–20 dB/Dek. R –40 dB/Dek. ω ω_{E1}	$R = 20 \lg\left(\dfrac{K_S}{\omega}\right) \text{ dB}$ $\omega_{E1} = \dfrac{1}{T_1}$

Tabelle 6.3: Asymptotische Amplitudengänge der wichtigsten Regelstrecken

Sind bei dem P-T2-System die beiden Zeitkonstanten T_1 und T_2 gleich, so fallen die Eckfrequenzen zusammen und die Asymptotensteigungen gehen wie bei dem P-S2-System direkt von 0 dB/Dek. auf −40 dB/Dek.

Sie haben sicher bemerkt, dass die asymptotischen Phasengänge der Regelstrecken und Regler in den Tabellen nicht aufgeführt sind. Das hat einen einfachen Grund. Wenn Sie die Steigungen der asymptotischen Amplitudengänge kennen, können Sie auf die Phasengänge schließen. Diesen Zusammenhang zeigt Ihnen Tabelle 6.5.

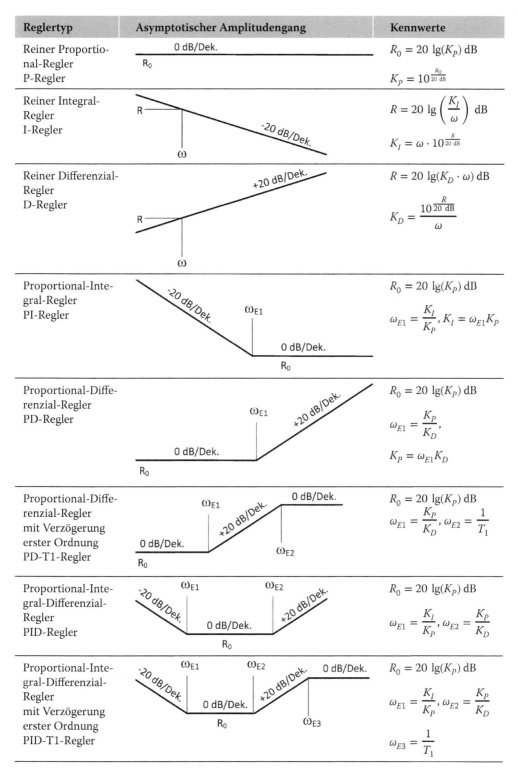

Reglertyp	Asymptotischer Amplitudengang	Kennwerte
Reiner Proportional-Regler P-Regler	0 dB/Dek. R_0	$R_0 = 20 \lg(K_P)$ dB $K_P = 10^{\frac{R_0}{20\,\mathrm{dB}}}$
Reiner Integral-Regler I-Regler	R −20 dB/Dek. ω	$R = 20 \lg\left(\dfrac{K_I}{\omega}\right)$ dB $K_I = \omega \cdot 10^{\frac{R}{20\,\mathrm{dB}}}$
Reiner Differenzial-Regler D-Regler	+20 dB/Dek. R ω	$R = 20 \lg(K_D \cdot \omega)$ dB $K_D = \dfrac{10^{\frac{R}{20\,\mathrm{dB}}}}{\omega}$
Proportional-Integral-Regler PI-Regler	−20 dB/Dek. ω_{E1} 0 dB/Dek. R_0	$R_0 = 20 \lg(K_P)$ dB $\omega_{E1} = \dfrac{K_I}{K_P},\ K_I = \omega_{E1}K_P$
Proportional-Differenzial-Regler PD-Regler	ω_{E1} +20 dB/Dek. 0 dB/Dek. R_0	$R_0 = 20 \lg(K_P)$ dB $\omega_{E1} = \dfrac{K_P}{K_D},$ $K_P = \omega_{E1}K_D$
Proportional-Differenzial-Regler mit Verzögerung erster Ordnung PD-T1-Regler	ω_{E1} 0 dB/Dek. +20 dB/Dek. 0 dB/Dek. R_0 ω_{E2}	$R_0 = 20 \lg(K_P)$ dB $\omega_{E1} = \dfrac{K_P}{K_D},\ \omega_{E2} = \dfrac{1}{T_1}$
Proportional-Integral-Differenzial-Regler PID-Regler	ω_{E1} ω_{E2} −20 dB/Dek. 0 dB/Dek. +20 dB/Dek. R_0	$R_0 = 20 \lg(K_P)$ dB $\omega_{E1} = \dfrac{K_I}{K_P},\ \omega_{E2} = \dfrac{K_P}{K_D}$
Proportional-Integral-Differenzial-Regler mit Verzögerung erster Ordnung PID-T1-Regler	ω_{E1} ω_{E2} 0 dB/Dek. −20 dB/Dek. 0 dB/Dek. +20 dB/Dek. R_0 ω_{E3}	$R_0 = 20 \lg(K_P)$ dB $\omega_{E1} = \dfrac{K_I}{K_P},\ \omega_{E2} = \dfrac{K_P}{K_D}$ $\omega_{E3} = \dfrac{1}{T_1}$

Tabelle 6.4: Asymptotische Amplitudengänge der wichtigsten Regler

Steigung der asymptotischen Amplitudengänge	Lage der asymptotischen Phasengänge
0 dB/Dekade	$\varphi = 0$
+20 dB/Dekade	$\varphi = +\dfrac{\pi}{2}$
−20 dB/Dekade	$\varphi = -\dfrac{\pi}{2}$
+40 dB/Dekade	$\varphi = \pi$
−40 dB/Dekade	$\varphi = -\pi$
allgemein $i \cdot 20$ dB/Dekade; $i = 0, \pm1, \pm2, \ldots$	allgemein $\varphi = i \cdot \dfrac{\pi}{2}$; $i = 0, \pm1, \pm2, \ldots$

Tabelle 6.5: Zusammenhänge zwischen asymptotischen Amplituden- und Phasengängen

Es gibt zwei Ausnahmen, bei denen dieser Zusammenhang nicht besteht. Das sind Systeme mit reiner Laufzeit und Allpass-Systeme. In beiden Fällen bleibt die Amplitude bei allen Frequenzen konstant, obwohl der Phasengang abfällt.

Einfaches Zusammenschalten und Zerlegen

Die Reihenschaltung von zwei Systemen geht mit Übertragungsfunktionen sehr einfach, es ist:

$$G_{\text{gesamt}}(s) = G_1(s) \cdot G_2(s)\,.$$

Das geht mit Frequenzgängen genauso:

$$F_{\text{gesamt}}(j\omega) = F_1(j\omega) \cdot F_2(j\omega) = |F_1(j\omega)| \cdot e^{j\varphi_1} \cdot |F_2(j\omega)| \cdot e^{j\varphi_2}$$
$$= |F_1(j\omega)| \cdot |F_2(j\omega)| \cdot e^{j(\varphi_1 + \varphi_2)}\,.$$

Die Beträge werden multipliziert und die Winkel addiert, da sie im Exponenten stehen.

Da im Bode-Diagramm der Amplitudengang logarithmisch aufgetragen wird, können Sie sowohl die Amplitudengänge als auch die Phasengänge der Einzelsysteme bei Reihenschaltungen addieren:

$$R_{\text{gesamt}} = 20 \ \lg\left(|F_1(j\omega)|\right) \text{dB} + 20 \ \lg\left(|F_2(j\omega)|\right) \text{dB}$$
$$= R_1 + R_2$$
$$\varphi_{\text{gesamt}} = \varphi_1 + \varphi_2\,.$$

Reihenschaltungen von Systemen sind im Bode-Diagramm Additionen der einzelnen Amplitudengänge und Phasengänge.

Die Addition von Amplitudengängen und Phasengängen können Sie im Bode-Diagramm grafisch ausführen und auf zwei Arten nutzen:

✔ Beim »Zusammenbau von Systemen« zeichnen Sie die Bode-Diagramme der Einzelsysteme und addieren diese grafisch zum Gesamtsystem.

✔ Ein gemessenes Bode-Diagramm eines Systems können Sie durch »Zerlegung in bekannte Teilsysteme« mit einem Modell beschreiben, das die Serienschaltung dieser Teilsysteme enthält.

Beide Fälle können Sie sich in dem folgenden Beispiel ansehen.

Zerlegung und Zusammenbau eines Systems

1. Beschreiben Sie den asymptotischen Amplitudengang.

Abbildung 6.14 besteht aus drei Teilen. Der oberste Teil zeigt den asymptotischen Amplitudengang R_{ges} eines *Gesamtsystems*, dessen *Typ* und dessen *Übertragungsfunktion* bestimmt werden sollen.

Der Amplitudengang R_{ges} hat drei Abschnitte:

- Der erste Abschnitt bis zur Frequenz $\omega_{E1} = 0{,}01 \text{ sec}^{-1}$ verläuft horizontal bei $R_0 = 5 \text{ dB}$.

- Der zweite Abschnitt liegt zwischen ω_{E1} und $\omega_{E2} = 0{,}3 \text{ sec}^{-1}$. Die Steigung ist -20 dB/Dek.

- Der dritte Abschnitt liegt oberhalb von ω_{E2} und verläuft wieder horizontal.

2. Zerlegen Sie den asymptotischen Amplitudengang in bekannte Teilsysteme.

Beim Zerlegen in Teilsysteme sollte immer eine Eckfrequenz enthalten sein. Im Fall des Beispiels ergeben sich daraus die beiden Teilsysteme R_1 im mittleren Bildteil und R_2 im unteren Bildteil. Die Addition $R_{ges} = R_1 + R_2$ ergibt das Gesamtsystem. Die Teilsysteme sind nach den Tabellen 6.3 und 6.4 bekannt. Danach ist R_1 ein P-T1-System und R_2 ist ein PD-System. Beachten Sie dabei, dass R_2 bis zur Frequenz ω_{E2} keinen Einfluss auf R_{ges} hat und R_2 bis ω_{E2} auf der 0-dB-Linie liegt. Für $\omega > \omega_{E2}$ hebt die positive Steigung von R_2 die negative Steigung von R_1 auf.

3. Bestimmen Sie die Parameter der Teilsysteme.

Das erste Teilsystem hat als P-T1-System die Parameter $R_0 = 20 \lg(K_S) \text{ dB}$ beziehungsweise $K_S = 10^{\frac{R_0}{20 \text{ dB}}} = 1{,}77$ und $\omega_{E1} = \frac{1}{T_1}$ beziehungsweise $T_1 = \frac{1}{\omega_{E1}} = 100 \text{ sec}$.

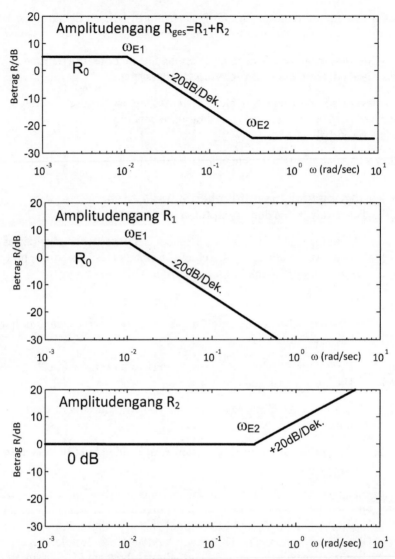

Abbildung 6.14: Der Amplitudengang mit drei Abschnitten wird in zwei Teile zerlegt

Das zweite Teilsystem hat als PD-System die Parameter $R_0 = 20 \lg (K_P)$ dB beziehungsweise $K_P = 10^{\frac{0}{20 \text{ dB}}} = 1$ und $\omega_{E2} = \frac{K_P}{K_D}$ beziehungsweise $K_D = \frac{K_P}{\omega_{E2}} = 3{,}33$ sec.

4. **Bauen Sie das Gesamtsystem zusammen.**

Die Addition der logarithmischen Amplitudengänge R_1 und R_2 entspricht der Multiplikation der Frequenzgänge $F_1(j\omega)$ und $F_2(j\omega)$ sowie der Multiplikation der entsprechenden Übertragungsfunktionen $G_1(s)$ und $G_2(s)$:

$$G_{\text{ges}}(s) = G_1(s) \cdot G_2(s),$$

also:

$$G_{\text{ges}}(s) = \frac{K_s}{1 + T_1 s} \cdot (K_P + K_D s) = \frac{K_S K_P + K_S K_D s}{1 + T_1 s}.$$

5. **Erkennen Sie den Typ des Gesamtsystems.**

Es handelt sich um den Typ eines PD-T1-Systems.

Kapitel 7
Zustände kompakt

In einem Prozess, den Sie regeln wollen, wirken oft mehrere dynamische Zustände, die sich gegenseitig beeinflussen. Diese Zustandsgrößen können Sie in einem Zustandsvektor zusammenfassen und damit die Dynamik des Prozesses elegant mit vektoriellen Systemmodellen beschreiben. An die Stelle von skalaren Prozessparametern treten Vektoren und Matrizen, in denen die Prozessparameter kompakt zusammengefasst sind. Erfreulicherweise bekommen Sie auch für diese Prozessbeschreibung Unterstützung durch Programme, die mit diesen Vektoren und Matrizen arbeiten.

Zustände, Vektoren und Matrizen

Die Regelungstechnik kann eine Regelgröße y eines Prozesses mit der Stellgröße u des Reglers schnell und genau auf einen gewünschten Sollwert w bringen. Dazu wählen Sie den Regler geeignet aus und passen die Einstellwerte des Reglers an die Dynamik der Regelstrecke an. Das wissen Sie schon und wie das im Einzelnen geht, werden Sie noch genau erfahren.

Mehrere Aufgaben gleichzeitig

Häufig hat die Regelungstechnik auch die Aufgabe, mehrere Prozessgrößen gleichzeitig zu regeln. Abbildung 7.1 zeigt Ihnen dazu ein mechatronisches Beispiel.

Es ist ein Zwei-Massen-Drehschwinger, bei dem das Antriebsmoment M_M des Elektromotors die Drehmasse J_A des Antriebs beschleunigt. Über eine elastische Welle oder ein Getriebe mit der Drehsteifigkeit c_G ist daran die Drehmasse der Last J_L gekoppelt. Antriebsseitig und lastseitig wirken die Dämpfungen d_A und d_L der Drehbewegung entgegen.

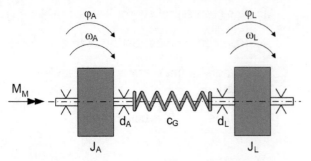

Abbildung 7.1: Der Zwei-Massen-Drehschwinger ist ein mechatronisches Standardmodell

Solche Mechanikmodelle beschreiben das typische Verhalten von Antriebssystemen, wenn die Antriebsmasse J_A bei Bewegungen durch das Antriebsmoment gegen die Last J_L schwingt. Antriebsschwingungen in Maschinen erschweren die genaue Bewegung und Positionierung der Lastmasse, die bei Industrierobotern, Werkzeugmaschinen oder Walzwerken benötigt wird. Die Regelungstechnik leistet da gute Dienste.

Das System in Abbildung 7.1 hat zwei Freiheitsgrade, die Drehung der Antriebsmasse $\varphi_A(t)$ und die Drehung der Lastmasse $\varphi_L(t)$.

 Die Zahl der mechanischen *Freiheitsgrade f* eines Körpers ist die Zahl der voneinander unabhängigen Möglichkeiten der Bewegung. Unabhängige Koordinaten beschreiben diese Bewegung.

Mit den Koordinaten der Freiheitsgrade φ_A und φ_L und deren zeitlichen Ableitungen, also den Geschwindigkeiten, haben Sie den Bewegungszustand der Mechanik vollständig erfasst. Für das Beispiel des Zwei-Massen-Drehschwingers beschreiben die vier Größen

✔ $\varphi_A(t)$

✔ $\omega_A(t) = \dot{\varphi}_A(t)$

✔ $\varphi_L(t)$

✔ $\omega_L(t) = \dot{\varphi}_L(t)$

den Bewegungszustand des Systems. Sie heißen deshalb *Zustandsgrößen*.

 Ein mechanisches System mit *f Freiheitsgraden* besitzt $n = 2f$ *Zustandsgrößen*. Das System hat dann die Ordnung n.

Eine Regelung, die die Zustandsgrößen eines Systems auf gewünschte Werte bringt, heißt dementsprechend *Zustandsregelung*.

Ein Zustandsregler für den Zwei-Massen-Drehschwinger kann die beiden Drehmassen auf eine gewünschte Position bringen und dabei gleichzeitig Pendelschwingungen von

Antriebs- und Lastmasse unterdrücken, also alle Zustände regeln. Dieser Zustandsregler sieht anders aus als ein PID-Regler, deshalb wird auch die Regelstrecke anders modelliert. Diese Form der Modellierung heißt *Zustandsdarstellung*. Sie sollten deshalb aber jetzt keine Zustände bekommen.

Bei der Zustandsdarstellung eines dynamischen Systems fassen Sie die einzelnen Zustandsgrößen als Elemente in einem *Zustandsvektor* zusammen.

In der *Zustandsdarstellung* werden alle n Zustände $x_1(t), x_2(t), \ldots, x_n(t)$ eines dynamischen Systems im n-dimensionalen *Zustandsvektor* $\underline{x}(t)$ zusammengefasst:

$$\underline{x}(t) = \begin{bmatrix} x_1(t) \\ x_2(t) \\ \ldots \\ x_n(t) \end{bmatrix}.$$

Für das Beispiel des Drehschwingers besteht der vierdimensionale Zustandsvektor aus den vier Größen der Drehbewegungen:

$$\underline{x}(t) = \begin{bmatrix} x_1(t) \\ x_2(t) \\ x_3(t) \\ x_4(t) \end{bmatrix} = \begin{bmatrix} \varphi_A(t) \\ \omega_A(t) \\ \varphi_L(t) \\ \omega_L(t) \end{bmatrix}.$$

Attraktive Modelle

Mit den Zustandsgrößen können Sie nun das dynamische Modell des Drehschwingers aufstellen. Stellen Sie ruhig die Frage, wozu man das Modell benötigt. Hier kommt die Antwort. Zunächst: Es handelt sich nicht um ein gegenständliches Modell, das Sie bauen und anfassen können, sondern um ein mathematisches Modell, mit dem Sie das dynamische Verhalten des Systems nachbilden können.

Die Vorteile der dynamischen Modellierung sind:

✔ Bei der Formulierung des Modells befassen Sie sich detailliert mit dem Verhalten und den Daten des Prozesses in der Maschine oder Anlage.

✔ Mit dem Modell können Sie das reale Verhalten nachbilden. Das nennt sich dann Simulation.

✔ In der Entwicklungsphase können Sie einen Probelauf mit dem Modell simulieren.

✔ Modellsimulationen vermeiden teure oder riskante Experimente an realen Systemen.

✔ Dynamische Modelle benötigen Sie für den Entwurf von Regelungen. Regelungen werden zunächst in Simulationen getestet, bevor sie an Maschinen oder Anlagen in Betrieb genommen werden.

Jetzt soll also mit einem Modell Bewegung in das System hineinkommen.

Bewegungen bedeuten zeitliche Veränderungen und damit zeitliche Ableitungen von Zuständen. Dynamische Modelle erhalten Sie für mechanische Systeme über Kräfte- und Momentenbilanzen. Da es sich bei diesem Beispiel um Drehbewegungen handelt, die das Motormoment erzeugt, stellen Sie für die beiden Drehmassen zwei Momentenbilanzen auf nach dem Prinzip

Drehmasse mal Drehbeschleunigung = Summe der angreifenden Momente.

An der Antriebsmasse J_A wirken drei Momente, das antreibende Motormoment, das Drehmoment des Getriebes bei Verdrehung der Massen gegeneinander und das Reibmoment in den Lagern, das der Bewegung der Massen entgegenwirkt. Für das Reibmoment können Sie annehmen, dass es proportional zur Drehgeschwindigkeit zunimmt.

An der Lastmasse J_L wirken nur zwei Momente, wiederum das Drehmoment bei Verdrehung des Getriebes, hier aber entgegengesetzt, und ebenfalls das Reibmoment in den Lagern. In Formeln gefasst sieht das dann so aus:

Moment an der Antriebsmasse: $J_A \ddot{\varphi}_A(t) = c_G[\varphi_L(t) - \varphi_A(t)] - d_A \omega_A(t) + M_M(t)$

Moment an der Lastmasse: $J_L \ddot{\varphi}_L(t) = c_G[\varphi_A(t) - \varphi_L(t)] - d_L \omega_L(t)$

Das sind die Bewegungsgleichungen für die beiden Freiheitsgrade φ_A und φ_L. Wenn Sie die Beziehung der Bewegungskoordinaten zu ihren Ableitungen einbauen und die Gleichungen nach den Ableitungen der Zustandsgrößen umstellen, erhalten Sie für die vier Zustandsgrößen vier Differenzialgleichungen erster Ordnung, weshalb sie auch *Zustandsdifferenzialgleichungen* oder kurz *Zustandsgleichungen* heißen:

$$\dot{\varphi}_A(t) = \omega_A(t)$$

$$\dot{\omega}_A(t) = \frac{c_G}{J_A}[\varphi_L(t) - \varphi_A(t)] - \frac{d_A}{J_A}\omega_A(t) + \frac{M_M(t)}{J_A}$$

$$\dot{\varphi}_L(t) = \omega_L(t)$$

$$\dot{\omega}_L(t) = \frac{c_G}{J_L}[\varphi_A(t) - \varphi_L(t)] - \frac{d_L}{J_L}\omega_L(t)$$

Ersetzen Sie nun die Winkel und Winkelgeschwindigkeiten durch die Komponenten des Zustandsvektors und führen $u = M_M$ ein, dann erhalten Sie die Zustandsgleichungen in allgemeiner Form.

Skalare Schreibweise der Zustandsgleichungen:

$$\dot{x}_1(t) = x_2(t)$$

$$\dot{x}_2(t) = -\frac{c_G}{J_A}x_1(t) - \frac{d_A}{J_A}x_2(t) + \frac{c_G}{J_A}x_3(t) + \frac{1}{J_A}u(t)$$

$$\dot{x}_3(t) = x_4(t)$$

$$\dot{x}_4(t) = \frac{c_G}{J_L}x_1(t) - \frac{c_G}{J_L}x_3(t) - \frac{d_L}{J_L}x_4(t)$$

Alles in einer Zeile

Die Stärke der Zustandsdarstellung ist die kompakte Schreibweise von Zustandsgleichungen mithilfe von *Vektoren* und *Matrizen*. Die vier skalaren Zustandsgleichungen können Sie dann in einer vektoriellen Gleichung zusammenfassen, die aus Produkten von Matrizen mit Vektoren besteht. Sie machen also den Schritt von der *skalaren Darstellung* zur *vektoriellen Darstellung*. Diese Richtung verstehen Sie aber besser, wenn Sie sich erst die umgekehrte Richtung ansehen.

Dazu sollten Sie sich erinnern, wie eine Matrix von rechts mit einem Vektor multipliziert wird.

Eine Matrix ist eine rechteckige Anordnung von $m \times n$ Elementen mit m Zeilen und n Spalten.

Wird nun eine Matrix von rechts mit einem Vektor multipliziert, ist das ein *Matrix-Vektor-Produkt*.

Bei dem *Matrix-Vektor-Produkt* wird die $(m \times n)$-Matrix von rechts mit einem Spaltenvektor mit n Elementen multipliziert. Das Ergebnis der Multiplikation ist ein Spaltenvektor mit m Elementen.

$$\begin{bmatrix} y_1 \\ y_2 \\ \cdots \\ y_m \end{bmatrix} = \begin{bmatrix} a_{1,1} & a_{1,2} & \cdots & a_{1,n} \\ a_{2,1} & a_{2,2} & \cdots & a_{2,n} \\ \cdots & \cdots & \cdots & \cdots \\ a_{m,1} & a_{m,2} & \cdots & a_{m,n} \end{bmatrix} \cdot \begin{bmatrix} x_1 \\ x_2 \\ \cdots \\ x_n \end{bmatrix}$$

Die Matrix-Vektor-Multiplikation können Sie nur ausführen, wenn die Spaltenzahl der Matrix mit der Zahl der Komponenten des Vektors übereinstimmt.

Das erste Element des Ergebnisvektors ergibt sich aus dem Skalarprodukt der ersten Matrixzeile mit dem Vektor. Das zweite Element des Ergebnisvektors ergibt sich aus dem Skalarprodukt der zweiten Matrixzeile mit dem Vektor. Und so weiter. Das sehen Sie in einem Beispiel.

Ein Matrix-Vektor-Produkt

Eine (2×3)-Matrix A wird mit einem Vektor $\underline{x}$ multipliziert. Das Ergebnis ist der Vektor $\underline{y}$.

$$\underline{y} = A \cdot \underline{x} = \begin{bmatrix} a_{1,1} & a_{1,2} & a_{1,3} \\ a_{2,1} & a_{2,1} & a_{2,3} \end{bmatrix} \cdot \begin{bmatrix} x_1 \\ x_2 \\ x_3 \end{bmatrix} = \begin{bmatrix} a_{1,1} \cdot x_1 + a_{1,2} \cdot x_2 + a_{1,3} \cdot x_3 \\ a_{2,1} \cdot x_1 + a_{2,2} \cdot x_2 + a_{2,3} \cdot x_3 \end{bmatrix}$$

Es gibt unterschiedliche Schreibweisen für Vektoren und Matrizen.

Dieses ... *für Dummies*-Buch verwendet für *Vektoren* (Anordnung von Elementen in einer Spalte) unterstrichene Kleinbuchstaben und für *Matrizen* nicht unterstrichene Großbuchstaben: Vektor $\underline{x}$, Matrix A.

Es hilft Ihnen sehr, die vektorielle Schreibweise zu verstehen, wenn Sie nun die Multiplikation der vektoriellen Schreibweise der Zustandsgleichungen ausführen und mit der skalaren Schreibweise des Beispiels weiter oben vergleichen.

Vektorielle Schreibweise der Zustandsgleichungen:

$$
\begin{bmatrix} \dot{x}_1(t) \\ \dot{x}_2(t) \\ \dot{x}_3(t) \\ \dot{x}_4(t) \end{bmatrix} = \begin{bmatrix} 0 & 1 & 0 & 0 \\ -\dfrac{c_G}{J_A} & -\dfrac{d_A}{J_A} & \dfrac{c_G}{J_A} & 0 \\ 0 & 0 & 0 & 1 \\ \dfrac{c_G}{J_L} & 0 & -\dfrac{c_G}{J_L} & -\dfrac{d_L}{J_L} \end{bmatrix} \cdot \begin{bmatrix} x_1(t) \\ x_2(t) \\ x_3(t) \\ x_4(t) \end{bmatrix} + \begin{bmatrix} 0 \\ \dfrac{1}{J_A} \\ 0 \\ 0 \end{bmatrix} \cdot u(t)
$$

oder kurz in einer Zeile als Vektorgleichung:

$$
\dot{\underline{x}}(t) = A \cdot \underline{x}(t) + \underline{b} \cdot u(t)
$$

mit den Vektoren und Matrizen

Zustandsvektor $\underline{x}(t)$, Systemmatrix A, Eingangsvektor $\underline{b}$, Stellgröße $u(t)$.

Wenn der Zustandsvektor $\underline{x}(t)$ im allgemeinen Fall n Komponenten besitzt, hat die *Systemmatrix* A auch n Zeilen und n Spalten. Der Eingangsvektor muss dann auch n Elemente besitzen, sonst könnten die Multiplikationen in der Vektorgleichung gar nicht ausgeführt werden. Das System hat entsprechend dieser Zahl die Ordnung n.

Eine Matrix mit gleicher Zeilen- und Spaltenzahl, wie die Systemmatrix A, heißt quadratisch.

Die ABCD-Form

Die Zustandsdarstellung eignet sich sehr gut, um Regelstrecken mit mehreren Stellgrößen und Messgrößen zu beschreiben, und vor allem auch, um damit Zustandsregler zu entwerfen. Die Zustandsdarstellung ist ein internationaler Standard mit einheitlichen Bezeichnungen, sie wird *ABCD-Form* genannt. Vier Matrizen A, B, C, D beschreiben das System.

MIMO und SISO

Abbildung 7.2 zeigt eine Regelstrecke mit p Stellgrößen und m Messgrößen. Die Zahl der Zustandsgrößen ist n. Eine Regelstrecke mit mehreren Eingängen und Ausgängen hat auch die Bezeichnung *MIMO-System*, ein in der Regelungstechnik und Nachrichtentechnik verwendeter Begriff, er steht für *multiple input multiple output system*. Eine Regelstrecke mit nur einer Stellgröße und einer Messgröße heißt entsprechend *SISO-System* (*single input single output system*).

Abbildung 7.2: Die MIMO-Regelstrecke hat mehrere Stellgrößen und Messgrößen

Sie haben bemerkt, dass Sie mit der Zustandsdarstellung Systeme mit Vektoren und Matrizen sehr kompakt beschreiben können. Die unterschiedlichsten Prozesse führen damit auf einheitliche Modelle und Entwurfsmethoden für Regler.

Die beteiligten Matrizen

Für die Beschreibung eines MIMO-Systems in vektorieller Zustandsdarstellung benötigen Sie die vier Matrizen A, B, C, D. Sie müssen mit der Dimension, also der Zahl der Zeilen und Spalten, zueinander passen.

Die Zahl m der Zeilen und die Zahl n der Spalten einer Matrix A bestimmen ihre Größe, auch Dimension genannt. Die *Dimension einer Matrix* geben Sie an mit $\dim(A) = m \times n =$ Zeilenzahl $\times$ Spaltenzahl. Merkregel: *Zuerst die Zeilen*. Die Zahl der Elemente eines Vektors $\underline{x}$ geben Sie entsprechend mit $\dim(\underline{x}) = n$ an.

Die p Stellgrößen im Eingangsvektor $\underline{u}$ wirken auf die n Zustandsgrößen im Zustandsvektor $\underline{x}$. Im m-dimensionalen Ausgangsvektor $\underline{y}$ sind die Zustandsgrößen enthalten, die an der Anlage gemessen werden können.

Die *Eingangsmatrix B* beschreibt den Einfluss des Eingangsvektors $\underline{u}$ auf den Zustandsvektor $\underline{x}$, die Systemmatrix A beschreibt die Dynamik des Systems und mit der *Ausgangsmatrix C* werden die Elemente des Ausgangsvektors $\underline{y}$ erzeugt, der angibt, welche Elemente des Zustandsvektors messbar sind.

Falls es einen direkten Einfluss der Eingangsgrößen $\underline{u}$ auf die Ausgangsgrößen $\underline{y}$ gibt, ohne dass die Systemdynamik beteiligt ist, gibt es auch noch die sogenannte *Durchgangsmatrix* D. Dieser Fall ist sehr selten.

Damit erhalten Sie die ABCD-Form mit der vektoriellen Zustandsgleichung

$$\underline{\dot{x}}(t) = A \cdot \underline{x}(t) + B \cdot \underline{u}(t) \quad \text{mit dem Anfangszustand} \quad \underline{x}(0) = \underline{x}_0$$

und der vektoriellen Ausgangsgleichung

$$\underline{y}(t) = C \cdot \underline{x}(t) + D \cdot \underline{u}(t)\,.$$

Sie erkennen bei der ABCD-Form, dass die Gleichung $\underline{\dot{x}}(t) = \ldots$ eine vektorielle Differenzialgleichung mit n Differenzialgleichungen erster Ordnung ist und dass die Gleichung $\underline{y}(t) = \ldots$ rein algebraisch ohne Dynamik ist.

Die Komponenten der beiden Gleichungen sind:

- ✔ der Zustandsvektor $\underline{x}(t)$ mit dim $(\underline{x}) = n$

- ✔ der Eingangsvektor $\underline{u}(t)$ mit dim $(\underline{u}) = p$

- ✔ der Ausgangsvektor $\underline{y}(t)$ mit dim $(\underline{y}) = m$

- ✔ die Systemmatrix A mit dim $(A) = n \times n$

- ✔ die Eingangsmatrix B mit dim $(B) = n \times p$

- ✔ die Ausgangsmatrix C mit dim $(C) = m \times n$

- ✔ die Durchgangsmatrix D mit dim $(D) = m \times p$

Abbildung 7.3 zeigt grafisch, wie die Dimensionen der beteiligten Matrizen zueinander passen müssen.

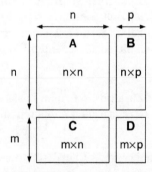

Abbildung 7.3: Die Dimensionen der ABCD-Matrizen müssen zusammenpassen

Mit Recht wünschen Sie sich nun ein Beispiel zur ABCD-Form. Und hier ist es.

Drei Tanks

Das Beispiel ist eine Anlage mit drei untereinander verbundenen Flüssigkeitstanks, in denen eine chemische Reaktion abläuft (siehe Abbildung 7.4).

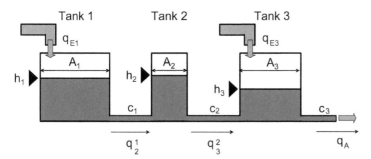

Abbildung 7.4: Flüssigkeiten laufen durch drei Tanks

Flüssigkeitsbilanzen

Am ersten und dritten Tank sind Zuflüsse mit einstellbaren Volumenströmen q_{E1} und q_{E3} vorgesehen, aus dem dritten Tank fließt die Flüssigkeit mit dem Volumenstrom q_A ab. Volumenströme werden gemessen in $m^3/\sec$. In den drei Tanks mit den Querschnittsflächen A_1, A_2, A_3 stellen sich je nach Zulauf unterschiedliche Flüssigkeitsniveaus h_1, h_2, h_3 ein. Die Dynamik der Füllhöhen ist leicht erklärt: Die Volumenänderung in einem Tank ergibt sich aus der Differenz von Zufluss und Abfluss. Da die Querschnitte konstant sind, hängt die Volumenänderung in den Behältern nur von der Höhenänderung ab:

$$\dot{V}(t) = A \cdot \dot{h}(t).$$

Die unterschiedlichen Füllhöhen und die Durchflusskennwerte c erzeugen die Volumenströme q_{12} und q_{23} zwischen den Behältern.

Die Volumenänderungen der drei Tanks sind damit

$$\dot{h}_1 \cdot A_1 = q_{E1} - q_{12} \quad \text{mit} \quad q_{12} = c_1 \cdot (h_1 - h_2),$$

$$\dot{h}_2 \cdot A_2 = q_{12} - q_{23} \quad \text{mit} \quad q_{23} = c_2 \cdot (h_2 - h_3),$$

$$\dot{h}_3 \cdot A_3 = q_{E3} + q_{23} - q_A \quad \text{mit} \quad q_A = c_3 \cdot h_3$$

beziehungsweise

$$\dot{h}_1 = \frac{1}{A_1}[q_{E1} - c_1 \cdot h_1 + c_1 \cdot h_2],$$

$$\dot{h}_2 = \frac{1}{A_2}[c_1 \cdot h_1 - (c_1 + c_2) \cdot h_2 + c_2 \cdot h_3],$$

$$\dot{h}_3 = \frac{1}{A_3}[c_2 \cdot h_2 - (c_2 + c_3) \cdot h_3 + q_{E3}].$$

Kompaktes Modell

Die Dynamik der Füllungen enthält drei Differenzialgleichungen erster Ordnung, insgesamt ist der Prozess also dritter Ordnung mit drei Füllhöhen als Zustandsgrößen und dem Zustandsvektor

$$\underline{x}(t) = \begin{bmatrix} x_1(t) \\ x_2(t) \\ x_3(t) \end{bmatrix} = \begin{bmatrix} h_1(t) \\ h_2(t) \\ h_3(t) \end{bmatrix}, \quad n = \dim(\underline{x}) = 3 \,.$$

Die Zuflüsse q_{E1} und q_{E3} fassen Sie im Eingangsvektor

$$\underline{u}(t) = \begin{bmatrix} u_1(t) \\ u_2(t) \end{bmatrix} = \begin{bmatrix} q_{E1}(t) \\ q_{E2}(t) \end{bmatrix}, \quad p = \dim(\underline{u}) = 2$$

zusammen, der Ablauf q_A bildet den eindimensionalen Ausgangsvektor

$$\underline{y}(t) = [q_A(t)], \qquad m = \dim(\underline{y}) = 1 \,.$$

Damit haben Sie alles, was Sie für das ABCD-Modell benötigen, und Sie können es vektoriell schreiben als

Zustandsgleichung $\dot{\underline{x}}(t) = A \cdot \underline{x}(t) + B \cdot \underline{u}(t)$, Anfangszustand $\underline{x}(0) = \underline{x}_0$

Ausgangsgleichung $\underline{y}(t) = C \cdot \underline{x}(t) + D \cdot \underline{u}(t)$

mit

$$A = \begin{bmatrix} -c_1/A_1 & c_1/A_1 & 0 \\ c_1/A_2 & -(c_1 + c_2)/A_2 & c_2/A_2 \\ 0 & c_2/A_3 & -(c_2 + c_3)/A_3 \end{bmatrix},$$

$$B = \begin{bmatrix} 1/A_1 & 0 \\ 0 & 0 \\ 0 & 1/A_3 \end{bmatrix}, \quad C = [0 \quad 0 \quad c_3], \quad D = [0 \quad 0] \,.$$

Mit Zahlenwerten für die Parameter können Sie das ABCD-Modell des Anlagenverhaltens simulieren.

Probelauf mit dem Modell

Für die Simulation des Drei-Tanks-Beispiels benötigen Sie die Daten der Tankquerschnitte und der Durchflusskennwerte der Tankverbindungen:

Querschnittsflächen der Tanks: $A_1 = 2 \cdot 10^{-2}$ m^2, $A_2 = 1 \cdot 10^{-2}$ m^2, $A_3 = 1,5 \cdot 10^{-2}$ m^2

Durchflusskennwerte: $c_1 = c_2 = c_3 = 4 \cdot 10^{-3}$ m^2/ sec sowie die Vorgaben der Zuflüsse in den ersten und in den dritten Tank:

$q_{E1} = 1\,\mathrm{dm}^3/\,\mathrm{sec}$ im Zeitraum zwischen 50 sec und 300 sec und

$q_{E3} = 1\,\mathrm{dm}^3/\,\mathrm{sec}$ im Zeitraum zwischen 100 sec und 500 sec.

Nehmen Sie an, dass die Tanks zu Beginn leer sind.

Auch mit dem Programm MATLAB können Sie ABCD-Modelle simulieren. Das Listing zeigt Ihnen den Programmablauf für die Simulation der Tankanlage.

```
% MATLAB-Simulation der Drei-Tanks-Anlage
% Parameterwerte der Anlage
A1 = 2e-2; A2 = 1e-2; A3 = 1.5e-2;
c1 = 4e-3; c2 = 4e-3; c3 = 4e-3;
% Systemmatrizen der ABCD-Form
A = [-c1/A1 c1/A1 0;
c1/A2 -(c1+c2)/A2 c2/A2;
0 c2/A3 -(c2+c3)/A3];
B = [1/A1 0;0 0;0 1/A3];
C = [0 0 c3];
D = [0 0];
% Definition des ABCD-Modells
% Der Befehl ss erzeugt ein ABCD-System mit dem Namen ABCD
ABCD = ss(A,B,C,D);
% Anfangswerte der Füllhöhen
x0 = [0 0 0]';
% Simulationszeit und Zeitschritte
Tsim = 500; t = 0:1:Tsim;
% Vorgabe der Eingangsgrößen u1 und u2 u1=0*t'; u2=u1;
for i=1:Tsim+1
  if (i>50)&(i<300)
  u1(i)=1e-3;
  end
  if (i>100)&(i<500)
  u2(i)=1e-3;
  end
end
u=[u1 u2];
% Simulation des ABCD-Modells
[y,t,x] = lsim(ABCD,u,t,x0);
% Diagramme der Eingänge, Füllhöhen und des Ausgangs
subplot(3,1,1); plot(t,u)
subplot(3,1,2); plot(t,x)
subplot(3,1,3); plot(t,y)
```

Mit den Variablen u1 und u2 werden die beiden Eingangsgrößen für die Zeitschritte der Simulation definiert, u1 ist von 50 sec bis 300 sec auf 10^{-3} m^3/sec eingeschaltet, u2 von 100 sec bis 500 sec ebenfalls auf 10^{-3} m^3/sec. Das erreichen Sie mit den beiden für Programmiersprachen üblichen Programmstrukturen for-Schleife und if-Abfrage.

Abbildung 7.5 zeigt Ihnen das Simulationsergebnis.

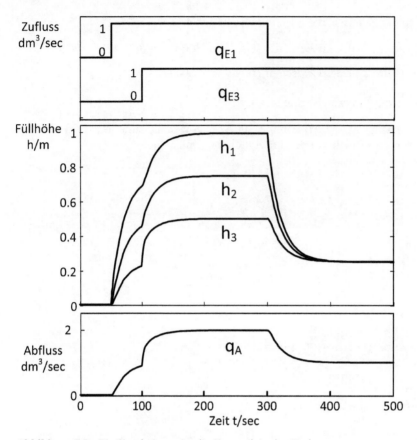

Abbildung 7.5: Die Simulation zeigt die Dynamik in den Tanks

Sobald der Zufluss q_{E1} in Tank 1 eingeschaltet ist, füllen sich die Tanks. Der etwas später eingeschaltete Zufluss q_{E3} in Tank 3 erhöht die Füllung nochmals. Die Füllstände erreichen konstante Höhen, wenn der Abfluss den Wert des Zuflusses erreicht hat. Die beiden Zuflüsse haben auf die Tankfüllungen unterschiedliche Wirkung. Bei der Befüllung des ersten Tanks steigen die Flüssigkeitsstände im stationären auf unterschiedliche Höhen. Bei der Befüllung des dritten Tanks allein stellt sich stationär ein gleich hoher Füllstand in den Behälter ein. Simulation hilft beim Nachdenken, denn das dynamische Verhalten ist ja auch logisch – oder?

Lösung der Zustandsgleichung

Die Zustandsgleichung in ABCD-Form als Ergebnis der Modellbildung ist eine vektorielle Differenzialgleichung. Erst die Lösung dieser Differenzialgleichung zeigt Ihnen das Modellverhalten. Modellbildung und Lösung sind also zwei Schritte, wie Abbildung 7.6 zeigt.

Die mathematische Lösung der vektoriellen Differenzialgleichung können Sie besser verstehen, wenn das Ganze erst mal skalar betrachtet wird.

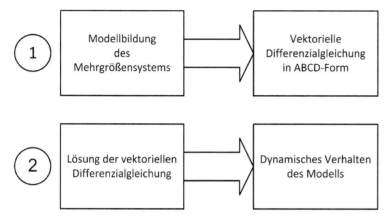

Abbildung 7.6: Nach der Modellierung des Prozesses können Sie seine Dynamik studieren

Erst mal skalar betrachten

Das skalare Modell hat eine Eingangsgröße $u(t)$, eine Zustandsgröße $x(t)$ und eine Ausgangsgröße $y(t)$. Die entsprechende Zustandsdarstellung ist dann:

Zustandsgleichung: $\dot{x}(t) = a \cdot x(t) + b \cdot u(t); \ x(0) = x_0$

Ausgangsgleichung: $y(t) = c \cdot x(t) + d \cdot u(t)$

Sie möchten für eine vorgegebene Eingangsgröße $u(t)$ die Ausgangsgröße $y(t)$ kennen. Dazu müssen Sie die Differenzialgleichung $\dot{x}(t) = \dots$ lösen, denn Sie brauchen $x(t)$. Das geht elegant mit der Laplace-Transformation, die Sie auf die Differenzialgleichung anwenden:

$$s \cdot x(s) - x_0 = a \cdot x(s) + b \cdot u(s)$$

und diese Gleichung im Bildbereich nach $x(s)$ auflösen:

$$x(s) = \frac{1}{s-a} x_0 + \frac{1}{s-a} b u(s) \,.$$

Die Rücktransformation in den Zeitbereich, die Sie mit einer Korrespondenztabelle machen (siehe Kapitel 4, Abschnitt »Der Weg zurück«), liefert die analytische Lösung für beliebige Eingangsgrößen $u(t)$

$$x(t) = e^{at} \cdot x_0 + \int_{\tau=0}^{t} e^{a(t-\tau)} \cdot b u(\tau) \, d\tau \,.$$

Es ist eher eine formale Lösung, denn erst wenn Sie eine bestimmte Eingangsfunktion $u(t)$ vorgeben, können Sie das Integral auflösen und die Lösungsfunktion $x(t)$ angeben. Die algebraische Ausgangsgleichung $y(t) = c \cdot x(t) + d \cdot u(t)$ kennen Sie dann auch.

Die Lösung der skalaren Zustandsgleichung für eine konstante Eingangsgröße u_0

$$x(t) = e^{at} \cdot x_0 + \int_{\tau=0}^{t} e^{a(t-\tau)} \cdot bu_0 \, \mathrm{d}$$

ist

$$x(t) = e^{at} \cdot x_0 + bu_0 \, e^{at} \int_{\tau=0}^{t} e^{-a\tau} \mathrm{d}\tau = e^{at} \cdot x_0 + bu_0 \, e^{at} \left(\frac{-1}{a} \right) \left[e^{-a\tau} \right]_{0}^{t}$$

$$= e^{at} \cdot x_0 + bu_0 \, e^{at} \left(\frac{-1}{a} \right) \cdot \left[e^{-at} - 1 \right] = e^{at} \cdot x_0 + \frac{b}{a} \left[e^{at} - 1 \right] \cdot u_0.$$

Die Ausgangsgleichung ist

$$y(t) = c \cdot \left[e^{at} \cdot x_0 + \frac{b}{a} \left[e^{at} - 1 \right] \cdot u_0 \right] + d \cdot u_0.$$

Analytische Lösungen sind mathematisch interessant, stehen aber im Zeitalter der Informatik in Konkurrenz zu numerischen Lösungen. Auf numerischem Weg wird auch die Lösung der vektoriellen Differenzialgleichung gefunden, wie sie MATLAB für die Lösung des Drei-Tanks-Beispiels liefert.

Wenn Sie eine Funktion INT zur Verfügung haben, die Ihnen $\dot{x}(t)$ mit der Anfangsbedingung $x(0) = x_0$ in kleinen Integrationsschritten numerisch zu $x(t)$ integriert, können Sie Gleichungen in Zustandsdarstellungen sehr einfach lösen.

Abbildung 7.7 ist eine grafische Darstellung der skalaren Zustands- und Ausgangsgleichung.

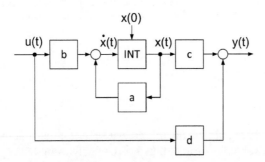

Abbildung 7.7: Zustandsgrößen können Sie auch grafisch darstellen

In diesem Blockdiagramm können Sie die Gleichungen sehr leicht ablesen. An den Blockeingängen liegen die Variablen, die mit dem Parameter des Blocks multipliziert werden. Sie lesen das wie ein Signalflussbild. Die Kreise sind Additionsstellen von Signalen. Der Block INT führt die Integration aus. Die Zahl der Integrationen entspricht der Systemordnung, hier also $n = 1$.

Numerisch integrieren

Dieser Abschnitt zeigt Ihnen, wie Sie numerisch integrieren können.

Die Zustandsgleichung

$$\dot{x}(t) = a \cdot x(t) + b \cdot u(t); \ \ x(0) = x_0$$

können Sie mit

$$f(t) = a \cdot x(t) + b \cdot u(t)$$

auch etwas allgemeiner als

$$\dot{x}(t) = f(t); \ \ x(0) = x_0$$

schreiben. Die Lösung $x(t)$ zu finden, heißt das Integral

$$I(t) = \int_0^t f(\tau)\, \mathrm{d}\tau + x_0$$

zu berechnen.

Die analytische, exakte Lösung $I(t)$ zu bestimmen, kann sehr aufwendig, kompliziert oder sogar unmöglich sein. Deshalb haben sich schon viele Menschen erfolgreich darum bemüht, einen numerischen Ersatz I_{num} zu finden.

Die einfachste Möglichkeit sehen Sie hier in Abbildung 7.8. Zum Verständnis der numerischen Integration ist das auch ausreichend.

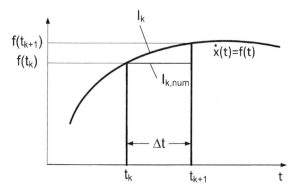

Abbildung 7.8: Die numerische Integration berechnet Flächen zwischen Zeitpunkten

Zunächst wird der kontinuierliche Zeitverlauf t in diskrete Zeitpunkte $t_0, t_1, \ldots, t_k, t_{k+1}, \ldots$ im Abstand Δt zerlegt. Angenommen, die Integration von $\dot{x}(t) = f(t); \ x(0) = x_0$ bis zum Zeitpunkt t_k habe $x(t_k)$ ergeben. Dann ist der exakte nächste Wert für den nächsten Zeitpunkt

$$x(t_{k+1}) = x(t_k) + \int_{t,k}^{t,k+1} f(t)\, \mathrm{d}t = x(t_k) + I_k\, .$$

Es ist I_k die Fläche unter der Kurve $f(t)$ zwischen den Zeitpunkten t_k und t_{k+1}. Die numerische Integration $I_{k,num}$ nähert diesen exakten Flächenzuwachs I_k an. Dies kann zum Beispiel mit dem Rechteck $I_{k,num} = f(t_k) \cdot \Delta t$ erfolgen. Damit werden schrittweise die numerischen Lösungen

$$x_{k+1} = x_k + f(t_k) \cdot \Delta t$$

berechnet.

Sie erkennen natürlich eine Abweichung zwischen I_k und $I_{k,num}$, den Fehler der numerischen Integration. Mit zwei Maßnahmen können Sie diese Abweichung sehr klein werden lassen:

✔ mit der Wahl einer kleinen Integrationsschrittweite Δt,

✔ mit einer verbesserten Flächenbeschreibung $I_{k,num}$.

Damit arbeiten Programme für die numerische Integration wie zum Beispiel MATLAB.

Jetzt vektoriell

Beim Übergang vom skalaren zum vektoriellen Modell ersetzen Sie die skalaren Größen durch Vektoren und die Parameter durch die entsprechenden Matrizen.

Die Lösung für den Zustandsvektor wird dann formal ganz ähnlich wie die weiter oben gezeigte skalare Lösung im Abschnitt »Erst mal skalar betrachten«. Sie lautet

$$\underline{x}(t) = e^{At} \cdot \underline{x}_0 + \int_0^t e^{A(t-\tau)} \cdot B\underline{u}(\tau)\, d\tau \,.$$

Da gibt es jetzt aber einen entscheidenden Unterschied. Wo im skalaren Fall die noch gut verständliche Exponentialfunktion e^{at} stand, steht jetzt im Exponenten eine Matrix.

 Der Matrixausdruck e^{At} hat eine eigene Bezeichnung, es ist die *Fundamentalmatrix* $\Phi(t) = e^{At}$. Dieser Matrixausdruck im Exponenten wird durch eine Potenzreihe definiert.

Auch skalare Exponentialfunktionen können Sie mit Potenzreihen annähern. Der Abschnitt »Potenzreihe der Exponentialfunktion« weiter hinten in diesem Kapitel hilft Ihnen dabei.

Für einen Matrixausdruck im Exponenten geht das entsprechend.

Skalarer Fall: $e^{at} = 1 + a \cdot \dfrac{t}{1!} + a^2 \cdot \dfrac{t^2}{2!} + a^3 \cdot \dfrac{t^3}{3!} + \cdots = \displaystyle\sum_{i=0}^{\infty} a^i \cdot \dfrac{t^i}{i!}$

Vektorieller Fall: $\Phi(t) = e^{At} = I + A \cdot \dfrac{t}{1!} + A^2 \cdot \dfrac{t^2}{2!} + A^3 \cdot \dfrac{t^3}{3!} + \cdots = \displaystyle\sum_{i=0}^{\infty} A^i \cdot \dfrac{t^i}{i!}$

Die Matrix I in der Fundamentalmatrix $\Phi(t)$ ist die *Einheitsmatrix*, im Englischen *identity matrix*. Die Elemente auf der Hauptdiagonalen sind 1, alle anderen Elemente sind 0.

$$\text{Einheitsmatrix:} \quad I = \begin{bmatrix} 1 & 0 & \cdots & 0 \\ 0 & 1 & \cdots & 0 \\ \cdots & \cdots & \cdots & \cdots \\ 0 & 0 & \cdots & 1 \end{bmatrix}$$

Potenzreihe der Exponentialfunktion

Eine *Potenzreihe* hat die Form

$$P(x) = a_0 + a_1 x + a_2 x^2 + a_3 x^3 + \cdots = \sum_{i=0}^{\infty} a_i x^i$$

mit einer unabhängigen Variablen x und konstanten Koeffizienten $a_0, a_1, a_2, a_3, \ldots$ Wichtige mathematische Funktionen können in Potenzreihen entwickelt und damit angenähert werden, so auch die Exponentialfunktion e^x:

$$e^x = 1 + \frac{x}{1!} + \frac{x^2}{2!} + \frac{x^3}{3!} + \cdots = \sum_{i=0}^{\infty} \frac{x^i}{i!} \,.$$

Sehen Sie sich das Beispiel einer Exponentialfunktion e^x mit $x = 2$ an, die mit einer Potenzreihe mit sieben Reihengliedern angenähert wird.

Exakter Wert: $e^2 = 7{,}3891 \ldots$

$$\text{Näherung:} \quad e^2 \approx 1 + \frac{2}{1} + \frac{4}{1 \cdot 2} + \frac{8}{1 \cdot 2 \cdot 3} + \frac{16}{1 \cdot 2 \cdot 3 \cdot 4} + \frac{32}{1 \cdot 2 \cdot 3 \cdot 4 \cdot 5}$$
$$+ \frac{64}{1 \cdot 2 \cdot 3 \cdot 4 \cdot 5 \cdot 6} + \frac{128}{1 \cdot 2 \cdot 3 \cdot 4 \cdot 5 \cdot 6 \cdot 7} = 7{,}3810$$

Sie sehen, dass für die Übereinstimmung mit vier Nachkommastellen acht Reihenglieder noch nicht ausreichen. Dazu benötigen Sie dreizehn Reihenglieder.

Die Berechnung der Fundamentalmatrix

Die Berechnung der Fundamentalmatrix ist am besten mit einem Beispiel erklärt.

Fundamentalmatrix

Das Beispiel zeigt die Berechnung der Fundamentalmatrix $\Phi(t) = e^{At}$ für eine Systemmatrix A mit der Potenzreihe

$$A = \begin{bmatrix} -1 & 0 \\ 1 & -2 \end{bmatrix} .$$

1. **Zunächst berechnen Sie die Produkte A^2, A^3,... durch Matrixmultiplikation.**

$$A^2 = A \cdot A = \begin{bmatrix} -1 & 0 \\ 1 & -2 \end{bmatrix} \cdot \begin{bmatrix} -1 & 0 \\ 1 & -2 \end{bmatrix} = \begin{bmatrix} 1 & 0 \\ -3 & 4 \end{bmatrix}$$

$$A^3 = A^2 \cdot A = \begin{bmatrix} 1 & 0 \\ -3 & 4 \end{bmatrix} \cdot \begin{bmatrix} -1 & 0 \\ 1 & -2 \end{bmatrix} = \begin{bmatrix} -1 & 0 \\ 7 & -8 \end{bmatrix}$$

und so weiter.

2. **Berechnen Sie nun die Fundamentalmatrix.**

$$\Phi(t) = e^{At} = e^{\begin{bmatrix} -1 & 0 \\ 1 & -2 \end{bmatrix} \cdot t}$$

$$= \begin{bmatrix} 1 & 0 \\ 0 & 1 \end{bmatrix} + \begin{bmatrix} -1 & 0 \\ 1 & -2 \end{bmatrix} \frac{t}{1!} + \begin{bmatrix} 1 & 0 \\ -3 & 4 \end{bmatrix} \frac{t^2}{2!} + \begin{bmatrix} -1 & 0 \\ 7 & -8 \end{bmatrix} \frac{t^3}{3!} + \cdots$$

$$= \begin{bmatrix} \varphi_{11} & \varphi_{12} \\ \varphi_{21} & \varphi_{22} \end{bmatrix}$$

$$= \begin{bmatrix} 1 - \dfrac{t}{1!} + \dfrac{t^2}{2!} - \dfrac{t^3}{3!} + \cdots & 0 + 0 \cdot \dfrac{t}{1!} + 0 \cdot \dfrac{t^2}{2!} + 0 \cdot \dfrac{t^3}{3!} + \cdots \\ 0 + \dfrac{t}{1!} - \dfrac{3t^2}{2!} + \dfrac{7t^3}{3!} + \cdots & 1 - \dfrac{2t}{1!} + \dfrac{4t^2}{2!} - \dfrac{8t^3}{3!} + \cdots \end{bmatrix}$$

Die Elemente φ_{ij} der Fundamentalmatrix sind wieder Potenzreihen der e-Funktion.

3. **Berechnen Sie dann die e-Funktionen.**

$$\varphi_{11} = 1 - \frac{t}{1!} + \frac{t^2}{2!} - \frac{t^3}{3!} + \cdots = e^{-t}$$

$$\varphi = 0 + 0 \cdot \frac{t}{1!} + 0 \cdot \frac{t^2}{2!} + 0 \cdot \frac{t^3}{3!} + \cdots = 0$$

$$\varphi_{21} = 0 + \frac{t}{1!} - \frac{3t^2}{2!} + \frac{7t^3}{3!} + \cdots = e^{-t} - e^{-2t}$$

$$\varphi_{22} = 1 - \frac{2t}{1!} + \frac{4t^2}{2!} - \frac{8t^3}{3!} + \cdots = e^{-2t}$$

4. **Damit erhalten Sie das Ergebnis.**

$$\Phi(t) = e^{At} = \begin{bmatrix} e^{-t} & 0 \\ e^{-t} - e^{-2t} & e^{-2t} \end{bmatrix}$$

5. **Berechnen Sie mit** $\Phi(t)$ nun zum Beispiel die homogene Lösung der vektoriellen Differenzialgleichung $\underline{x}(t) = \Phi(t) \cdot \underline{x}_0(t)$ für beliebige Anfangswerte $\underline{x}_0(t)$.

$$\underline{x}(t) = \Phi(t) \cdot \underline{x}_0(t) = \begin{bmatrix} e^{-t} & 0 \\ e^{-t} - e^{-2t} & e^{-2t} \end{bmatrix} \cdot \begin{bmatrix} x_{01} \\ x_{02} \end{bmatrix}$$

$$= \begin{bmatrix} e^{-t} \cdot x_{01} \\ (e^{-t} - e^{-2t}) \cdot x_{01} + e^{-2t} \cdot x_{02} \end{bmatrix}$$

Das vektorielle Modell im Block

 Sie können die Gleichungen der ABCD-Form auch in einem *vektoriellen Block-diagramm* wie in Abbildung 7.9 darstellen.

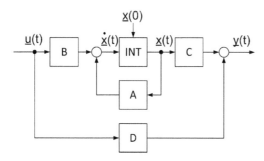

Abbildung 7.9: Das Blockdiagramm macht die Struktur der ABCD-Form deutlich

In Abbildung 7.9 sind die Linien mit Pfeilen nun die Vektoren und die Blöcke sind die Matrizen. Wenn Vektoren in eine Matrix hineingehen, bedeutet das die Multiplikation einer Matrix von rechts mit einem Vektor, also zum Beispiel $B \cdot \underline{u}(t)$. Die Kreise sind Additionsstellen von Vektoren, zum Beispiel $\dot{\underline{x}}(t) = A \cdot \underline{x}(t) + B \cdot \underline{u}(t)$. Der Block INT integriert alle Elemente von $\dot{\underline{x}}(t)$ zu formal $\underline{x}(t)$ mit dem Anfangszustand $\underline{x}(0)$.

Programme wie MATLAB bieten Ihnen die Möglichkeit, mit dem Zusatzprodukt Simulink solche Blockdiagramme grafisch zu programmieren. Der Block INT übernimmt dabei die Aufgabe, die n Zustandsgrößen von $\dot{\underline{x}}(t)$ numerisch zu integrieren.

Kapitel 8
Mehr zu den Zuständen

Zu den Zustandsgleichungen können Sie auf verschiedenen Wegen kommen, wie Ihnen Beispiele zeigen werden. Dabei haben Sie einige Freiheiten, die Zustandsgrößen des Prozesses zu wählen. Wenn Sie Ihre Wahl der Zustandsgrößen ändern möchten, geht das mit einer Transformation sehr einfach, Sie brauchen die Zustandsgleichungen dazu nicht neu aufzustellen. Die das Systemverhalten beschreibenden Eigenwerte der Systemmatrix bleiben dabei unverändert.

Untersuchungen dazu, ob ein System mit den gegebenen Stellgrößen überhaupt gesteuert werden kann oder ob die gegebenen Messgrößen genügend Einblick in das System geben, werden besonders einfach, wenn die Zustandsgleichungen spezielle Formen haben.

Eigenheiten, Eigenwerte, Eigenverhalten

Die Zustandsdarstellung von Dynamik mit Vektoren für die Größen am Eingang, für die Größen im Inneren und für die Größen am Ausgang ist eine feine Sache.

Die Einführung dieser Beschreibungsart hat die Regelungstechnik aus vielen Gründen bereichert:

✔ Sie können komplexe Mehrgrößensysteme übersichtlich beschreiben mit Einblick in das Innere des Prozesses.

✔ Sie können auch für Eingrößensysteme mit einfacher Systemdynamik dieselben mathematischen Mittel einsetzen.

✔ Sie verwenden für lineare oder linearisierte Systeme einheitliche Matrizen in der ABCD-Form.

✔ Die Darstellung ist sehr rechnerfreundlich und Programme für die Systemuntersuchung und für den Regelungsentwurf unterstützen Sie.

Zunächst die Zustände

Der erste Schritt bei der Formulierung eines Modells für eine Regelstrecke in *Zustandsdarstellung* ist die Wahl der *n Zustandsgrößen* im *Zustandsvektor* $\underline{x}(t)$.

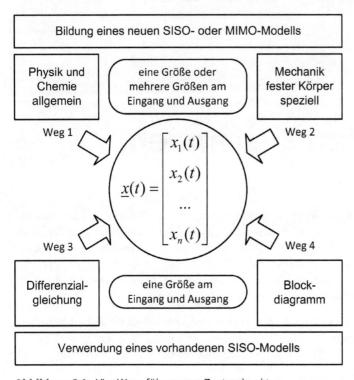

Abbildung 8.1: Vier Wege führen zum Zustandsvektor

Dies erfolgt je nach System auf vier unterschiedlichen Wegen, wie Abbildung 8.1 zeigt.

1. Für SISO-Systeme und MIMO-Systeme mit physikalischen oder chemischen Vorgängen, die Sie neu modellieren, bestimmen Sie zunächst die Zahl der erforderlichen Zustandsgrößen. Das ist die Zahl der unabhängigen und veränderlichen Energiespeicher und entspricht der Ordnung n. Energiespeicher für elektrische Systeme sind Kondensatoren und Spulen, die Zustandsgrößen sind die Spannungen an den Kondensatoren mit ihren Kapazitäten und die Ströme in den Spulen mit Induktivitäten. Hydraulische Zustandsgrößen sind Volumenströme, Drücke und Füllhöhen. Thermische Zustandsgrößen sind Temperaturen. Die Beschreibung der Energieänderungen mit den Zustandsgrößen führt auf Zustandsgleichungen in Form von Differenzialgleichungen.

2. Bei mechanischen Systemen mit festen Körpern führen Sie für jeden Freiheitsgrad zwei Zustandsgrößen ein, eine für die Position x und eine für die Geschwindigkeit v_x. Auch hier erhalten Sie die Zustandsgleichungen aus Energiebilanzen. Wenn Ihnen die Modellbildung für ein System schließlich gelungen ist, haben Sie n Differenzialgleichungen erster Ordnung für die Zustandsdarstellung.

3. Liegt Ihnen eine Differenzialgleichung der Ordnung n bereits vor und handelt es sich um ein SISO-System, können Sie daraus mit vorgegebenen Methoden die Zustandsdarstellung leicht ermitteln, wie Sie hier gleich sehen werden.

4. Ist die Differenzialgleichung als Diagramm mit Blöcken für Parameter und Integrationen dargestellt, können Sie daraus auch direkt die Zustandsgleichungen ablesen.

Die vier Wege zu den Zustandsgrößen und Zustandsgleichungen zeigen die folgenden Beispiele.

Weg 1: Bilanzen aufstellen

Wärmeübertrager als Beispiel für Weg 1

Abbildung 8.2 zeigt einen Wärmeübertrager, bei dem ein Stoffstrom S_1 seine Wärme an den Stoffstrom S_2 einer Kühlflüssigkeit abgibt. Dabei nimmt die Temperatur von S_1 ab und die Temperatur von S_2 nimmt zu.

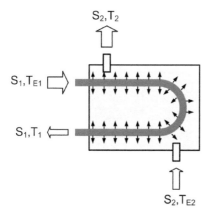

Abbildung 8.2: Im Wärmeübertrager gibt ein Stoff die Wärme an einen anderen Stoff ab

Stoff S_1 fließt mit hoher Temperatur T_{E1} in den Wärmeübertrager und mit niedriger Temperatur T_1 wieder aus. Stoff S_2 dagegen fließt mit niedriger Temperatur T_{E2} in den Wärmeübertrager und mit höherer Temperatur T_2 wieder aus.

Das Modell erhalten Sie mithilfe von Wärmebilanzen für die beiden Stoffströme:

Änderung des Wärmeinhalts von Stoffstrom S_1 = Wärmezufuhr am Zufluss – Wärmeübertragung an S_2 – Wärmeabfuhr im Abfluss

Änderung des Wärmeinhalts von Stoffstrom S_2 = Wärmezufuhr im Zufluss + Wärmeübertragung von S_1 – Wärmeabfuhr im Abfluss

Dieses Modell beschreibt allerdings nur die mittleren Temperaturen und nicht den Temperaturabfall entlang der Wärme abgebenden Leitung.

Mit den Parametern für die beiden Stoffströme 1 und 2

Massen im Übertrager $m_{1,2}$, Wärmekapazitäten $c_{1,2}$, Volumenströme $q_{1,2}$, Dichten $\rho_{1,2}$, Wärmeübergangskoeffizient k und Austauschfläche A

werden die Bilanzen zu:

$$m_1 \cdot c_1 \cdot \dot{T}_1(t) = q_1 \cdot \rho_1 \cdot c_1 \left[T_{E1}(t) - T_1(t)\right] - k \cdot A \left[T_1(t) - T_2(t)\right]$$

$$m_2 \cdot c_2 \cdot \dot{T}_2(t) = q_2 \cdot \rho_2 \cdot c_2 \left[T_{E2}(t) - T_2(t)\right] + k \cdot A \left[T_1(t) - T_2(t)\right]$$

Die Änderung der Wärmeinhalte beschreiben Sie mit den Temperaturen T_1 und T_2, das werden also die zwei Zustandsgrößen:

$$\underline{x}(t) = \begin{bmatrix} x_1 \\ x_2 \end{bmatrix} = \begin{bmatrix} T_1 \\ T_2 \end{bmatrix} \, .$$

Die Temperaturen T_{E1} und T_{E2} sind die Eingangsgrößen. Nach Umstellung der beiden Bilanzgleichungen erhalten Sie die Zustandsgleichungen:

$$\begin{bmatrix} \dot{T}_1(t) \\ \dot{T}_2(t) \end{bmatrix} = \begin{bmatrix} -\dfrac{q_1\rho_1}{m_1} - \dfrac{kA}{m_1 c_1} & +\dfrac{kA}{m_1 c_1} \\ +\dfrac{kA}{m_2 c_2} & -\dfrac{q_2\rho_2}{m_2} - \dfrac{kA}{m_2 c_2} \end{bmatrix} \cdot \begin{bmatrix} T_1(t) \\ T_2(t) \end{bmatrix} + \begin{bmatrix} \dfrac{q_1\rho_1}{m_1} & 0 \\ 0 & \dfrac{q_2\rho_2}{m_2} \end{bmatrix} \cdot \begin{bmatrix} T_{E1}(t) \\ T_{E2}(t) \end{bmatrix} ,$$

das entspricht der Standardform der vektoriellen Zustandsgleichung:

$$\underline{\dot{x}}(t) = A \cdot \underline{x}(t) + B \cdot \underline{u}(t) \, .$$

Weg 2: Freiheitsgrade beschreiben

Kugel auf einer neigbaren Platte als Beispiel für Weg 2

Eine Platte ist an zwei Ecken elektrisch in der Höhe verstellbar. Ein Kugelgelenk auf der anderen Plattenseite lässt diese Bewegung zu. Auf der Platte kann eine Kugel rollen (siehe Abbildung 8.3).

Mit Verstellungen $u = v$ bewegen Sie die Kugel in der x-Richtung, mit Verstellungen $u = -v$ bewegen Sie die Kugel in der y-Richtung. Überlassen Sie das aber am besten einer gut eingestellten Regelung, wie zum Beispiel einer Zustandsregelung nach Kapitel 14.

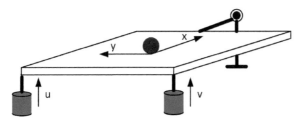

Abbildung 8.3: Eine Kugel rollt auf einer neigbaren Platte

Hier geht es aber erst mal um die Wahl der Zustandsgrößen und das Aufstellen der Zustandsgleichungen. Die Platte ist quadratisch und hat die Seitenlänge l. Das System hat $f = 2$ Freiheitsgrade, die Bewegung x-Richtung und die Bewegung y-Richtung. Die Zahl der Zustandsgrößen ist also $n = 4$.

$$\underline{x}(t) = \begin{bmatrix} x_1(t) \\ x_2(t) \\ x_3(t) \\ x_4(t) \end{bmatrix} = \begin{bmatrix} x(t) \\ \dot{x}(t) \\ y(t) \\ \dot{y}(t) \end{bmatrix}$$

Bei kleinen Höhenverstellungen können Sie für die Plattenneigungen α in x-Richtung und β in y-Richtung annehmen, dass

$$\sin\alpha \approx \alpha \quad \text{und} \quad \sin\beta \approx \beta, \quad \text{also} \quad \sin\left(\frac{u}{l}\right) \approx \frac{u}{l} \quad \text{und} \quad \sin\left(\frac{v}{l}\right) \approx \frac{v}{l}$$

ist. Die Bewegungsgleichungen für das reibungsfreie Rollen der Kugel in x- und y-Richtung sind dann, wie Sie aus der Physik der starren Körper wissen,

$$\frac{7}{5}m \cdot \ddot{x}(t) = \frac{mg}{l}\left[u(t) + v(t)\right]$$

$$\frac{7}{5}m \cdot \ddot{y}(t) = \frac{mg}{l}\left[v(t) - u(t)\right]$$

mit den Parametern

Masse der Kugel m, Erdbeschleunigung g, Plattenlänge l.

Nachdem Sie die Zustandsgrößen eingeführt und die Bewegungsgleichungen umgestellt haben, erhalten Sie die Zustandsgleichungen:

$$\begin{bmatrix} \dot{x}_1(t) \\ \dot{x}_2(t) \\ \dot{x}_3(t) \\ \dot{x}_4(t) \end{bmatrix} = \begin{bmatrix} 0 & 1 & 0 & 0 \\ 0 & 0 & 0 & 0 \\ 0 & 0 & 0 & 1 \\ 0 & 0 & 0 & 0 \end{bmatrix} \cdot \begin{bmatrix} x_1(t) \\ x_2(t) \\ x_3(t) \\ x_4(t) \end{bmatrix} + \begin{bmatrix} 0 & 0 \\ 5g/7l & 5g/7l \\ 0 & 0 \\ -5g/7l & 5g/7l \end{bmatrix} \cdot \begin{bmatrix} u(t) \\ v(t) \end{bmatrix} \cdot$$

Weg 3: Differenzialgleichung umbauen

Differenzialgleichung der Ordnung $n = 3$ als Beispiel für Weg 3

Die Differenzialgleichung der Ordnung $n = 3$

$$\dddot{y}(t) + a_2 \cdot \ddot{y}(t) + a_1 \cdot \dot{y}(t) + a_0 \cdot y(t) = b_0 \cdot u(t)$$

wird nach der höchsten Ableitung der Ausgangsgröße umgestellt:

$$\dddot{y}(t) = -a_2 \cdot \ddot{y}(t) - a_1 \cdot \dot{y}(t) - a_0 \cdot y(t) + b_0 \cdot u(t)$$

und es werden $n = 3$ Zustandsgrößen eingeführt:

$$\underline{x}(t) = \begin{bmatrix} x_1(t) \\ x_2(t) \\ x_3(t) \end{bmatrix} = \begin{bmatrix} y(t) \\ \dot{y}(t) \\ \ddot{y}(t) \end{bmatrix}.$$

Damit erhalten Sie die Zustandsgleichungen:

$$\begin{bmatrix} \dot{x}_1(t) \\ \dot{x}_2(t) \\ \dot{x}_3(t) \end{bmatrix} = \begin{bmatrix} 0 & 1 & 0 \\ 0 & 0 & 1 \\ -a_0 & -a_1 & -a_2 \end{bmatrix} \cdot \begin{bmatrix} x_1(t) \\ x_2(t) \\ x_3(t) \end{bmatrix} + \begin{bmatrix} 0 \\ 0 \\ b_0 \end{bmatrix} \cdot u(t)$$

$$y(t) = \begin{bmatrix} 1 & 0 & 0 \end{bmatrix} \cdot \begin{bmatrix} x_1(t) \\ x_2(t) \\ x_3(t) \end{bmatrix} + 0 \cdot u(t),$$

also allgemein

$$\dot{\underline{x}}(t) = A \cdot \underline{x}(t) + \underline{b} \cdot u(t)$$
$$y(t) = \underline{c}^T \cdot \underline{x}(t) + d \cdot u(t).$$

Weg 4: Blockdiagramm auswerten

Blockdiagramm einer Regelstrecke als Beispiel für Weg 4
Abbildung 8.4 zeigt das Blockdiagramm der Regelstrecke.

Das Blockdiagramm enthält zwei Integratoren. Jeder Ausgang eines Integrators ist eine Zustandsgröße. Mit den beiden Zustandsgrößen $x_1(t)$ und $x_2(t)$ hat die Regelstrecke somit die Ordnung 2. Die Eingänge der Integratoren sind dann $\dot{x}_1(t)$ und $\dot{x}_2(t)$. Sie können nun im Blockdiagramm ablesen, woraus diese

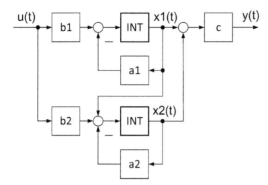

Abbildung 8.4: Wichtig im Blockdiagramm sind die Integratoren

Ableitungen gebildet werden und wie sich die Ausgangsgröße $y(t)$ zusammensetzt:

$$\dot{x}_1(t) = -a_1 \cdot x_1(t) + b_1 \cdot u(t)$$

$$\dot{x}_2(t) = -a_2 \cdot x_2(t) + x_1(t) + b_2 \cdot u(t)$$

$$y(t) = c \cdot x_1(t) + c \cdot x_2(t)$$

Mit diesen Gleichungen können Sie wieder die vektorielle Zustandsdarstellung bilden:

$$\underline{\dot{x}}(t) = \begin{bmatrix} -a_1 & 0 \\ 1 & -a_2 \end{bmatrix} \cdot \underline{x}(t) + \begin{bmatrix} b_1 \\ b_2 \end{bmatrix} \cdot u(t)$$

$$y(t) = \begin{bmatrix} c & c \end{bmatrix} \cdot \underline{x}(t)$$

Veränderliches und Konstantes

Die vier Beispiele von oben haben Ihnen gezeigt, wie Sie die Zustandsgrößen wählen können. Sie haben da einige Freiheiten, zum Beispiel bei der Wahl der Reihenfolge. Sie legt die Struktur der Systemmatrix A in den vektoriellen Zustandsgleichungen fest. Ein späterer Umbau des Zustandsvektors ist aber kein Problem, denn dazu gibt es *Transformationsmatrizen*.

Zustände ändern

Wie ein solcher Umbau funktioniert, zeigt Ihnen das folgende Beispiel.

Zustandstransformation

In einer ersten Version ist der Zustandsvektor $\underline{x}(t)$ mit drei Elementen definiert als

$$\text{Version 1: } \underline{x}(t) = \begin{bmatrix} x(t) \\ y(t) \\ z(t) \end{bmatrix}$$

und in einer zweiten Version ist der Zustandsvektor $\underline{\overline{x}}(t)$ mit umsortierten Elementen definiert als

$$\text{Version 2: } \underline{\overline{x}}(t) = \begin{bmatrix} z(t) \\ x(t) \\ y(t) \end{bmatrix}.$$

In Worte gefasst ist dies die Transformation von $\underline{x}(t)$ nach $\underline{\overline{x}}(t)$: Das dritte Element wird zum ersten Element, das erste zum zweiten und das zweite zum dritten.

Mit einer Transformationsmatrix T sieht das so aus:

$$\underline{\overline{x}}(t) = T \cdot \underline{x}(t) \quad \text{mit} \quad T = \begin{bmatrix} 0 & 0 & 1 \\ 1 & 0 & 0 \\ 0 & 1 & 0 \end{bmatrix}.$$

Der umgekehrte Weg von $\underline{\overline{x}}(t)$ nach $\underline{x}(t)$ ist die Rücktransformation

$$\underline{x}(t) = T^{-1} \cdot \underline{\overline{x}}(t)$$

mit der inversen Transformationsmatrix

$$T^{-1} = \begin{bmatrix} 0 & 1 & 0 \\ 0 & 0 & 1 \\ 1 & 0 & 0 \end{bmatrix}.$$

Die Vektorelemente in Worten: Aus zwei wird eins, aus drei wird zwei, aus eins wird drei.

Lesen Sie zur Inversion von Matrizen den nächsten Abschnitt. Sie können diese Aufgabe auch Programmen überlassen.

Die Inverse einer Matrix

Eine Matrix A mit der Dimension $\dim(A) = n \times n$ ist invertierbar, wenn es eine *inverse Matrix* A^{-1} gibt, die das Produkt $A^{-1} \cdot A$ zur Einheitsmatrix I macht: $A^{-1} \cdot A = I$.

Die Inverse können Sie entweder mit dem Gauß-Jordan-Algorithmus oder mit der Adjunkten und der Determinanten berechnen.

Für die Regelungstechnik ist die Methode mit *Adjunkten* adj und *Determinanten* det geeigneter, da die Determinante hier eine besondere Bedeutung hat:

$$A^{-1} = \frac{\text{adj}\,(A)}{\det\,(A)}.$$

Für eine (2×2)-Matrix

$$A = \begin{bmatrix} a & b \\ c & d \end{bmatrix}$$

ist die Adjunkte $\text{adj}\,(A) = \begin{bmatrix} d & -b \\ -c & a \end{bmatrix}$,

die Determinante $\det\,(A) = (a \cdot d - b \cdot c)$

und die Inverse $A^{-1} = \dfrac{\begin{bmatrix} d & -b \\ -c & a \end{bmatrix}}{(a \cdot d - b \cdot c)}$.

Wollen Sie zum Thema inverse Matrizen mehr wissen, hilft Ihnen das Internet zum Beispiel unter de.wikipedia.org/wiki/Reguläre_Matrix/Berechnung_der_Inversen_einer_Matrix.

Mit dem Programm MATLAB geht das so:

```
% Berechnung einer inversen Matrix
% Eingabe einer Transformationsmatrix
T = [0 0 1;1 0 0;0 1 0];
% Berechnung der inversen Matrix mit der Funktion inv
Tinv = inv(T);
% Ausgabe von T, Tinv und T*Tinv
% Das Produkt T*Tinv muss die Einheitsmatrix ergeben
T
Tinv
Test=T*Tinv
- - - - - - - - - - - -
T =
    0 0 1
    1 0 0
    0 1 0
Tinv =
    0 1 0
    0 0 1
    1 0 0
Test =
    0 0 0
    0 1 0
    0 0 1
```

Transformation für alles

Mit einer Transformationsmatrix T für den Zustandsvektor $\underline{x}(t)$ können Sie die Zustandsgleichungen

$$\underline{\dot{x}}(t) = A \cdot \underline{x}(t) + B \cdot \underline{u}(t)$$

auf den neuen Zustandsvektor $\underline{\overline{x}}(t) = T \cdot \underline{x}(t)$ umbauen, indem Sie $\underline{x}(t) = T^{-1} \cdot \underline{\overline{x}}(t)$ in die Zustandsgleichungen einsetzen

$$T^{-1} \cdot \underline{\dot{\overline{x}}}(t) = A \cdot T^{-1} \cdot \underline{\overline{x}}(t) + B \cdot \underline{u}(t)$$

und von links mit T multiplizieren

$$\underline{\dot{\overline{x}}}(t) = T \cdot A \cdot T^{-1} \cdot \underline{\overline{x}}(t) + T \cdot B \cdot \underline{u}(t) \, .$$

Zusammen mit der ebenfalls transformierten Ausgangsgleichung

$$\underline{y}(t) = C \cdot T^{-1} \cdot \underline{\overline{x}}(t) + D \cdot \underline{u}(t)$$

ist das transformierte System fertig

$$\underline{\dot{\overline{x}}}(t) = \overline{A} \cdot \underline{\overline{x}}(t) + \overline{B} \cdot \underline{u}(t)$$

$$\underline{y}(t) = \overline{C} \cdot \underline{\overline{x}}(t) + \overline{D} \cdot \underline{u}(t)$$

mit $\overline{A} = T \cdot A \cdot T^{-1}, \ \ \overline{B} = T \cdot B, \ \ \overline{C} = C \cdot T^{-1}, \ \ \overline{D} = D \, .$

Mit der Freiheit der Zustandstransformation können Sie die Zustandsgleichungen auf solche Formen bringen, die Sie für den Entwurf von Regelungen besonders gut nutzen können (siehe Kapitel 15, Abschnitt »Bei einer Messgröße ist es einfach«).

Systemeigenschaften bleiben erhalten

Eine wichtige Systemeigenschaft, die Sie bei den Übertragungsfunktionen schon kennengelernt haben, ist das Eigenverhalten ohne äußere Anregung. Das Eigenverhalten wird bestimmt von den Eigenwerten, also von den Nennernullstellen oder Polen der Übertragungsfunktion $G(s)$.

Wenn Sie nun den Zusammenhang zwischen der Übertragungsfunktion und den Zustandsgleichungen herstellen wollen, wählen Sie ein SISO-System mit einer skalaren Eingangsgröße $u(t)$ und einer skalaren Ausgangsgröße $y(t)$ und wenden dann die Laplace-Transformation an. Dann wird aus der Zustandsgleichung

$$\underline{\dot{x}}(t) = A \cdot \underline{x}(t) + \underline{b} \cdot u(t)$$

und der Ausgangsgleichung

$$y(t) = c^T \cdot \underline{x}(t) + d \cdot u(t)$$

mit der Laplace-Transformation die Zustandsgleichung

$$s \cdot \underline{x}(s) = A \cdot \underline{x}(s) + \underline{b} \cdot u(s)$$

und die Ausgangsgleichung im Bildbereich

$$y(s) = \underline{c}^T \cdot \underline{x}(s) + d \cdot u(s) .$$

Die Zustandsgleichung lösen Sie nach $\underline{x}(s)$ auf, indem Sie erst $A \cdot \underline{x}(s)$ auf die linke Seite bringen, dann $\underline{x}(s)$ ausklammern und schließlich die Gleichung von links mit der Inversen von $[s \cdot I - A]$ multiplizieren.

Aus $[s \cdot I - A] \cdot \underline{x}(s) = \underline{b} \cdot u(s)$ wird $\underline{x}(s) = [s \cdot I - A]^{-1} \cdot \underline{b} \cdot u(s) .$

Nun können Sie $\underline{x}(s)$ in die Ausgangsgleichung einbauen und erhalten dann

$$y(s) = \underline{c}^T [s \cdot I - A]^{-1} \cdot \underline{b} \cdot u(s) + d \cdot u(s) .$$

Die Übertragungsfunktion $G(s)$ ist, wie Sie schon wissen, der Quotient der Laplace-Transformierten von Ausgang $y(s)$ und Eingang $u(s)$:

$$G(s) = \frac{y(s)}{u(s)} = \underline{c}^T [s \cdot I - A]^{-1} \cdot \underline{b} + d = \underline{c}^T \left[\frac{\text{adj } [s \cdot I - A]}{\det [s \cdot I - A]} \right] \cdot \underline{b} + d .$$

Im Nenner von $G(s)$ steht das charakteristische Polynom $\det [s \cdot I - A]$, dessen Nullstellen die Eigenwerte der Matrix A und gleichzeitig die Pole der Übertragungsfunktion sind.

Wenn Sie die Eigenwerte s einer Matrix A von Hand berechnen, bilden Sie die Determinante der Matrix $\det [s \cdot I - A]$. Die Nullstellen von $\det [s \cdot I - A]$ sind die Eigenwerte. Die charakteristische Gleichung ist $\det [s \cdot I - A] = 0$.

Die charakteristische Gleichung lässt sich auch noch für Ordnungen $n > 2$ von Hand aufstellen, die Bestimmung der Nullstellen überlassen Sie aber am besten Programmen.

Die charakteristische Gleichung ändert sich nicht, wenn Sie mit einer Zustandstransformation eine neue Definition des Zustandsvektors vornehmen:

$$\det [s \cdot I - A] = \det \left[s \cdot I - (T \cdot A \cdot T^{-1}) \right] ;$$

die Eigenwerte eines Systems sind also unabhängig von der Wahl der Zustandsgrößen.

Die Eigenwerte eines Systems ändern sich nicht, wenn Sie eine Transformation des Zustands vornehmen.

Berechnung der Eigenwerte einer Systemmatrix

BEISPIEL
Die Systemmatrix ist

$$A = \begin{bmatrix} -2 & 2 \\ -1 & -5 \end{bmatrix}$$

1. **Bilden Sie $[s \cdot I - A]$.**

$$[s \cdot I - A] = \begin{bmatrix} s & 0 \\ 0 & s \end{bmatrix} - \begin{bmatrix} -2 & 2 \\ -1 & -5 \end{bmatrix} = \begin{bmatrix} s+2 & -2 \\ 1 & s+5 \end{bmatrix}$$

2. **Berechnen Sie die Determinante $\det[s \cdot I - A]$.**

$$\det[s \cdot I - A] = (s+2) \cdot (s+5) - (-2) \cdot (1) = s^2 + 7s + 12$$

3. **Berechnen Sie die Nullstellen des Polynoms und damit der Eigenwerte von A.**

$$s_{1,2} = -3{,}5 \pm \sqrt{(3{,}5)^2 - 12}\,; \qquad s_1 = -3\,, \qquad s_2 = -4$$

4. **Sie erhalten die Eigenwerte von A.**

$$\mathrm{eig}\,(A) = -3; -4\,.$$

Es haben sich zwei negative Eigenwerte ergeben, das System ist also stabil und besitzt ein verzögerndes Verhalten.

Mit MATLAB sieht das kurz und bündig so aus:

```
A = [-2 2;-1 -5]
Eigenwerte = eig(A)
A =
 -2   2
 -1  -5
Eigenwerte =
 -3
 -4
```

Normale Formen

Wenn Sie das Verhalten einer Regelstrecke mit der Zustandsdarstellung beschreiben, haben Sie einige Freiheiten bei der Wahl der Zustandsgrößen im Zustandsvektor. Für den Entwurf von solchen Regelungen gehören neben den Formen, die Sie schon kennengelert haben, zwei weitere Darstellungen zum Standard, die *Regelungsnormalform* und die *Beobachternormalform*.

 Bei der *Regelungsnormalform* werden die Zustandsgrößen eines Systems so festgelegt, dass der Entwurf eines Zustandsreglers besonders einfach wird (siehe Kapitel 14, Abschnitt »Eine Stellgröße«).

 Bei der *Beobachtungsnormalform* werden die Zustandsgrößen eines Systems so festgelegt, dass der Entwurf eines Zustandsbeobachters besonders einfach wird (siehe Kapitel 15, Abschnitt »Bei einer Messgröße ist es einfach«).

Ausgangspunkt ist die Übertragungsfunktion der SISO-Regelstrecke

$$G(s) = \frac{y(s)}{u(s)} = \frac{b_0 + b_1 \cdot s + b_2 \cdot s + \cdots + b_{n-1} \cdot s^{n-1}}{a_0 + a_1 \cdot s + a_2 \cdot s + \cdots + a_{n-1} \cdot s^{n-1} + s^n} \, .$$

Zwei Besonderheiten hat $G(s)$ hier:

1. Der Koeffizient der höchsten Potenz s^n ist 1. Sollte das nicht der Fall sein, kürzen Sie $G(s)$ einfach mit diesem Koeffizienten.

2. Der Grad des Zählers ist niedriger als der Grad des Nenners. Das bedeutet einfach, dass die Regelstrecke nicht mit sprungförmigen Ausgangsgrößen reagieren kann, was in der Regel bei Prozessen auch nicht möglich ist.

Beim Übergang von der Übertragungsfunktion zu den Normalformen der Zustandsdarstellung müssen Sie nur den hier gezeigten Formalismus anwenden. Wichtig ist dabei, dass Sie sich genau ansehen, wie der Grad des Zählerpolynoms und des Nennerpolynoms im konkreten Fall ist.

Die Vektoren und Matrizen der Regelungsnormalform bekommen den Index RN:

$$\underline{\dot{x}}_{RN}(t) = A_{RN} \cdot \underline{x}_{RN}(t) + \underline{b}_{RN} \cdot u(t)$$

$$y(t) = \underline{c}_{RN}^T \cdot \underline{x}_{RN}(t)$$

Die Vektoren und Matrizen der Beobachtungsnormalform bekommen den Index BN:

$$\underline{\dot{x}}_{BN}(t) = A_{BN} \cdot \underline{x}_{BN}(t) + \underline{b}_{BN} \cdot u(t)$$

$$y(t) = \underline{c}_{BN}^T \cdot \underline{x}_{BN}(t)$$

Bei beiden Formen fehlt die Durchgangsgröße d. Das liegt an der Annahme, dass die Regelstrecke nicht sprungförmig reagieren kann.

Regelungsnormalform

Die Systemmatrix A_{RN} der Regelungsnormalform enthält in der letzten Zeile die negativen Koeffizienten des Nennerpolynoms von $G(s)$ und in der oberen Nebendiagonale den Wert 1. Der Eingangsvektor $\underline{b}$ hat nur als letztes Element den Wert 1. Der Zeilenvektor $\underline{c}^T$ der Ausgangsgleichung enthält die Koeffizienten des Zählerpolynoms von $G(s)$.

$$\underline{\dot{x}}_{RN}(t) = \begin{bmatrix} 0 & 1 & 0 & \cdots & 0 & 0 \\ 0 & 0 & 1 & \cdots & 0 & 0 \\ \cdots & \cdots & \cdots & \cdots & \cdots & \cdots \\ 0 & 0 & 0 & \cdots & 1 & 0 \\ 0 & 0 & 0 & \cdots & 0 & 1 \\ -a_0 & -a_1 & -a_2 & \cdots & -a_{n-2} & -a_{n-1} \end{bmatrix} \cdot \underline{x}_{RN}(t) + \begin{bmatrix} 0 \\ 0 \\ \cdots \\ 0 \\ 0 \\ 1 \end{bmatrix} \cdot u(t)$$

$$y(t) = \begin{bmatrix} b_0 & b_1 & b_2 & \cdots & b_{n-2} & b_{n-1} \end{bmatrix} \cdot \underline{x}_{RN}(t)$$

Abbildung 8.5 zeigt Ihnen die Struktur der Regelungsnormalform in einem Blockdiagramm.

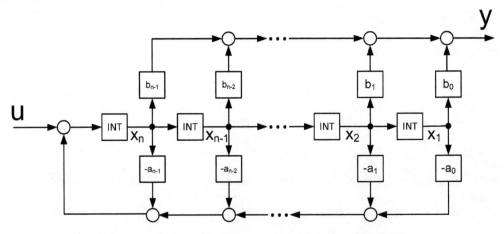

Abbildung 8.5: Das Blockdiagramm zeigt die Struktur der Regelungsnormalform

Im Blockdiagramm sehen Sie die n Zustandsgrößen x_1 bis x_n als Ausgänge von n Integratoren. Die Eingänge der Integratoren sind die entsprechenden Ableitungen. So können Sie sehr einfach im Blockdiagramm die Zustandsgleichungen und die Ausgangsgleichung ablesen und mit der Matrix und den Vektoren der Regelungsnormalform vergleichen:

$$\dot{x}_1 = x_2$$

$$\dot{x}_2 = x_3$$

und so weiter

$$\dot{x}_n = -a_0 \cdot x_1 - a_1 \cdot x_2 - \cdots - a_{n-1} \cdot x_n + u$$

$$y = b_0 \cdot x_1 + b_1 \cdot x_2 + \cdots + b_{n-1} \cdot x_n$$

Mit der Regelungsnormalform wird der Entwurf von Regelungen besonders einfach.

Beobachternormalform

In der Systemmatrix A_{BN} der Beobachternormalform stehen in der letzten Spalte die negativen Koeffizienten des Nennerpolynoms von $G(s)$ und in der unteren Nebendiagonale der Wert 1. Im Eingangsvektor $\underline{b}$ finden Sie die Koeffizienten des Zählerpolynoms von $G(s)$ wieder und der Zeilenvektor $\underline{c}^T$ der Ausgangsgleichung hat nur als letztes Element den Wert 1.

$$\underline{\dot{x}}_{BN}(t) = \begin{bmatrix} 0 & 0 & 0 & \cdots & 0 & -a_0 \\ 1 & 0 & 0 & \cdots & 0 & -a_1 \\ 0 & 1 & 0 & \cdots & 0 & -a_2 \\ \cdots & \cdots & \cdots & \cdots & \cdots & \cdots \\ 0 & 0 & \cdots & 1 & 0 & -a_{n-2} \\ 0 & 0 & \cdots & 0 & 1 & -a_{n-1} \end{bmatrix} \cdot \underline{x}_{BN}(t) + \begin{bmatrix} b_0 \\ b_1 \\ b_2 \\ \cdots \\ b_{n-2} \\ b_{n-1} \end{bmatrix} \cdot u(t)$$

$$y(t) = \begin{bmatrix} 0 & 0 & \cdots & 0 & 0 & 1 \end{bmatrix} \cdot \underline{x}_{BN}(t)$$

Das sieht ähnlich aus wie bei der Regelungsnormalform und wenn Sie genau hinsehen, ist

$$A_{BN} = A_{RN}^T,$$

$$\underline{b}_{BN} = \underline{c}_{RN}^T,$$

$$\underline{c}_{BN} = \underline{b}_{RN}^T.$$

Im Blockdiagramm (siehe Abbildung 8.6) sind auch wieder die n Zustandsgrößen x_1 bis x_n die Ausgänge von n Integratoren, allerdings hier in umgekehrter Reihenfolge.

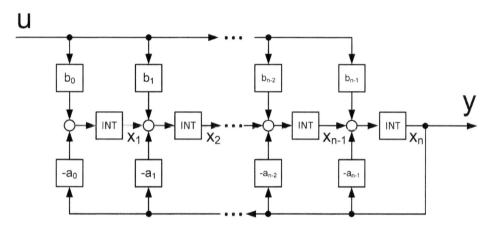

Abbildung 8.6: Beobachternormalform

Die Zustandsgleichungen erhalten Sie wieder, indem Sie die Eingänge der Integratoren bilden:

$$\dot{x}_1 = b_0 \cdot u - a_0 \cdot x_n$$

$$\dot{x}_2 = b_1 \cdot u - a_1 \cdot x_n$$

und so weiter. Die Ausgangsgröße ist $y = x_n$.

Steuerbares und Beobachtbares

Mit Zustandsvariablen und Zustandsgleichungen in vektorieller Form können Sie die Dynamik eines Prozesses sehr elegant beschreiben, den Prozess gut verstehen und die Grundlage für den Entwurf von Regelungen bilden. Das Prozessmodell ist die eine Sache, der Reglerentwurf die andere. Das bedeutet, dass umfangreiche Modelle mit mehreren Eingangsgrößen und Ausgangsgrößen nicht unbedingt direkt für den Entwurf von Reglern geeignet sind.

Verschiedene Kategorien

Die unterschiedlichen Typen von Zuständen zeigt Ihnen Abbildung 8.7, in der der Vektor des gesamten Systemzustands $\underline{x}(t)$ aus vier Teilen besteht. Der Vektor der Stellgrößen $\underline{u}(t)$

wirkt auf einen Teil der Zustände und der Vektor der Regelgrößen $\underline{y}(t)$ erfasst einen anderen Teil der Zustände.

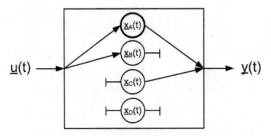

Abbildung 8.7: Es kann nicht immer alles geregelt oder gemessen werden

Nur der Teil $\underline{x}_A(t)$ der Zustände kann geregelt werden, da der Vektor der Stellgrößen hier Einfluss auf den Vektor der Regelgrößen hat. Auf die Zustände $\underline{x}_B(t)$ können Sie zwar einwirken, das Ergebnis aber nicht erfassen. Damit kann keine Regelung aufgebaut werden. Bei den Zuständen $\underline{x}_C(t)$ ist es wieder anders, sie können mit dem Ausgangsvektor $\underline{y}(t)$ zwar beobachtet werden, der Eingangsvektor $\underline{u}(t)$ hat aber keinen Einfluss. Die Zustände $\underline{x}_D(t)$ schließlich sind weder steuerbar noch beobachtbar.

Der Zustandsvektor $\underline{x}(t)$ kann also die vier Komponenten enthalten:

$$\underline{x}(t) = \begin{bmatrix} \underline{x}_A(t) \\ \underline{x}_B(t) \\ \underline{x}_C(t) \\ \underline{x}_D(t) \end{bmatrix} .$$

Hierin sind

✔ $\underline{x}_A(t)$ steuerbare und beobachtbare Zustände; hier kann geregelt werden.

✔ $\underline{x}_B(t)$ nur steuerbare, aber nicht beobachtbare Zustände.

✔ $\underline{x}_C(t)$ nur beobachtbare, aber nicht steuerbare Zustände.

✔ $\underline{x}_D(t)$ weder steuerbare noch beobachtbare Zustände.

Wenn Sie erkennen, dass Ihr Systemmodell nicht nur die Kategorie $\underline{x}_A(t)$ enthält, sollten Sie Ihr Modell für den Reglerentwurf nochmals überdenken und auf das Wesentliche reduzieren.

Heißluftballon

Die Fahrtrichtung, die Fahrtgeschwindigkeit, die Fahrthöhe und die Steig- oder Sinkgeschwindigkeit beschreiben den gesamten Bewegungszustand eines Heißluftballons, der mit einem GPS-Gerät, einem Höhenmesser und einem Variometer erfasst werden kann. Allerdings können Sie mit der Betätigung des Brenners und Öffnen des Parachutes nur das Steigen und Sinken steuern, das sind die Zustände der Kategorie $\underline{x}_A(t)$. Fahrtrichtung und Fahrtgeschwindigkeit gehören zur beobachtbaren, aber nicht steuerbaren Kategorie $\underline{x}_C(t)$.

Der Entwurf einer Regelung basierend auf vektoriellen Zustandsgleichungen gelingt Ihnen nur, wenn Sie vorher die Steuerbarkeit und die Beobachtbarkeit nachgewiesen haben.

Prüfung der Steuerbarkeit

Die Regelungstechnik definiert die Steuerbarkeit mit dem Satz: »Ein System heißt steuerbar, wenn eine Steuerfunktion $u(t)$ existiert, die das System aus jedem beliebigen Anfangszustand in beliebiger Zeit in jeden beliebigen Endzustand überführt.«

Die Steuerbarkeit können Sie mit den Systemmatrizen A und B überprüfen. Dazu berechnen Sie die Steuerbarkeitsmatrix Q_S und ihre Determinante.

$$Q_S = \begin{bmatrix} B & A \cdot B & A^2 \cdot B & \cdots & A^{n-1} \cdot B \end{bmatrix}$$

$\det(Q_S) \neq 0$ oder $\text{rang}(Q_S) = n$: Das System ist steuerbar.

$\det(Q_S) = 0$ oder $\text{rang}(Q_S) < n$: Das System ist nicht steuerbar.

Anstelle der Determinanten von Q_S können Sie auch den Rang als $\text{rang}(Q_S)$ berechnen. Wenn $\text{rang}(Q_S) = n$ ist, liegt ein steuerbares System vor.

Sehr elegant ist die Prüfung der Steuerbarkeit mit MATLAB wie in diesem Beispiel.

Überprüfung der Steuerbarkeit mit MATLAB

```
% Eingabe der Systemmatrizen
A = [-7 5;5 -7]; % Systemmatrix
B = [2 0;0 2]; % Eingangsmatrix
C = [1 0];QS=ctrb(A,B) % Berechnung der Steuerbarkeitsmatrix
rQS = rank(QS) % Berechnung des Rangs
% Ausgabe
QS =
   2 0 -14 10
   0 2 10 -14
rQS =
   2
```

Da die Matrix A die Dimension $\dim(A) = 2 \times 2$ hat und der Rang *rang* $(Q_S) = 2$ ist, liegt Steuerbarkeit des Systems vor.

Prüfung der Beobachtbarkeit

Für die Beobachtbarkeit gilt die Definition: »Ein System heißt beobachtbar, wenn der Zustand $\underline{x}(t)$ zu einem Zeitpunkt t aus dem Verlauf des Ausgangs $\underline{y}(t)$ und des Eingangs $\underline{u}(t)$ für Zeiten kleiner als t berechnet werden kann.«

Das bedeutet, dass auch Zustände berechnet werden können, die nicht direkt messbar, also nicht im Ausgangsvektor enthalten sind.

Die Beobachtbarkeit können Sie mit den Systemmatrizen A und C überprüfen. Dazu berechnen Sie die Beobachtbarkeitsmatrix Q_B und ihre Determinante oder ihren Rang.

$$Q_B = \begin{bmatrix} C \\ C \cdot A \\ C \cdot A^2 \\ \cdots \\ C \cdot A^{n-1} \end{bmatrix}$$

$\det(Q_B) \neq 0$ oder $\text{rang}(Q_B) = n$: Das System ist beobachtbar.

$\det(Q_B) = 0$ oder $\text{rang}(Q_B) < n$: Das System ist nicht beobachtbar.

MATLAB berechnet die Beobachtbarkeitsmatrix Q_B mit der Funktion `QB=obsv(A,C)` und den Rang mit `rQB=rank(QB)`.

 Wenn der Systemzustand $\underline{x}(t)$ komplett im Ausgangsvektor $y(t)$ enthalten ist, ist das System beobachtbar und Sie müssen die Beobachtbarkeit nicht überprüfen.

 Steuerbarkeit und Beobachtbarkeit eines Systems

Ein dynamisches System ist als Blockdiagramm vorgegeben (siehe Abbildung 8.8). Die Steuerbarkeit und Beobachtbarkeit ist zu überprüfen.

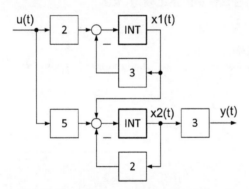

Abbildung 8.8: Aus dem Blockdiagramm machen Sie Zustandsgleichungen

1. **Stellen Sie die Zustandsgleichungen auf.**

$\dot{x}_1(t) = 2u(t) - 3x_1(t)$

$\dot{x}_2(t) = 5u(t) + x_1(t) - 2x_2(t)$

$y(t) = 3x_2(t)$

2. **Erstellen Sie eine vektorielle Darstellung.**

$$\underline{\dot{x}}(t) = \begin{bmatrix} -3 & 0 \\ 1 & -2 \end{bmatrix} \cdot \underline{x}(t) + \begin{bmatrix} 2 \\ 5 \end{bmatrix} \cdot u(t)$$

$$y(t) = \begin{bmatrix} 0 & 3 \end{bmatrix} \cdot \underline{x}(t) + 0 \cdot u(t)$$

$$A = \begin{bmatrix} -3 & 0 \\ 1 & -2 \end{bmatrix} ; \quad B = \begin{bmatrix} 2 \\ 5 \end{bmatrix} ; \quad C = \begin{bmatrix} 0 & 3 \end{bmatrix}$$

3. **Überprüfen Sie die Steuerbarkeitsmatrix, Determinante und den Rang.**

$$Q_S = \begin{bmatrix} 2 & -6 \\ 5 & -8 \end{bmatrix} ; \quad \det(Q_S) = 14 ; \quad \text{rang}(Q_S) = 2$$

Das System ist steuerbar.

4. **Überprüfen Sie die Beobachtbarkeitsmatrix, Determinante und den Rang.**

$$Q_B = \begin{bmatrix} 0 & 3 \\ 3 & -6 \end{bmatrix} ; \quad \det(Q_B) = -9 ; \quad \text{rang}(Q_B) = 2$$

Das System ist beobachtbar.

Der Zustandsvektor $\underline{x}$ gehört damit zur Kategorie $\underline{x}_A$ und die Zustände können geregelt werden.

Teil III
Der Regelkreis hat Ecken

IN DIESEM TEIL ...

Fünf Kapitel behandeln den Regelkreis nach allen
»Regeln der Kunst«. Sie erfahren, welche Aufgaben
eine Regelung hat, wie das ein Regler schafft, wie ein
Standardregler aussieht und wie man zu den richtigen
Einstellwerten kommt. Ein Regler ist ein Gerät oder
ein Rechner, in dem ein Programm läuft. Wie solche
Geräte und Programme aussehen, auch das erfahren
Sie in diesem Teil.

IN DIESEM KAPITEL

Die Standardform des Regelkreises verwenden

Die Aufgaben einer Regelung kennen

Die Stabilität eines Regelkreises überprüfen

Bleibende Regeldifferenzen vermeiden

Eine geeignete Dynamik des Regelkreises erzeugen

Kapitel 9
Das Regeln in einer Schleife

Weltweit kennen die Regelungstechniker die Standardform des Regelkreises. Das ist vollkommen unabhängig von dem, was geregelt werden soll. Das macht die Regelungstechnik interdisziplinär.

Wenn Sie den Standardregelkreis skizzieren und auf eine konkrete Aufgabenstellung anwenden können, werden Sie Eindruck machen. Dann kommen die Details, die Aufgaben einer Regelung im Einzelnen. Dazu gehört als Wichtigstes die Stabilität, im Weiteren die stationäre Qualität und schließlich die Dynamik.

Struktur und Aufgaben

Der einschleifige Regelkreis ist die Grundform einer Regelung. Das Prinzip des »Feedbacks« wird angewandt und die meisten Regelungsaufgaben können Sie damit lösen.

Der Standard

Die Standardform des *einschleifigen Regelkreises* mit Blöcken und Signalen zeigt das Blockdiagramm in Abbildung 9.1.

Wird nur *eine* Prozessgröße für die Regelung zum Regler zurückgeführt, um *eine* Stellgröße zu erzeugen, ist das ein einschleifiger Regelkreis.

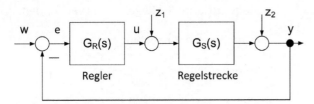

Abbildung 9.1: Der einschleifige Regelkreis hat eine Standardform

Im Standardregelkreis ist im Block der Regelstrecke die Dynamik von Aktor, Prozess und Sensor zusammengefasst. Der Block des Reglers enthält die Regelungsstrategie. Das Zusammenspiel von Regler und Regelstrecke erzeugt das gewünschte Regelverhalten. Und wenn Sie weiterlesen, erfahren Sie, wie das geschieht.

In den Blöcken von Regler und Regelstrecke stehen die Übertragungsfunktionen $G_R(s)$ und $G_S(s)$, die für die meisten regelungstechnischen Methoden verwendet werden. Wenn Sie mit den Frequenzgängen $F_R(j\omega)$ und $F_S(j\omega)$ arbeiten, wissen Sie ja bereits, dass der Übergang von der Übertragungsfunktion zum Frequenzgang mit $s \leftrightarrow j\omega$ sehr einfach möglich ist (siehe Kapitel 6, Abschnitt »Auch hier wird Dynamik einfach«).

Die Signale im Regelkreis sind:

✔ der Sollwert w; wenn sich w zeitlich verändert, spricht man von der Führungsgröße.

✔ die Regeldifferenz $e = w - y$ zwischen Sollwert und Regelgröße

✔ die vom Regler erzeugte Stellgröße u

✔ die Regelgröße y; lesen Sie zu u und y die weiter unten stehende Anmerkung zu den Symbolen.

✔ die Störgröße z_1 am Eingang der Regelstrecke

✔ die Störgröße z_2 am Ausgang der Regelstrecke

Die beiden dynamischen Partner im Regelkreis sind:

✔ die Übertragungsfunktion des Reglers $G_R(s)$

✔ die Übertragungsfunktion der Regelstrecke $G_S(s)$

 Anmerkung zu den Symbolen im Regelkreis: Die hier und anderswo verwendeten Symbole u für die *Stellgröße* und y für die *Regelgröße* sind nicht ganz einheitlich. Es wird teilweise auch y für die Stellgröße und x für die Regelgröße verwendet. Schauen Sie also in der Literatur genau hin, was gemeint ist.

Und hier kommt noch ein Hinweis, der für die praktische Umsetzung der Regelung große Bedeutung hat. Die Bildung der Regeldifferenz $e = w - y$ mit der negativen Rückführung von y gilt nur, wenn die Regelstrecke auf positive Stellgrößen u mit positiven Regelgrößen y reagiert.

Sorgen Sie an der realen Regelstrecke dafür, dass die Stellgröße und die Regelgröße in die gleiche Richtung gehen, sonst erzeugt $e = w - y$ sofort instabiles Verhalten. Das kann teuer werden!

Dem Standardregelkreis wird immer ein Sollwert w vorgegeben, denn ohne Ziel kann nicht geregelt werden. Auch $w = 0$ kann ein Ziel sein. Die beiden anderen externen Größen z_1 und z_2 sind Störungen, mit denen die Regelung fertigwerden muss. Die Störgröße z_1 am Eingang der Regelstrecke ist der Stellgröße u überlagert, die Störgröße z_2 am Ausgang der Regelstrecke ist der Regelgröße y überlagert.

Jetzt dürfen Sie einmal von einem Ideal träumen: Bei einer idealen Regelung würde die Regelgröße y immer am Sollwert w »kleben«, es wäre also immer $y \equiv w$. Die Störungen z_1 und z_2 dagegen würden sich auf y überhaupt nicht auswirken. Dieses Idealverhalten weist den Weg und ist in Abbildung 9.2 dargestellt.

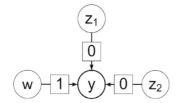

Abbildung 9.2: So würde sich ein idealer Regelkreis verhalten

Die Aufgaben

Ein guter Reglerentwurf erfüllt folgende Aufgaben:

- ✔ Stabilität des Regelkreises garantieren
- ✔ Regeldifferenzen bei Sollwertänderungen abbauen
- ✔ Regeldifferenzen bei Störungen abbauen
- ✔ gewünschte Dynamik der Regelgröße bei Sollwertänderungen und Störungen erzeugen

Das wichtigste Ziel ist die Stabilität des Regelkreises. Derjenige, der die Regelung eines Antriebs, einer Temperaturregelung oder einer Abstandsregelung erstmalig in Betrieb nimmt, ist schon erleichtert, wenn sich die Regelgröße bei kleinen Veränderungen des Sollwerts in die gleiche Richtung bewegt und sich nicht aufschaukelt.

Ist dieser erste Schritt gelungen, kommt die nächste Freude auf, wenn die Regelgröße nach einer gewissen Zeit möglichst genau auf den Sollwert läuft.

Und schließlich ist der Regler richtig eingestellt, wenn die Regelgröße, also der Istwert, mit gewünschter Dynamik auf den Sollwert läuft.

Da Regelungstechnik aber kein Glücksspiel ist, wird das Verhalten von Regelstrecke und Regler in Formeln gefasst und zum Regelkreis zusammengeschaltet, um die Stabilität zu überprüfen und die Dynamik zu erzeugen. Stabilitätsbetrachtungen sind Schwarz-Weiß-Aussagen, die nur »stabil« oder »instabil« zum Ergebnis haben. Die Qualität des dynamischen Übergangsverhaltens der Regelung bei Sollwertänderungen und Störungen erfordert eine genauere Anpassung des Reglers an die Regelstrecke.

Das können Sie auf verschiedenen Wegen erreichen:

✔ Untersuchung der Übertragungsfunktion $G_W(s)$ des Regelkreises

✔ Betrachtung des Frequenzgangs $F_W(j\omega)$ des Regelkreises

✔ Simulation des Regelkreises

Stabilität: Ein Polynom mit Charakter

Ein Regelkreis ist stabil, wenn die Regelgröße in der Ruhelage bleibt oder nach einer äußeren Anregung in die Ruhelage zurückkehrt. Bekommt der Regelkreis einen konstanten Sollwert, dann geht bei einem stabilen Regelkreis die Regelgröße auch auf einen konstanten Wert.

 Die Stabilität eines Regelkreises hängt nur von der Struktur und den Parametern des Reglers und der Regelstrecke ab und nicht von den externen Signalen.

Übertragungsfunktionen $G(s)$ sind gebrochen rationale Funktionen mit einem Zählerpolynom $Z(s)$ mit Grad n_Z und einem Nennerpolynom $N(s)$ mit Grad n_N. Dabei ist der Zählergrad für reale Systeme kleiner oder höchstens gleich dem Nennergrad $n_Z \leq n_N$. Mit den Übertragungsfunktionen für den Regler $G_R(s) = \dfrac{Z_R(s)}{N_R(s)}$ und für die Regelstrecke

$G_S(s) = \dfrac{Z_S(s)}{N_S(s)}$ wird die Führungsübertragungsfunktion $G_W(s) = \dfrac{y(s)}{w(s)}$ des Regelkreises

$$G_W(s) = \frac{G_R(s) \cdot G_S(s)}{1 + G_R(s) \cdot G_S(s)} = \frac{Z_R(s) \cdot Z_S(s)}{Z_R(s) \cdot Z_S(s) + N_R(s) \cdot N_S(s)}.$$

Das haben Sie in Kapitel 5, Abschnitt »An Zähler und Nenner denken«, schon einmal gelesen oder sollten es dort zur Erinnerung am besten nochmals nachschlagen.

Mit dem Produkt von $G_R(s)$ und $G_S(s)$

$$G_0(s) = G_R(s) \cdot G_S(s) = \frac{Z_R(s) \cdot Z_S(s)}{N_R(s) \cdot N_S(s)} = \frac{Z_0(s)}{N_0(s)}$$

können Sie $G_W(s)$ auch vereinfacht schreiben als

$$G_W(s) = \frac{Z_W(s)}{N_W(s)} = \frac{G_0(s)}{1 + G_0(s)} = \frac{Z_0(s)}{N_0(s) + Z_0(s)}.$$

Für die Stabilität des Regelkreises ist nur das Nennerpolynom von $G_W(s)$

$$N_W(s) = N_0(s) + Z_0(s) = N_R(s) \cdot N_S(s) + Z_R(s) \cdot Z_S(s)$$

wichtig.

Das Nennerpolynom $N_W(s)$ von $G_W(s)$ ist das *charakteristische Polynom* des Regelkreises. Die *Nullstellen* dieses Polynoms sind die *Pole* oder *Eigenwerte* des Regelkreises. Sie können das auch so formulieren: Das Nennerpolynom $N_W(s)$ zu null gesetzt ist die *charakteristische Gleichung* des Regelkreises $N_W(s) = 0$. Die Lösungen dieser Gleichung sind die Pole oder Eigenwerte des Regelkreises.

Damit können Sie die Stabilität eines Regelkreises überprüfen.

Ein Regelkreis ist stabil, wenn alle Pole der Übertragungsfunktion $G_W(s)$ des Regelkreises negativen Realteil besitzen.

Der Grad des Nennerpolynoms von $G_W(s)$ setzt sich aus dem Nennergrad des Reglers und dem Nennergrad der Regelstrecke zusammen:

$$\text{grad}(N_W) = \text{grad}(N_R) + \text{grad}(N_S).$$

Das für die Stabilität wichtige Nennerpolynom $N_W(s)$ des Regelkreises hat die allgemeine Form

$$N_W(s) \equiv a_n \cdot s^n + a_{n-1} \cdot s^{n-1} + \cdots + a_1 \cdot s + a_0.$$

Da das Polynom $N_W(s)$ des Regelkreises sowohl Anteile des Reglers als auch Anteile der Regelstrecke enthält, setzen sich die Parameter $a_n, a_{n-1}, \cdots, a_1, a_0$ aus beiden Anteilen zusammen. Dabei sind die Parameter der Regelstrecke vorgegeben und die Parameter des Reglers müssen Sie so wählen, dass der Regelkreis stabil bleibt oder stabil wird.

Sie haben zwei Möglichkeiten, die Frage nach der Stabilität zu stellen und zu beantworten:

✔ In welchen Parameterbereichen des Reglers ist der Regelkreis stabil?

✔ Ist der Regelkreis für bestimmte Parameter des Reglers stabil?

Die Antwort auf die erste Frage erhalten Sie mit algebraischen Stabilitätskriterien wie dem Hurwitz-Kriterium. Die Stabilität wird hier anhand der Koeffizienten $a_n, a_{n-1}, \cdots, a_1, a_0$ der charakteristischen Gleichung überprüft.

Die Antwort auf die zweite Frage geben Ihnen geometrische Kriterien wie das Nyquist-Kriterium oder numerische Lösungen der charakteristischen Gleichung. Anwendungen zum Hurwitz-Kriterium und auch zum Nyquist-Kriterium finden Sie in den folgenden Abschnitten.

Hurwitz gibt Auskunft

Beim *Hurwitz-Kriterium* untersuchen Sie die Koeffizienten $a_n, a_{n-1}, \cdots, a_1, a_0$ der charakteristischen Gleichung des Regelkreises.

Der Regelkreis ist stabil, wenn folgende zwei Bedingungen erfüllt sind:

✔ Alle Koeffizienten $a_n, a_{n-1}, \cdots, a_1, a_0$ sind größer als null.

✔ Die Hurwitz-Determinante D_n und alle Unterdeterminanten D_1 bis D_{n-1} sind größer als null.

Die zweite Bedingung wird jetzt sofort erklärt!

Ausgangspunkt ist die Anordnung der Koeffizienten $a_n, a_{n-1}, \cdots, a_1, a_0$ in der *Hurwitz-Determinante D_n*. Sie muss größer als null sein, genauso wie alle Unterdeterminanten:

$$D_n = \begin{vmatrix} a_1 & a_3 & a_5 & \cdots & 0 \\ a_0 & a_2 & a_4 & \cdots & 0 \\ 0 & a_1 & a_3 & \cdots & 0 \\ 0 & \cdots & \cdots & \cdots & 0 \\ 0 & 0 & \cdots & \cdots & a_n \end{vmatrix} > 0 \,.$$

Die Hurwitz-Determinante wird wie folgt gebildet:

✔ Die erste Zeile besteht aus allen Koeffizienten mit ungeradem Index.

✔ Die zweite Zeile besteht aus allen Koeffizienten mit geradem Index, beginnend mit dem Index null.

✔ Die dritte und vierte Zeile ergeben sich aus den beiden vorigen, indem Sie alle Elemente um eine Spalte nach rechts verschieben.

✔ So verfahren Sie weiter mit den jeweils nächsten beiden Zeilen.

Jetzt kommt noch ein wichtiger Hinweis zu den Elementen der Determinante. Merken Sie sich den Grad n der charakteristischen Gleichung. Alle Koeffizienten, die einen höheren Index als n haben, sind natürlich null.

Nun bilden wir die Unterdeterminanten von D_n. Sie beginnen mit D_1 in der linken oberen Ecke von D_n

$$D_1 = a_1 > 0$$

und werden dann um die jeweiligen Nachbarelemente erweitert:

$$D_2 = \begin{vmatrix} a_1 & a_3 \\ a_0 & a_2 \end{vmatrix} > 0$$

$$D_3 = \begin{vmatrix} a_1 & a_3 & a_5 \\ a_0 & a_2 & a_4 \\ 0 & a_1 & a_3 \end{vmatrix} > 0$$

$$D_4 = \begin{vmatrix} a_1 & a_3 & a_5 & a_7 \\ a_0 & a_2 & a_4 & a_6 \\ 0 & a_1 & a_3 & a_5 \\ 0 & a_0 & a_2 & a_4 \end{vmatrix} > 0 \,.$$

Das geht so weiter bis D_{n-1}.

In Kapitel 8, Abschnitt »Die Inverse einer Matrix«, sind auch eine Determinante und eine Adjunkte berechnet worden.

Aber keine Sorge, bis $n = 4$ wird das hier gleich einmal ausgerechnet.

$$D_2 = a_1 \cdot a_2 > 0$$

Da ohnehin alle Koeffizienten größer null sein müssen, steckt in D_2 keine zusätzliche Bedingung.

 Bei charakteristischen Polynomen ersten und zweiten Grades genügt für die Bedingung der Stabilität, dass alle Koeffizienten größer als null sind.

Ab Polynomgrad $n = 3$ müssen Sie die Determinanten allerdings überprüfen.

$n = 3$: $D_3 = a_1 \cdot a_2 - a_0 \cdot a_3 > 0$

$n = 4$: $D_3 > 0$ und $D_4 = a_1 \cdot a_2 \cdot a_3 - a_0 \cdot a_3^2 - a_1^2 \cdot a_4 > 0$

 Stabilitätsprüfung mit dem Hurwitz-Kriterium

Für einen Regelkreis mit P-T2-Regelstrecke und PI-Regler interessieren die Bedingungen für Stabilität.

1. **Stellen Sie die Übertragungsfunktionen für die Regelstrecke und den Regler auf.**

   P-T2-Regelstrecke: $G_S(s) = \dfrac{Z_S(s)}{N_S(s)} = \dfrac{K_s}{T_1 T_2 s^2 + (T_1 + T_2)s + 1}$

   Nennergrad der Regelstrecke: $\mathrm{grad}\,(N_S) = 2$

   PI-Regler: $G_R(s) = \dfrac{Z_R(s)}{N_R(s)} = \dfrac{K_P s + K_I}{s}$

   Nennergrad des Reglers: $\mathrm{grad}\,(N_R) = 1$

   Grad des charakteristischen Polynoms:

   $n = \mathrm{grad}\,(N_W) = \mathrm{grad}\,(N_R) + \mathrm{grad}\,(N_S) = 3$

2. **Berechnen Sie das charakteristische Polynom des Regelkreises.**

Allgemein: $N_W(s) \equiv N_R(s) \cdot N_S(s) + Z_R(s) \cdot Z_S(s)$

eingesetzt: $N_W(s) \equiv s \cdot [T_1 T_2 s^2 + (T_1 + T_2) s + 1] + [K_P s + K_I] \cdot K_S$

sortiert: $N_W(s) \equiv T_1 T_2 s^3 + (T_1 + T_2) s^2 + (1 + K_P K_S) s + K_I K_S$

3. **Bestimmen Sie die Koeffizienten des Polynoms.**

$$a_3 = T_1 T_2, \quad a_2 = T_1 + T_2, \quad a_1 = 1 + K_P K_S, \quad a_0 = K_I K_S$$

4. **Überprüfen Sie die Stabilitätskriterien nach Hurwitz.**

Alle Koeffizienten und D_3 müssen größer null sein.

Koeffizienten: a_i: $T_1 T_2 > 0$, $(T_1 + T_2) > 0$,

$(1 + K_P K_S) > 0$, $K_I K_S > 0$

Determinante: D_3: $a_1 \cdot a_2 - a_0 \cdot a_3$

$\equiv (1 + K_P K_S) \cdot (T_1 + T_2) - K_I K_S \cdot T_1 T_2 > 0$

5. **Überprüfen Sie die Konsequenzen für die Reglerparameter K_P und K_I.**

Da Sie die Parameter der Regelstrecke nicht verändern können, ergeben sich aus den Stabilitätsbedingungen nach Punkt 4 für die Reglerparameter folgende Bedingungen, die untereinander und zum Teil von den Parametern der Regelstrecke abhängen:

(a) $K_I > 0$,   (b) $K_P > -\dfrac{1}{K_S}$,   (c) $K_P > \dfrac{K_S T_1 T_2}{(T_1 + T_2)} - \dfrac{1}{K_S}$.

Dazu müssen Sie beim Umstellen von Ungleichungen ein bisschen fit sein.

Sie erkennen, dass die Bedingung (b) aufgrund der Bedingung (c) keine Bedeutung hat.

6. **Jetzt rechnen Sie mit Zahlenwerten.**

Parameter der Regelstrecke: $K_S = 5$, $T_1 = 2$ sec, $T_2 = 4$ sec

Vorgabe eines Reglerparameters: $K_I = 0{,}5$

Konsequenzen für den anderen Parameter nach Bedingung (b) $K_P > -2$ und nach Bedingung (c) $K_P > \dfrac{40}{6} - 0.22 = 6{,}466$.

 Mit dem Hurwitz-Kriterium erhalten Sie nur die Bedingungen für stabiles Regelkreisverhalten, aber keine Aussagen über die Regelqualität.

Nyquist kann schon mehr

Das *Nyquist-Kriterium* gibt Ihnen nicht nur Auskunft über die Stabilität eines Regelkreises, sondern auch darüber, wie weit der Regelkreis von der Stabilitätsgrenze entfernt ist.

Für die Untersuchung benötigen Sie wieder das Verhalten der Regelstrecke und des verwendeten Reglers, diesmal in Form der Frequenzgänge. Das hat einen großen Vorteil. Sie können für die Regelstrecke nicht nur den Frequenzgang des theoretischen Modells, sondern auch den Frequenzgang einer Messung verwenden.

Den Regelkreis kurz öffnen

Abbildung 9.3 zeigt den Regelkreis mit den Frequenzgängen des Reglers $F_R(j\omega)$ und der Regelstrecke $F_S(j\omega)$.

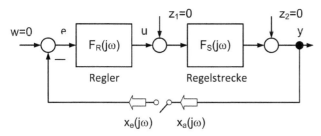

Abbildung 9.3: Das Nyquist-Kriterium verwendet Frequenzgänge

Die von außen kommenden Signale w, z_1 und z_2 sind alle null, es geht hier nur um das Eigenverhalten des Regelkreises.

Die Grundidee des Nyquist-Kriteriums können Sie besser verstehen, wenn Sie die Rückführung der Regelgröße y in Gedanken mit einem Schalter zunächst unterbrechen und an der Stelle $x_e(j\omega)$ ein Signal einspeisen, das über die Vergleichsstelle, den Regler und die Regelstrecke läuft und zum Signal $x_a(j\omega)$ wird:

$$x_a(j\omega) = x_e(j\omega) \cdot (-1) \cdot F_R(j\omega) \cdot F_S(j\omega) \, .$$

Sie untersuchen nun, unter welcher Bedingung, nach Schließen des Schalters, das Signal als Sinusschwingung erhalten bleibt und mit der kritischen Kreisfrequenz ω_{krit} Dauerschwingungen macht:

$$x_a(j\omega_{\text{krit}}) \equiv x_e(j\omega_{\text{krit}}) \, .$$

Sie betrachten den Regelkreis damit an der Stabilitätsgrenze zwischen stabilem und instabilem Verhalten. Das ist der Fall, wenn

$$\frac{x_a(j\omega_{\text{krit}})}{x_e(j\omega_{\text{krit}})} = 1 \quad \text{oder} \quad F_R(j\omega_{\text{krit}}) \cdot F_S(j\omega_{\text{krit}}) = -1$$

wird.

Mit

$$F_0(j\omega) = F_R(j\omega) \cdot F_S(j\omega)$$

erhalten Sie die Bedingung an der Stabilitätsgrenze:

$$F_0(j\omega_{krit}) = -1 \; .$$

Das können Sie auch so formulieren: Der geschlossene Regelkreis ist an der Stabilitätsgrenze und schwingt mit ω_{krit}, wenn die Ortskurve des Frequenzgangs $F_0(j\omega)$ des offenen Regelkreises in der komplexen Ebene durch den kritischen Punkt $(-1|j \cdot 0)$ geht.

Zwei Abbildungen zeigen Ihnen ein Beispiel dazu. Zunächst sehen Sie in Abbildung 9.4 die Dauerschwingung eines Regelkreise an der Stabilitätsgrenze mit der Frequenz $f_{krit} = 0{,}31$ Hz beziehungsweise mit der Kreisfrequenz $\omega_{krit} = 1{,}95 \; \text{sec}^{-1}$.

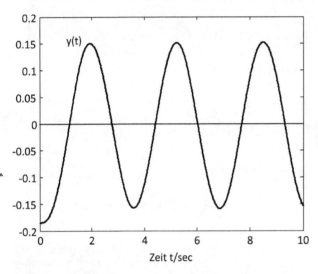

Abbildung 9.4: Ein Regelkreis an der Stabilitätsgrenze macht Dauerschwingungen

Zu diesem Regelkreis an der Stabilitätsgrenze gehört die Ortskurve des Frequenzgangs $F_0(j\omega)$ des offenen Regelkreises in Abbildung 9.5. Die Ortskurve geht genau durch den kritischen Punkt $(-1|j \cdot 0)$.

 Geht die Frequenzgang-Ortskurve $F_0(j\omega)$ des »offenen« Regelkreises durch den kritischen Punkt $(-1|j0)$, ist der geschlossene Regelkreis an der Stabilitätsgrenze. Alle Größen im Regelkreis machen dann ungedämpfte Schwingungen.

Stabiles Verhalten erwünscht

Dauerschwingungen sind natürlich nicht das Ziel der Regelungstechnik, deshalb interessiert das Nyquist-Kriterium für stabiles Regelkreisverhalten: Bei stabilen Regelkreisen liegt der kritische Punkt $(-1|j \cdot 0)$ beim Durchlaufen der Ortskurve mit zunehmenden ω links von der Ortskurve.

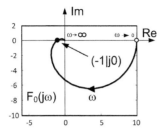

Abbildung 9.5: Die Ortskurve geht an der Stabilitätsgrenze durch den kritischen Punkt

In Abbildung 9.6 sehen Sie links einen stabilen Fall und rechts einen instabilen Fall.

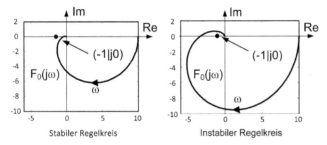

Abbildung 9.6: Das Umfahren des kritischen Punkts entscheidet über die Stabilität

Stellen Sie sich vor, die Ortskurve ist ein Flusslauf mit der Fließrichtung ω. Wenn Sie den »Omega River« hinunterschippern, müssen Sie den kritischen Punkt am linken Ufer sehen, dann ist der Regelkreis stabil. Auf der linken Seite der Fahrrinne sind flussabwärts auch immer die grünen Tonnen. Vielleicht hilft Ihnen diese Eselsbrücke.

 Nach dem *vereinfachten Nyquist-Kriterium* ist ein Regelkreis stabil, wenn der kritische Punkt $(-1 | j \cdot 0)$ links von der Ortskurve liegt.

Das vereinfachte Nyquist-Kriterium können Sie immer dann anwenden, wenn die Übertragungsfunktion des offenen Regelkreises $G_0(s)$ nur Nennernullstellen mit negativem Realteil und maximal zwei Nennernullstellen mit null besitzt. Der offene Regelkreis darf also nur stabile Elemente und maximal zwei Integralelemente enthalten.

In den meisten Fällen sind diese Bedingungen erfüllt. Falls das nicht der Fall ist, müssen Sie die Stabilität des Regelkreises mit dem *allgemeinen Nyquist-Kriterium* prüfen. Das würden Sie dann bitte bei Bedarf woanders nachlesen, zum Beispiel bei de.wikipedia.org/wiki/ Stabilitätskriterium_von_Nyquist.

Reserven sind wichtig

Sie wissen, dass jeder Punkt der Ortskurve des Frequenzgangs $F_0(j\omega)$ einen Wert ω, einen Betrag $|F_0(j\omega)|$ und einen Winkel $\angle F_0(j\omega)$ besitzt. Mit diesen Angaben können Sie das Nyquist-Kriterium für die Stabilität des Regelkreises auch mit zwei Bedingungen ausdrücken:

1. An der Stelle $\angle F_0(j\omega) = -180°$ muss $|F_0(j\omega)| < 1$ sein.

2. An der Stelle $|F_0(j\omega)| = 1$ muss $\angle F_0(j\omega) > -180°$ sein.

Es ist nicht günstig, wenn Sie den Regelkreis zu nahe an der Stabilitätsgrenze fahren, denn kleine Änderungen der Parameter von Regler oder Regelstrecke können das Überschreiten der Stabilitätsgrenze bedeuten. Ein gebührender Abstand ist ratsam.

Diesen Abstand können Sie mit den beiden Größen *Phasenreserve* und *Amplitudenreserve* festlegen.

Die *Phasenreserve* φ_{Res} gibt an, wo die Ortskurve den Einheitskreis $|F_0(j\omega)| = 1$ von außen nach innen schneiden soll. An der Stabilitätsgrenze wäre $\varphi_{\text{Res}} = 0°$ beziehungsweise $\angle F_0(j\omega) = -180°$. Eine Phasenreserve von zum Beispiel $\varphi_{\text{Res}} = 30°$ entspricht einem Phasenwinkel von $\angle F_0(j\omega) = -150°$.

Anstelle der Phasenreserve können Sie auch eine Amplitudenreserve festlegen.

Die *Amplitudenreserve* A_{Res} gibt an, wo die Ortskurve die negative reelle Achse rechts vom kritischen Punkt schneidet. Die Amplitudenreserve ist

$$A_{\text{Res}} = \frac{1}{|F_0(j\omega)|} \quad \text{an der Stelle} \quad \angle F_0(j\omega) = -180°.$$

Die Amplitudenreserve A_{Res} legen Sie zwischen 1,3 und 2,0 fest. Das entspricht Werten von $|F_0(j\omega)| = 0{,}77$ bis $|F_0(j\omega)| = 0{,}5$.

Bei kleineren Werten von A_{Res} liegt die Ortskurve näher am kritischen Punkt und der Regelkreis macht gedämpfte Schwingungen.

Abbildung 9.7 zeigt die Zusammenhänge von Phasenreserve und Amplitudenreserve.

Da die Phasenreserve und die Amplitudenreserve für die Qualität des stabilen Regelkreises wichtig sind und Regler häufig im Bode-Diagramm entworfen werden, können Sie die Stabilitätsuntersuchungen nach Nyquist nicht nur anhand der Ortskurve $F_0(j\omega)$ des offenen Regelkreises, sondern sehr einfach auch im logarithmischen Amplitudengang $R_0(\omega)$ und im Phasengang $\varphi_0(\omega)$ des Bode-Diagramms vornehmen (siehe Abbildung 9.8).

Aus $|F_0(j\omega)| = 1$ wird im logarithmischen Amplitudengang $R_0(\omega) = 0$ dB und aus der Bedingung $|F_0(j\omega)| < 1$ wird die Bedingung $R_0(\omega) < 0$ dB.

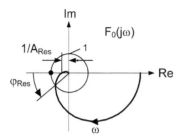

Abbildung 9.7: Stabilitätsreserven sind sinnvoll

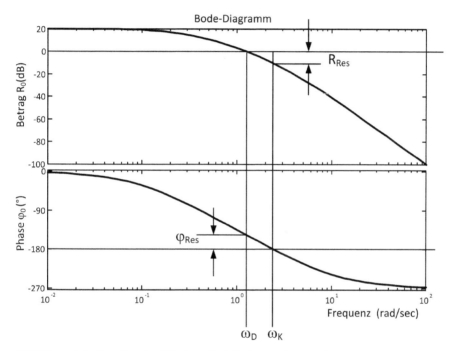

Abbildung 9.8: Das Nyquist-Kriterium funktioniert auch im Bode-Diagramm

 Die Kreisfrequenz, bei der $R_0(\omega)$ das Vorzeichen wechselt, heißt *Durchtrittsfrequenz* ω_D.

Der geschlossene Regelkreis ist stabil, wenn an der Stelle der Durchtrittsfrequenz ω_D der Phasenwinkel $\varphi_0(\omega_D) > -180°$ ist, also eine Phasenreserve φ_{Res} vorhanden ist.

Hat der Phasenwinkel bei der kritischen Frequenz ω_K den Wert $\varphi(\omega_K) = -180°$ erreicht, muss für Stabilität $R_0(\omega_K) < 0$ dB sein. Der Amplitudengang muss also mit der logarithmischen Amplitudenreserve $R_{Res} = 20\log(A_{Res})$ unterhalb der 0-dB-Linie liegen.

Das Bode-Diagramm eines offenen Regelkreises nach Abbildung 9.8 mit $R_0(\omega)$ und $\varphi_0(\omega)$ ergibt demnach einen stabilen Regelkreis.

Mit der Struktur und den Parametern des Reglers können Sie den Amplitudengang $R_0(\omega)$ und den Phasengang $\varphi_0(\omega)$ so verändern, dass Sie gewünschtes Regelkreisverhalten bekommen. Wenn Sie die geeigneten Amplituden- und Phasenreserven für das Bode-Diagramm umrechnen, erhalten Sie

$$R_{\text{Res}} = 2{,}28 \text{ dB bis } R_{\text{Res}} = 6{,}02 \text{ dB}$$

und $\varphi_{\text{Res}} = 30° \text{ bis } \varphi_{\text{Res}} = 60°$.

Das ist die Grundlage für den Reglerentwurf im Bode-Diagramm in Kapitel 10.

Stabilität numerisch prüfen

Wenn Sie die Stabilität eines Regelkreises numerisch prüfen, benötigen Sie Zahlenwerte für die Parameter des Reglers und der Regelstrecke. Sie berechnen dann das charakteristische Polynom des geschlossenen Regelkreises und dessen Nullstellen. Haben alle Nullstellen des charakteristischen Polynoms negative Realteile, ist der Regelkreis stabil.

Vorbereitungen

Wie im Beispiel »Stabilitätsprüfung mit dem Hurwitz-Kriterium« besteht der Regelkreis aus einer P-T2-Regelstrecke und einem PI-Regler:

$$G_S(s) = \frac{K_s}{T_1 T_2 s^2 + (T_1 + T_2)s + 1} \quad \text{mit} \quad K_S = 2 \,; \quad T_1 = 0{,}3 \,; \quad T_2 = 1{,}7$$

$$G_R(s) = \frac{K_P s + K_I}{s} \quad \text{mit} \quad K_P = 1 \,; \quad K_I = 1$$

Den mathematischen Zusammenbau der Übertragungsfunktionen zum Regelkreis, die Berechnung des charakteristischen Polynoms und dessen Nullstellen überlassen Sie einem Programm, zum Beispiel wieder MATLAB.

Ein Standardregelkreis mit MATLAB

Mit den folgenden Programmeingaben definieren Sie die Regelstrecke und den Regler. Sie berechnen den Regelkreis sowie seine Pole (Nennernullstellen) und simulieren den Regelkreis.

Die Eingaben sind:

```
% Regelstrecke
KS= 2; T1= 0.3; T2= 1.7;     % Parameter
ZS=[KS];                     % Zählerpolynom
NS=[T1*T2 T1+T2 1];          % Nennerpolynom
GS=tf(ZS,NS);                % Übertragungsfunktion
% Regler
KP= 1; KI= 1;                % Parameter
ZR=[KP KI];                  % Zählerpolynom
NR=[1 0];                    % Nennerpolynom
GR=tf(ZR,NR);                % Übertragungsfunktion
% Offener Regelkreis
G0=GR*GS;                    % Reihenschaltung
% Geschlossener Kreis
GW=feedback(G0,1);           % 1 in der Rückführung
 [ZW,NW]=tfdata(GW,'v');     % Zähler und Nenner von GW
NW                           % Ausgabe Nennerpolynom von GW
% Pole des Regelkreises
Pole_Regelkreis=pole(GW)
% identisch mit dem Befehl roots(NW)
% Simulation des Regelkreises
t=0:0.001:15;                % Zeitvektor
step(GW,t)                   % Sprungantwort
```

und erzeugen die Ausgaben:

```
» NW =
  0.5100  2.0000  3.0000  2.0000
Pole_Regelkreis =
 -1.9232
 -0.9992 + 1.0202i
 -0.9992 - 1.0202i
```

Das Nennerpolynom $G_W(s)$, also das charakteristische Polynom des Regelkreises ist danach

$$N_W(s) \equiv 0{,}51 \cdot s^3 + 2 \cdot s^2 + 3 \cdot s + 2$$

mit den drei Nullstellen

$$s_1 = -1{,}9232 \, ; \quad s_2 = -0{,}9992 + j \cdot 1{,}0202 \, ; \quad s_3 = -0{,}9992 - j \cdot 1{,}0202 \, .$$

Eine Nullstelle ist reell, zwei Nullstellen sind konjugiert komplex. Alle Nennernullstellen von $G_W(s)$, also die Pole des geschlossenen Regelkreises, haben in diesem Beispiel negativen Realteil. Der Regelkreis ist also stabil.

Die letzte Zeile im Programm simuliert die Sprungantwort des Regelkreises über 15 Sekunden und bestätigt die Stabilität (siehe Abbildung 9.9).

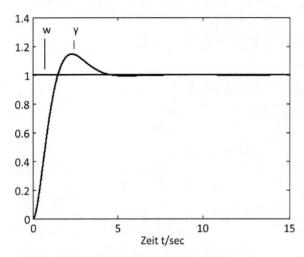

Abbildung 9.9:   Der Regelkreis ist stabil

Regeldifferenzen vermeiden

Der Abbau von Regeldifferenzen $e(t) = w(t) - y(t)$ bei Änderungen des Sollwerts und bei Störungen ist nach Stabilisierung des Regelkreises die nächste wichtige Aufgabe beim Reglerentwurf.

Das Blockdiagramm des Regelkreises (siehe Abbildung 9.1 am Anfang des Kapitels) zeigt, wo der Sollwert $w(t)$ und wo die beiden Störungen $z_1(t)$ am Eingang der Regelstrecke und $z_2(t)$ am Ausgang der Regelstrecke auf den Regelkreis wirken.

Bei Veränderungen von Sollwerten und ungewollten Störungen kommt zunächst Bewegung in die Regelgröße. Das ist die Übergangsphase oder transiente Phase, bis dann in der stationären Phase wieder Ruhe einkehrt, da der Regelkreis ja stabil ist.

Je nach Art des Prozesses kann das sehr unterschiedlich lange dauern. Bei elektrischen oder mechatronischen Prozessen geschieht das meist in Bruchteilen von Sekunden, bei thermischen oder verfahrenstechnischen Prozessen kann das mehrere Minuten dauern.

Die drei Einflüsse

Den Einfluss der drei externen Größen auf die Regelgröße können Sie elegant mit den drei Übertragungsfunktionen

✔ Führungsübertragungsfunktion $G_W(s)$,

✔ erste Störübertragungsfunktion $G_{Z1}(s)$ für Störungen am Streckeneingang und

✔ zweite Störübertragungsfunktion $G_{Z2}(s)$ für Störungen am Streckenausgang beschreiben

$$y(s) = G_W(s) \cdot w(s) + G_{Z1}(s) \cdot z_1(s) + G_{Z2}(s) \cdot z_2(s)$$

und im Standardregelkreis von Abbildung 9.1 ablesen:

$$y(s) = \frac{G_0(s)}{1 + G_0(s)} \cdot w(s) + \frac{G_S(s)}{1 + G_0(s)} \cdot z_1(s) + \frac{1}{1 + G_0(s)} \cdot z_2(s)$$

mit $G_0(s) = G_R(s) \cdot G_S(s)$.

Die weiteren Rechnungen werden einfacher, wenn Sie wieder die Zähler und Nenner der Übertragungsfunktionen einführen.

$$\text{Mit} \quad G_0(s) = \frac{Z_0(s)}{N_0(s)}, \qquad G_R(s) = \frac{Z_R(s)}{N_R(s)}, \quad \text{und} \quad G_S(s) = \frac{Z_S(s)}{N_S(s)} \quad \text{wird}$$

$$y(s) = \frac{Z_0(s)}{N_0(s) + Z_0(s)} \cdot w(s) + \frac{N_R(s) \cdot Z_S(s)}{N_0(s) + Z_0(s)} \cdot z_1(s) + \frac{N_0(s)}{N_0(s) + Z_0(s)} \cdot z_2(s).$$

Mit der Regeldifferenz $e(s) = w(s) - y(s)$ im Bildbereich können Sie die Einflüsse der drei Größen auf $e(s)$ schreiben als

$$e(s) = w(s) - y(s) = e_W(s) + e_{Z1}(s) + e_{Z2}(s)$$

$$\text{mit} \quad e_W(s) = [1 - G_W(s)] \cdot w(s) = \frac{N_0(s)}{N_0(s) + Z_0(s)} \cdot w(s)$$

$$\text{und} \quad e_{Z1}(s) = -G_{Z1}(s) = -\frac{N_R(s) \cdot Z_S(s)}{N_0(s) + Z_0(s)} \cdot z_1(s)$$

$$\text{und} \quad e_{Z2}(s) = -G_{Z2}(s) = -\frac{N_0(s)}{N_0(s) + Z_0(s)} \cdot z_2(s).$$

Diese Zusammenhänge gelten ganz allgemein. Wenn Sie den Regler und die Regelstrecke kennen und für den Sollwert und die Störungen Annahmen treffen, können Sie den Verlauf der transienten Phase und die bleibenden Regeldifferenzen in der stationären Phase berechnen.

Der Sollwert kann entweder sprungförmig sein:

$$w(t) = w_0 \cdot \sigma(t) \circ\!\!-\!\!\bullet \; w(s) = \frac{w_0}{s}$$

oder rampenförmig ansteigen:

$$w(t) = w_0 \cdot \rho(t) \circ\!\!-\!\!\bullet \; w(s) = \frac{w_0}{s^2}.$$

Die beiden Störgrößen sollen sprungförmig wirken:

$$z_1(t) = z_{10} \cdot \sigma(t) \circ\!\!-\!\!\bullet \; z_1(s) = \frac{z_{10}}{s}$$

$$z_2(t) = z_{20} \cdot \sigma(t) \circ\!\!-\!\!\bullet \; z_2(s) = \frac{z_{20}}{s}.$$

Mit dem Endwertsatz der Laplace-Transformation (siehe Kapitel 5, Abschnitt »Wohin die Reise geht«)

$$\lim_{t \to \infty} e(t) = \lim_{s \to 0} s \cdot e(s) = \lim_{s \to 0} [s \cdot e_W(s) + s \cdot e_{Z1}(s) + s \cdot e_{Z2}(s)]$$

können Sie die bleibenden Regeldifferenzen berechnen. Schön wäre es, wenn die immer null werden! Wie Sie mit dem, zugegeben etwas umfangreichen, Formalismus arbeiten, zeigen Ihnen die beiden folgenden Beispiele.

Und so geht es

Stationäre Regeldifferenzen bei P-Reglern an P-T1-Regelstrecken

1. **Stellen Sie die Übertragungsfunktionen auf.**

    P-Regler: $G_R(s) = K_P$

    und P-T1-Regelstrecke: $G_S(s) = \dfrac{K_S}{T_1 s + 1}$

2. **Berechnen Sie die stationäre Regeldifferenz für sprungförmige Sollwerte.**

    $$\lim_{t \to \infty} e_W(t) = \lim_{s \to 0} s \cdot e_W(s) = \lim_{s \to 0} s \cdot \frac{N_0(s)}{N_0(s) + Z_0(s)} \cdot w(s)$$

    $$= \lim_{s \to 0} s \cdot \frac{T_1 s + 1}{T_1 s + 1 + K_P K_S} \cdot \frac{w_0}{s} = \frac{w_0}{1 + K_P K_S}$$

    Die Regeldifferenz wird für große Werte von K_P zwar kleiner, aber nie null.

3. **Berechnen Sie die stationäre Regeldifferenz für rampenförmige Sollwerte.**

    $$\lim_{t \to \infty} e_W(t) = \lim_{s \to 0} s \cdot \frac{T_1 s + 1}{T_1 s + 1 + K_P K_S} \cdot \frac{w_0}{s^2} = \infty$$

    Die Regeldifferenz wächst ständig an.

4. **Berechnen Sie die stationäre Regeldifferenz für Störungen z_1 am Streckeneingang.**

    $$\lim_{t \to \infty} e_{Z1}(t) = \lim_{s \to 0} s \cdot e_{Z1}(s) = \lim_{s \to 0} s \left[-\frac{N_R(s) \cdot Z_S(s)}{N_0(s) + Z_0(s)} \right] \cdot z_1(s)$$

    $$= \lim_{s \to 0} s \left[-\frac{K_S}{T_1 s + 1 + K_P K_S} \right] \cdot \frac{z_{10}}{s} = \frac{-K_S \cdot z_{10}}{1 + K_P K_S}$$

    Es entsteht eine bleibende Regeldifferenz.

5. **Berechnen Sie die stationäre Regeldifferenz für Störungen z_2 am Streckenausgang.**

$$\lim_{t\to\infty} e_{Z2}(t) = \lim_{s\to 0} s \cdot e_{Z2}(s) = \lim_{s\to 0} s \cdot \left[-\frac{N_0(s)}{N_0(s) + Z_0(s)} \right] \cdot z_2(s)$$

$$= \lim_{s\to 0} s \cdot \left[-\frac{T_1 s + 1}{T_1 s + 1 + K_P K_S} \right] \cdot \frac{z_{20}}{s} = \frac{-z_{20}}{1 + K_P K_S}$$

Es entsteht eine bleibende Regeldifferenz.

Das Ergebnis kann man auf eine P-Tn-Strecke erweitern.

6. **Sie erhalten das Resultat.**

Ein P-Regler an einer P-, P-T1- oder P-Tn-Strecke kann *keine* Regeldifferenz zu null machen und ist somit also nicht geeignet.

Stationäre Regeldifferenzen bei PI-Reglern an P-T2-Regelstrecken

1. **Stellen Sie die Übertragungsfunktionen auf.**

$$\text{PI-Regler:} \quad G_R(s) = \frac{K_P s + K_I}{s}$$

$$\text{und P-T2-Regelstrecke:} \quad G_S(s) = \frac{K_S}{T_1 T_2 s^2 + (T_1 + T_2)s + 1}$$

2. **Berechnen Sie die stationäre Regeldifferenz für sprungförmige Sollwerte.**

$$\lim_{t\to\infty} e_W(t) = \lim_{s\to 0} s \cdot e_W(s) = \lim_{s\to 0} s \cdot \frac{N_0(s)}{N_0(s) + Z_0(s)} \cdot w(s)$$

$$= \lim_{s\to 0} s \cdot \frac{T_1 T_2 s^3 + (T_1 + T_2)s^2 + s}{T_1 T_2 s^3 + (T_1 + T_2)s^2 + s + K_P K_S s + K_I K_S} \cdot \frac{w_0}{s} = 0$$

Die Regeldifferenz wird null.

3. **Berechnen Sie die stationäre Regeldifferenz für rampenförmige Sollwerte.**

$$\lim_{t\to\infty} e_W(t) = \lim_{s\to 0} s \cdot \frac{T_1 T_2 s^3 + (T_1 + T_2)s^2 + s}{T_1 T_2 s^3 + (T_1 + T_2)s^2 + s + K_P K_S s + K_I K_S} \cdot \frac{w_0}{s^2} = \frac{w_0}{K_I K_S}$$

Es entsteht eine bleibende Regeldifferenz. Um sie zu beheben, muss (wie wir hier nicht zeigen wollen) ein weiterer I-Anteil hinzukommen.

4. **Berechnen Sie bleibende Regeldifferenz für Störungen z_1 am Strecken-eingang.**

$$\lim_{t\to\infty} e_{Z1}(t) = \lim_{s\to 0} s \cdot e_{Z1}(s) = \lim_{s\to 0} s \left[-\frac{N_R(s) \cdot Z_S(s)}{N_0(s) + Z_0(s)} \right] \cdot z_1(s)$$

$$= \lim_{s\to 0} s \left[-\frac{s \cdot K_S}{T_1 T_2 s^3 + (T_1 + T_2)s^2 + s + K_P K_S s + K_I K_S} \right] \cdot \frac{z_{10}}{s} = 0$$

Die Regeldifferenz wird null.

5. **Berechnen Sie die bleibende Regeldifferenz für Störungen z_2 am Stre-ckenausgang.**

$$\lim_{t\to\infty} e_{Z2}(t) = \lim_{s\to 0} s \cdot e_{Z2}(s) = \lim_{s\to 0} s \cdot \left[-\frac{N_0(s)}{N_0(s) + Z_0(s)} \right] \cdot z_2(s)$$

$$= \lim_{s\to 0} s \cdot \left[-\frac{T_1 T_2 s^3 + (T_1 + T_2)s^2 + s}{T_1 T_2 s^3 + (T_1 + T_2)s^2 + s + K_P K_S s + K_I K_S} \right] \cdot \frac{z_{20}}{s} = 0 .$$

Die Regeldifferenz wird null.

Das Ergebnis kann man wieder auf eine P-Tn-Strecke erweitern.

6. **Sie erhalten das Resultat.**

Ein PI-Regler an einer P-, P-T1- oder P-Tn-Strecke kann die Regeldifferenz zu null machen. Nur bei rampenförmigen Sollwerten tritt eine bleibende Regeldifferenz auf, wenn nicht zusätzliche Maßnahmen ergriffen werden.

Tabelle 9.1 fasst weitere Ergebnisse der stationären Regeldifferenzen in Abhängigkeit verschiedener Typen des Reglers und der Regelstrecke zusammen.

Bei sprungförmigen Sollwerten und Störgrößen macht der PI-Regler die stationären Regeldifferenzen zu null.

Typ des Reglers	Typ der Regelstrecke	Regel-differenz bei Sprung w	Regel-differenz bei Rampe w	Regel differenz bei Sprung z_1	Regeldifferenz bei Sprung z_2
P	P, P-T1, P-Tn	$\dfrac{w_0}{1+K_P K_S}$	∞	$\dfrac{-K_S \cdot z_{10}}{1+K_P K_S}$	$\dfrac{-z_{10}}{1+K_P K_S}$
I oder PI	P, P-T1, P-Tn	0	$\dfrac{w_0}{K_I K_S}$	0	0
P	I, I-T1	0	$\dfrac{w_0}{K_P K_S}$	$\dfrac{-K_S \cdot z_{10}}{K_P K_S}$	0
I oder PI	I, I-T1	0	0	0	0

Tabelle 9.1: Stationäre Regeldifferenzen

Ein integraler Anteil (I-Anteil) im Regler macht die stationären Regeldifferenzen bei konstanten Sollwerten und Störungen zu null. Bei rampenförmigen Sollwerten muss im Regelkreis ein weiterer I-Anteil hinzukommen.

Können stationäre Regeldifferenzen aufgrund der Struktur des Regelkreises nicht zu null gemacht werden, müssen zumindest die maximal zulässigen Differenzen festgelegt und durch entsprechende Reglereinstellung eingehalten werden.

Dynamik vorgeben

Nachdem die Stabilität und das stationäre Verhalten von Regelkreisen geklärt sind, ist nun ein geeignetes Übergangsverhalten bei Veränderungen des Sollwerts zu erzeugen.

Hier sind zwei Fragen zu beantworten:

✔ Mit welcher Geschwindigkeit soll der Übergang erfolgen?

  Das hängt von der Art des zu regelnden Prozesses ab und davon, welche Übergangszeit technologisch sinnvoll ist. Das kann im Bereich von Millisekunden, Sekunden oder Minuten liegen.

✔ Ist ein leichtes Überschwingen der Regelgröße über den Sollwert zulässig oder darf das auf keinen Fall geschehen?

  Der Vorteil der leicht überschwingenden Regelgröße liegt darin, dass der Sollwert schneller erreicht wird. Bei Temperaturen und Drücken kann das durchaus zulässig sein. Bei mechatronischen Positionieraufgaben ist das gelegentlich auch so, bei Werkzeugmaschinen darf die Regelgröße aber auf keinen Fall überschwingen, sondern muss sich zwar schnell, aber auf jeden Fall aperiodisch an den Sollwert annähern.

Beide Fragen können unabhängig voneinander beantwortet werden. Die Frage 1 ist nur eine zeitliche Skalierung. Für die Frage 2 geben Sie bei zulässigem Überschwingen für den Regelkreis das gedämpft schwingende Modell P-S2 vor und bei aperiodischem Verhalten die Modelle mit Verzögerung erster oder zweiter Ordnung, also das P-T1-Modell oder das P-T2-Modell.

In allen drei Fällen ist die Übertragungskonstante für den Regelkreis $K_W = 1$, da Sie ja eine verschwindende Regeldifferenz wünschen.

Die Regelgröße darf etwas überschwingen

Für die Vorgabe des dynamischen Verhaltens des Regelkreises ist es üblich, die Reaktion der Regelgröße auf eine sprungförmige Sollwertänderung zu beschreiben.

Bei gedämpftem Schwingungsverhalten geben Sie vor, wie stark die Regeldifferenz überschwingen darf. Den Zeitpunkt für das Maximum des Überschwingens geben Sie ebenfalls vor. Damit haben Sie die beiden Fragen nach Geschwindigkeit und Überschwingen beantwortet.

Abbildung 9.10 zeigt dazu ein Beispiel.

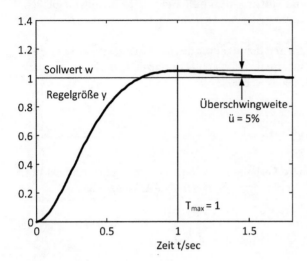

Abbildung 9.10: Ein leichtes Überschwingen macht den Regelkreis schnell

Die Überschwingweite $\ddot{u}$ in Prozent ist definiert mit

$$\ddot{u} = \frac{y_{max} - y_{\infty}}{y_{\infty}} \cdot 100\,\%$$

mit dem Maximum y_{max} und dem stationären Endwert y_{∞} der Regelgröße. Ein guter Wert ist $\ddot{u} = 5\,\%$.

In Abbildung 9.10 wird dieser Wert nach der normierten Zeit $T_{max} = 1$ erreicht. Im konkreten Fall setzen Sie einen gewünschten Zeitwert ein. Soll das maximale Überschwingen zum Beispiel nach 5 Sekunden erreicht werden, wird $T_{max} = 5$ sec.

Mit den Vorgaben für $\ddot{u}$ und T_{max} können Sie die Parameter für den Dämpfungsgrad D_W und die Eigenkreisfrequenz ω_{W0} des P-S2-Modells berechnen:

$$D_W = \sqrt{\frac{\lambda^2}{\lambda^2 + \pi^2}} \quad \text{mit} \quad \lambda = \ln\left(\frac{\ddot{u}}{100\%}\right), \qquad \omega_{W0} = \frac{\pi}{T_{max}\sqrt{1 - D^2}}.$$

Da die Übertragungskonstante des Regelkreismodells $K_W = 1$ ist, wird die Übertragungsfunktion

$$G_W(s) = \frac{1}{\dfrac{1}{\omega_{W0}^2} \cdot s^2 + \dfrac{2D_W}{\omega_{W0}} \cdot s + 1}.$$

Der Index W bei den Parametern weist darauf hin, dass es Vorgaben für den Regelkreis sind.

Kein Überschwingen erlaubt

Soll die Regelgröße aperiodisch auf einen sprungförmig veränderten Sollwert laufen, können Sie für das Verhalten des Regelkreises entweder das P-T1-Modell oder das P-T2-Modell wählen.

Abbildung 9.11 zeigt ein P-T1-Verhalten des Regelkreises.

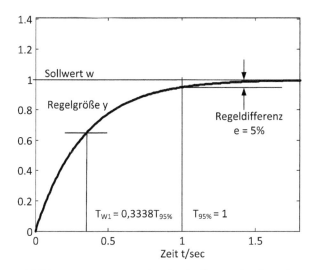

Abbildung 9.11: Die Regelgröße darf hier nicht überschwingen

Nach der Zeit $T_{95\%}$ ist die Regelgröße nur noch 5 Prozent vom Sollwert entfernt. Der Zeitwert $T_{95\%}$ hängt auch hier vom Prozess ab. Die Zeitkonstante des Regelkreises T_{W1} beim P-T1-Modell

$$G_W(s) = \frac{1}{T_{W1} \cdot s + 1} \quad \text{ist dann} \quad T_{W1} = 0{,}3338 \cdot T_{95\%} \, .$$

Zum Zeitpunkt T_{W1} ist die Regelgröße des P-T1-Modells auf 63 Prozent des Endwerts angestiegen.

Abbildung 9.12 zeigt ein P-T2-Verhalten des Regelkreises.

Auch hier ist die Regelgröße nach der Zeit $T_{95\%}$ nur noch 5 Prozent vom Sollwert entfernt. Werden die beiden Zeitkonstanten T_{W1} und T_{W2} mit gleichem Wert

$$T_{W1} = T_{W2} = T_{W1,2}$$

angenommen, sind im P-T2-Modell des Regelkreises

$$G_W(s) = \frac{1}{T_{W1,2}^2 \cdot s^2 + 2 \cdot T_{W1,2} + 1} \quad \text{die Zeitkonstanten} \quad T_{W1,2} = 0{,}2108 \cdot T_{95\%} \, .$$

Zum Zeitpunkt $T_{W1,2}$ ist die Regelgröße des P-T2-Modells auf 26 Prozent des Endwerts angestiegen.

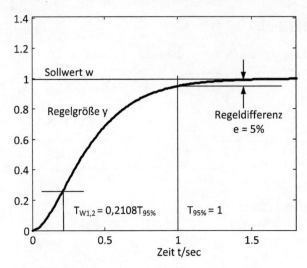

Abbildung 9.12: Die Regelgröße fährt etwas weicher auf den Sollwert

Das P-T2-Verhalten eines Regelkreises

In einem Regelkreis mit P-T2-Verhalten soll die Regelgröße nach 3 Sekunden 95 Prozent eines sprungförmigen Sollwerts erreicht haben. Wie sind die Zeitkonstanten $T_{W1} = T_{W2}$ einzustellen?

Antwort: Mit $T_{95\%} = 3$ sec wird $T_{W1,2} = 0{,}2108 \cdot 3$ sec $= 0{,}6324$ sec.

IN DIESEM KAPITEL

Die drei Kanäle des PID-Reglers kennenlernen

Regeln nach Wunsch mit dem Kompensationsregler

Eigenwerte für die Regelung festlegen

Reglerentwürfe mit dem Bode-Diagramm machen

Regler nach bewährten Regeln einstellen

Kapitel 10
Die richtige Reglereinstellung

D er bewährte Klassiker der Regelungstechnik ist der PID-Regler mit drei wirkungsvollen Kanälen. Diese müssen für eine gute Regelung richtig eingestellt werden, angepasst an den Prozess. Wie für die verschiedenen Arten, die Dynamik eines Prozesses zu beschreiben, gibt es auch für die Reglerparameter unterschiedliche Entwurfsmethoden.

Mit dieser Vorarbeit des Entwurfs können Sie sich an die Inbetriebnahme des Reglers an der Anlage wagen. Meist werden Sie dann noch kleine Korrekturen der Reglerparameter vornehmen, da die Theorie des Entwurfs das tatsächliche Regelkreisverhalten nie hundertprozentig vorhersagen kann.

PID – der Klassiker

Den wichtigsten Begriff in der Regelungstechnik kennen Sie schon, es ist der PID-Regler. Gleichgültig, ob die Regeleinrichtung als eigenständiges Gerät oder als reine Software vorliegt, ein PID-Regler ist immer dabei.

Eine PID-Regeleinrichtung (siehe Abbildung 10.1) besteht aus den beiden Teilen:

✔ Vergleichsstelle: Hier wird aus dem Sollwert $w(t)$ und der Regelgröße $y(t)$ die Regeldifferenz $e(t)$ gebildet.

✔ PID-Regler: Hier wird die PID-Funktion auf die Regeldifferenz $e(t)$ angewendet und die Stellgröße $u(t)$ berechnet.

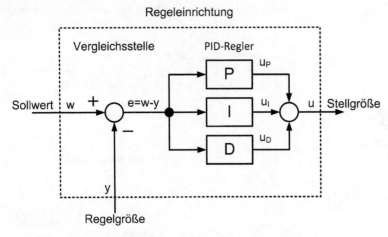

Abbildung 10.1: Die PID-Regeleinrichtung ist ein Standard

Die Regeleinrichtung besitzt die zwei Eingangsgrößen Sollwert und Regelgröße sowie die Stellgröße als Ausgangsgröße. Je nach Art der Regeleinrichtung sind diese Größen analoge oder digitale elektrische Signale; für explosionsgeschützte Bereiche, zum Beispiel in der Chemie, gibt es auch pneumatische Regeleinrichtungen.

Drei Kanäle

Die drei Kanäle

✔ P für Proportionalkanal,

✔ I für Integralkanal und

✔ D für Differenzialkanal

des PID-Reglers erzeugen die drei Komponenten der Stellgröße $u_P(t)$, $u_I(t)$ und $u_D(t)$

$$u(t) = u_P(t) + u_I(t) + u_D(t) = K_P \cdot e(t) + K_I \cdot \int_0^t e(\tau)\,\mathrm{d}\tau + K_D \cdot \dot{e}(t)$$

mit der *Proportionalkonstante* K_P, der *Integralkonstante* K_I und der *Differenzialkonstante* K_D.

Wenn Sie den PID-Regler mit einem sprungförmigen Signal $e(t) = \sigma(t)$ testen, erhalten Sie die Zeitverläufe der drei Anteile wie in Abbildung 10.2.

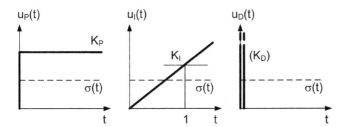

Abbildung 10.2: Die Kanäle des PID-Reglers haben unterschiedliche Sprungantworten

Der proportionale P-Anteil $u_P(t)$ springt ohne Verzögerung sofort auf den Wert K_P, der integrale I-Anteil $u_I(t)$ steigt rampenförmig mit der Steigung K_I an und der differenziale D-Anteil $u_D(t)$ springt auf einen unendlich hohen Wert und kehrt sofort auf null zurück. Das liegt daran, dass die Steigung eines Sprungsignals, also die zeitliche Ableitung, an der Sprungstelle unendlich groß ist. Das reine Differenzieren ist deshalb für die praktische Anwendung überhaupt nicht ideal.

 Das Differenzieren von Signalen soll für die praktische Anwendung immer mit etwas Verzögerung erfolgen.

Die Regelungstechnik ersetzt das reine Differenzieren durch ein verzögertes Differenzieren. Der reine D-Anteil wird dann zu einem verzögerten *D-T1-Anteil*.

Reines Differenzieren: $u_D(t) = K_D \cdot \dot{e}(t)$

Verzögertes Differenzieren: $T_R \cdot \dot{u}_D(t) + u_D(t) = K_D \cdot \dot{e}(t)$

Abbildung 10.3 zeigt die Sprungantwort des verzögerten Differenzierens.

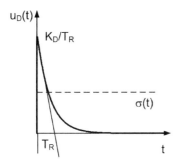

Abbildung 10.3: Das mit dem D-T1-Verhalten verzögerte Differenzieren ist besser

Die Sprungantwort geht zum Zeitpunkt null auf den endlichen Wert

$$u_D(+0) = \frac{K_D}{T_R}$$

und fällt dann mit der Verzögerung T_R wieder auf null ab. Sie erkennen daran, dass mit Verkleinerung von T_R der Sprung höher wird und das Absinken schneller geht.

Wenn Sie nun alle drei Anteile des Reglers zusammenfassen und die Laplace-Transformation darauf anwenden, erhalten Sie

$$u(s) = \left(K_P + \frac{K_I}{s} + \frac{K_D s}{T_R s + 1} \right) \cdot e(s).$$

Sie erinnern sich, dass das zeitliche Integrieren im Bildbereich einer Division durch s und das Differenzieren einer Multiplikation mit s entspricht.

Der Klammerinhalt mit den drei Anteilen ist die Übertragungsfunktion des *PI(D-T1)-Reglers*

$$G_R(s) = K_P + \frac{K_I}{s} + \frac{K_D s}{T_R s + 1}.$$

Dieser PI(D-T1)-Regler ist technisch realisierbar. Bei sprungförmigen Sollwertänderungen $w(t) = \sigma(t)$ reagiert die Stellgröße $u(t)$ wie in Abbildung 10.4.

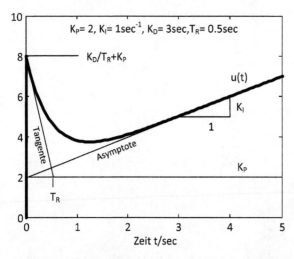

Abbildung 10.4: Das ist die Sprungantwort des PI(D-T1)-Reglers

Sie können alle Einstellwerte des Reglers an der Sprungantwort ablesen.

Dazu gehen Sie wie folgt vor:

1. **Sie legen die Asymptote an die Sprungantwort an.**

   Der Schnittpunkt der Asymptote mit der y-Achse liegt bei K_P. Die Steigung der Asymptote ist K_I.

2. **Sie legen die Tangente an die Sprungantwort bei $t = 0$ an.**

    Die Tangente schneidet die horizontale Linie von K_P an dem Zeitwert T_R.

3. **Sie bestimmen den Wert von $u(t)$ zum Zeitpunkt $t = +0$.**

    Die Stellgröße springt auf den Wert $K_D/T_R + K_P$. Damit ist auch K_D bekannt.

Häufig werden auch alle drei Anteile des Reglers mit einer Zeitkonstanten T_R verzögert. Das führt auf die Übertragungsfunktion des *(PID-)T1-Reglers*

$$G_R(s) = \left[K_P + \frac{K_I}{s} + K_D s \right] \frac{1}{T_R s + 1} = \frac{K_D s^2 + K_P s + K_I}{T_R s^2 + s} .$$

Mit dem Setzen der Klammern in PI(D-T1) und (PID-)T1 können Sie die beiden Formen unterscheiden.

Das ist noch nicht alles. Es gibt eine weitere Darstellung des PI(D-T1)-Reglers, die Sie kennen sollten. Die Funktion bleibt gleich, die Bezeichnungen sind etwas anders:

$$G_R(s) = K_R \left(1 + \frac{1}{T_N s} + \frac{T_V s}{T_R s + 1} \right) .$$

Hier ist K_R die *Reglerverstärkung*, T_N die *Nachstellzeit* und T_V die *Vorhaltzeit*.

Mit den Umrechnungen

$$K_P = K_R , \qquad K_I = \frac{K_R}{T_N} , \qquad K_D = K_R \cdot T_V$$

wechseln Sie leicht von der einen zu der anderen Form.

 Es gibt verschiedene Darstellungen des PID-Reglers, das Prinzip der dreikanaligen Wirkung ist jedoch gleich.

Im allgemeinen regelungstechnischen Sprachgebrauch verwenden Sie weiterhin den Begriff PID-Regler und gehen dabei nicht auf die Details mit den Verzögerungen beim D-Anteil ein.

Drei Wirkungen

Die drei Kanäle des PID-Reglers haben unterschiedliche Eigenschaften für das Verhalten der Regelung.

✔ **P-Kanal:** Der P-Kanal reagiert mit $u_P(t)$ sofort und proportional auf eine auftretende Regeldifferenz. Er macht die »Grobarbeit« bei der Regelung. Bei Regelstrecken erster oder zweiter Ordnung wird der Regelkreis bei großen Werten von K_P schneller, aber nicht instabil. Allerdings wird die Stellgröße $u(t)$ dabei groß und kann an den Anschlag kommen. Bei proportionalen Regelstrecken (P-T1 oder P-T2) kann der P-Kanal die stationäre Regeldifferenz nicht abbauen. Das aber kann der I-Kanal.

✔ **I-Kanal:** Der I-Kanal bildet mit $u_I(t)$ das Integral der Regeldifferenz und vergrößert den Ausgang so lange, bis die Regeldifferenz verschwunden ist. Der I-Kanal ist deutlich träger als der P-Kanal. Bei großen Werten von K_I können starkes Überschwingen der Regelgröße oder sogar Instabilitäten auftreten. Im PI-Regler sind der P-Kanal und der I-Kanal kombiniert.

✔ **D-Kanal:** Der D-Kanal kann mit $u_D(t)$ nur auf Veränderungen der Regeldifferenz reagieren. Der Vorteil ist das frühzeitige Gegenhalten bei Veränderungen, der Nachteil ist, dass der D-Kanal auf konstante Abweichungen überhaupt nicht reagiert. Ein D-Kanal allein ist somit für Regelungen nicht geeignet. Der Vorteil des D-Kanals in der Kombination mit P- und I-Kanälen ist, dass er das transiente Verhalten deutlich verbessern kann. Der D-Kanal kann destabilisierende Effekte des I-Kanals ausgleichen.

 Beim PID-Regler macht der P-Kanal die Grobarbeit und berücksichtigt die Gegenwart, der I-Kanal baut die Regeldifferenz ab und kümmert sich um die Vergangenheit, der D-Kanal verbessert das dynamische Verhalten und schaut in die Zukunft.

Beim Autofahren haben Sie als menschlicher Regler mehrere Regelungsaufgaben. Eine davon ist, den Kurs auf der Fahrbahn zu halten. Dabei verhalten Sie sich auch wie ein PID-Regler. P-Kanal: Wenn Sie zu weit rechts oder links sind, reagieren Sie sofort darauf. I-Kanal: Stimmt der Kurs noch nicht ganz, ziehen Sie mit kleinen Lenkbewegungen langsam nach. D-Kanal: Erfasst Sie eine seitlich Windböe, reagieren Sie besonders bei hohen Geschwindigkeiten sofort auf die eintretende Kursänderung. In Fahrsimulatoren wurden schon mehrfach die PID-Übertragungsfunktionen des menschlichen Regelverhaltens gemessen.

Im Weiteren erfahren Sie in diesem Kapitel, mit welchen Methoden Sie zu den Einstellungen der drei Kanäle des PID-Reglers kommen.

Ein Regler, der alles kompensiert

Die Verwendung von Übertragungsfunktionen ist eine angenehme Methode, Regler zu entwerfen. Mit einfachen algebraischen Umformungen kommen Sie zum Ziel. Das sehen Sie hier besonders gut bei der Berechnung von *Kompensationsreglern*.

Etwas Algebra

Mit der Übertragungsfunktion $G_R(s)$ des Reglers und der Übertragungsfunktion $G_S(s)$ der Regelstrecke erhalten Sie die Übertragungsfunktion $G_W(s)$ des Regelkreises. Dazu wenden Sie die Regeln der Kreisschaltung an:

$$G_W(s) = \frac{y(s)}{w(s)} = \frac{G_R(s) \cdot G_S(s)}{1 + G_R(s) \cdot G_S(s)}.$$

Bei der Algebra des Regelkreises tauchen folgende Symbole und Indizes immer wieder auf, die Sie sich merken sollten:

✔ $G_R(s)$: Übertragungsfunktion des Reglers mit Zählerpolynom $Z_R(s)$ und Nennerpolynom $N_R(s)$

✔ $G_S(s)$: Übertragungsfunktion der Regelstrecke mit Zählerpolynom $Z_S(s)$ und Nennerpolynom $N_S(s)$

✔ $G_0(s)$: Übertragungsfunktion des offenen Regelkreises als Reihenschaltung von Regler und Regelstrecke mit Zählerpolynom $Z_0(s)$ und Nennerpolynom $N_0(s)$

✔ $G_W(s)$: Übertragungsfunktion des geschlossenen Regelkreises mit Zählerpolynom $Z_W(s)$ und Nennerpolynom $N_W(s)$

Das Vorgehen beim Entwurf eines Reglers, das auch beim Kompensationsregler angewendet wird, zeigt Abbildung 10.5.

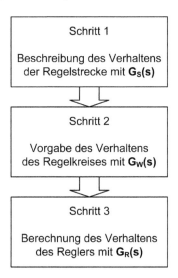

Abbildung 10.5: Drei Schritte führen zur Reglereinstellung

Dazu formen Sie $G_W(s)$ zunächst etwas um, indem Sie in $G_W(s)$ den Zähler und den Nenner durch das Produkt $G_R(s) \cdot G_S(s)$ dividieren:

$$G_W(s) = \frac{1}{1 + \dfrac{1}{G_R(s) \cdot G_S(s)}}$$

und für das Produkt eine neue Größe $P(s)$ einführen:

$$G_W(s) = \frac{1}{1 + P(s)} \quad \text{mit} \quad P(s) = \frac{1}{G_R(s) \cdot G_S(s)} \,.$$

Ein idealer, aber sicher nicht realisierbarer Regelkreis hätte die Übertragungsfunktion $G_W(s) = 1$. Die Regelgröße $y(t)$ würde dabei immer hundertprozentig dem Sollwert $w(t)$ entsprechen. Dieser Wunsch würde bedeuten, dass $P(s) = 0$ wird, was sicher nicht geht.

Sie können aber für $P(s)$ ein Polynom ohne Absolutglied vorgeben:

$$P(s) = a_1 \cdot s + a_2 \cdot s^2 + \cdots,$$

mit dem Sie ein realisierbares Wunschverhalten erzeugen können. Wenn Sie berücksichtigen, dass

$$P(s) = \frac{1}{G_R(s) \cdot G_S(s)}$$

ist und diese Gleichung nach dem Regler $G_R(s)$ umgestellt werden kann:

$$G_R(s) = \frac{1}{G_S(s) \cdot P(s)},$$

werden die drei Schritte des Reglerentwurfs deutlich.

Nach der Beschreibung der Regelstrecke $G_S(s)$ in Schritt 1 und der Vorgabe des Regelkreises $G_W(s)$ mit $P(s)$ in Schritt 2 folgt die Berechnung des Reglers $G_R(s)$ in Schritt 3.

Damit der so berechnete Regler $G_R(s)$ realisierbar ist, müssen Sie die Zähler- und Nennerpolynome noch etwas genauer betrachten:

$$G_R(s) = \frac{1}{G_S(s) \cdot P(s)} = \frac{1}{\dfrac{Z_S(s)}{N_S(s)} \cdot P(s)} = \frac{N_S(s)}{Z_S(s) \cdot P(s)} = \frac{Z_R(s)}{N_R(s)}.$$

Für die Realisierbarkeit des Reglers $G_R(s)$ muss auf jeden Fall gelten:

$$\text{grad}\,(Z_R) \leq \text{grad}\,(N_R) \quad \text{beziehungsweise} \quad \text{grad}\,(N_S) \leq \text{grad}\,(Z_S) + \text{grad}\,(P).$$

Das ist mit der Vorgabe des Polynoms $P(s)$ aber immer erreichbar. Da meist $\text{grad}\,(Z_S) = 0$ ist, muss $\text{grad}\,(P)$ mindestens gleich $\text{grad}\,(N_S)$ sein. Mit $P(s)$ können Sie nun das gewünschte dynamische Verhalten von $G_W(s)$ zum Beispiel als P-T1-, P-T2- oder P-S2-Verhalten mit gewünschten Parametern vorgeben:

$$G_W(s) = \frac{1}{1 + P(s)} = \frac{1}{1 + a_{W1} \cdot s + a_{W2} \cdot s^2 + \dots}.$$

Die Dynamik der Regelstrecke $G_S(s)$ ist mit diesem Regler vollkommen kompensiert, daher der Name »Kompensationsregler«.

Die Methode ist fertig

Was Sie nun mit dem Polynom $P(s)$ konkret für den Regelkreis vorgeben können, zeigt Tabelle 10.1.

Typ des Regelkreises	Übertragungsfunktion des Regelkreises	Polynom P(s)	Realisierbarkeit
P-T1	$G_W(s) = \dfrac{1}{T_{W1}s+1}$	$P(s) = T_{W1}s$	geht nur bei grad $(N_S) = 1$
P-T2	$G_W(s) = \dfrac{1}{T_{W1,2}^2 s^2 + 2T_{W1,2}s+1}$	$P(s) = T_{W1,2}^2 s^2 + 2T_{W1,2}s$	geht bis grad $(N_S) = 2$
P-S2	$G_W(s) = \dfrac{1}{\dfrac{1}{\omega_{W0}^2}s^2 + \dfrac{2D_W}{\omega_{W0}}s+1}$	$P(s) = \dfrac{1}{\omega_{W0}^2}s^2 + \dfrac{2D_W}{\omega_{W0}}s$	geht bis grad $(N_S) = 2$

Tabelle 10.1: Beim Kompensationsregler müssen Sie nur Ihre Wünsche äußern

Der Index W bei den Parametern weist darauf hin, dass es Vorgaben für das Verhalten des Regelkreises sind.

Kompensationsregler für eine P-T1-Regelstrecke

1. Beschreiben Sie das Verhalten der Regelstrecke.

Die P-T1-Regelstrecke hat die Übertragungsfunktion

$$G_S(s) = \frac{K_S}{T_1 s + 1} \quad \text{mit} \quad K_S = 0,5 \quad \text{und} \quad T_1 = 4\ \text{sec}.$$

2. Geben Sie das Verhalten des Regelkreises vor.

Der Regelkreis soll auch P-T1-Verhalten besitzen, allerdings mit wesentlich kleinerer Zeitkonstante.

$$G_W(s) = \frac{1}{T_{W1}s + 1} \quad \text{mit} \quad T_{95\%} = 0,5\ \text{sec}$$

beziehungsweise

$$T_{W1} = 0,3338 \cdot T_{95\%}\ \text{sec} = 0,1669\ \text{sec}$$

Das Polynom $P(s)$ wird damit nach Tabelle 10.1 $P(s) = T_{W1}s$.

3. Berechnen Sie das Verhalten des Reglers.

$$\text{Mit} \quad G_R(s) = \frac{1}{G_S(s) \cdot P(s)} = \frac{N_S(s)}{Z_S(s) \cdot P(s)}$$

$$\text{wird} \quad G_R(s) = \frac{1}{G_S(s) \cdot P(s)} = \frac{T_1 s + 1}{K_S \cdot T_{W1}s}.$$

Wenn Sie das Ergebnis für den Regler $G_R(s)$ genau betrachten, erkennen Sie, dass es sich um einen PI-Regler handelt. Dazu müssen Sie nur

$$G_R(s) = \frac{T_1 s + 1}{K_S \cdot T_{W1} s} = \frac{\dfrac{T_1}{K_S \cdot T_{W1}} s + \dfrac{1}{K_S \cdot T_{W1}}}{s}$$

bilden und mit der Übertragungsfunktion des PI-Reglers vergleichen:

$$G_R(s) = \frac{K_P s + K_I}{s}$$

mit $\quad K_P = \dfrac{T_1}{K_S \cdot T_{W1}} = \dfrac{4 \text{ sec}}{0{,}5 \cdot 0{,}1669 \text{ sec}} = 47{,}93$

und $\quad K_I = \dfrac{1}{K_S \cdot T_{W1}} = 11{,}98 \dfrac{1}{\text{sec}}$.

Abbildung 10.6 zeigt das Verhalten des Regelkreises im Vergleich zum Verhalten der ungeregelten Regelstrecke.

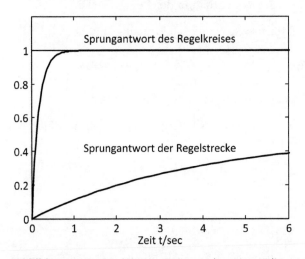

Abbildung 10.6: Der Kompensationsregler erzeugt die gewünschte Dynamik

Kompensationsregler für ein elektromechanisches Positioniersystem

Bei einem elektromagnetischen Positioniersystem zieht ein Elektromagnet ein Maschinenelement mit der Masse m gegen eine Federfesselung in eine Position x (siehe Abbildung 10.7).

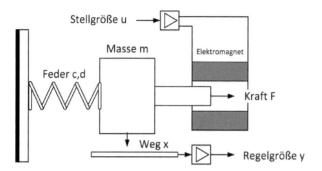

Abbildung 10.7: Der Elektromagnet positioniert die Masse

Mit der Stellgröße u wird die Magnetkraft F gesteuert. Eine Messeinrichtung für die Position erzeugt die Regelgröße y. Das Masse-Feder-System neigt zu Schwingungen.

1. **Beschreiben Sie das Verhalten der Regelstrecke.**

   Abbildung 10.8 zeigt, wie bei einer sprungförmigen Stellgröße u die Masse auf eine neue Position x schwach gedämpft einschwingt.

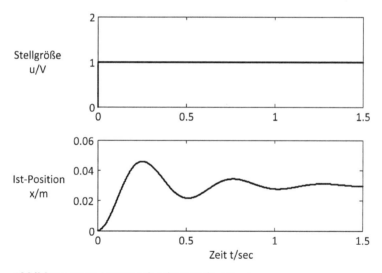

Abbildung 10.8: Ungeregelt schwingt die Masse

Das Verhalten der Regelstrecke können Sie mit einem P-S2-Modell beschreiben.

$$G_S(s) = \frac{K_S}{\frac{1}{\omega_0^2}s^2 + \frac{2D}{\omega_0}s + 1} \quad \text{mit} \quad K_S$$

$$= 0{,}03\frac{m}{V}, \qquad \omega_0 = 12{,}6\frac{1}{\text{sec}}, \qquad D = 0{,}2$$

2. **Geben Sie das Verhalten des Regelkreises vor.**

Die Regelung hat nun zwei Aufgaben:

- Führung der Masse auf eine Sollposition ohne bleibende Regeldifferenz

- Reduktion des Schwingverhaltens beim Anfahren der Sollposition

Da das Nennerpolynom der Regelstrecke den Grad 2 hat, muss auch das Polynom $P(s)$ den Grad 2 haben. Für aperiodisches Übergangsverhalten des geregelten Systems wird deshalb für den Regelkreis das P-T2-Modell angesetzt.

3. **Berechnen Sie den Kompensationsregler.**

Mit der Wahl von $T_{95\%} = 0{,}25$ sec wird $T_{W1,2} = 0{,}0527$ sec und Sie können mit

$$P(s) = T_{W1,2}^2 s^2 + 2T_{W1,2} s$$

den Kompensationsregler

$$G_R(s) = \frac{1}{G_S(s) \cdot P(s)} = \frac{N_S(s)}{Z_S(s) \cdot P(s)} = \frac{\dfrac{1}{\omega_0^2}s^2 + \dfrac{2D}{\omega_0}s + 1}{K_S(T_{W1,2}^2 s^2 + 2T_{W1,2} s)}$$

berechnen.

4. **Vergleichen Sie das Ergebnis.**

Der Vergleich mit den Standardformen der Regler zeigt, dass es sich um einen (PID-)T1-Regler

$$G_R(s) = \frac{K_D s^2 + K_P s + K_I}{T_R s^2 + s}$$

mit $\quad K_D = \dfrac{1}{\omega_0^2 \cdot K_S \cdot 2T_{W1,2}}, \qquad K_P = \dfrac{2D}{\omega_0 \cdot K_S \cdot 2T_{W1,2}},$

$$K_I = \frac{1}{K_S \cdot 2T_{W1,2}}, \qquad T_R = 0{,}5 \cdot T_{W1,2}$$

handelt. Dazu müssen Sie nur die Koeffizienten des Zähler- und Nennerpolynoms vergleichen.

Die Zahlenwerte sind hierbei

$$K_D = 2{,}00 \, \text{sec}, \qquad K_P = 10{,}1,$$

$$K_I = 316 \frac{1}{\text{sec}}, \qquad T_R = 0{,}0263 \, \text{sec} .$$

Abbildung 10.9 zeigt das Verhalten des Regelkreises. Der Kompensationsregler erzeugt eine dynamische Stellgröße, die Regelgröße wird so mit gewünschter Geschwindigkeit, Genauigkeit und ohne Schwingung auf die

Sollposition geführt. Die Bewegung ist jetzt in der Stellgröße. Die Regelgröße bekommt damit das gut gedämpfte Verhalten.

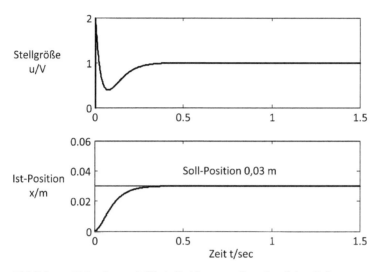

Abbildung 10.9: Geregelt fährt die Masse gedämpft auf den Sollwert

Was zu beachten ist

Der Kompensationsregler funktioniert perfekt, wenn folgende Bedingungen erfüllt sind:

✔ Die Regelstrecke muss stabil sein.

✔ Das Modell der Regelstrecke soll den realen Prozess gut beschreiben.

✔ Die Regelstrecke darf ihr Verhalten im Laufe der Zeit nicht stark ändern.

Für die Regelkreisdynamik sollten Sie darüber hinaus keine unrealistischen Vorgaben machen, die zu sehr großen Stellgrößen führen und von der Aktorik nicht erzeugt werden können.

Vorgabe von Eigenwerten

Wenn die Vorgabe der kompletten Übertragungsfunktion $G_W(s)$ nicht möglich ist, können Sie mit den drei Kanälen des PID-Reglers zumindest die Eigenwerte des Regelkreises in Bereiche bringen, die ein gutes Regelkreisverhalten ergeben.

Der Nenner ist wichtig

Die Eigenwerte des Regelkreises sind die Nennernullstellen von $G_W(s)$ oder die Pole von $G_W(s)$:

$$G_W(s) = \frac{Z_W(s)}{N_W(s)} = \frac{G_R(s)G_S(s)}{1 + G_R(s)G_S(s)} = \frac{Z_R(s)Z_S(s)}{N_R(s)N_S(s) + Z_R(s)Z_S(s)} \,,$$

also die Lösungen der Eigenwertgleichung

$$N_R(s)N_S(s) + Z_R(s)Z_S(s) = 0 \,.$$

Für ein gutes Regelkreisverhalten müssen die Eigenwerte folgende Bedingungen erfüllen:

1. Für stabiles Verhalten: negative Realteile der Eigenwerte

2. Für ausreichend schnelles Verhalten: genügend Abstand der Eigenwerte von der imaginären Achse

3. Für gut gedämpftes Verhalten: kleine Imaginärteile der Eigenwerte im Verhältnis zu den Realteilen.

Abbildung 10.10 zeigt diese drei Bedingungen in der komplexen s-Ebene.

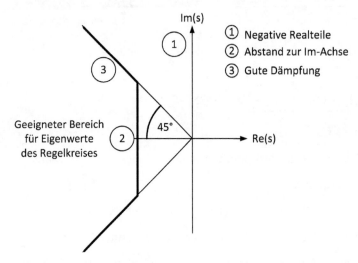

Abbildung 10.10: Es gibt geeignete Bereiche für die Eigenwerte

Die Bedingung (1) ist die grundlegende Voraussetzung für einen funktionierenden Regelkreis, die Sie zum Beispiel mit dem Hurwitz-Kriterium überprüfen können. Auch instabile Regelstrecken mit positiven Eigenwerten können Sie mit Reglern stabilisieren, so wie Sie als menschlicher Regler einen Besenstiel auf einem Finger balancieren können.

Die Bedingung (2) gibt den Abstand der negativen Realteile vom Nullpunkt der s-Ebene vor. Je größer der Abstand gewählt wird, desto schneller ist der Regelkreis. Das kennen Sie schon vom P-T1-Verhalten mit dem Eigenwert

$$s_{W1} = -\frac{1}{T_{W1}} \,.$$

Je kleiner die Zeitkonstante T_{W1} wird, umso weiter entfernt sich der Eigenwert nach links vom Nullpunkt.

Die Bedingung (3) gibt die Eigenwerte unterhalb der 45-Grad-Linien vor. Damit erhalten Sie gut gedämpfte Schwingungen mit $D > 0,7$.

... und so wird es gemacht

Am besten sehen Sie das mit einem Beispiel.

Vorgabe von Eigenwerten für einen Regelkreis

1. **Wählen Sie die Elemente des Regelkreises.**

    Für die Regelung einer P-T1-Regelstrecke

    $$G_S(s) = \frac{K_S}{T_1 s + 1} \quad \text{mit} \quad K_S = 3 \quad \text{und} \quad T_1 = 5 \text{ sec}$$

    ist ein PI-Regler

    $$G_R(s) = \frac{K_P s + K_I}{s}$$

    vorgesehen.

2. **Berechnen Sie die Eigenwertgleichung.**

    Die Eigenwertgleichung $N_R(s)N_S(s) + Z_R(s)Z_S(s) = 0$

    wird hier zu

    $$s(T_1 s + 1) + (K_P s + K_I)K_S = 0$$

    und nach Potenzen von s sortiert und durch T_1 dividiert zu

    $$s^2 + \frac{(1 + K_P K_S)}{T_1} s + \frac{K_I K_S}{T_1} = 0.$$

    Die Eigenwertgleichung ist zweiten Grades, Sie müssen also für den Regelkreis zwei Eigenwerte vorgeben.

3. **Geben Sie die Eigenwerte vor.**

    Mit der Vorgabe von $s_{w1,2} = -2 \pm j$

    für gut gedämpftes und schnelles Verhalten wird die Eigenwertgleichung

    $$(s - s_{W1}) \cdot (s - s_{W2}) \equiv (s + 2 + j) \cdot (s + 2 - j) \equiv s^2 + 4s + 5 = 0.$$

4. **Nehmen Sie einen Koeffizientenvergleich vor.**

    Mit dem Vergleich der Koeffizienten der beiden Eigenwertgleichungen

    $$s^2 + \frac{(1 + K_P K_S)}{T_1} s + \frac{K_I K_S}{T_1} = 0 \quad \text{und} \quad s^2 + 4s + 5 = 0$$

    können Sie die Reglerparameter K_P und K_I bestimmen.

Aus

$$\frac{(1 + K_P K_S)}{T_1} = 4 \quad \text{erhalten Sie} \quad K_P = \frac{4T_1 - 1}{K_S} = \frac{19}{3} = 6{,}33$$

und aus

$$\frac{K_I K_S}{T_1} = 5 \quad \text{wird} \quad K_I = \frac{5T_1}{K_S} = \frac{25}{3} = 8{,}33 \, .$$

Den letzten Schritt des Beispiels können Sie jetzt auch etwas allgemeiner betrachten. Für eine beliebige Regelstrecke zweiter Ordnung, gleichgültig ob stabil oder instabil,

$$G_S(s) = \frac{K_S}{a_{S2}s^2 + a_{S1}s + a_0}$$

können Sie mit einem (PID-)T1-Regler

$$G_R(s) = \frac{K_D s^2 + K_P s + K_I}{T_R s^2 + s}$$

durch Koeffizientenvergleich auch eine komplette Eigenwertvorgabe erreichen.

Die Eigenwertgleichung des Regelkreises wird vierten Grades, denn es sind die vier Parameter K_D, K_P, K_I und T_R zu ermitteln. Dazu können Sie von der *Produktform*

$$(s - s_{W1})(s - s_{W2})(s - s_{W3})(s - s_{W4})$$

beziehungsweise von der *Summenform*

$$s^4 + a_{W3}s^3 + a_{W2}s^2 + a_{W1}s + a_{W0}$$

ausgehen und diese mit den Koeffizienten von

$$N_R(s)\,N_S(s) + Z_R(s)\,Z_S(s) = 0$$

vergleichen, um die Reglerparameter daraus zu bestimmen.

Dieser Vergleich zur Bestimmung der Reglerparameter ist hier für Sie schon ausgeführt:

$$T_R = \left(a_{W3} - \frac{a_{S1}}{a_{S2}} \right)^{-1}$$

$$K_D = \frac{1}{K_S} \left[T_R \left(a_{W2} - \frac{a_{S0}}{a_{S2}} \right) - \frac{a_{S1}}{a_{S2}} \right]$$

$$K_P = \frac{1}{K_S} \left(a_{W1} a_{S2} T_R - a_{S0} \right)$$

$$K_I = \frac{a_{W0} a_{S2} T_R}{K_S}$$

Entwürfe im Bode-Diagramm

Einen Regler entwerfen heißt, die Parameter des PID-Reglers so zu bestimmen, dass zusammen mit der Regelstrecke ein gewünschtes Verhalten des Regelkreises entsteht.

Das *Bode-Diagramm* bietet die Möglichkeit, Reglerparameter grafisch zu ermitteln. Wie beim Nyquist-Verfahren zur Stabilitätsuntersuchung wird dazu die Reihenschaltung von Regler und Regelstrecke im offenen Kreis herangezogen und als Amplituden- und Phasengang im Bode-Diagramm dargestellt.

Die Reihenschaltung

Die Reihenschaltung von Regler und Regelstrecke ist als Übertragungsfunktion geschrieben

$$G_0(s) = G_R(s) \cdot G_S(s),$$

als Frequenzgang

$$F_0(j\omega) = F_R(j\omega) \cdot F_S(j\omega)$$

und als Amplituden- und Phasengang im Bode-Diagramm des Frequenzgangs

$$R_0(\omega) = R_R(\omega) + R_S(\omega)$$

$$\varphi_0(\omega) = \varphi_R(\omega) + \varphi_S(\omega).$$

Im Bode-Diagramm können Sie die Amplitudengänge und die Phasengänge von Regler und Regelstrecke für die Reihenschaltung grafisch zu $R_0(\omega)$ und $\varphi_0(\omega)$ addieren.

Für den Reglerentwurf bedeutet das: Legen Sie den Amplitudengang und den Phasengang des Reglers so in das Bode-Diagramm, dass zusammen mit der Regelstrecke ein offener Regelkreis mit ausreichender Amplituden- und Phasenreserve entsteht.

Für $R_0(\omega)$ sind *Amplitudenreserven* von $R_{\text{Res}} = 2{,}28$ dB bis $R_{\text{Res}} = 6{,}02$ dB geeignet und für $\varphi_0(\omega)$ sind *Phasenreserven* von $\varphi_{\text{Res}} = 30°$ bis $\varphi_{\text{Res}} = 60°$ geeignet. Diese Werte kennen Sie schon aus Kapitel 9. Je größer die Phasenreserve ist, umso geringer ist die Überschwingweite ü des Regelkreises. Mit der *Durchtrittsfrequenz* ω_D, also dort, wo der Amplitudengang $R_0(\omega)$ die 0-dB-Linie schneidet, legen Sie die Schnelligkeit des Regelkreises fest. Je größer ω_D ist, umso schneller reagiert der Regelkreis.

 Der Regler wird im Bode-Diagramm so gelegt, dass die Addition von Regler und Regelstrecke einen offenen Regelkreis mit gewünschter Phasenreserve $\varphi_0(\omega)$und Durchtrittsfrequenz ω_D ergibt.

Wie das im Einzelnen funktioniert, zeigt Ihnen das Beispiel einer P-T2-Regelstrecke mit

$$G_S = \frac{K_S}{T_1 T_2 s^2 + (T_1 + T_2)s + 1} \quad \text{und} \quad K_S = 5, \qquad T_1 = 10 \text{ sec}, \qquad T_2 = 5 \text{ sec}.$$

Der P-Anteil kommt zuerst

Sie beginnen mit dem P-Anteil des Reglers und der Proportionalkonstanten K_P.

Wenn Sie zunächst $K_P = 1$ wählen, wird

$$R_0(\omega) = R_S(\omega) \quad \text{und} \quad \varphi_0(\omega) = \varphi_S(\omega),$$

weil dann

$$R_R(\omega) = 20 \log(K_P)\,\text{dB} = 0\,\text{dB} \quad \text{und} \quad \varphi_R(\omega) = 0°$$

sind.

Das Bode-Diagramm (siehe Abbildung 10.11) zeigt für $K_P = 1$ eine Durchtrittsfrequenz von $\omega_D = 0,27\,\text{sec}^{-1}$ und eine Phasenreserve von $\varphi_{\text{Res}} = 57°$.

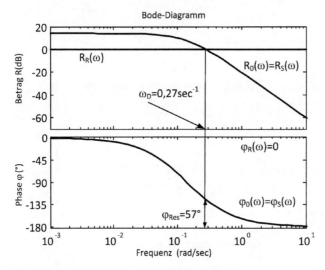

Abbildung 10.11: Es beginnt mit dem P-Anteil

Sie wissen, dass eine P-T2-Regelstrecke einen Regler mit I-Anteil erfordert, um keine bleibenden Regeldifferenzen zu erhalten. Die Integralkonstante K_I können Sie ebenfalls im Bode-Diagramm festlegen.

Dann folgt der I-Anteil

Mit dem zusätzlichen I-Anteil wird der Regler zu einem PI-Regler. Der Amplitudengang $R_R(\omega)$ besitzt nun eine Eckfrequenz bei $\omega_{E1} = \dfrac{K_I}{K_P}$. Bis zu dieser Eckfrequenz fällt der Amplitudengang mit -20 dB/Dekade ab, bei höheren Frequenzen verläuft der Amplitudengang horizontal, wie Sie bereits in Kapitel 6, Tabelle 6.4 gesehen haben. Die Eckfrequenz und damit K_I wählen Sie so, dass das System stabil bleibt und eine ausreichende Phasenreserve und eine hohe Durchtrittsfrequenz behält, wie in Abbildung 10.12 gezeigt.

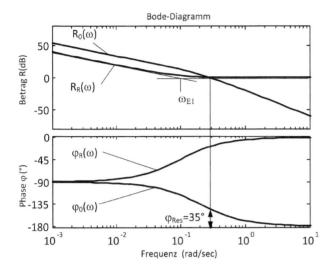

Abbildung 10.12: Der I-Anteil verringert die Phasenreserve

Mit einer Wahl von $K_I = 0,1 \text{sec}^{-1}$ liegt die Durchtrittsfrequenz jetzt immer noch bei $\omega_D = 0,27 \text{ sec}^{-1}$, die Phasenreserve ist aber auf $\varphi_{\text{Res}} = 37°$ gesunken. I-Anteile senken die Phase ab und verringern damit die Stabilität. Die Sprungantwort des Regelkreises bekommt damit eine kleinere Dämpfung und schwingt stärker über.

 Integrale Anteile im Regler wirken *phasenabsenkend* und verringern die Stabilität des Regelkreises.

Schließlich kommt der D-Anteil

Mit dem D-Anteil ist der PID-T1-Regler komplett. Abbildung 10.13 zeigt Ihnen ein Bode-Diagramm dieses Reglers mit den Parametern

$$K_P = 1 \quad \text{beziehungsweise in dB} \quad K_{P-\text{dB}} = 0 \text{ dB}$$

$$\omega_{E1} = \frac{K_I}{K_P} = 0,1 \text{ sec}^{-1} \quad \text{und damit} \quad K_I = 0,1 \text{ sec}^{-1}$$

$$\omega_{E2} = \frac{K_P}{K_D} = 0,5 \text{ sec}^{-1} \quad \text{und damit} \quad K_D = 2 \text{ sec}$$

$$\omega_{E3} = \frac{1}{T_R} = 20 \text{ sec}^{-1} \quad \text{und damit} \quad T_R = 0,05 \text{ sec} .$$

Bis zur Eckfrequenz ω_{E1} dominiert der I-Anteil mit der negativen Steigung des Amplitudengangs und der Phasenlage bei −90°. Zwischen den Eckfrequenzen ω_{E1} und ω_{E2} zeigt sich der P-Anteil und zwischen den Eckfrequenzen ω_{E2} und ω_{E3} erkennen Sie den D-Anteil mit positiver Steigung des Amplitudengangs und phasenanhebendem Einfluss des Phasengangs. Aufgrund der notwendigen Verzögerung des D-Anteils lässt die Wirkung des D-Anteils für Frequenzen oberhalb von ω_{E3} nach.

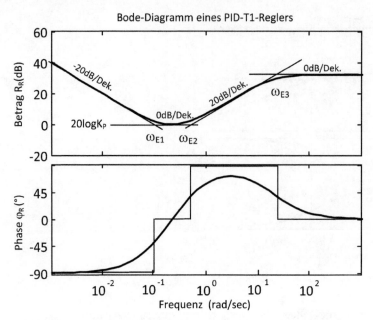

Abbildung 10.13: Mit dem PID-Regler wird die Dynamik besser.

 Differenzielle Anteile im Regler wirken *phasenanhebend* und verbessern die Dynamik und damit die Stabilität des Regelkreises.

Mit diesem Regler erreichen Sie eine Durchtrittsfrequenz von $\omega_D = 0,3\ \text{sec}^{-1}$ und eine Phasenreserve mit einem sehr guten Wert von $\varphi_{Res} = 66°$. Das bewirkt der D-Anteil des Reglers.

In Abbildung 10.14 sehen Sie, wie der im Bode-Diagramm entworfene Regler die Regelgröße einem sprungförmigen Sollwert nachführt.

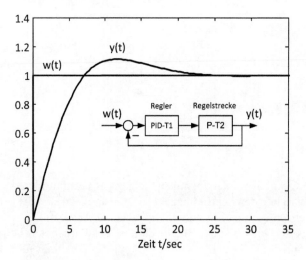

Abbildung 10.14: Eine Kontrolle im Zeitbereich ist sinnvoll

Das Bode-Diagramm mit MATLAB

Reglerentwürfe im Bode-Diagramm erledigen Sie sehr einfach mit MATLAB. Das Listing zeigt Ihnen das Programm für das obige Beispiel.

```
clf % alle Grafiken löschen

% Regelstrecke
KS=5;T1=10;T2=5; % Parameter
strecke=tf([KS],[T1*T2 T1+T2 1]); % Übertragungsfunktion
% Regler
KP=1;KI=0.1;KD=2;TR=0.05; % Parameter
regler=tf([KD KP KI],[TR 1 0]); % Übertragungsfunktion
% Offener Kreis
G0=regler*strecke;
hold on % alle Grafiken halten
% Bode-Diagramme
bode(strecke)
bode(regler)
bode(G0)
legend('strecke','regler','G0')% Beschriftung
```

Für Reglerentwürfe mit MATLAB finden Sie außerdem in der Control System Toolbox ein interessantes Werkzeug mit dem Namen Siso Design Tool, das Sie mit sisotool aufrufen.

Praktische Regeln

Wenn Sie die Möglichkeit haben, Messungen am Prozess auszuführen, können Sie das Verhalten der Regelstrecke testen und mit praktischen Einstellhinweisen, also Faustformeln, für den Regler zu brauchbaren Regelungen kommen. Einige der bekannten Einstellverfahren lernen Sie hier kennen.

Die Anordnung für die Messungen am Prozess zeigt Abbildung 10.15.

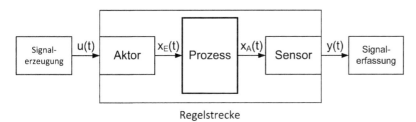

Abbildung 10.15: Tests am Prozess geben Aufschluss

Sie erzeugen ein Testsignal für die Stellgröße $u(t)$ mit einem Signalgenerator. Ein beliebtes Testsignal ist die Sprungfunktion $u(t) = u_0 \cdot \sigma(t)$, mit der Sie den Aktor ansteuern. Der Aktor macht daraus die Prozesseingangsgröße $x_E(t)$ und der Prozess reagiert darauf mit der Prozessausgangsgröße $x_A(t)$, sie wird vom Sensor erfasst und in das Signal der Regelgröße $y(t)$ umgeformt. Mit einem Mess-PC oder einem Digitaloszilloskop erfassen Sie die Regelgröße und stellen die Reaktion für die Auswertung grafisch dar.

Zum Beispiel macht der Aktor einer Temperaturregelstrecke aus einem Sprungsignal der Stellgröße eine sprungförmige Erhöhung der Heizleistung, die je nach Größe und Inhalt des Heizraums die Temperatur erhöht. Ein Sensor erfasst die Temperaturveränderung und erzeugt ein Messsignal. Die Auswertung des zeitlichen Verlaufs dieses Signals wird für die praktischen Einstellvorschläge für den Regler herangezogen.

Die T-Summen-Regel

Das Verfahren der *T-Summen-Regel* ist für Regelstrecken mit Ausgleich geeignet, wenn also die Regelgröße bei einer sprungförmigen Stellgröße auf einen konstanten Wert läuft.

Abbildung 10.16 zeigt dazu ein Beispiel.

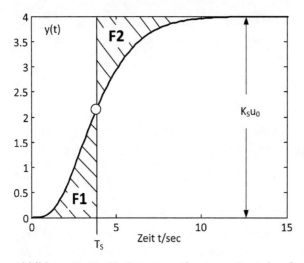

Abbildung 10.16: Die Summenzeitkonstante T_S wird grafisch ermittelt

Bei einem Stellgrößensprung $u(t) = u_0 \cdot \sigma(t)$ mit $u_0 = 2$ können Sie die Übertragungskonstante K_S an dem stationären Wert $y(t \to \infty) = K_S \cdot u_0$ ablesen:

$$K_S = \frac{y(t \to \infty)}{u_0} = \frac{4}{2} = 2 \,.$$

Bei dem Verfahren der *T-Summen-Regel* suchen Sie den Zeitpunkt T_S der Summenzeitkonstanten. Er liegt dort, wo eine senkrechte Linie zwei gleich große Flächen F1 und F2 bildet. Die Fläche F1 liegt unterhalb der Sprungantwort zwischen $t = 0$ und $t = T_S$ und ist nach unten von der Zeitachse begrenzt. Die Fläche F2 liegt oberhalb der Sprungantwort zwischen $t = T_S$ und $t \to \infty$ und ist nach oben von $K_S \cdot u_0$ begrenzt.

Im Beispiel von Abbildung 10.16 ist $T_S = 4$ sec.

Mit den beiden Werten K_S und T_S können Sie nun mithilfe von Tabelle 10.2 die Parameter für PI- und PID-Regler ablesen. P-Regler sind bei Regelstrecken mit Ausgleich nicht geeignet. Die Tabelle verwendet die Form

$$G_R(s) = K_R \cdot \left(1 + \frac{1}{T_N s} + \frac{T_V s}{T_R s + 1} \right)$$

des PID-Reglers und liefert die Reglerverstärkung K_R, die Nachstellzeit T_N des I-Anteils und die Vorhaltzeit T_V des D-Anteils. Die kleine Verzögerung T_R des D-Anteils legen Sie selbst fest. Werte zwischen 0,05 sec und 0,1 sec sind geeignet.

Reglereinstellung	K_R	T_N	T_V
PI-Regler langsam, aperiodisch	$\dfrac{0,5}{K_S}$	$0,5 \cdot T_S$	–
PI-Regler schnell, überschwingend	$\dfrac{1}{K_S}$	$0,7 \cdot T_S$	–
PID-Regler langsam, aperiodisch	$\dfrac{1}{K_S}$	$0,7 \cdot T_S$	$0,17 \cdot T_S$
PID-Regler schnell, überschwingend	$\dfrac{2}{K_S}$	$0,8 \cdot T_S$	$0,2 \cdot T_S$

Tabelle 10.2: Reglereinstellungen resultieren aus der T-Summen-Regel

Die Tabelle enthält zwei Reglergeschwindigkeiten. Bei der langsamen Variante hat der Übergang der Regelgröße nur einen geringen Überschwinger. Bei der schnellen Variante ist die Übergangszeit kürzer, dafür aber schwingt die Regelgröße etwas stärker über.

Abbildung 10.17 zeigt die Anwendung der T-Summen-Regel für einen langsamen und einen schnellen PID-Regler mit den Parametern:

Regelstrecke: $u_0 = 2$, $K_S = 2$, $T_S = 4$ sec

PID-Regler langsam: $K_R = 0,5$, $T_N = 2,8$ sec, $T_V = 0,68$ sec

PID-Regler schnell: $K_R = 1$, $T_N = 3,2$ sec, $T_V = 0,8$ sec

für beide Regler gewählt: $T_R = 0,05$ sec

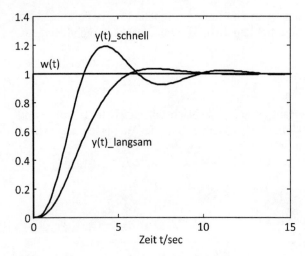

Abbildung 10.17: Die T-Summen-Regel macht zwei Einstellvorschläge

Die Herren Chien, Hrones und Reswick

Das sind die Namen der Entwickler eines weiteren Verfahrens für die Reglereinstellung. Auch hier wird die Sprungantwort der Regelstrecke aufgenommen, allerdings etwas anders ausgewertet (siehe Abbildung 10.18).

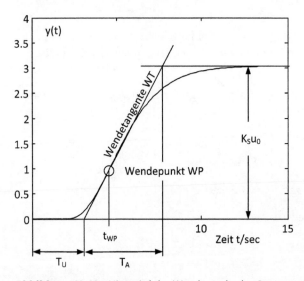

Abbildung 10.18: Hier wird der Wendepunkt der Sprungantwort aufgespürt

Dieses Verfahren ist, wie schon die T-Summen-Regel, besonders für träge verfahrenstechnische Prozesse geeignet. Der Anstieg der Regelstrecken-Sprungantwort hat bei Verzögerungen höherer Ordnung zum Zeitpunkt t_{WP} einen Wendepunkt WP, wo die Steigung maximal wird und dann wieder abnimmt. Die Tangente in diesem Punkt heißt Wendetangente WT.

Die genaue Position des Wendepunkts ist bei der Sprungantwort allerdings nicht leicht zu finden. Da Sie aber die Sprungantwort $y(t)$ meist digital erfassen, können Sie auch die zeitliche Ableitung $\dot{y}(t)$ berechnen. Das erleichtert die Bestimmung von Wendepunkt und Wendetangente sehr (siehe Abbildung 10.19).

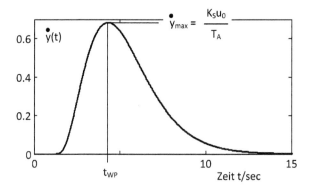

Abbildung 10.19: Die Ableitung der Sprungantwort erleichtert die Auswertung.

Das deutlich zu erkennende Maximum von $\dot{y}(t)$ liegt beim Zeitpunkt t_{WP} der Wendetangente und hat dort den Wert der Steigung der Wendetangente

$$\dot{y}_{\max} = \frac{K_S u_0}{T_A} \; .$$

Mit t_{WP} können Sie den Wendepunkt WP und mit $\dot{y}_{\max}$ die Wendetangente WT in die Sprungantwort (siehe Abbildung 10.18) eintragen. Damit sind die Größen der Verzugszeit T_U und der Ausgleichzeit T_A bestimmt. Der Schnittpunkt der Wendetangente mit der Zeitachse in Abbildung 10.18 liefert die Verzugszeit T_U, der Schnittpunkt der Wendetangente mit dem Wert $K_S u_0$ liefert die Ausgleichzeit T_A. Mit den Werten für K_S, T_U und T_A erhalten Sie in Tabelle 10.3 Vorschläge für Reglereinstellungen.

Reglertyp	langsam, aperiodisch		schnell, überschwingend	
	für Sollwerte optimiert	für Störgrößen optimiert	für Sollwerte optimiert	für Störgrößen optimiert
P-Regler	$K_R = \dfrac{0{,}3 \cdot T_A}{K_S \cdot T_U}$	$K_R = \dfrac{0{,}3 \cdot T_A}{K_S \cdot T_U}$	$K_R = \dfrac{0{,}7 \cdot T_A}{K_S \cdot T_U}$	$K_R = \dfrac{0{,}7 \cdot T_A}{K_S \cdot T_U}$
PI-Regler	$K_R = \dfrac{0{,}35 \cdot T_A}{K_S \cdot T_U}$	$K_R = \dfrac{0{,}6 \cdot T_A}{K_S \cdot T_U}$	$K_R = \dfrac{0{,}6 \cdot T_A}{K_S \cdot T_U}$	$K_R = \dfrac{0{,}7 \cdot T_A}{K_S \cdot T_U}$
	$T_N = 1{,}2 \cdot T_A$	$T_N = 4 \cdot T_U$	$T_N = T_A$	$T_N = 2{,}3 \cdot T_u$
PID-Regler	$K_R = \dfrac{0{,}6 \cdot T_A}{K_S \cdot T_U}$	$K_R = \dfrac{0{,}95 \cdot T_A}{K_S \cdot T_U}$	$K_R = \dfrac{0{,}95 \cdot T_A}{K_S \cdot T_U}$	$K_R = \dfrac{1{,}2 \cdot T_A}{K_S \cdot T_U}$
	$T_N = T_A$	$T_N = 2{,}4 \cdot T_U$	$T_N = 1{,}35 \cdot T_A$	$T_N = 2 \cdot T_U$
	$T_V = 0{,}5 \cdot T_U$	$T_V = 0{,}42 \cdot T_U$	$T_V = 0{,}47 \cdot T_U$	$T_V = 0{,}42 \cdot T_U$

Tabelle 10.3: Einstellregeln nach Chien, Hrones und Reswick

Das Verfahren von Chien, Hrones und Reswick unterscheidet Regler, die besonders für das Ausregeln von Sollwertänderungen geeignet sind, und solche für das Ausregeln von Störungen. Das Verfahren macht außerdem Vorschläge für langsame, aperiodische und schnelle, überschwingende Verläufe von Regelgrößen.

Das Ziegler-Nichols-Verfahren

Und noch ein Verfahren, das *Ziegler-Nichols-Verfahren* am Stabilitätsrand. Allerdings ist es bei Betriebsleuten nicht besonders beliebt und manchmal gar nicht erlaubt oder möglich. Es wird zu Beginn der geschlossene Regelkreis mit einem P-Regler getestet. Der Reglerparameter K_R wird langsam erhöht, bis der Regelkreis an die Stabilitätsgrenze gerät und die Regelgröße Dauerschwingungen macht. Eine entsprechend kleine Amplitude w_0 des Sollwerts ist natürlich ratsam. Nach der Erfassung der Dauerschwingung wird der Reglerparameter am besten schnell wieder reduziert. Uff!

Mit dem kritischen Wert $K_R = K_{Krit}$ und der Periodendauer T_{Krit} der Dauerschwingung an der Stabilitätsgrenze erhalten Sie mit Tabelle 10.4 wieder Faustformeln für die Reglerparameter.

Reglertyp	K_R	T_N	T_V
P-Regler	$K_R = 0{,}5 \cdot K_{Krit}$	–	–
PI-Regler	$K_R = 0{,}45 \cdot K_{Krit}$	$T_N = 0{,}85 \cdot T_{krit}$	–
PD-Regler	$K_R = 0{,}55 \cdot K_{Krit}$	–	$T_V = 0{,}15 \cdot T_{krit}$
PID-Regler	$K_R = 0{,}6 \cdot K_{Krit}$	$T_N = 0{,}5 \cdot T_{krit}$	$T_V = 0{,}125 \cdot T_{krit}$

Tabelle 10.4: Reglerentwurf nach Ziegler-Nichols am Stabilitätsrand

Probieren mit Erfahrung

Auch ein Lehrbuch der Regelungstechnik darf erwähnen, dass in der industriellen Praxis Einstellungen von PID-Reglern in manchen Fällen nur durch gezieltes Probieren gefunden oder verbessert werden können.

Dazu werden die Parameter des PID-Reglers

$$G_R(s) = K_P + \frac{K_I}{s} + \frac{K_D s}{T_D s + 1}$$

im geschlossenen Regelkreis an der Anlage, beginnend bei kleinen Werten, schrittweise erhöht.

1. **Einstellen des P-Anteils K_P**

   Der I-Anteil und der D-Anteil bleiben bei diesem ersten Schritt ausgeschaltet. Der P-Anteil wird erhöht, bis ein leichtes Überschwingen der Regelgröße eintritt. Bei Regelstrecken mit Ausgleich (P-Tx-Strecken) bleibt eine Regeldifferenz.

2. **Einstellen des I-Anteils K_I**

Im nächsten Schritt erfolgt die vorsichtige Erhöhung des I-Anteils. Das macht die Regeldifferenz zu null. Bei kleinen Werten von K_I dauert das relativ lang, mit steigenden Werten geht das schneller, das Überschwingen wird allerdings größer, was Sie erst mal akzeptieren können.

3. **Einstellen des D-Anteils K_D**

Im dritten Schritt wird mit dem Einschalten und Erhöhen des D-Anteils die Dynamik des Regelverhaltens verbessert und das Überschwingen wieder reduziert.

Bei dieser Vorgehensweise benötigen Sie kein Modell der Regelstrecke oder Messungen an der Regelstrecke allein. Außerdem können Sie sofort beobachten, welche Stellgrößen der Regler erzeugt.

Häufig werden die drei eingeschalteten Regleranteile noch einmal nachgestellt. Praktiker nennen das gerne »optimieren«.

Kapitel 11
Erweiterte Regelkreise

Im Standardregelkreis wird die Regelgröße in nur einer Schleife auf den Regler zurückgeführt. Mit Ergänzungen dieser Regelung kann die Regelgüte verbessert werden. Eine Möglichkeit besteht in der Schachtelung von Rückführschleifen, was vor allem in der Antriebstechnik eingesetzt wird.

Die direkte Aufschaltung von Sollwerten und messbaren Störgrößen auf den Prozess ist eine weitere Möglichkeit, die Dynamik der Regelung zu verbessern.

Wenn zwei unterschiedliche Prozessgrößen, die Sie regeln wollen, miteinander verkoppelt sind, beeinflussen sich die Regelungen gegenseitig. Durch zusätzliche Entkopplungsregler können Sie das vermeiden.

Regelkreise in einer Kaskade

Der Standardregelkreis mit nur einer Regelschleife funktioniert in vielen Fällen zufriedenstellend. Sind die Anforderungen an die Regelung allerdings besonders hoch, ist es zur Verbesserung des Regelverhaltens sinnvoll, die Regelungsstruktur zu erweitern.

Eine Strukturerweiterung ist zum Beispiel die *Kaskadenregelung*, eine spezielle Verschaltung von einzelnen Regelkreisen.

Bei *Kaskadenregelungen* werden zwei oder mehr Regelkreise ineinander geschachtelt, um mit zusätzlichen Hilfsregelgrößen ein besseres Regelverhalten zu erzeugen.

Den Begriff der Kaskade kennen Sie von künstlichen Wasserfällen in Stufen. Auch die Einzelregelkreise in der Kaskade sind stufenartig angeordnet.

Zusätzliche Information aus der Regelstrecke

Abbildung 11.1 zeigt einen Fall, bei dem Sie in der Regelstrecke auf eine *Hilfsregelgröße φ* zugreifen können, an der Sie die Auswirkung einer Störgröße $z(t)$ früher erkennen als an der Regelgröße $y(t)$ am Ausgang der Regelstrecke. Mit dieser Hilfsregelgröße haben Sie somit die Möglichkeit, früher auf Störungen zu reagieren, wenn Sie einen Hilfsregler einbauen.

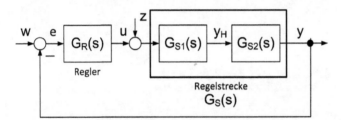

Abbildung 11.1: Hilfsregelgrößen machen die Regelung schneller

Zwei geschachtelte Regelkreise

Mit einem eingebauten *Hilfsregler* erhalten Sie zwei ineinander geschachtelte Regelkreise wie in Abbildung 11.2.

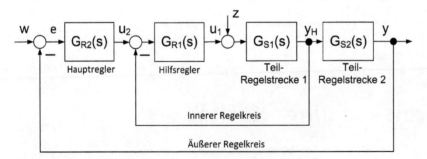

Abbildung 11.2: Die Kaskadenregelung schachtelt Regelkreise

Diese Struktur ist eine Kaskadenregelung. Das folgende Beispiel setzt diese Kaskadenregelung für die Regelung einer Temperatur ein.

Temperaturregelung in einer Kaskade

Die Temperatur $\theta_F(t)$ einer Flüssigkeit in einem Behälter wird mit dem Heißdampfstrom $q_D(t)$ erzeugt (siehe Abbildung 11.3). Die Regelung der Temperatur erfolgt über die Einstellung des Dampfventils mit der Stellgröße $u_1(t)$.

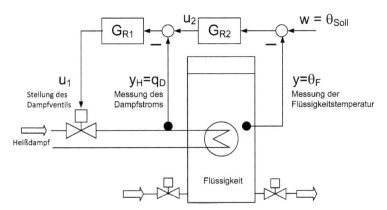

Abbildung 11.3: Ein zusätzlicher Regelkreis verbessert die Temperaturregelung

Störende Schwankungen des Dampfdrucks werden mit der Flüssigkeitstemperatur $\theta_F(t)$ als Regelgröße nur sehr verzögert erkannt. Die Messung des Dampfstroms $q_D(t)$ als Hilfsregelgröße gibt eine schnellere Rückmeldung. Mit einem Hilfsregler $G_{R1}(s)$ in einem Hilfsregelkreis mit der Stellgröße $u_1(t)$ können Dampfdruckschwankungen schnell ausgeregelt werden, bevor Temperaturschwankungen im Behälter messbar sind. Die Temperaturregelung erfolgt mit dem Hauptregler $G_{R2}(s)$, der mit dem Signal $u_2(t)$ dem Hilfsregler einen Sollwert gibt.

Bei der Inbetriebnahme einer Kaskadenregelung wird zunächst der innere Hilfsregelkreis eingestellt und getestet. Die Installation des Hilfsregelkreises kann unabhängig vom Hauptregelkreis erfolgen. Die Dynamik des Hilfsregelkreises wird schneller eingestellt als die des Hauptregelkreises.

Die Optimierung des Hilfsreglers wird teilweise bereits von den Herstellern der Aktorik vorgenommen. Die Einstellung des Hauptregelkreises wird an die Dynamik des Prozesses angepasst.

Für den Hauptregler wirkt der Hilfsregelkreis wie ein schneller, gut funktionierender Aktor und für den Hilfsregler wirkt der Hauptregler wie ein Sollwertgeber.

Die *Kaskadenregelung* besitzt zwei ineinander geschachtelte Regelkreise. Zuerst wird der innere Hilfsregelkreis unabhängig vom Hauptregler eingestellt. Die Dynamik des Hilfsregelkreises wird höher gewählt als die Dynamik des übergeordneten Hauptregelkreises.

Auch für die Regler in der Kaskade werden je nach Typ der Teilregelstrecken die bekannten Reglertypen P, PI und PID eingesetzt.

Antriebsregelung mit Kaskadenstruktur

Für die Regelung hochwertiger Antriebe ist die Kaskadenstruktur ein Standard. Beispiele sind die Bahnsteuerung von Werkzeugmaschinen, Industrierobotern, Krananlagen und Radioteleskopen.

Einer für alle

Abbildung 11.4 wählt als Beispiel die Regelung einer Industrieroboterachse. Das Beispiel enthält vieles von dem, was auch für andere Anwendungen gilt.

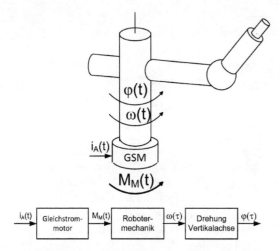

Abbildung 11.4: Die Bewegung von Roboterachsen ist anspruchsvoll

Die Achsen von Industrierobotern bewegen Werkzeuge zum Lackieren, Entgraten, Schneiden oder Kleben oder tragen mit Greifern Lasten auf einer Bahn von A nach B. In allen Fällen kommt es darauf an, dass die Werkzeuge oder Greifer programmierte Geschwindigkeiten und Wege mit hoher Präzision trotz äußerer Bearbeitungs- oder Gewichtskräfte einhalten.

In Abbildung 11.4 beschleunigt ein Gleichstrommotor (GSM) die Mechanik der Vertikalachse mit dem Motormoment $M_M(t)$ und erzeugt die Drehzahl $\omega(t)$ und damit den Drehwinkel $\varphi(t)$. Das Motormoment wird mit dem Ankerstrom $i_A(t)$ des GSM erzeugt.

Wird der Regelungstechniker aktiv, um die gewünschten Kräfte und Bewegungen mit der Regelung zu erzeugen, darf er davon ausgehen, dass der Arbeitsraum des Industrieroboters richtig ausgelegt und der Antrieb ausreichend dimensioniert ist. Denn wo die Kraft fehlt, kann auch die Regelungstechnik nicht viel ausrichten.

 Bei mechatronischen Projekten ist die frühe und enge Zusammenarbeit von Experten für Maschinenbau, Elektrotechnik, Informatik und Regelungstechnik für den Erfolg entscheidend.

Die Kaskadenregelung von Industrierobotern und Arbeitsmaschinen verwendet meist drei geschachtelte Regelkreise, den Hauptregelkreis für die Position und unterlagert die Hilfsregelkreise für die Drehzahl und den Motorstrom.

Von innen nach außen

Abbildung 11.5 zeigt die Kaskadenregelung für die Winkellage $\varphi(t)$ einer Achse. Für die anderen Achsen sieht die Struktur entsprechend aus.

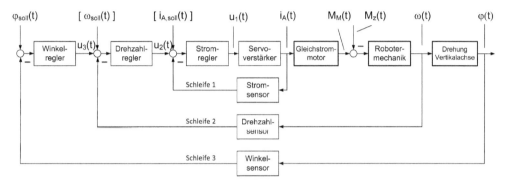

Abbildung 11.5: Die Kaskade einer Antriebsregelung enthält drei Schleifen

Die Kaskade verstehen Sie am besten, wenn Sie mit der Betrachtung der »innersten Schleife« (Schleife 1), das heißt dem *Stromregelkreis*, beginnen.

Der Servoverstärker im Stromregelkreis ist der Aktor, der die Signale der verarbeitenden Komponenten auf der linken Seite in Abbildung 11.5 in elektrische und mechanische Leistung der Komponenten auf der rechten Seite umsetzt.

 Unterscheiden Sie immer deutlich zwischen Signalen des Steuerteils einer Maschine, die nur Informationen weitergeben, und physikalischen Größen des Leistungsteils, die Arbeit verrichten. Die Verbindungen dieser beiden Bereiche sind in der einen Richtung die Aktoren vom Steuerteil zum Leistungsteil und in der anderen Richtung die Sensoren vom Leistungsteil zum Steuerteil.

Der Servoverstärker bekommt vom Stromregler ein Steuersignal u_1 und erzeugt am Ausgang den Ankerstrom i_A, der den Motor bewegt. Der Ankerstrom wird mit dem Stromsensor gemessen. Dieses Messsignal wird auf den Regler für den Ankerstrom zurückgeführt, der den Ankerstrom auf den gewünschten Wert bringt. Bei einem GSM mit konstanter Fremderregung besteht ein proportionaler Zusammenhang zwischen dem Ankerstrom i_A und dem erzeugten Motormoment M_M

$$M_M(t) = K_M \cdot i_A(t)$$

mit der Motorkonstanten K_M.

Wenn Sie also den Ankerstrom regeln, können Sie damit das Antriebsmoment vorgeben. Der Stromregelkreis besitzt eine Zeitkonstante T_M von 1 bis 2 Millisekunden.

Mit dem Stromregelkreis können Sie bereits die Roboterachse in einem Funktionstest bewegen. Stromregler, Servoverstärker, Motor und Stromsensor werden meist fertig eingestellt von einem Hersteller geliefert.

Das Motormoment M_M

✔ beschleunigt die Roboterachse,

✔ überwindet Reibmomente im Antrieb,

✔ erzeugt die erforderlichen Halte- und Bearbeitungsmomente.

Alle Momente, die der Beschleunigung entgegenwirken, sind im Störmoment M_z zusammengefasst (siehe Abbildung 11.5).

Die »mittlere Schleife« (Schleife 2) der Kaskade zwischen den Größen ω_{soll} und ω ist der *Drehzahlregelkreis*.

 Der *Drehzahlregelkreis* sorgt dafür, dass die Robotermechanik auf die gewünschte Drehzahl gebracht wird.

Der Drehzahlsensor, der meist im Motor integriert ist, liefert den Istwert der Drehzahl. Das Ausgangssignal u_2 des Drehzahlreglers liefert den Sollwert für den Ankerstrom und damit für das Motormoment. Mit dem Drehzahlregelkreis können Sie den Roboter bereits mit gewünschter Geschwindigkeit bewegen.

Der Hauptregelkreis der »äußeren Schleife« (Schleife 3) ist der *Lageregelkreis*.

 Der *Lageregelkreis* hat die Aufgabe, den Roboter mithilfe des Drehzahlregelkreises schnell und genau auf gewünschte Winkelpositionen zu bringen oder auf Bahnen mit vorgegebenen Geschwindigkeiten zu fahren.

Das Ausgangssignal u_3 des Lagereglers liefert den Sollwert für den Drehzahlregler. In Abbildung 11.5 stehen die externen Sollwerte $i_{A,soll}(t)$ und $\omega_{soll}(t)$ für die Schleifen 1 und 2 in Klammern, da die jeweils übergeordneten Regelkreise bereits die Sollwerte liefern. Sie können das Regelverhalten jedoch deutlich verbessern, wenn Sie bekannte Sollwerte extern aufschalten und nicht nur von den übergeordneten Reglern berechnen lassen.

 Für die Funktion von Kaskadenregelungen in der Antriebstechnik ist es wichtig, dass die inneren, unterlagerten Regelkreise schneller eingestellt werden als die übergeordneten: »Stromregelung schneller als Drehzahlregelung und Drehzahlregelung schneller als Lageregelung«.

Regelkreise für Drehzahl und Winkel genauer betrachtet

Dieser Abschnitt untermauert die Erläuterungen des letzten Abschnitts formelmäßig, kann aber beim ersten Studium durchaus übersprungen werden.

Wen es nun doch interessiert: Im Drehzahlregelkreis ist der Drehzahlregler ein PI-Regler

$$G_{R2}(s) = \frac{i_{A,\text{soll}}(s)}{\omega_{\text{soll}}(s) - \omega(s)} = \frac{K_{P2}s + K_{I2}}{s} ,$$

der Stromregelkreis mit Motor kann als P-T1-Dynamik modelliert werden

$$G_{W1}(s) = \frac{M_M(s)}{i_{A,\text{soll}}(s)} = \frac{K_M}{T_M s + 1}$$

und die Drehzahlregelstrecke der Robotermechanik mit allen beteiligten Trägheitsmomenten J und linearen Bewegungswiderständen d hat ebenfalls P-T1-Dynamik

$$G_{S2}(s) = \frac{\omega(s)}{M_M(s)} = \frac{1}{Js + d} .$$

Der PI-Regler für die Drehzahl kann Störmomente M_z ohne bleibende Regeldifferenz ausgleichen.

Den kompletten Drehzahlregelkreis beschreiben Sie mit

$$G_{W2}(s) = \frac{G_{02}(s)}{1 + G_{02}(s)}$$

und

$$G_{02}(s) = G_{R2}(s) \cdot G_{W1}(s) \cdot G_{S2}(s) = \left(\frac{K_{P2}s + K_{I2}}{s} \right) \cdot \left(\frac{K_M}{T_M s + 1} \right) \cdot \left(\frac{1}{Js + d} \right) .$$

Die äußerste Schleife 3 des Winkelregelkreises besteht aus dem PI-Winkelregler

$$G_{R3} = \frac{\omega_{\text{soll}}(s)}{\varphi_{\text{soll}}(s) - \varphi(s)} = \frac{K_{P3}s + K_{I3}}{s} ,$$

dem bereits berechneten Drehzahlregelkreis

$$G_{W2}(s) = \frac{G_{02}(s)}{1 + G_{02}(s)}$$

und der Integration der Winkelgeschwindigkeit $\omega(t)$ zum Drehwinkel $\varphi(t)$ der Vertikalachse

$$G_{S3} = \frac{\varphi(s)}{\omega(s)} = \frac{1}{s} .$$

Der komplette Winkel- oder Lageregelkreis wird zu

$$G_{W3}(s) = \frac{G_{03}(s)}{1 + G_{03}(s)}$$

mit

$$G_{03}(s) = G_{R3}(s) \cdot G_{W2}(s) \cdot G_{S3}(s) = \left(\frac{K_{P3}s + K_{I3}}{s} \right) \cdot \left(\frac{G_{02}(s)}{1 + G_{02}(s)} \right) \cdot \left(\frac{1}{s} \right).$$

Vorgabe von Führungsgrößen

Die Kaskadenregelung in der Antriebstechnik bringt einige Vorteile:

✔ Die Regelkreise für die Beschleunigungen, Geschwindigkeiten und Positionen können Sie nacheinander und unabhängig voneinander entwerfen und in Betrieb nehmen.

✔ Für jeden dieser Regelkreise können Sie Sollwerte extern vorgeben und damit das Führungsverhalten deutlich verbessern.

✔ Sie können die Beschleunigungen und Geschwindigkeiten zum Schutz der Anlage auf Maximalwerte begrenzen.

Die externen Sollwerte für die drei Regelkreise in der Antriebskaskade liefert ein »Führungsgrößenrechner«, der aus den Daten der Bewegungsbahnen und den geschätzten externen Lasten diese Sollwerte berechnet (siehe Abbildung 11.6).

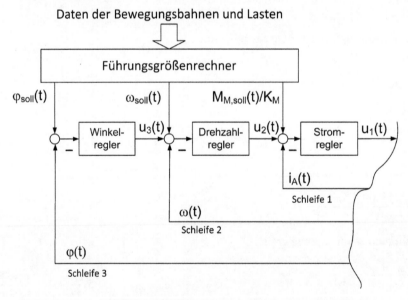

Abbildung 11.6: Ein Führungsgrößenrechner liefert die externen Sollwerte

Die externen Sollwerte sind:

✔ der Sollwert für den Winkelregler $\varphi_{soll}(t)$,

✔ der Sollwert für den Drehzahlregler $\omega_{soll}(t) = \dot{\varphi}_{soll}(t)$,

✔ der Sollwert für den Stromregler $i_{A,soll}(t)$. Er setzt sich zusammen aus der erforderlichen Beschleunigung $\alpha_{soll}(t) = \dot{\omega}_{soll}(t)$ und den externen Lastmomenten $M_L(t)$, falls diese abgeschätzt werden können.

$$i_{A,soll}(t) = \frac{M_{M,soll}(t)}{K_M} = \frac{J \cdot \alpha_{soll}(t) + M_L(t)}{K_M}$$

Weitere Strukturen

Neben der Kaskadenregelung kennt die Regelungstechnik weitere Ergänzungen des Standardregelkreises. Damit können Sie das Führungsverhalten bei unterschiedlichen Zeitverläufen des Sollwerts und das Störverhalten beim Auftreten von Störungen an der Regelstrecke verbessern.

Sollwerte direkt berücksichtigen

Die *Vorsteuerung* (siehe Abbildung 11.7) schaltet den Sollwert parallel zum Regler über das Vorsteuerelement $G_{VS}(s)$ direkt auf den Eingang der Regelstrecke.

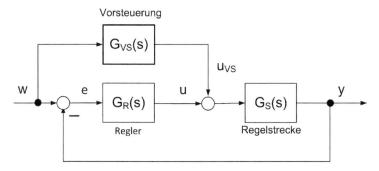

Abbildung 11.7: Die Vorsteuerung unterstützt den Regler

Für die Vorsteuerung müssen Sie die Übertragungsfunktion $G_S(s)$ der Regelstrecke kennen, da die Vorsteuerung $G_{VS}(s)$ dynamisch ist und die gesamte Übertragungsfunktion $G_S(s)$ der Regelstrecke enthält.

Die Übertragungsfunktion der Vorsteuerung ist

$$G_{VS}(s) = \frac{1}{G_S(s)} \cdot \frac{1}{P_{VS}(s)}$$

mit dem Kehrwert $\frac{1}{G_S(s)}$ der Streckenübertragungsfunktion und dem Polynom $P_{VS}(s)$. Um $G_{VS}(s)$ realisierbar zu machen, darf der Grad des Zählerpolynoms nicht größer werden als der Grad des Nennerpolynoms von $G_{VS}(s)$.

Das *Vorsteuersignal* $u_{VS}(t)$ entlastet den Regler, macht ihn aber aus zwei Gründen nicht überflüssig:

✔ Er korrigiert mit $u(t)$ die Vorsteuerung, falls $G_S(s)$ nicht genau bekannt ist.

✔ Er kann externe Störungen an der Regelstrecke ausgleichen.

Die Vorsteuerung hat keinen Einfluss auf die Stabilität des Regelkreises, da das Vorsteuersignal $u_{VS}(t)$ nicht Teil einer Rückkopplung ist. Bei dem Kompromiss zwischen gutem Führungsverhalten und gutem Störverhalten können Sie sich beim Einsatz der Vorsteuerung deshalb auf die Optimierung des Störverhaltens konzentrieren.

Die Vorsteuerung verbessert das Führungsverhalten und hat keinen Einfluss auf die Stabilität.

Vorsteuerung

Für die Übertragungsfunktion einer Regelstrecke

$$G_S(s) = \frac{K_S}{T_1 T_2 s^2 + (T_1 + T_2)s + 1}$$

mit den Parametern $K_S = 4$, $T_1 = 2$ sec, $T_2 = 5$ sec

wird die Vorsteuerung

$$G_{VS}(s) = \frac{1}{G_S(s)} \cdot \frac{1}{P_{VS}(s)} = \frac{T_1 T_2 s^2 + (T_1 + T_2)s + 1}{K_S \cdot P_{VS}(s)}.$$

Das Polynom $P_{VS}(s)$ benötigen Sie, um $G_{VS}(s)$ realisierbar zu machen. Im Beispiel muss deshalb $P_{VS}(s)$ den Grad 2 haben. Die Zeitkonstanten T_{VS} von $P_{VS}(s)$ sind im Verhältnis zu den Zeitkonstanten T_1 und T_2 der Regelstrecke klein zu wählen:

$$P_{VS}(s) \equiv T_{VS}^2 s^2 + 2T_{VS}s + 1$$

mit $T_{VS} < T_1$ und $T_{VS} < T_2$, zum Beispiel $T_{VS} = 0{,}5$ sec.

Abbildung 11.8 zeigt die Wirkung der Vorsteuerung, die parallel zu einem PI-Regler mit $K_P = 0{,}4$ und $K_I = 0{,}1$ sec^{-1}auf die Regelstrecke wirkt.

Den Regler unterstützen

Die Regelungsstruktur in Abbildung 11.9 enthält einen *Hilfsregler* $G_{RH}(s)$, dessen *Hilfsstellgröße* $u_H(t)$ an einer Stelle eingreift, die näher am Ausgang der Regelstrecke liegt als die Stellgröße $u(t)$. Hilfsregler können Sie einsetzen, wenn Sie Stellmöglichkeiten im Inneren des Prozesses haben.

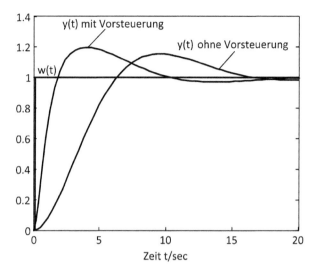

Abbildung 11.8: Die Vorsteuerung verbessert das Führungsverhalten

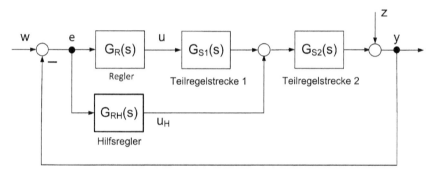

Abbildung 11.9: Hilfsregler greifen in das Innere des Prozesses ein

Der Einsatz von Hilfsreglern setzt voraus, dass

✔ die Störgröße nahe am Streckenausgang liegt,

✔ der Aktor für die Hilfsstellgröße eingebaut werden kann.

Hilfsstellgrößen sind besonders sinnvoll bei sich schnell verändernden Sollwerten und bei trägen Prozessen im vorderen Teil der Regelstrecke. Bei konstanten Sollwerten sollte die Hilfsstellgröße allerdings verschwinden, damit die Funktion des Hauptreglers langfristig nicht gestört wird. Das können Sie mit einem D-T1-Anteil im Hilfsregler erreichen.

 Hilfsregler erfordern einen zusätzlichen Aktor im Prozess und sollen nur vorübergehend den Hauptregler unterstützen.

Dynamik eines Hilfsreglers

Die Teilregelstrecke 2, vor der die Hilfsstellgröße eingreift, habe eine Übertragungskonstante $K_{S2} = 0{,}5$.

Wenn Sie als Hilfsregler einen P-Regler einsetzen, ist ein Reglerparameter

$$K_{PH} = \frac{1}{K_{S2}} = 2$$

sinnvoll.

Damit die Wirkung des Hilfsreglers stationär verschwindet, kombinieren Sie den P-Anteil mit einem D-T1-Anteil, was auf die Übertragungsfunktion des Hilfsreglers

$$G_{RH}(s) = \frac{u_H(s)}{e(s)} = K_{PH} \cdot \frac{T_D s}{T_D s + 1}$$

führt.

Mit $K_{PH} = 2$ und $T_D = 3$ sec erhalten Sie bei einer sprungförmigen Regeldifferenz $e(t)$ eine Hilfsstellgröße $u_H(t)$ wie in Abbildung 11.10.

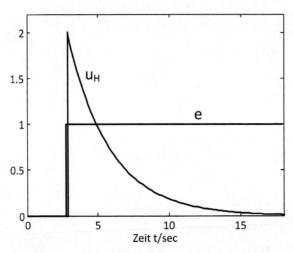

Abbildung 11.10: Hilfsstellgrößen sollten mit der Zeit verschwinden

Störungen erkennen und dagegenhalten

Die *Störgrößenaufschaltung* (siehe Abbildung 11.11) setzt voraus, dass

✔ die Störung messbar ist,

✔ der Einfluss auf die Regelstrecke modelliert werden kann.

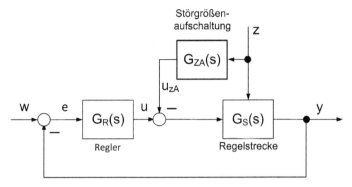

Abbildung 11.11: Bei messbaren Störungen kann direkt etwas dagegen getan werden

Mit der gemessenen Störgröße $z(t)$ rechnen Sie mit $G_{ZA}(s)$ und dem Signal $u_{ZA}(t)$, um die Störung ausgleichen zu können. Die Störgrößenaufschaltung kompensiert also den Einfluss der Störung, bevor sie sich auf die Regelgröße $y(t)$ auswirkt und dann erst vom Regler ausgeglichen werden kann.

Die Störgrößenaufschaltung hat keinen Einfluss auf die Stabilität des Regelkreises, da die Aufschaltung $u_{ZA}(t)$ nicht Teil einer Rückkopplung ist.

Die Störgrößenaufschaltung kann Störungen des Prozesses kompensieren, bevor sie in der Regelgröße erkannt werden. Die Störgrößenaufschaltung setzt die Messbarkeit der Störung voraus.

Temperaturregelung mit Störgrößenaufschaltung

Ein Heizlüfter saugt Zuluft an, erwärmt die Luft mit einer Heizspirale und bläst die erhitzte Luft durch einen längeren Kanal (siehe Abbildung 11.12). Die Temperatur θ_A am Ende des Kanals soll auf einen gewünschten Wert geregelt werden.

Die mit einem Sensor gemessene Temperatur wird dem Regler zugeführt, der mit der Stellgröße u den Heizungsaktor zur Erzeugung der erforderlichen Heizleistung P_{Heiz} ansteuert.

Störende Schwankungen der Zulufttemperatur θ_E können früh kompensiert werden, wenn diese Störung mit einem zweiten Temperatursensor im Zuluftkanal erfasst wird. Die Störgrößenaufschaltung u_{ZA}, die zur Stellgröße u addiert wird, kann auf diese Störungen in der Zuluft reagieren und die Heizleistung anpassen.

Split-Range-Regelung

Split-Range-Regelungen sind Regelungen mit einer Bereichsaufspaltung der Stellgrößen. Das ist dann erforderlich, wenn positive und negative Stellgrößen nicht mit einem Aktor möglich

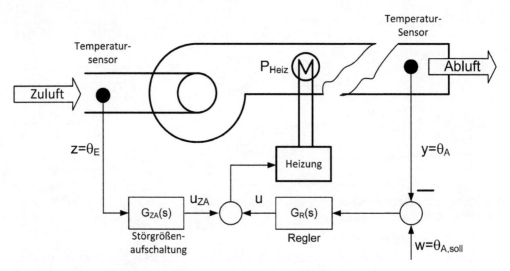

Abbildung 11.12: Die Erfassung von Störungen verbessert das Regelverhalten

sind. So können Sie mit einem Heizaggregat nicht kühlen und mit einem Kühlaggregat nicht heizen, Sie brauchen für eine Stellgröße also zwei Aktoren.

Abbildung 11.13 zeigt dazu ein Beispiel. Thermische Umweltsimulationen für elektronische Bauteile finden in Klimakammern statt, in denen schnelle Temperaturwechsel von kalt zu heiß und umgekehrt erzeugt werden können. Das Testprogramm gibt die Temperaturwechsel vor und die Temperaturregelung sorgt für die präzise Umsetzung.

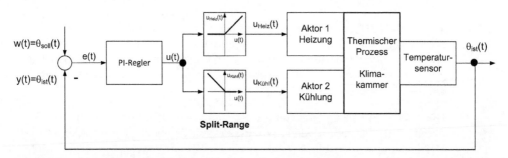

Abbildung 11.13: Split-Range-Regelungen steuern zwei Aktoren an

Je nach Regeldifferenz $e(t)$ erkennt der Regler, ob die Klimakammer zur Erzeugung der Solltemperatur $\theta_{soll}(t)$ mit einer positiven Stellgröße aufgeheizt oder mit einer negativen Stellgröße abgekühlt werden muss.

Die Stellgröße $u(t)$ wird dazu mit zwei Kennlinien in die Stellgröße $u_{Heiz}(t)$ für das Heizen und in die Stellgröße $u_{Kühl}(t)$ für das Kühlen aufgespalten (*to split*). Die Kennlinien des Split-Range mit den Funktionen

$$u_{Heiz} = f(u) \quad und \quad u_{Kühl} = g(u)$$

lassen nur positive oder nur negative Werte $u(t)$ durch. Die positiven Werte steuern den heizenden Aktor an, die negativen Werte den kühlenden Aktor. Eine Unsymmetrie der Dynamik entsteht dann, wenn die maximal möglichen Geschwindigkeiten für das Aufheizen und Abkühlen sehr unterschiedlich sind. Das muss dann bei der Reglerprogrammierung berücksichtigt werden.

Bei *Split-Range-Regelungen* wird die Stellgröße des Reglers in positive und negative Werte aufgeteilt, da für die Erhöhung und für die Verringerung von Prozessgrößen zwei unterschiedliche Aktoren erforderlich sind.

Zwei Größen gleichzeitig regeln

Selten beschreibt nur eine einzelne Größe einen Prozess, meist sind es mehrere wie Temperaturen und Drücke, Durchflüsse und Konzentrationen oder Bewegungen in mehreren Achsen. Sind diese Prozessgrößen voneinander unabhängig, können Sie die Regelungen für die einzelnen Größen separat aufbauen. Es gibt aber auch Fälle, bei denen Regelgrößen verkoppelt sind.

Verkoppelte Regelgrößen

Wie zwei Regelgrößen miteinander verkoppelt sein können, zeigt das Beispiel in Abbildung 11.14. Zwei Flüssigkeitsströme mit zwei unterschiedlichen Temperaturen θ_1 und θ_2 werden

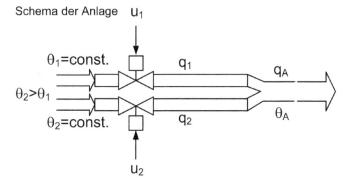

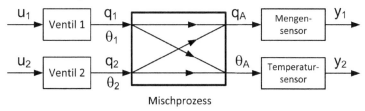

Abbildung 11.14: Zwei Prozessgrößen sind verkoppelt

gemischt. Die Temperaturen sind konstant und es ist $\theta_2 > \theta_1$. Die Durchflussmengen q_1 und q_2 sind mit den Stellgrößen u_1 und u_2 über Ventile einstellbar. Die Mischung ergibt am Ausgang den Flüssigkeitsstrom q_A mit der Mischtemperatur θ_A. Die Regelung soll sowohl den Flüssigkeitsstrom q_A als auch die Mischtemperatur θ_A auf gewünschte Werte bringen.

Am Eingang der Regelstrecke können Sie nur die Mengen q_1 und q_2 verstellen, da die Temperaturen θ_1 und θ_2 zwar unterschiedlich, aber konstant sind. Mit diesen Stellgrößen werden jedoch gleichzeitig q_A und θ_A verstellt. Eine Erhöhung von q_1 vergrößert q_A, verringert aber θ_A. Eine Erhöhung von q_2 vergrößert gleichzeitig q_A und θ_A.

Abhängigkeiten darstellen

Wenn zwei Eingangsgrößen verkoppelt auf zwei Ausgangsgrößen eines Prozesses wirken, wie beim obigen Mischprozess, dann können Sie das mit einer allgemeinen Struktur des *Zwei-Größen-Systems* wie in Abbildung 11.15 beschreiben.

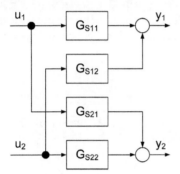

Abbildung 11.15: Zwei Größen am Eingang und Ausgang erzeugen vier Abhängigkeiten

Bei zwei Eingangsgrößen und zwei Ausgangsgrößen gibt es vier Abhängigkeiten, die Sie linear oder linearisiert mit vier Übertragungsfunktionen $G_{11}, G_{12}, G_{21}, G_{22}$ modellieren können:

$$y_1 = G_{S11} \cdot u_1 + G_{S12} \cdot u_2$$

$$y_2 = G_{S21} \cdot u_1 + G_{S22} \cdot u_2$$

Wenn Sie nun einfach für die beiden Regelgrößen y_1 und y_2 jeweils einen Regler G_{R1} und G_{R2} einsetzen, beeinflussen die beiden Stellgrößen u_1 und u_2 von diesen Reglern auch die jeweils andere Regelgröße. Sie bekommen gegenseitige Beeinflussungen der Regelkreise.

Abhängigkeiten beseitigen

Die gegenseitigen Beeinflussungen können mit einer erweiterten Regelungsstruktur der *Zwei-Größen-Regelung* verhindert werden (siehe Abbildung 11.16).

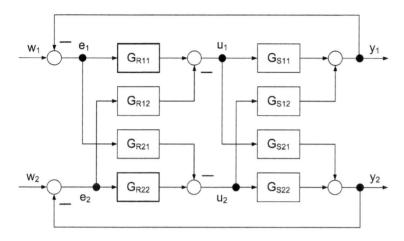

Hauptregler: G_{R11} und G_{R22}
Entkopplungsregler: G_{R12} und G_{R21}

Abbildung 11.16: Mit Entkopplungsreglern entstehen zwei unabhängige Regelkreise

 Die *Zwei-Größen-Regelung* enthält neben den Hauptreglern für die beiden Regelgrößen zusätzlich zwei Entkopplungsregler, mit denen die Verkopplungen der Stellgrößen in der Regelstrecke kompensiert werden.

Die Struktur der Regelung entspricht dabei, bis auf zwei Vorzeichen, der Struktur des Modells der Regelstrecke.

Die beiden Stellgrößen u_1 und u_2 werden zu

$$u_1 = G_{R11} \cdot e_1 - G_{R12} \cdot e_2 \quad und \quad u_2 = G_{R22} \cdot e_2 - G_{R21} \cdot e_1 \,.$$

Setzen Sie diese Stellgrößen nun in die Gleichungen der Regelstrecke von oben ein, wird die erste Regelgröße

$$y_1 = G_{S11}[G_{R11} \cdot e_1 - G_{R12} \cdot e_2] + G_{S12}[G_{R22} \cdot e_2 - G_{R21} \cdot e_1] \,.$$

Hier im ersten Regelkreis stört der Einfluss der Regeldifferenz e_2. Der Versuch, diesen Einfluss auf null zu setzen, führt auf die Bedingung

$$[G_{S12}G_{R22} - G_{S11}G_{R12}] \cdot e_2 = 0$$

und ergibt den ersten Entkopplungsregler

$$G_{R12} = \frac{G_{S12}}{G_{S11}} \cdot G_{R22} \,.$$

Die zweite Regelgröße wird

$$y_2 = G_{S21}[G_{R11} \cdot e_1 - G_{R12} \cdot e_2] - G_{S22}[G_{R21} \cdot e_1 + G_{R22} \cdot e_2] \,.$$

Im zweiten Regelkreis stört der Einfluss der Regeldifferenz e_1. Auch hier können Sie eine Bedingung für den zweiten Entkopplungsregler aufstellen

$$[G_{S21}G_{R11} - G_{S22}G_{R21}] \cdot e_1 = 0$$

und erhalten den zweiten Entkopplungsregler

$$G_{R21} = \frac{G_{S21}}{G_{S22}} \cdot G_{R11} \;.$$

Mit den beiden Entkopplungsreglern haben Sie zwei unabhängige Regelkreise geschaffen. Aus einem Zweigrößensystem sind zwei Eingrößensysteme geworden.

Sollte es aus dynamischen Gründen nicht möglich sein, die Entkopplungsregler G_{R12} und G_{R21} wie oben zu realisieren, kann auch nur mit den entsprechenden Übertragungskonstanten der Übertragungsfunktionen eine Teilentkopplung erreicht werden:

$$G_{R12} = \frac{K_{S12}}{K_{S11}} \cdot G_{R22} \quad und \quad G_{R21} = \frac{K_{S21}}{K_{S22}} \cdot G_{R11} \;.$$

Entwerfen Sie bei einer Zwei-Größen-Regelung zunächst die Hauptregler und berechnen Sie anschließend die Entkopplungsregler.

Zwei-Größen-Regelung
1. Modellieren Sie die Regelstrecke.

Die Regelstrecke mit den zwei Stellgrößen $u_1(t)$ und $u_2(t)$ und den zwei Regelgrößen $y_1(t)$ und $y_2(t)$ modellieren Sie in der Standardform mit Übertragungsfunktionen, die die gegenseitigen Abhängigkeiten beschreiben (siehe Abbildung 11.15).

$$G_{S11}(s) = \frac{K_{S11}}{T_{S11}s + 1} \quad mit \quad K_{S11} = 1 \quad und \quad T_{S11} = 1 \text{ sec}$$

$$G_{S12}(s) = \frac{K_{S12}}{T_{S12}s + 1} \quad mit \quad K_{S12} = 0{,}5 \quad und \quad T_{S12} = 0{,}5 \text{ sec}$$

$$G_{S21}(s) = \frac{K_{S21}}{T_{S21}s + 1} \quad mit \quad K_{S21} = -0{,}3 \quad und \quad T_{S21} = 1 \text{ sec}$$

$$G_{S22}(s) = \frac{K_{S22}}{T_{S22}s + 1} \quad mit \quad K_{S22} = 1 \quad und \quad T_{S22} = 0{,}5 \text{ sec}$$

Abbildung 11.17 zeigt das Verhalten der sprungförmigen Stellgrößen u_1 und u_2 und die Reaktion der Regelgrößen y_1 und y_2. Die gegenseitige Beeinflussung ist deutlich zu erkennen.

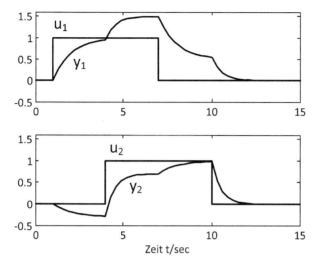

Abbildung 11.17: Beide Stellgrößen wirken auf beide Regelgrößen

2. Entwerfen Sie die Hauptregler.

Für die beiden Regelgrößen entwerfen Sie nun die Hauptregler $G_{R11}(s)$ und $G_{R22}(s)$, ohne sich um die Verkopplungen $G_{12}(s)$ und $G_{22}(s)$ in der Regelstrecke zu kümmern (siehe Abbildung 11.16). Da es sich um P-T1-Regelstrecken handelt, setzen Sie PI-Regler ein.

$$G_{R11}(s) = \frac{K_{P1}s + K_{I1}}{s} \quad \text{mit} \quad K_{P1} = 8 \quad \text{und} \quad K_{I1} = 4\,\text{sec}^{-1}$$

$$G_{R22}(s) = \frac{K_{P2}s + K_{I2}}{s} \quad \text{mit} \quad K_{P2} = 8 \quad \text{und} \quad K_{I2} = 4\,\text{sec}^{-1}$$

3. Berechnen Sie die Entkopplungsregler.

Jetzt können Sie die Entkopplungsregler mit den bereits bekannten Parametern berechnen.

$$G_{R12} = \frac{G_{S12}(s)}{G_{S11}(s)} \cdot G_{R22}(s) = \frac{K_{S12}}{K_{S11}} \cdot \frac{T_{11}s + 1}{T_{12}s + 1} \cdot \frac{K_{P2}s + K_{I2}}{s}$$

$$G_{R21}(s) = \frac{G_{S21}(s)}{G_{S22}(s)} \cdot G_{R11}(s) = \frac{K_{S21}}{K_{S22}} \cdot \frac{T_{22}s + 1}{T_{21}s + 1} \cdot \frac{K_{P1}s + K_{I1}}{s}$$

Abbildung 11.18 zeigt den Effekt der Entkopplung der beiden Regelkreise.

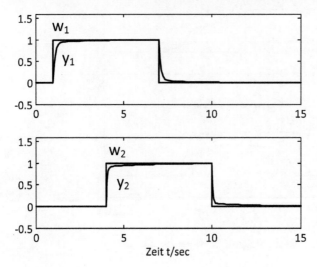

Abbildung 11.18: Die beiden Regelkreise sind vollständig entkoppelt

IN DIESEM KAPITEL

Auf die Entwicklung von Regelgeräten
zurückblicken

Die Vorteile des digitalen Reglers erkennen

Wie Signale in den Rechner kommen

Differenzialgleichungen im Rechner darstellen

Diskrete Regler programmieren

Kapitel 12
Regeln mit Rechnern

D ie Digitalisierung und der Einsatz von Rechnern haben auch vor der Regelungstechnik nicht haltgemacht. Der regelnde Rechner wird über Schnittstellen an den Prozess gekoppelt. An diesen Schnittstellen formen Wandler analoge Sensorsignale in Daten für den Rechner und umgekehrt Daten wieder in analoge Aktorsignale um.

Da der Rechner mit Differenzialgleichungen nichts anfangen kann, müssen diese in einfache algebraische Gleichungen umgebaut werden. Aus Differenzialgleichungen werden schließlich Differenzengleichungen, mit denen Sie die Dynamik von Reglern in Programmen beschreiben können.

Regler werden zu Programmen

Wie bei allen technischen Anwendungen kennt auch die Regelungstechnik die Phasen der Planung, der Realisierung und des Betriebs. Die Planung für die Regelungstechnik stellt die dynamischen Modelle der Komponenten des Regelkreises auf und wählt die Hardware und Software für die Regeleinrichtung aus. Zur Realisierungsphase gehören der gerätetechnische Aufbau des Regelkreises und die Programmierung der Regeleinrichtung. Das Wesen der Regelungstechnik ist ihr automatischer Betrieb. Nur bei der Inbetriebnahme und bei Störungen der Anlage oder der Maschine greift der Mensch ein.

Die Betriebsphase setzt die theoretischen Erkenntnisse und Entscheidungen in die Praxis um und stellt die gewünschte Funktion der Regeleinrichtungen sicher. Aufgrund des Fortschritts von Geräten und Programmen hat auch die Regelungstechnik eine enorme Entwicklung erlebt und die Umsetzung leistungsfähiger Methoden möglich gemacht.

Von der Hardware zur Software

Die Regeleinrichtung hat sich im Laufe vieler Jahrzehnte erheblich verändert (siehe Abbildung 12.1).

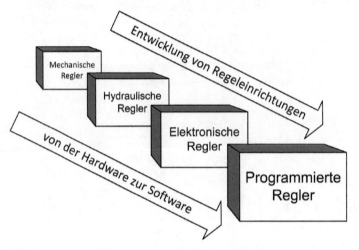

Abbildung 12.1: Regler entwickelten sich von der Mechanik zum Programm

Die ersten Regler funktionierten rein mechanisch. Ein klassisches Beispiel ist der *Fliehkraftregler,* mit dem über die Fliehkraft eines Pendels die Drehzahl einer Maschine geregelt wird. Diese Regelung wurde bereits für die Dampfmaschine von dem schottischen Erfinder James Watt (1736–1819) zur Verbesserung des Betriebsverhaltens eingesetzt (siehe Abbildung 12.2).

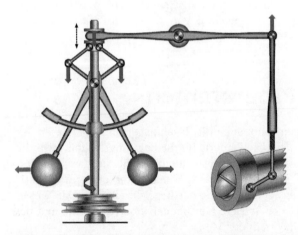

Abbildung 12.2: Mit dem Fliehkraftregler fing es an

Mit den Berechnungen der Regelcharakteristiken und der Anpassung der Regelmechanik an die Arbeitsmaschine wird die Regelungstechnik zu einer eigenen technischen Disziplin.

Auf die rein mechanische Umsetzung der Reglerfunktion folgten *hydraulische Komponenten*. Mit mechanischen Gestängen und hydraulischen Kolben und Ventilen konnten bereits Strukturen von PID-Reglern erzeugt werden. Mit dem Fortschritt der Elektrotechnik und der Entwicklung *elektronischer Bauelemente* erfüllten elektronische Schaltungen die Reglerfunktionen. Mit Elementen wie Operationsverstärkern, Widerständen und Kondensatoren und vielen weiteren Bauteilen kann Reglerdynamik auf kleinstem Raum realisiert werden.

Abbildung 12.3 zeigt die *elektronische* Schaltung für einen *PID-Regler*.

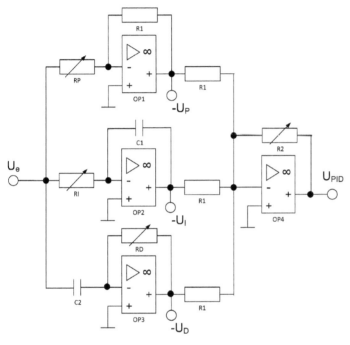

Abbildung 12.3: Elektronik macht die Regelung preiswert und flexibel

Die Eingangsspannung U_e der Schaltung ist die Regeldifferenz, die Ausgangsspannung U_{PID} die Stellgröße. Der Operationsverstärker OP1 erzeugt den P-Anteil, der OP2 den I-Anteil und der OP3 den D-Anteil. Da die Operationsverstärker aus Stabilitätsgründen invertierend betrieben werden, wird mit dem OP4 das Vorzeichen der Kanäle noch mal umgedreht. Mit den verstellbaren Widerständen RP, RI und RD sind die Reglerparameter einstellbar. Mit dem Widerstand R2 ist die gesamte Reglerverstärkung veränderbar. Die Kondensatoren C1 und C2 erzeugen die Dynamik des I-Anteils und des D-Anteils.

Die elektronischen Bauelemente sind auf einer Leiterplatte angeordnet, die Verbindungen sind auf die Leiterplatte fotochemisch aufgebracht und das Ganze ist nicht größer als 50 mm × 50 mm. Das soll hier genügen, denn es gibt ja *Elektrotechnik für Dummies*.

Die mechanischen, hydraulischen, pneumatischen und elektronischen Regler arbeiten analog, das bedeutet, sie erfassen Regelgrößen und erzeugen Stellgrößen so kontinuierlich wie der Prozess.

Das wird mit der Entwicklung des Mikroprozessors und seinem Einsatz als Regler grundsätzlich anders. Der *digitale Regler* arbeitet zwar schnell, aber nicht mehr kontinuierlich, sondern zeit- und amplitudendiskret. Signale vom Prozess und zum Prozess werden mit Ziffern dargestellt und der kontinuierliche Signalverlauf wird wie bei einem Film in konstante Einzelaufnahmen zerlegt. Dynamische Funktionen werden zu Programmen und analoge Sensorsignale zu Ziffernfolgen in kleinen zeitlichen Abständen.

Die Vorteile des Digitalrechners in der Regelungstechnik liegen auf der Hand, er hat deshalb die analogen Regler fast vollständig verdrängt:

✔ Komplexe Regelungsalgorithmen können einfach realisiert werden.

✔ Die Anpassung der Regler an unterschiedliche Prozesse erfordert keine Änderung der Hardware.

✔ Der Einsatz von standardisierten Prozessoren reduziert die Kosten.

✔ Entwicklungszeiten können deutlich verkürzt werden.

Um einen Rechner als Regler an einem Prozess einsetzen zu können, benötigen Sie eine Schnittstelle zwischen dem digitalen Rechner und dem analogen Prozess. Diese Schnittstelle ist das *Prozessinterface*, das die Signale der Aktoren und Sensoren in digitale Rechnergrößen umformt.

 Das *Prozessinterface* ist die Schnittstelle zwischen dem technischen Prozess und dem Rechnersystem zur Automatisierung. Der Rechner empfängt Signale vom Prozess über das Prozessinterface und gibt darüber auch Signale an den Prozess aus.

Aktor- und Sensorsignale sind meist Spannungen mit standardisierten Pegeln in den Bereichen

$$0\,V \ldots + 5\,V, \quad 0\,V \ldots + 10\,V, \quad -5\,V \ldots + 5\,V, \quad -10\,V \ldots + 10\,V.$$

Die Umformung von digitalen Größen im Rechner in analoge Aktorsignale $u(t)$erfolgt im *Digital-Analog-Umsetzer* (DAU). In umgekehrter Richtung von analogen Sensorsignalen $y(t)$ in digitale Rechnergrößen erfolgt die Umformung im *Analog-Digital-Umsetzer* (ADU) (siehe Abbildung 12.4). Im Englischen heißen die beiden Umsetzer *Digital-to-Analog-Converter (DAC)* und *Analog-to-Digital-Converter (ADC)*.

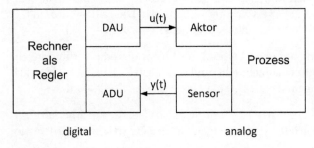

Abbildung 12.4: Der Regler wird zum Programm im Rechner

Digitale Regler sind Stand der Technik, sie können leicht an unterschiedliche Prozesse angepasst werden, da Software die Reglerfunktionen erzeugt.

Signale im Rechner

Die zwei wichtigsten Parameter von Digital-Analog-Umsetzern und Analog-Digital-Umsetzern sind:

✔ die *Bittiefe* oder *Samplingtiefe B* und

✔ die *Abtastzeit* T_A.

 Die *Bittiefe* gibt an, mit wie vielen Bits ein analoges Signal digital aufgelöst wird. Die *Abtastzeit* T_A gibt an, in welchem zeitlichen Abstand ein analoges Signal vom ADU in den Rechner eingelesen oder in den DAU ausgegeben wird.

Die Bittiefe B des Umsetzers bestimmt die feinste Auflösung eines Signals im Rechner, die *Amplitudenquantisierung*.

 Die *Amplitudenquantisierung q* ergibt sich aus der Bittiefe B und dem Signalbereich SB der Signalamplitude:

$$q = \frac{SB}{2^B} .$$

Genauer als q kann ein Signal im Rechner nicht dargestellt werden.

 Digitale Auflösung eines analogen Signals
Erfasst ein ADU ein analoges Signal $y(t)$ zwischen -10 V und $+10$ V, ist der Signalbereich $SB = 20$ V. Hat dieser ADU eine Bittiefe $B = 12$, dann ist die feinste Auflösung

$$q = \frac{SB}{2^B} = \frac{20 \text{ V}}{4096} = 4{,}88 \text{ mV} .$$

Im Rechner können also nur Vielfache von $q = 4{,}88$ mV dargestellt werden. Das Signal ist nicht mehr kontinuierlich, sondern stufig oder quantisiert mit der Stufenhöhe q.

Die kürzeste *Abtastzeit* T_A hängt vom Typ des DAU beziehungsweise des ADU ab und kann bis in den Nanosekundenbereich gehen. Die Abtastzeit ist einstellbar, und es ist sinnvoll, sie an die Dynamik des Prozesses anzupassen. Einen Prozess, der sich im Minutenbereich verändert, müssen Sie nicht mit Abtastzeiten im Millisekundenbereich abtasten. Eine angepasste Abtastzeit spart Rechenzeit und Speicherplatz.

Durch das Abtasten von Signalen wird beim ADU aus dem zeitkontinuierlichen Signal eine Folge von Signalwerten zu diskreten Zeitpunkten. Das ist die *Zeitdiskretisierung*.

Amplitudenquantisierung und Zeitdiskretisierung machen aus einem kontinuierlichen analogen Signal ein diskretes digitales Signal (siehe Abbildung 12.5).

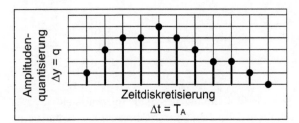

Abbildung 12.5: Amplituden werden stufig und Zeiten diskret

Neben der Abtastzeit T_A wird bei der Beschreibung von Analog-Digital-Umsetzern häufig auch der Kehrwert von T_A als *Abtastfrequenz* oder *Abtastrate* f_A angegeben:

$$f_A = \frac{1}{T_A} \, .$$

Der Begriff Abtastfrequenz ist dabei eigentlich nicht ganz korrekt, denn die Bezeichnung Frequenz ist im strengen Sinne lediglich periodischen, sinusförmigen Schwingungen vorbehalten.

Analoges und Digitales

Der Analog-Digital-Umsetzer eines Rechners tastet das analoge Signal eines Sensors mit der Abtastzeit T_A ab und macht aus dem kontinuierlichen analogen Signalverlauf eine Folge von diskreten abgetasteten Punkten, die für die Weiterverarbeitung im Rechner abgespeichert werden (siehe Abbildung 12.6). Aus dem glatten Signalverlauf wird ein stufenförmiger Verlauf mit der Stufenbreite T_A und einer Stufenhöhe als Vielfaches von q.

Vom Kontinuierlichen zum Diskreten

Ist die Abtastzeit T_A festgelegt, erfasst das Prozessinterface von dem kontinuierlichen Sensorsignal $y(t)$ nur noch einzelne, also diskrete Funktionswerte $y(t_k)$, $k = 0, 1, 2, \ldots$ zu diskreten Zeitpunkten $t_k = k \cdot T_A$, $k = 0, 1, 2, \ldots$ (siehe Abbildung 12.7).

Der Kurvenverlauf $y(t)$ wird im Rechner als Zahlenfolge y_k abgespeichert (siehe Tabelle 12.1).

Mit solchen Zahlenfolgen für Sollwerte w_k und Regelgrößen y_k rechnet das Reglerprogramm in jedem Schritt k die diskrete Stellgröße u_k aus und gibt sie an den Digital-Analog-Wandler weiter.

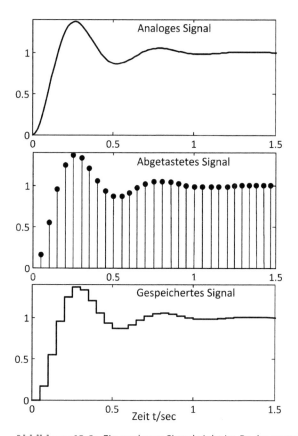

Abbildung 12.6: Ein analoges Signal sieht im Rechner anders aus

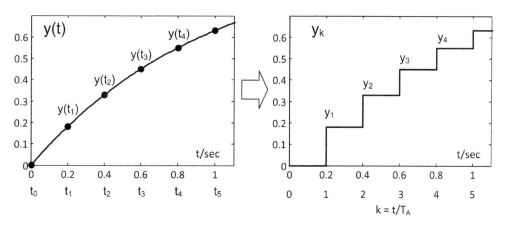

Abbildung 12.7: Diskretisierung verändert das Signal

k	$t_k = k \cdot T_A$	y_k
0	0,0	0,0000
1	0,2	0,1813
2	0,4	0,3297
3	0,6	0,4512
4	0,8	0,5507
5	1,0	0,6321
und so weiter	und so weiter	und so weiter

Tabelle 12.1: Aus Kurven werden Zahlenfolgen.

Der Rechner kennt keine Differenziale

Ein bewährter Standard in der Regelungstechnik ist der PID-Regler, der anders als der reine P-Regler zusätzlich integrierende und differenzierende Dynamik besitzt. Das können Sie im Kontinuierlichen mit entsprechenden Gleichungen für die Dynamik formulieren. Ein digitales Regelprogramm kann damit allerdings ohne entsprechende Anpassung nichts anfangen.

Es bleiben die Grundrechenarten

Aus der Analysis wissen Sie, dass der Differenzialquotient $\dfrac{\mathrm{d}f(x)}{\mathrm{d}x}$ einer Funktion $f(x)$ der Grenzwert des Differenzenquotienten ist:

$$\frac{\mathrm{d}f(x)}{\mathrm{d}x} = \lim_{\Delta x \to 0} \frac{f(x + \Delta x) - f(x)}{\Delta x} \; .$$

Für die Ableitung von Zeitfunktionen $\dfrac{\mathrm{d}y(t)}{\mathrm{d}t}$ gilt das entsprechend:

$$\frac{\mathrm{d}y(t)}{\mathrm{d}t} = \dot{y}(t) = \lim_{\Delta t \to 0} \frac{y(t + \Delta t) - y(t)}{\Delta t} \; .$$

Mit dem Einsatz des Digitalrechners für dynamische Aufgaben verschwindet bei der Programmierung das Differenzial und wird durch die Differenz von Amplitudenwerten und kleinen, diskreten Zeitwerten Δt angenähert:

$$\dot{y}(t) \approx \frac{y(t + \Delta t) - y(t)}{\Delta t} \; .$$

Auch die zweite Ableitung $\ddot{y}(t)$ können Sie mit Differenzen ausdrücken:

$$\ddot{y}(t) \approx \frac{\dot{y}(t) - \dot{y}(t - \Delta t)}{\Delta t} = \frac{[y(t + \Delta t) - y(t)] - [y(t) - y(t - \Delta t)]}{(\Delta t)^2}$$

$$= \frac{y(t + \Delta t) - 2y(t) + y(t - \Delta t)}{(\Delta t)^2} \; .$$

Der Ersatz von Differenzialen durch Differenzen funktioniert aber nur bei kleinen Zeitschritten Δt mit ausreichender Genauigkeit. Diese Diskretisierung wird deshalb auch als *quasikontinuierlich* bezeichnet.

 Als Richtwert können Sie sich merken, dass die *quasikontinuierliche Diskretisierung* ausreichend genau funktioniert, wenn die Zeitschritte Δt nicht größer als 10 Prozent einer typischen Zeitkonstanten der Regelstrecke sind.

Was aus der Differenzialgleichung wird

Eine kontinuierliche Differenzialgleichung (DGL)

$$\dot{y}(t) + a_0 y(t) = b_0 u(t)$$

mit der Anfangsbedingung $y(t = 0) = y_0$ können Sie mit

$$\dot{y}(t) \approx \frac{y(t + \Delta t) - y(t)}{\Delta t}$$

zeitlich diskretisieren, indem Sie $\dot{y}(t)$ durch den Differenzenquotienten ersetzen:

$$\left[\frac{y(t + \Delta t) - y(t)}{\Delta t}\right] + a_0 y(t) = b_0 u(t)\,.$$

Die Differenzialgleichung wird zu einer Differenzengleichung.

Mit der Schreibweise für zeitdiskrete Abtastsysteme und der Abtastzeit $T_A = \Delta t$ lautet die Differenzengleichung:

$$\left[\frac{y_{k+1} - y_k}{T_A}\right] + a_0 y_k = b_0 u_k$$

und nach y_{k+1} umgestellt, schließlich:

$$y_{k+1} = (1 - T_A a_0)\, y_k + T_A b_0 u_k \quad \text{mit} \quad k = 0,\, 1,\, 2,\, \dots$$

Das Ergebnis ist eine *rekursive Gleichung*. Rekursiv bedeutet rückbezüglich und meint hier, dass der neue diskrete Lösungswert y_{k+1} aus den vorherigen Werten y_k und u_k berechnet werden kann. Im ersten Schritt wird die Anfangsbedingung y_0 ausgewertet.

Rekursives

Mit den Differenzenquotienten können Sie aus jeder Differenzialgleichung eine rechnerfreundliche Differenzengleichung bilden.

Aus

$$a_n \overset{(n)}{y}(t) + a_{n-1} \overset{(n-1)}{y}(t) + \dots + a_1 \dot{y}(t) + a_0 y(t)$$
$$= b_m \overset{(m)}{u} + b_{m-1} \overset{(m-1)}{u}(t) + \dots + b_1 \dot{u}(t) + b_0 u(t)$$

wird

$$\overline{a}_n y_{k+n} + \overline{a}_{n-1} y_{k+n-1} + \ldots + \overline{a}_1 y_{k+1} + \overline{a}_0 y_k$$
$$= \overline{b}_m u_{k+m} + \overline{b}_{m-1} u_{k+m} + \ldots + \overline{b}_1 u_{k+1} + \overline{b}_0 u_k \,.$$

Die Koeffizienten $\overline{a}_i$ und $\overline{b}_j$ der Differenzengleichung unterscheiden sich von den Koeffizienten a_i und b_j der Differenzialgleichung, da sie von der Abtastzeit T_A abhängen. Wenn Sie die Differenzengleichung nach y_{k+n} auflösen, erhalten Sie wieder eine rekursive Form, mit der Sie die aktuelle Ausgangsgröße y_{k+n} aus früheren Abtastwerten berechnen können.

Diskrete Regler

Mit der Umformung von kontinuierlichen Differenzialgleichungen in diskrete Differenzengleichungen können Sie alle Reglertypen, die Sie in kontinuierlicher Form kennen, auf rechnergeeignete Form bringen.

Ganz einfach ist das bei einem P-Regler, der keine Dynamik besitzt:

✔ Bilden der Regeldifferenz: $e_k = w_k - y_k$

✔ Berechnung des P-Reglers: $u_k = K_P \cdot e_k$

Das wird für alle $k = 0,\ 1,\ 2,\ \ldots$ gemacht.

Der diskrete I-Regler

Wenn Sie nun einen diskreten I-Regler programmieren, gehen Sie zunächst vom kontinuierlichen I-Regler aus:

$$u(t) = K_I \cdot \int_0^t e(\tau)\, \mathrm{d}\tau$$

und leiten diese Funktion zur Vereinfachung nach der Zeit ab:

$$\dot{u}(t) = K_I \cdot e(t)\,.$$

Den Differenzialquotienten $\dot{u}(t)$ ersetzen Sie durch den Differenzenquotienten, wobei jetzt wieder die Abtastzeit $T_A = \Delta t$ ins Spiel kommt:

$$\dot{u}(t) \approx \frac{u(t + T_A) - u(t)}{T_A} = K_I \cdot e(t).$$

In der zeitdiskreten Schreibweise wird diese Gleichung zu:

$$\frac{u_{k+1} - u_k}{T_A} = K_I \cdot e_k \quad \text{oder} \quad u_{k+1} = u_k + T_A \cdot K_I \cdot e_k\,.$$

Auch bei dieser Gleichung handelt es sich um eine rekursive, einfach zu programmierende Rechenvorschrift. Die neue Stellgröße u_{k+1} bezieht sich auf die alte Stellgröße u_k im vorherigen Abtastschritt und der vorherigen Regeldifferenz e_k. Die Anfangsbedingung der diskreten Stellgröße wird null gesetzt:

$$u_{k=0} = 0\,.$$

Die diskrete Integration nähert die kontinuierliche Integration mit einer Summation an.

Der diskrete PID-T1-Regler

Der PID-T1-Regler ist ein Standardregler, den Sie für die Regelung vieler Prozesse einsetzen können.

Die kontinuierliche Form des Reglers ist

$$T_R \cdot \dot{u}(t) \mid u(t) = K_P \cdot e(t) + K_I \cdot \int_0^t e(\tau)\,\mathrm{d}\tau + K_D \cdot \dot{e}(t)\,.$$

Mit einer zeitlichen Ableitung auf beiden Seiten der Gleichung werden Sie das Integral los und erhalten

$$T_R \cdot \ddot{u}(t) + \dot{u}(t) = K_D \cdot \ddot{e}(t) + K_P \cdot \dot{e}(t) + K_I \cdot e(t)\,.$$

Die Annäherung der Differenzialquotienten mit den Differenzenquotienten macht aus der Differenzialgleichung eine Differenzengleichung:

$$T_R \cdot \frac{\left[u_{k+2} - 2u_{k+1} + u_k\right]}{T_A^2} + \frac{\left[u_{k+1} - u_k\right]}{T_A}$$

$$= K_D \cdot \frac{\left[e_{k+2} - 2e_{k+1} + e_k\right]}{T_A^2} + K_P \cdot \frac{\left[e_{k+1} - e_k\right]}{T_A} + K_I \cdot e_k\,.$$

Nach der Zusammenfassung der Koeffizienten mit gleichem Index entsteht daraus

$$u_{k+2} + \left(\frac{T_A}{T_R} - 2\right) u_{k+1} + \left(1 - \frac{T_A}{T_R}\right) u_k$$

$$= \frac{K_D}{T_R} e_{k+2} + \left(\frac{-2K_D + K_P T_A}{T_R}\right) e_{k+1} + \left(\frac{K_D - K_P T_A + T_A^2 K_I}{T_R}\right) e_k$$

beziehungsweise

$$u_{k+2} + \overline{a}_1 \cdot u_{k+1} + \overline{a}_0 \cdot u_k = \overline{b}_2 \cdot e_{k+2} + \overline{b}_1 \cdot e_{k+1} + \overline{b}_0 \cdot e_k$$

mit den Koeffizienten

$$\overline{a}_1 = \frac{T_A}{T_R} - 2\,, \qquad \overline{a}_0 = 1 - \frac{T_A}{T_R}$$

und

$$\overline{b}_2 = \frac{K_D}{T_R}, \qquad \overline{b}_1 = \frac{-2K_D + K_P T_A}{T_R}, \qquad \overline{b}_0 = \frac{K_D - K_P T_A + T_A^2 K_I}{T_R}.$$

Für die schrittweise Berechnung der Stellgröße wird die Differenzengleichung nach u_{k+2} aufgelöst:

$$u_{k+2} = \overline{b}_2 \cdot e_{k+2} + \overline{b}_1 \cdot e_{k+1} + \overline{b}_0 \cdot e_k - \overline{a}_1 \cdot u_{k+1} - \overline{a}_0 \cdot u_k .$$

Abbildung 12.8 zeigt die Sprungantwort eines kontinuierlichen und eines zeitdiskreten PID-T1-Reglers mit den Parametern $K_P = 1$, $K_I = 2\frac{1}{\text{sec}}$, $K_D = 0,5$ sec, $T_R = 0,1$ sec und der Abtastzeit $T_A = 0,04$ sec.

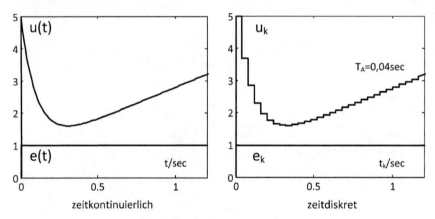

Abbildung 12.8: Der digitale PID-Regler erzeugt Stufen

Programmierung

Abbildung 12.9 zeigt die wichtigsten Bestandteile eines programmierten PID-Reglers, wie er oben hergeleitet ist. Das Programm besteht aus dem Initialisierungsteil und dem zyklischen Teil.

Der Initialisierungsteil liefert alle Daten für den zyklischen Teil. Der zyklische Teil liest in jedem Abtastschritt die Signale des Sollwerts und der Regelgröße für die Berechnung der Regeldifferenz ein, berechnet die diskrete Stellgröße und gibt diese wieder aus.

Neue diskrete Eingangs- und Ausgangswerte werden durch Umspeicherung zu alten Werten. Das Zeichen <= bedeutet eine Zuweisung in allgemeiner Form, unabhängig von der konkret gewählten Programmiersprache.

Die Variablennamen ek2, ek1, ek0 und uk2, uk1, uk0 sind die zeitdiskreten Regeldifferenzen e_{k+2}, e_{k+1}, e_k und Stellgrößen u_{k+2}, u_{k+1}, u_k.

Die programmtechnische Verschiebung um einen Zeitschritt nach jedem Abtastschritt für die rekursive Berechnung der Stellgröße u_{k+2} macht Abbildung 12.10 deutlich.

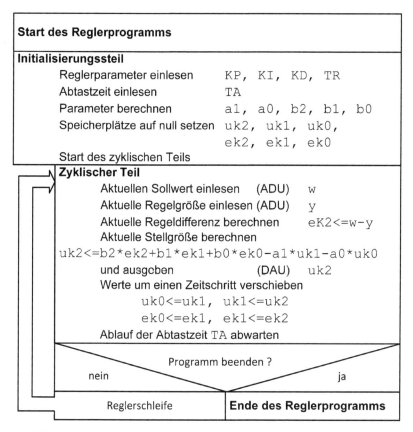

Start des Reglerprogramms

Initialisierungsteil

Reglerparameter einlesen	`KP, KI, KD, TR`
Abtastzeit einlesen	`TA`
Parameter berechnen	`a1, a0, b2, b1, b0`
Speicherplätze auf null setzen	`uk2, uk1, uk0,`
	`ek2, ek1, ek0`

Start des zyklischen Teils

Zyklischer Teil

Aktuellen Sollwert einlesen   (ADU)   `w`

Aktuelle Regelgröße einlesen (ADU)   `y`

Aktuelle Regeldifferenz berechnen   `eK2<=w-y`

Aktuelle Stellgröße berechnen

`uk2<=b2*ek2+b1*ek1+b0*ek0-a1*uk1-a0*uk0`

und ausgeben   (DAU)   `uk2`

Werte um einen Zeitschritt verschieben

`uk0<=uk1, uk1<=uk2`

`ek0<=ek1, ek1<=ek2`

Ablauf der Abtastzeit `TA` abwarten

Programm beenden ?

nein   ja

| Reglerschleife | **Ende des Reglerprogramms** |

Abbildung 12.9: Das Reglerprogramm arbeitet in einer Schleife

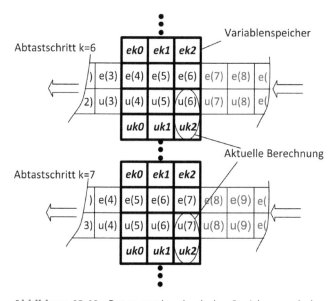

Abbildung 12.10: Daten werden durch den Speicher geschoben

Diskrete Übertragungsfunktionen

Die quasikontinuierliche Diskretisierung setzt kleine Abtastzeiten $T_A = \Delta t$ voraus. Werden die Abtastzeiten im Verhältnis zur Dynamik des Reglers groß, werden auch die Abweichungen zwischen dem diskreten Reglerverhalten und dem kontinuierlichen Reglerverhalten größer. In diesem Fall muss für die exakte Berechnung der diskreten Funktionswerte einer Zeitfunktion eine diskrete Transformation, die *z-Transformation*, auf die kontinuierliche Zeitfunktion angewendet werden.

 Was die Laplace-Transformation für kontinuierliche Systeme ist, ist die *z-Transformation* für zeitdiskrete Systeme.

Große Abtastzeiten und eine neue Transformation

Lineare dynamische Systeme mit der Eingangsgröße $u(t)$ und der Ausgangsgröße $y(t)$ beschreiben Sie im Zeitbereich bekannterweise mit der Differenzialgleichung

$$a_n \cdot \overset{(n)}{y}(t) + \cdots + a_1 \cdot \dot{y}(t) + a_0 \cdot y(t) = b_m \cdot \overset{(m)}{u}(t) + \cdots + b_1 \cdot \dot{u}(t) + b_0 \cdot u(t) \,.$$

Im Bildbereich der Laplace-Transformation wird daraus die Übertragungsfunktion zu

$$G(s) = \frac{y(s)}{u(s)} = \frac{b_m \cdot s^m + \cdots + b_1 \cdot s + b_0}{a_n \cdot s^n + \cdots + a_1 \cdot s + a_0} \,.$$

Im Zeitdiskreten können Sie eine entsprechende Differenzengleichung angeben

$$\bar{a}_n \cdot y_{k+n} + \cdots + \bar{a}_1 \cdot y_{k+1} + \bar{a}_0 \cdot y_k = \bar{b}_m \cdot u_{k+m} + \cdots + \bar{b}_1 \cdot u_{k+1} + \bar{b}_0 \cdot u_k$$

und dazu gibt es eine diskrete Übertragungsfunktion:

$$G(z) = \frac{y(z)}{u(z)} = \frac{\bar{b}_m \cdot z^m + \cdots + \bar{b}_1 \cdot z + \bar{b}_0}{\bar{a}_n \cdot z^n + \cdots + \bar{a}_1 \cdot z + \bar{a}_0} \,.$$

Der Zusammenhang zwischen der Variablen s der Laplace-Transformation und der Variablen z der z-Transformation ist

$$z = e^{T_A\, s} \,.$$

Die mathematischen Grundlagen der z-Transformation benötigten jetzt noch einige Seiten, die Ihnen aber hier erspart bleiben sollen. Die im Literaturverzeichnis empfohlene Lektüre hilft da weiter. Bei der praktischen Arbeit mit zeitdiskreten Systemen unterstützt Sie MATLAB.

Diskretisieren mit MATLAB

Abbildung 12.11 zeigt den Weg, wie Sie mit MATLAB in drei Schritten vom Zeitkontinuierlichen über den Bildbereich in das Zeitdiskrete kommen.

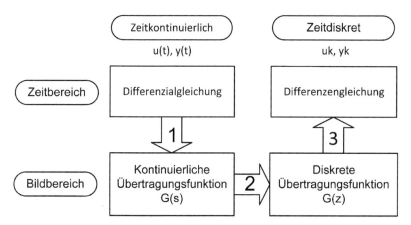

Abbildung 12.11: MATLAB macht das Diskretisieren leicht

Das schrittweise Vorgehen im Einzelnen zeigt ein Beispiel.

Diskretisieren mit MATLAB

Ausgangspunkt ist die zeitkontinuierliche Differenzialgleichung eines P-S2-Systems.

$$\frac{1}{\omega_0^2} \cdot \ddot{y}(t) + \frac{2D}{\omega_0} \cdot \dot{y}(t) + y(t) = K \cdot u(t).$$

Schritt 1: Die zugehörige Übertragungsfunktion erhalten Sie durch Anwendung der Laplace-Transformation auf die Differenzialgleichung

$$G(s) = \frac{K}{\frac{1}{\omega_0^2} \cdot s^2 + \frac{2D}{\omega_0} \cdot s + 1}.$$

Diese kontinuierliche Übertragungsfunktion $G(s)$ wird mit Parameterwerten in MATLAB definiert.

```
K=1; D=0.3; w0=2*pi;        % Parameter des P-S2-Systems
Z=[K];                      % Zähler von G(s)
N=[1/w0/w0 2*D/w0 1];       % Nenner von G(s)
ps2_c=tf(Z,N);              % Bildung von G(s)
Transfer function ps2_c:
        1
---------------------------
0.02533 s^2 + 0.09549 s + 1
```

Schritt 2: Mit einer gewählten Abtastzeit $T_{A1} = 0{,}05$ sec kann die diskrete Übertragungsfunktion $G_1(z)$ daraus mit der Funktion c2d *(continuous to discrete)* berechnet werden.

```
TA1=0.05;                   % Erste Abtastzeit
```

```
ps2_d1=c2d(ps2_c,TA1);          % Umrechnung von G(s)auf G1(z)
Transfer function ps2_d1:
  0.04601 z + 0.0432
----------------------------
z^2 - 1.739 z + 0.8282
Sampling time TA1: 0.05
```

Eine Änderung der Abtastzeit auf $T_{A2} = 0{,}15$ sec und die Berechnung der neuen diskreten Übertragungsfunktion $G_2(z)$ ist direkt mit der Funktion d2d möglich.

```
TA2=0.15;                       % Zweite Abtastzeit
ps2_d2=d2d(ps2_d1,TA2);         % Umrechnung von G1(z) auf G2(z)
Transfer function ps2_d2:
  0.3454 z + 0.2846
----------------------------
z^2 - 0.9381 z + 0.5681
Sampling time TA2: 0.15
```

Schritt 3: Zur Rückkehr in den diskreten Zeitbereich müssen Sie nur wissen, dass z^n im Bildbereich der zeitdiskreten Größe $u(t + n \cdot T_A) = u_{k+n}$ beziehungsweise $y(t + n \cdot T_A) = y_{k+n}$ entspricht.

Für $T_{A2} = 0{,}15$ sec wird damit die Differenzengleichung

$$y_{k+2} - 0{,}9381 \cdot y_{k+1} + 0{,}5681 \cdot y_k = 0{,}3454 \cdot u_{k+1} + 0{,}2846 \cdot u_k \,.$$

Die Sprungantworten der drei Systeme ps2_c, ps2_d1, ps2_d2 können Sie mit folgenden Befehlen darstellen (siehe Abbildung 12.12):

```
hold on                         % alle Grafiken speichern
Tstep=2;                        % Sprungdauer 2 sec
step(ps2_c,Tstep)               % Sprungantwort G(s)
step(ps2_d1, Tstep)             % Sprungantwort G1(z) mit 2 sec
step(ps2_d2, Tstep)             % Sprungantwort G2(z) mit 2 sec
```

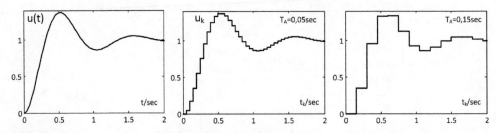

Abbildung 12.12: Die Abtastzeit kann geändert werden

Vorteile und Nachteile

Sie haben gesehen, dass die zeitliche Diskretisierung auf zwei Arten möglich ist:

✔ quasikontinuierliche Diskretisierung mit Differenzenquotienten bei kleinen Abtastzeiten

✔ Diskretisierung über die z-Transformation auch bei großen Abtastzeiten

Das sieht nach einem Vorteil bei der Verwendung der z-Transformation aus. Sie hat aber auch einen Nachteil. An den Koeffizienten der diskreten Übertragungsfunktion und damit an den Koeffizienten der Differenzengleichung können Sie bei diskreten Modellen von Regelstrecken keine physikalischen Parameter und bei diskreten Reglermodellen keine Reglerparameter erkennen. Außerdem müssen Sie bei Änderung der Abtastzeit die Koeffizienten neu berechnen.

Kapitel 13
Digitale Regelgeräte

R egler einzusetzen bedeutet heutzutage, unterschiedlichste Computer mit entsprechenden Programmen zu verwenden. Das reicht von Personal Computern mit Prozessperipherie im Laborbereich über Kompaktregler mit Mikrorechnern bis zu kompletten Automatisierungssystemen, bei denen gleichzeitig viele Regelkreise bedient werden und die Regelung nur einen Teil der Aufgaben ausmacht.

Kompaktregler besitzen feste, aber umfangreiche Standardfunktionen. Ihre Beschreibung ist besonders gut geeignet für die Erklärung, was ein Regler alles benötigt.

Regelungstechnische Datenverarbeitung

Die Informatik beschreibt die Verarbeitung von Daten mit dem »EVA-Prinzip« und meint damit, dass Programme aus der »Eingabe« von Daten, der »Verarbeitung« zu neuen Daten und der »Ausgabe« von Ergebnisdaten bestehen. Mit zwei Besonderheiten gilt das auch für Programme digitaler Regler:

✔ Die Eingaben und Ausgaben sind nicht nur Bedien- und Anzeigedaten, sondern auch Messsignale von Sensoren und Stellsignale für Aktoren.

✔ Die Eingabe, Verarbeitung und Ausgabe geschieht in Echtzeit, also schritthaltend mit dem angeschlossenen Prozess.

Abbildung 13.1 zeigt das EVA-Prinzip für die digitale Regelungstechnik.

Abbildung 13.1: Das EVA-Prinzip gilt auch für digitale Regelungen

Regler und Rechner

Regelungstechnische Datenverarbeitung findet in Entwicklungslabors, in Produktionsanlagen und in technischen Produkten statt. Die Prozesse sind verfahrenstechnisch, thermisch, mechanisch oder elektrisch. Die Methoden der Regelungstechnik bleiben dabei gleich, da die Dynamik der Prozesse trotz ihrer unterschiedlichen Physik für den Reglerentwurf mit den gleichen mathematischen Modellen beschreibbar ist.

Je nach Anwendung und Anforderung sieht die regelungstechnische Datenverarbeitung sehr unterschiedlich aus. Tabelle 13.1 gibt Ihnen darüber einen Überblick.

Regelungstechnik ...	... im Entwicklungslabor	... in der Produktionsanlage	... im Produkt
Zahl der Regelkreise im Objekt	wenige	viele	einige
Ort der Regelung	in einzelnen Musterprozessen und Prototypen	in vielen, räumlich ausgedehnten Anlagenteilen	in Einzelmaschinen oder Geräten
Regelungsaufgaben	häufig wechselnd	gelegentlich wechselnde Reglerparameter	fest
Änderbarkeit der Regelung	sehr flexibel	nur bei Umbau der Anlage	keine
Regelungsfunktionen	frei programmierbar	in umfangreichen Bausteinbibliotheken	festgelegter, begrenzter Umfang
Zahl der Objekte	kleine Einzelsysteme	Einzelsysteme mit vielen Komponenten	große Stückzahl
Abstand des Reglers vom Prozess	gering	zentrale Regeleinrichtung, entfernt vom Prozess	gering, lokal im Produkt
Reglerausführung	meist Personal Computer mit Prozessperipherie	Baugruppen umfangreicher Automatisierungssysteme, vernetzte Kompaktregler	Kompaktregler, eingebettete Mikrorechner (*embedded system*)

Tabelle 13.1: Unterschiedliche Einsätze und Ausführungen von Reglern

Regelungstechnik ...	... im Entwicklungslabor	... in der Produktionsanlage	... im Produkt
Beispiele	wechselnde Projekte und Objekte als Prototypen	Kraftwerksanlagen, chemische Reaktoren, verfahrenstechnische Anlagen, Klär- und Wasserwerke, Fertigungsanlagen	Heizungssysteme, Werkzeugmaschinen, Kraftfahrzeuge, Industrieroboter, Konsumgeräte

Tabelle 13.1: *(fortgesetzt)*

Signale für die digitalen Regler

Für die Eingabe der Signale in den digitalen Regler gibt es verschiedene Standards:

✔ *analoge Strom- oder Spannungssignale* von messenden Sensoren

✔ *binäre Signale* von schaltenden Sensoren

 Analoge Signale haben einen stufenlosen Verlauf und können einen zeitlich kontinuierlichen Verlauf einer physikalischen Größe beschreiben.

 Binäre Signale sind zweistufige digitale Signale, sie können nur zwei Zustände annehmen: *Aus* oder *Ein*, *Low* oder *High*, *0* oder *1*.

Die Regelung verfahrenstechnischer und thermischer Prozesse benötigt spezielle

✔ Eingabemodule für analoge Signale von *Widerstandsthermometern* und *Thermoelementen.*

Die Regelung mechatronischer Prozesse setzt häufig

✔ Signale von *impulsgebenden Sensoren*

ein.

 Impulsgebende Sensoren setzen kontinuierliche Prozessgrößen in Impulsfolgen binärer Signale um. Aus den Amplituden der Prozessgrößen werden Frequenzen der Impulsfolgen.

Die *analogen Stromsignale* liegen für 0 Prozent bis 100 Prozent der Prozessgröße im genormten Bereich

0 mA bis 20 mA

und bei »stromführendem Nullpunkt« im Bereich

4 mA bis 20 mA.

Beim stromführenden Nullpunkt (englisch *live zero signal*) entspricht eine Stromstärke von 4 mA der Prozessgröße von 0 Prozent. Ein Sensorsignal von 0 mA ist damit ein Hinweis auf eine Störung, zum Beispiel einen Drahtbruch.

Die *analogen Spannungssignale* liegen für 0 Prozent bis 100 Prozent der Prozessgröße im genormten Bereich

0 V bis 10 V

und bei »spannungsführendem Nullpunkt« im Bereich

2 V bis 10 V.

 Bei großem Abstand zwischen Prozess und Regler werden Stromsignale bevorzugt, da Stromsignale gegenüber elektromagnetischen Störungen unempfindlicher sind als Spannungssignale und aufgrund des Leitungswiderstands keine Verluste haben.

Bei mechatronischen Prozessen haben die physikalischen Größen wie Wege, Geschwindigkeiten und Kräfte häufig positive und negative Vorzeichen und benötigen deshalb Sensoren mit bipolaren Signalen im Bereich

−10 V bis +10 V.

Bei *binären Signalen* schaltender Sensoren werden je nach Spezifikation den beiden Zuständen EIN und AUS beispielsweise die Spannungen +24 V (*HIGH*) und 0 V (*LOW*) zugeordnet.

Signale von Widerstandsthermometern oder Thermoelementen werden in speziellen Modulen für ohmsche Widerstände und Spannungen im mV-Bereich verarbeitet.

Impulsgebende Sensoren erzeugen weg- oder winkelabhängig HIGH-LOW-Folgen mit den typischen Spannungswerten HIGH = 5 V und LOW = 0 V.

Für die Ausgabesignale werden für stellende Aktoren ebenfalls analoge Strom- und Spannungssignale und für schaltende Aktoren binäre Signale erzeugt. Die Strom- und Spannungsbereiche entsprechen denen der Eingangssignale.

Prozentiges

Der Rechner kennt keine physikalischen Größen, sondern nur die auf Prozent normierten Signalbereiche der Sollwerte $w_\%$, der Regelgrößen $y_\%$ und der Stellgrößen $u_\%$. Sie liegen zwischen 0 Prozent und 100 Prozent.

Für einen P-Regler bedeutet das für die Stellgröße

$$u_\% = K_P(w_\% - y_\%) = K_P \cdot e_\% .$$

Je größer der Reglerparameter K_P wird, umso größer werden die Steigungen im Diagramm $u_\%$ über $e_\%$. Das bedeutet auch, dass die Sättigung von 100 Prozent der Stellgröße $u_\%$ bei kleineren Werten der Regeldifferenz $e_\%$ schneller erreicht wird (siehe Abbildung 13.2). Wie weit der proportionale Bereich der Regeldifferenz geht, gibt der *Proportionalbereich* X_P an:

$$X_P = \frac{100\,\%}{K_P} .$$

Für $K_P = 2,5$ wird der Wert des Proportionalbereichs $X_P = 40\,\%$.

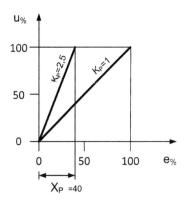

Abbildung 13.2: Der Proportionalbereich
sinkt mit zunehmender Reglerverstärkung

 Mit *Proportionalbereich* X_P bezeichnet man diejenige Regelabweichung in Prozent, für die ein P-Regler die maximale Stellgröße von 100 Prozent liefert.

Außerhalb des Proportionalbereichs funktioniert der Regler nicht mehr wie ein kontinuierlicher, sondern wie ein schaltender Regler.

Kompaktregler

Mit einem digitalen *Kompaktregler* können Sie *einen* Regelkreis mit verschiedenen Regleroptionen schließen. Kompaktregler arbeiten mit hochintegrierten Mikrocontrollern und vorbereiteten Reglerfunktionen im Festwertspeicher. Die Regler können nicht frei programmiert, sondern nur konfiguriert und parametriert werden. Für industrielle Anwendungen sind die wichtigen Reglerfunktionen vorbereitet. Diese Regler werden deshalb auch *Universalregler* genannt.

Konfigurieren bedeutet, vorgegebene Hardware- und Softwareelemente mit Programmschaltern für den jeweiligen Anwendungszweck zu kombinieren.

 Parametrieren bedeutet, die so erzeugte Struktur mit Einstellwerten, wie zum Beispiel den Reglerparametern, zu versehen.

Kompaktregler sind Einzelgeräte in genormter Größe, sodass Sie auch mehrere Geräte in Schalttafeln einbauen und mit anderen Kompaktreglern vernetzen können.

Die typischen Systemelemente von Kompaktreglern sind:

✔ Anschlüsse für Hilfsenergie (24 V=, 110/220 V~)

✔ Bedien- und Anzeigeelemente

✔ Eingangsmodule für Prozessgrößen

✔ Analog-Digital-Umsetzer

✔ Konfigurationslogik

✔ Regelalgorithmen

✔ Digital-Analog-Umsetzer

✔ Ausgabemodule für Stellgrößen

✔ digitale Kommunikationsschnittstellen

Die Abtastzeiten liegen meist zwischen 20 und 100 Millisekunden.

So kann er aussehen

Damit Sie eine Vorstellung vom Aussehen und von den Funktionen solcher Kompaktregler bekommen, wird hier ein Gerät in Anlehnung an die Geräte der Reglerfamilie SIPART DR von Siemens beschrieben. Die Geräte anderer Hersteller unterscheiden sich im Aussehen und im Funktionsumfang nicht grundsätzlich.

Auf der Gerätefront des Kompaktreglers mit den Maßen 72 × 144 Millimeter (siehe Abbildung 13.3) sind die Bedien- und Anzeigeelemente des Reglers angeordnet.

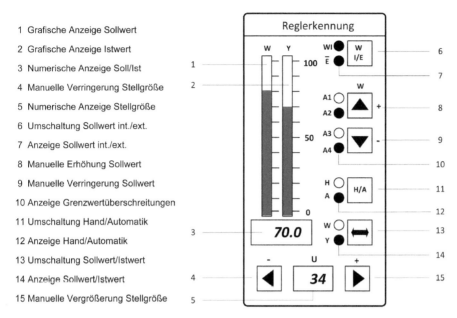

1 Grafische Anzeige Sollwert

2 Grafische Anzeige Istwert

3 Numerische Anzeige Soll/Ist

4 Manuelle Verringerung Stellgröße

5 Numerische Anzeige Stellgröße

6 Umschaltung Sollwert int./ext.

7 Anzeige Sollwert int./ext.

8 Manuelle Erhöhung Sollwert

9 Manuelle Verringerung Sollwert

10 Anzeige Grenzwertüberschreitungen

11 Umschaltung Hand/Automatik

12 Anzeige Hand/Automatik

13 Umschaltung Sollwert/Istwert

14 Anzeige Sollwert/Istwert

15 Manuelle Vergrößerung Stellgröße

Abbildung 13.3: Die Front des Kompaktreglers enthält wichtige Bedienelemente

Auf der Rückseite des Geräts befinden sich die Anschlüsse für die Signale.

Der Sollwert $w_\%$ und die Regelgröße (Istwert) $y_\%$ werden sowohl grafisch mit (1) und (2) als auch numerisch mit (3) dargestellt. Für die numerische Anzeige ist mit der Taste (13) die Auswahl zu treffen, die Leuchten (14) zeigen die Wahl an. Mit der Taste (6) entscheiden Sie, ob ein externes Signal den Sollwert liefert oder intern am Gerät vorgegeben werden kann. Die Leuchten (7) zeigen die Wahl an. Der interne Sollwert kann intern mit den Tasten (8) nach oben und mit (9) nach unten verändert werden. Mit der Taste (11) schalten Sie von der automatischen Regelung (A) auf die Handverstellung (H) der Stellgröße um. Die Leuchten (12) zeigen dies an. Die Anzeige (5) gibt die Stellgröße $u_\%$ numerisch aus. Bei Handbetrieb wird die Stellgröße mit den Tasten (4) verringert und mit (15) vergrößert. Die Leuchten (10) zeigen frei programmierbare Grenzwertüberschreitungen von Prozessgrößen an. Vor dem Betrieb des Reglers wird das Gerät konfiguriert und parametriert, um es an den Anwendungsfall anzupassen. Auch diese Einstellungen sind mit den Eingabetasten an der Gerätefront möglich.

Funktionen auswählen

Beim Konfigurieren verbinden Sie Eingangsmodule und Ausgangsmodule mit ausgewählten Reglerfunktionen (siehe Abbildung 13.4). Die geschieht mit Programmschaltern.

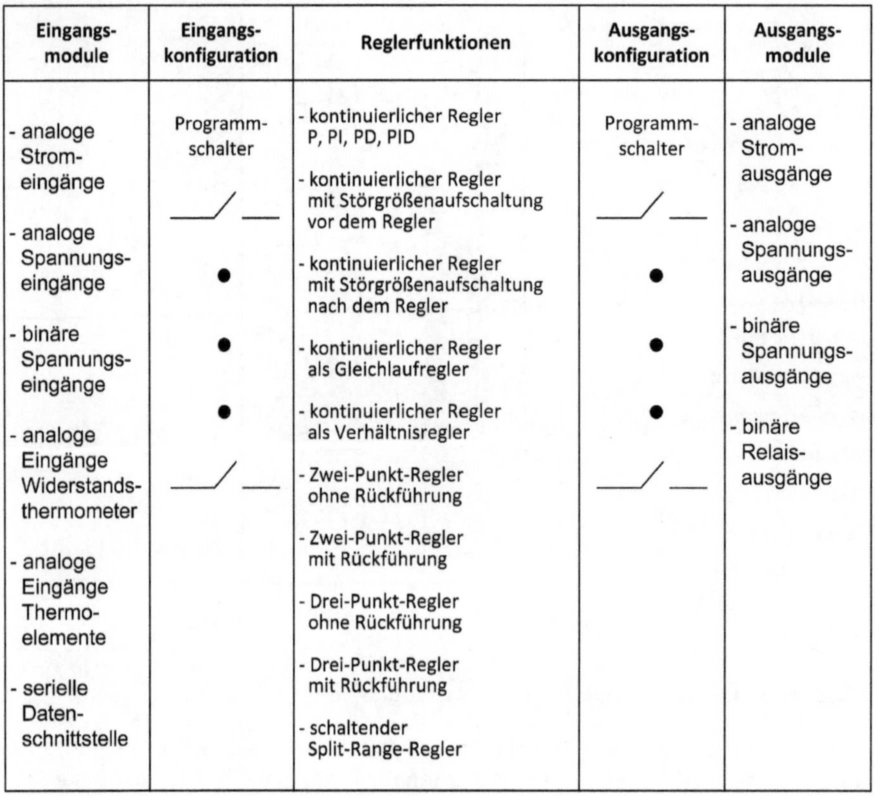

Eingangs-module	Eingangs-konfiguration	Reglerfunktionen	Ausgangs-konfiguration	Ausgangs-module
- analoge Strom-eingänge - analoge Spannungs-eingänge - binäre Spannungs-eingänge - analoge Eingänge Widerstands-thermometer - analoge Eingänge Thermo-elemente - serielle Daten-schnittstelle	Programm-schalter _/_ ● ● ● _/_	- kontinuierlicher Regler P, PI, PD, PID - kontinuierlicher Regler mit Störgrößenaufschaltung vor dem Regler - kontinuierlicher Regler mit Störgrößenaufschaltung nach dem Regler - kontinuierlicher Regler als Gleichlaufregler - kontinuierlicher Regler als Verhältnisregler - Zwei-Punkt-Regler ohne Rückführung - Zwei-Punkt-Regler mit Rückführung - Drei-Punkt-Regler ohne Rückführung - Drei-Punkt-Regler mit Rückführung - schaltender Split-Range-Regler	Programm-schalter _/_ ● ● ● _/_	- analoge Strom-ausgänge - analoge Spannungs-ausgänge - binäre Spannungs-ausgänge - binäre Relais-ausgänge

Abbildung 13.4: Module und Reglerfunktionen werden verknüpft

Über die einzelnen Reglerfunktionen erfahren Sie im Folgenden mehr.

Wichtiges Umschalten

Der kontinuierliche PID-Regler, wie er Ihnen bekannt ist, enthält beim Kompaktregler zwei Umschaltungen (siehe Abbildung 13.5):

✔ **Zwischen internem und externem Sollwert (w_I oder w_E):** Den internen Sollwert geben Sie an der Gerätefront vor, der externe Sollwert kommt von einem Eingangs-modul. Den aktuell wirksamen Sollwert haben Sie an der Gerätefront ausgewählt. Der nicht wirksame Sollwert wird während des Regelbetriebs dem wirksamen Sollwert automatisch nachgeführt. Damit wird ein *stoßfreies Umschalten* der Sollwerte erreicht.

✔ **Zwischen automatischer Regelung und Handverstellung der Stellgröße (u_A oder u_H):** Jede Regelung kann einmal instabil werden. Es kann ein Sensor ausgefallen sein oder es hat sich der Prozess so verändert, dass die Reglereinstellung nicht mehr passt. Dann muss der Mensch den Prozesseingriff übernehmen und mit der Stellgröße manuell steuern. Jeder industrielle Regler muss deshalb die Umschaltung zwischen Automatikbetrieb und Handbetrieb enthalten. Auch diese Umschaltung erfolgt stoßfrei, in dem die nicht wirksame Stellgröße der wirksamen Stellgröße nachgeführt und beim Umschalten übernommen wird.

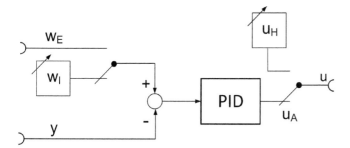

Abbildung 13.5: Sollwerte und Stellgrößen sind umschaltbar

Störgrößen aufschalten

Mit der Aufschaltung von Störgrößen z kann die Regelgüte verbessert werden, deshalb ist sie auch bei Kompaktreglern vorgesehen. Die Störgröße kann entweder vor dem Regler (siehe Abbildung 13.6) oder hinter dem Regler aufgeschaltet werden (siehe Abbildung 13.7).

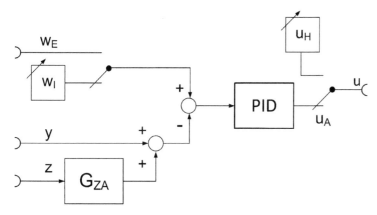

Abbildung 13.6: Störgrößenaufschaltung vor dem Regler korrigiert die Regelgröße

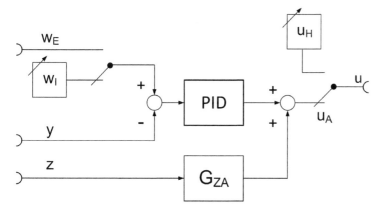

Abbildung 13.7: Störgrößenaufschaltung nach dem Regler korrigiert die Stellgröße

Die Störgröße muss natürlich messbar sein und wird auf ein analoges Eingangsmodul geschaltet. Die Störgröße können Sie mit einer Dynamik $G_{ZA}(s)$ versehen (P, PD, D) und passende Einstellwerte wählen. Das geschieht in der Phase der Parametrierung.

Schaltende Regler

Da Sie den Kompaktregler nicht frei programmieren können (und sollen!), sind verschiedene Reglertypen für die Strukturierung vorbereitet. Dazu gehört auch der Zwei-Punkt-Regler mit Schalthysterese (siehe Abbildung 13.8) für schaltende Aktoren (siehe Kapitel 3, Abschnitt »Manchmal genügt schalten«). Zwei-Punkt-Regler werden hauptsächlich für Heizungs- oder Kühlungsregelungen eingesetzt. Die Schalthöhe b ist fest und ist ein 24-V-Ausgang, der entweder direkt oder über ein Relais auf den Aktor geht. Die Hysteresebreite a ist parametrierbar und beeinflusst die Schalthäufigkeit.

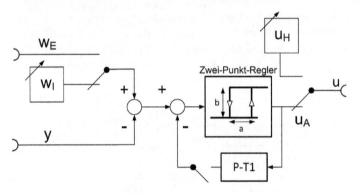

Abbildung 13.8: Zwei-Punkt-Regler können nur schalten

Mit einem P-T1-Element können Sie den Reglerausgang verzögernd zurückführen. Das verringert die Schwankungsbreite der Regelgröße und verbessert damit die Regelgüte der Zwei-Punkt-Regelung.

Den Drei-Punkt-Regler (siehe Kapitel 3, Abschnitt »Manchmal genügt schalten«) benötigt man für schaltende Stellantriebe mit den drei Zuständen *Rechtslauf, Halt, Linkslauf* eines Elektromotors (siehe Abbildung 13.9).

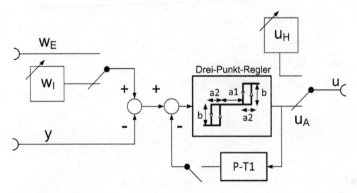

Abbildung 13.9: Drei-Punkt-Regler schalten zwischen drei Stellgrößen

Der *Drei-Punkt-Regler* arbeitet schaltend an zwei Schaltpunkten mit drei konstanten Stellgrößen. Der Drei-Punkt-Regler wird eingesetzt, wenn die Stellgröße nicht stetig variabel ist.

Die Schaltpunkte a_1 und die Schalthysterese a_2 sind einstellbar. Auch für den Drei-Punkt-Regler ist eine verzögernde Rückführung vorgesehen.

Zwei Regler mit einer Aufgabe

Sie können zwei Kompaktregler in unterschiedlicher Weise miteinander koppeln. Eine Möglichkeit ist, dass beide Regelkreise parallel geschaltet sind (siehe Abbildung 13.10). Diese Kopplung heißt *Gleichlaufregelung*. Sie bekommen entweder denselben Sollwert $w_2 = w_1$ oder zwei Sollwerte, die in einem bestimmten Verhältnis $w_2 = K_W \cdot w_1$ zueinander stehen.

Bei *Gleichlaufregelungen* laufen zwei Regelkreise synchron. Gleichlaufregelungen kommen häufig bei Antrieben vor, wenn zwei geregelte Antriebsstränge parallel oder in einem bestimmten Verhältnis arbeiten sollen. Der zweite Regler übernimmt dabei den Sollwert des ersten Reglers.

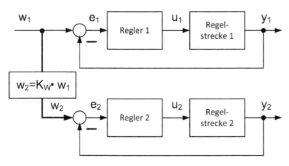

Abbildung 13.10: Die Gleichlaufregelung synchronisiert zwei Regelkreise

Die Parallelschaltung für die Gleichlaufregelung können Sie bei Kompaktreglern konfigurieren.

Verhältnisse regeln

Eine weitere Möglichkeit der Verschaltung ist die Reihenschaltung von Kompaktreglern. Damit ist die Bildung einer *Verhältnisregelung* möglich (siehe Abbildung 13.11).

Bei der *Verhältnisregelung* arbeiten zwei Regelkreise in Reihe. Die Regelgröße des ersten Regelkreises wird mit einem Faktor als Sollwert auf den zweiten Regelkreis geschaltet.

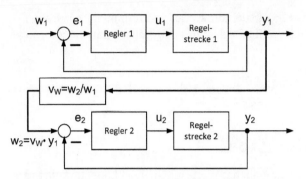

Abbildung 13.11: Bei der Verhältnisregelung arbeiten zwei Regelkreise in Reihe

Der erste Regler (Regler 1) ist der Führungsregler und die Regelgröße y_1 wird mit einem Faktor v_W als Sollwert w_2 auf den Regler 2 geschaltet. Mit dem Faktor v_W kann der Folgeregler (Regler 2) ein gewünschtes Verhältnis der Regelgrößen y_2/y_1 bilden.

Regelung eines Mischungsverhältnisses

Die Regelungsaufgabe ist die Einstellung der beiden Stoffströme A und B. Diese soll so geschehen, dass in der Stoffmischung das Mengenverhältnis $B/A = V$ wird.

Abbildung 13.12 zeigt die Verhältnisregelung mit dem Führungsregler G_{R1} und dem Folgeregler G_{R2}.

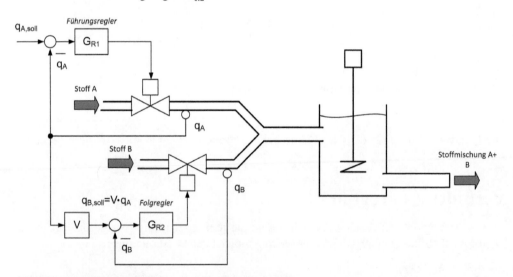

Abbildung 13.12: Das Mischungsverhältnis wird geregelt

Mit dem Führungsregler wird der Stoffstrom q_A des Stoffes A eingestellt. Diese Regelgröße wird mit dem Mischungsverhältnis V multipliziert und dem Folgeregler als Sollwert vorgegeben:

$$q_{B,soll} = V \cdot q_A .$$

Der Folgeregler stellt den Stoffstrom q_B des Stoffes B ein. In einem Behälter mit Rührwerk werden die beiden Stoffe gemischt. Mit zwei für die Serienschaltung strukturierten Kompaktreglern können Sie diese Aufgabe lösen.

Was noch gebraucht wird

Damit ein Regler im industriellen Alltag zufriedenstellend funktioniert, müssen weitere Funktionen vorgesehen sein.

Sollwerte und Stellgrößen zügeln

Die Annahme von sprungförmigen Eingangssignalen für die Anregung von Regelstrecken und Regelkreisen sowie die Auswertung von deren Sprungantworten ist für die theoretische Charakterisierung der Systemdynamik eine gängige Methode. Sprünge bei Sollwerten an Maschinen und Anlagen sehen die Betreiber allerdings nicht so gerne, da eine gut eingestellte Regelung darauf mit Stellgrößen großer Amplitude reagieren und das System belasten kann.

Der maximale Anstieg von Sollwerten kann in industriellen Reglern deshalb begrenzt werden. Abbildung 13.13 zeigt, was die Anstiegsbegrenzung bei einem Sollwertsprung bewirkt.

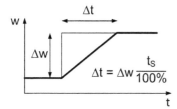

Abbildung 13.13: Sprungförmige Sollwerte sind nicht immer erwünscht

Bei einem Sollwertsprung von 0 Prozent auf 100 Prozent kann der Anstieg des Sollwerts, der auf die Regelung geschaltet wird, auf die Anstiegszeit t_S begrenzt werden. Damit wird für eine prozentuale Sollwertänderung Δw eine minimale Änderungszeit

$$\Delta t = \Delta w \cdot \frac{t_S}{100\,\%}$$

zugelassen. Sie können das auch so formulieren: Die Steigung von $w(t)$ darf den Wert $100\,\%/t_S$ nicht übersteigen. Auch für die Stellgröße $u(t)$ können bei Kompaktreglern maximale Stellgeschwindigkeiten vorgesehen werden.

Den I-Anteil begrenzen

Die Stellgröße $u_\%$ ist auf $u_{max} = 100\,\%$ begrenzt. Der interne, integrale Anteil $u_I(t)$ des Reglers

$$u_I(t) = K_I \cdot \int e(t)\,\mathrm{d}t$$

läuft bei einer positiven Regeldifferenz $e(t)$ so lange hoch, bis die Regeldifferenz zu null wird. Das ist der Sinn des I-Anteils im Regler.

Ist die Stellgröße u_{max} allerdings erreicht, ohne dass die Regeldifferenz verschwunden ist, läuft die Integration im Rechner weiter zu höheren Werten des I-Anteils ohne tatsächliche Veränderung der Stellgröße und der I-Anteil wickelt sich ohne Wirkung auf den Prozess weiter auf. Dafür hat die Regelungstechnik den Fachausdruck *Wind-up-Effekt* (*to wind something up* = etwas aufwickeln) eingeführt.

Der *Wind-up-Effekt* tritt auf, wenn beim I-Regler die Stellgröße begrenzt ist. Die Integration des Reglers arbeitet bei großer Regeldifferenz weiter, ohne dass die Stellgröße zunimmt. Wird die Regeldifferenz wieder kleiner, entsteht in der Stellgröße eine Verzögerung, da der I-Anteil wieder abgebaut werden muss.

Der verzögerte Abbau des I-Anteils kann zu unerwünschten Schwingungen oder auch zur Instabilität des Regelkreises führen. Abhilfe schafft hier eine *Anti-wind-up-Maßnahme*.

Die *Anti-wind-up-Maßnahme* vermeidet den Wind-up-Effekt, indem der I-Anteil beim Erreichen der maximalen Stellgröße auf den letzten Wert so lange »eingefroren« wird, bis der Regler wieder negative Regeldifferenzen bekommt.

Der Normalbetrieb des I-Anteils ist

$$u_I(t) = K_I \cdot \int e(t)\,\mathrm{d}t \quad \text{für} \quad u(t) < u_{max}\,.$$

Bei $u(t) \geq u_{max}$ <u>und</u> $e(t) > 0$ wird der I-Anteil abgeschaltet

$$u_I(t) = K_I \cdot \int 0 \cdot \mathrm{d}t\,.$$

Nichtlineares am Eingang

Die Sensoren bilden physikalische Prozessgrößen auf elektrische Signale ab. Damit die Reglereinstellung für den gesamten Signalbereich passt, sollte der *Zusammenhang zwischen Physik und Signal linear* sein.

Ein *linearer Zusammenhang zwischen einer Prozessgröße* $x_{prozess}$ *und einer Sensorgröße* y_{sensor} ist gegeben, wenn die Sensorgröße mit dem Produkt der Prozessgröße und einem konstanten Faktor K_{sensor} beschreibbar ist:

$$y_{sensor} = K_{sensor} \cdot x_{prozess} \, .$$

Dann ist die Rückrechnung von der Sensorgröße auf die Prozessgröße besonders einfach.

Sensoren bilden die Physik aber nicht immer linear ab. Mit einer Umrechnung der Sensorsignale lässt sich das korrigieren. Kompaktregler bieten diese Möglichkeit.

Das Widerstandsthermometer mit negativem Temperaturkoeffizient NTC (*negative temperature coefficient NTC*) hat beispielsweise eine nichtlineare Kennlinie. Bei niedrigen Temperaturen nimmt der Widerstand stärker ab als bei hohen Temperaturen (siehe Abbildung 13.14).

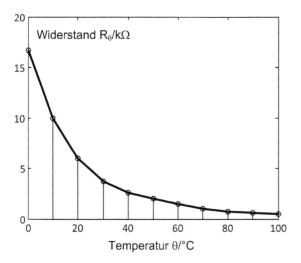

Abbildung 13.14: Der NTC-Widerstand besitzt eine nichtlineare Kennlinie

Für die Eingabe in den Rechner wird aus dem temperaturabhängigen Widerstandswert R mit einer elektronischen Anpassschaltung eine temperaturabhängige Spannung U gebildet, die ebenfalls nichtlinear von der Temperatur abhängt.

Für die Rückrechnung der nichtlinearen Eingangsspannung U auf die Temperatur θ im Kompaktregler werden zunächst n Stützstellen für den Temperaturbereich gewählt und die Werte für θ, R und U in seiner Tabelle erfasst. In Abbildung 13.14 sind es $n = 11$ Stützstellen, Tabelle 13.2 enthält diese Werte.

n	1	2	3	4	5	6	7	8	9	10	11
$\theta/°C$	0	10	20	30	40	50	60	70	80	90	100
$R_\theta/k\Omega$	16,70	10,00	6,00	3,70	2,60	2,00	1,50	1,00	0,75	0,60	0,50
U_θ/V	10,00	5,99	3,59	2,20	1,55	1,18	0,89	0,59	0,46	0,36	0,30

Tabelle 13.2: Stützstellen auf der nichtlinearen Kennlinie

Im Kompaktregler kann damit eine Tabelle abgelegt werden, die als X-Werte die aufsteigenden Stützwerte von U und als Y-Werte die zugehörigen Werte von θ enthält (siehe Tabelle 13.3).

$X = U_\theta/V$	0,30	0,36	0,46	0,59	0,89	1,18	1,55	2,20	3,59	5,99	10
$Y = \theta/°C$	100	90	80	70	60	50	40	30	20	10	0

Tabelle 13.3: Stützstellen für den Kompaktregler

Eine Aufgabe bleibt noch. Es müssen mit den $n = 11$ Stützwerten die Temperaturwerte kontinuierlich für alle Spannungswerte von 0,30 V bis 10 V berechnet werden. Das leistet ein Programm des Kompaktreglers mit einer linearen oder quadratischen Interpolation zwischen den Stützwerten.

Teil IV
Alles gleichzeitig regeln

IN DIESEM TEIL ...

Eine moderne Art, in einem Prozess mehrere Größen gleichzeitig zu regeln, ist die Zustandsregelung.
Die drei Kapitel dieses Teils führen Sie in diesen Zweig der Regelungstechnik ein, der heute fester Bestandteil von regelungstechnischen Vorlesungen und Programmen ist.

Kapitel 14
Die Regelung von Zuständen

A nders als bei der PID-Regelung, die nur eine Regelgröße berücksichtigt, nutzt die Zustandsregelung alle für den Prozess wichtigen dynamischen Größen des Prozesses. Mehr Information zu verwenden führt auf ein besseres Ergebnis der Regelung. Das Konzept der Zustandsregelung ist sehr übersichtlich. Es ist sowohl für einfache als auch für komplexe Systeme geeignet und verwendet dafür einheitliche vektorielle Gleichungen. Regelungstechnische Programme helfen beim Entwurf.

Rückführung des Systemzustands

Wie eine *Zustandsregelung* funktioniert, werden Sie am besten mit einem sehr einfachen Beispiel verstehen, das Sie auch noch mit einer PID-Regelung in den Griff bekommen.

Zwei Zustände eines Wagens

Auf einer kippbar gelagerten Schiene kann ein Wagen rollen (siehe Abbildung 14.1). Nur bei exakt horizontaler Lage der Schiene (Kippwinkel $\alpha = 0$) bleibt der Wagen stehen. Durch geschickte Kippbewegungen $\alpha(t)$ können Sie den Wagen auf der Schiene bewegen und zum Stehen zu bringen. Sie haben den Zustand des Systems dann von Hand geregelt.

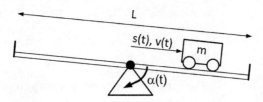

Abbildung 14.1: Die kippbare Schiene bewegt den Wagen

Wie bei allen mechanischen Systemen hat dieses System, mit einem Freiheitsgrad des Wagens, zwei Zustände, die Position $s(t)$ und die Geschwindigkeit $v(t)$.

Der maximale Kippwinkel der Schiene mit der Länge $L = 0{,}6$ m beträgt $\alpha_{max} = \pm 20°$. Die manuelle Regelung erfordert etwas Übung. Sie beobachten die beiden Zustände des Wagens und werden schnell herausbekommen, wie Sie die Schienenneigung $\alpha(t)$ in Abhängigkeit der Zustände variieren müssen, um den Wagen zum Beispiel in der Schienenmitte zum Stehen zu bringen. Nichts anderes macht ein technischer Zustandsregler.

Das Beobachten wird bei der automatischen Regelung zum Messen der Position und der Geschwindigkeit. Für die Kippverstellung der Schiene sorgt ein schneller elektrischer Drehantrieb, der vom Zustandsregler angesteuert wird. So wie Sie erst die Dynamik der Wagenbewegung kennenlernen müssen, braucht der Zustandsregler das mathematische Bewegungsmodell der Anlage. Das ist aber schnell aufgestellt.

Die Gewichtskraftkomponente des Wagens in Schienenrichtung erzeugt die Wagen-beschleunigung $a(t) = \ddot{s}(t)$ und überwindet einen kleinen Rollwiderstand, der zur Geschwindigkeit $v(t) = \dot{s}(t)$ proportional ist:

$$m \cdot \ddot{s}(t) + d \cdot \dot{s}(t) = m \cdot g \cdot \sin\left[\alpha(t)\right].$$

Der Wagen hat die Masse $m = 0{,}5$ kg, der lineare Rollwiderstand ist $d = 0{,}3$ Ns/m und die Erdbeschleunigung ist g.

Für kleine Kippwinkel ist die Näherung

$$\sin\left[\alpha(t)\right] \approx \alpha(t)$$

ausreichend genau, falls α im Bogenmaß gemessen wird. Nach der Division der Gleichung durch m wird die Bewegungsgleichung des Wagens

$$\ddot{s}(t) + \frac{d}{m} \cdot \dot{s}(t) = g \cdot \alpha(t).$$

Mit den beiden Zuständen, dem Weg $s(t) = x_1(t)$ und der Geschwindigkeit $v(t) = \dot{s}(t) = x_2(t)$, sowie der Stellgröße und dem Kippwinkel $\alpha(t) = u(t)$, lauten die Zustandsgleichungen:

$$\dot{x}_1(t) = x_2(t)$$

$$\dot{x}_2(t) = -\frac{d}{m} \cdot x_2(t) + g \cdot u(t).$$

Die Zustandsgleichungen stellen Sie mit Vektoren und Matrizen dar. Das kennen Sie aus Kapitel 7.

$$\dot{\underline{x}}(t) = A \cdot \underline{x}(t) + B \cdot \underline{u}(t)$$

Mit der Zusammenfassung der beiden Zustände $x_1(t)$ und $x_2(t)$ im Zustandsvektor

$$\underline{x}(t) = \begin{bmatrix} x_1(t) \\ x_2(t) \end{bmatrix}$$

können Sie das System vektoriell schreiben:

$$\dot{\underline{x}}(t) = \begin{bmatrix} 0 & 1 \\ 0 & -d/m \end{bmatrix} \cdot \underline{x}(t) + \begin{bmatrix} 0 \\ g \end{bmatrix} \cdot u(t).$$

Die Systemmatrix hat die Dimension $\dim(A) = (2 \times 2)$ und ist

$$A = \begin{bmatrix} 0 & 1 \\ 0 & -d/m \end{bmatrix}.$$

Da es nur eine Stellgröße, den Kippwinkel, gibt, hat die Eingangsmatrix B die Dimension $\dim(B) = (2 \times 1)$ und kann als Vektor $\underline{b}$ geschrieben werden:

$$\underline{b} = \begin{bmatrix} 0 \\ g \end{bmatrix}.$$

Die Regelung der zwei Zustände

Bei einer *Zustandsregelung* werden alle Zustände mit konstanten Regelparametern multipliziert, die Produkte werden summiert und negativ als Stellgröße auf das System zurückgeführt.

Für das Beispiel des Wagens auf der Kippschiene wird diese Zustandsrückführung

$$u_x(t) = - \left[k_1 \cdot x_1(t) + k_2 \cdot x_2(t) \right]$$

mit den zu berechnenden Reglerparametern k_1 und k_2.

Drei Fragen tauchen an dieser Stelle auf:

1. Wie sieht eine Zustandsrückführung in vektorieller Schreibweise aus?

   Antwort: Die konstanten Parameter des Zustandsreglers werden in einer Rückführmatrix K zusammengefasst und mit dem Zustandsvektor multipliziert:

   $$\underline{u}_x(t) = -K \cdot \underline{x}(t).$$

   Generell ist $\dim \left[\underline{x}(t) \right] = n$ und $\dim \left[\underline{u}_x(t) \right] = p$, für K folgt daraus die Dimension $\dim[K] = p \times n$. Im Beispiel ist $n = 2$ und $p = 1$, damit ist die Stellgröße u_x in diesem Fall skalar und die Reglermatrix wird ein Zeilenvektor $\underline{k}^T = \begin{bmatrix} k_1 & k_2 \end{bmatrix}$.

2. Was kann diese Zustandsrückführung?

Antwort: Da noch kein Sollzustand vorgegeben ist, kann die Zustandsrückführung das System aus einem Anfangszustand $\underline{x}(t = 0) = \underline{x}_0$ bisher nur auf den Zustand $\underline{x} = \underline{0}$ zurückfahren und das mit einer Dynamik, die Sie mit $\underline{k}^T$ festlegen. Aber das ist ja auch schon was und es geht noch mehr.

3. Wie werden geeignete Parameter dieses Zustandsreglers berechnet?

Antwort: Eigenwerte beziehungsweise Pole eines Systems beschreiben seine Dynamik. Es ist sinnvoll, zunächst die Eigenwerte des ungeregelten Systems zu betrachten. Dann schließen Sie den Zustandsregelkreis $\underline{\dot{x}}(t) = A \cdot \underline{x}(t) + \underline{b} \cdot u_x(t)$ mit der Rückführung $u_x(t) = -\underline{k}^T \cdot \underline{x}(t)$ und geben neue Eigenwerte für den geschlossenen Regelkreis vor.

 Erzeugt die Zustandsregelung nur »eine« Stellgröße $u_x(t)$, so stehen die Reglerparameter in einem Zeilenvektor $\underline{k}^T$ und das Rückführgesetz lautet $u_x = -\underline{k}^T \cdot \underline{x}(t)$. Erzeugt die Zustandsregelung »mehrere« Stellgrößen $\underline{u}_x(t)$, so stehen die Reglerparameter in einer Matrix K und das Rückführgesetz ist $\underline{u}_x = -K \cdot \underline{x}(t)$.

Die Eigenwerte des ungeregelten Systems sind die Eigenwerte der Systemmatrix A.

✔ Zustandsgleichungen des ungeregelten Systems

$$\underline{\dot{x}}(t) = A \cdot \underline{x}(t))$$

✔ Eigenwerte des ungeregelten Systems

$$\text{eig}\,(A)$$

Bei der vektoriellen Zustandsgleichung des geregelten Systems gibt es die Gleichung des Prozesses und die Gleichung der Zustandsrückführung.

Die Gleichung 1 für den Prozess ist

$$\underline{\dot{x}}(t) = A \cdot \underline{x}(t) + \underline{b} \cdot u_x(t)\,.$$

Die Gleichung 2 für die Zustandsrückführung ist

$$u_x(t) = -\underline{k}^T \cdot \underline{x}(t)\,.$$

Gleichung 2 in Gleichung 1 eingesetzt ergibt

$$\underline{\dot{x}}(t) = A \cdot \underline{x}(t) - \underline{b} \cdot \underline{k}^T \cdot \underline{x}(t) \quad \text{beziehungsweise} \quad \underline{\dot{x}}(t) = (A - \underline{b} \cdot \underline{k}^T)\underline{x}(t)\,.$$

Die Eigenwerte des geregelten Systems sind dann

$$\text{eig}\,(A - \underline{b} \cdot \underline{k}^T)\,.$$

Vorgabe der Regeldynamik

Die Berechnung von Zustandsrückführungen geht immer in drei Schritten:

1. **Analyse des ungeregelten Systems**

   Aufstellen der Systemmatrix A und Berechnung ihrer Eigenwerte eig (A)

2. **Berechnung des geregelten System**

   Aufstellen der Systemmatrix des geregelten System $(A - BK)$und Vorgabe seiner Eigenwerte eig $(A - BK)$

3. **Berechnung der Rückführmatrix**

   Bestimmung der Elemente von K

Für das »Wagenbeispiel« sieht das so aus:

1. **Analysieren Sie das ungeregelte System.**

   Die Eigenwerte von A sind die Lösungen der charakteristischen Gleichung

   $$P_A(s) \equiv \det\,[s \cdot I - A] = \det\left\{\begin{bmatrix} s & 0 \\ 0 & s \end{bmatrix} - \begin{bmatrix} 0 & 1 \\ 0 & -d/m \end{bmatrix}\right\} = \det\begin{bmatrix} s & -1 \\ 0 & s+d/m \end{bmatrix} = 0$$

   $$P_A(s) \equiv s^2 + s \cdot d/m = 0\,.$$

   Die Lösungen sind $s_1 = 0$ und $s_2 = -d/m$.

   Beim ungeregelten System ist der Kippwinkel auf $\alpha = 0$ fest eingerastet, die Stellgröße ist also $u = 0$. Da einer der beiden Eigenwerte den Wert Null hat, ist das System grenzstabil (siehe Kapitel 4, Abschnitt »Systeme sich selbst überlassen«). Nach einer Auslenkung aus der Nulllage kehrt es nicht mehr in die Ruhelage zurück. Der zweite, negative Eigenwert weist auf die Dämpfung im System hin. Nach einer Anfangsbewegung bleibt der Wagen irgendwo stehen.

2. **Berechnen Sie das geregelte System.**

   Die Systemmatrix des geregelten Systems wird für das Beispiel

   $$[A - \underline{b} \cdot \underline{k}^T] = \begin{bmatrix} 0 & 1 \\ 0 & -d/m \end{bmatrix} - \begin{bmatrix} 0 \\ g \end{bmatrix} \cdot [k_1\ k_2] = \begin{bmatrix} 0 & 1 \\ -g \cdot k_1 & -(d/m + g \cdot k_2) \end{bmatrix}$$

   und die *Eigenwerte* sind die Lösungen der charakteristischen Gleichung

   $$P_{ABK}(s) \equiv \det\,[s \cdot I - A + B \cdot K] = \det\begin{bmatrix} s & -1 \\ g \cdot k_1 & s+(d/m + g \cdot k_2) \end{bmatrix} = 0.$$

   $$P_{ABK}(s) \equiv s^2 + (d/m + g \cdot k_2)\,s + g \cdot k = 0$$

   mit den Lösungen s_1 und s_2.

Die Gleichung des geregelten Systems hat auch den Grad 2 und damit ebenfalls zwei Lösungen.

3. **Geben Sie die Regeldynamik vor.**

Die Zustandsrückführung soll den Wagen aus beliebigen Anfangszuständen in den Ruhezustand $x_1 = s = 0$ und $x_2 = v = 0$ in der Schienenmitte führen. Für ein stabil geregeltes System müssen Sie die zwei Eigenwerte mit negativen Realteilen vorgeben. Bei zwei Eigenwerten eignet sich ein konjugiert komplexes Eigenwertpaar:

$$s_{1,2} = a \pm j \cdot b \quad \text{mit} \quad a < 0.$$

Diese Eigenwerte erzeugen ein gedämpftes Schwingungsverhalten und bei $b \leq a$ ergibt sich eine gute Dämpfung. Je weiter die Eigenwerte vom Nullpunkt entfernt sind, umso schneller ist das geregelte System. Der Preis dafür sind große Stellgrößen. Da der Kippwinkel maximal nur 20° werden kann, gibt es Geschwindigkeitsgrenzen. An diese sollen die vorgegebenen Eigenwerte angepasst sein.

Geeignete Werte für das Beispiel sind

$$a = -4 \frac{1}{\text{sec}} \quad \text{und} \quad b = 4 \frac{1}{\text{sec}}, \quad \text{also} \quad s_{1,2} = -4 \frac{1}{\text{sec}} \pm j \cdot 4 \frac{1}{\text{sec}}.$$

4. **Berechnen Sie die charakteristische Gleichung des Regelkreises.**

Mit diesen Eigenwerten können Sie die gewünschte charakteristische Gleichung berechnen

$$P(s) \equiv (s - s_1) \cdot (s - s_2) = (s - a + j \cdot b) \cdot (s - a - j \cdot b) = s^2 - 2a \cdot s + (a^2 + b^2) = 0$$

und mit der charakteristischen Gleichung des Regelkreises

$$P_{\text{ABK}}(s) \equiv s^2 + (d/m + g \cdot k_2)s + g \cdot k_1 = 0$$

vergleichen.

Jetzt kommt der entscheidende Punkt.

5. **Berechnen Sie die Reglerparameter.**

Durch den Vergleich der Koeffizienten der Wunschgleichung

$$P(s) \equiv s^2 - 2a \cdot s + (a^2 + b^2) = 0$$

mit den Koeffizienten der charakteristischen Gleichung der Regelung

$$P_{\text{ABK}}(s) \equiv s^2 + (d/m + g \cdot k_2)\,s + g \cdot k_1 = 0,$$

können Sie mit

$$s^0: \quad g \cdot k_1 = (a^2 + b^2) \quad und \quad s^1: \quad (d/m + g \cdot k_2) = -2a$$

die Reglerparameter

$$k_1 = \frac{(a^2 + b^2)}{g} \quad und \quad k_2 = \frac{(-2a - d/m)}{g}$$

berechnen.

Mit den Zahlenwerten werden die Reglerparameter

$$k_1 = \frac{(a^2 + b^2)}{g} = \frac{(16 + 16)}{9,81} \frac{1/\text{sec}^2}{\text{m/sec}^2} = 3,262 \text{ m}^{-1}$$

$$k_2 = \frac{(-2a - d/m)}{g} = \frac{8 - \dfrac{0,3}{0,5}}{9,81} \frac{1/\text{sec}}{\text{m/sec}^2} = 0,7543 \text{ m}^{-1}\text{sec}^{-1}.$$

Die gesuchten Reglerparameter k_1, k_2 sind berechnet und Sie erhalten damit eine Regelung wie in Abbildung 14.2.

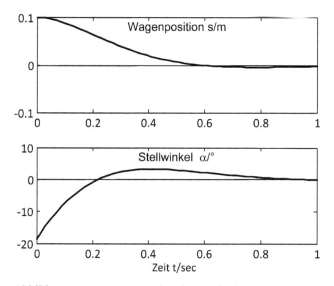

Abbildung 14.2: Der Zustandsregler macht das richtig gut

Zu Beginn steht der Wagen bei $s = 0,1$ m. Nach $t = 0,6$ sec hat die Zustandsregelung den Wagen nach $s = 0$ geführt. Mit welcher Strategie? Die Schiene wird sofort auf fast $\alpha = -20°$ gestellt, langsam in das Positive gedreht und schließlich auf null gestellt. Hätten Sie das auch so gemacht wie der Zustandsregler? Im besten Fall ja!

Durch die Rückführung des Systemzustands mit Reglerparametern, die dem geregelten System geeignete Eigenwerte verleiht, kann das System »Wagen auf Schiene« in gewünschter Weise in den Ruhezustand gebracht werden.

Mechanische Systeme haben immer eine gerade Zahl von Eigenwerten (EW). Bei f Freiheitsgraden gibt es $n = 2f$ Eigenwerte. Wenn Sie die Lage der Eigenwerte in der komplexen s-Ebene mit der reellen und imaginären Achse (Re-Achse und Im-Achse) interpretieren können, wissen Sie schon eine Menge über die Systemdynamik. Tabelle 14.1 fasst dieses Expertenwissen für Systeme mit einer Masse und $n = 2$ Eigenwerten zusammen.

Lage der Eigenwerte	Verhalten der Masse
2 EW im Ursprung	Masse frei beweglich, ungedämpft
1 EW im Ursprung 1 EW auf der negativen Re-Achse	Masse frei beweglich, gedämpft
2 EW konjugiert komplex auf der Im-Achse	Masse mit Federn gefesselt, ungedämpft
2 EW konjugiert komplex in der linken s-Halbebene	Masse mit Federn gefesselt, schwach gedämpft
2 EW reell in der linken s-Halbebene	Masse mit Federn gefesselt, stark gedämpft

Tabelle 14.1: Interpretation von Eigenwerten bei Ein-Massen-Systemen

Die Zustandsregelung verändert nur die Lage der Eigenwerte, nicht deren Anzahl. Theoretisch sind Sie frei in der Vorgabe von Eigenwerten. Praktisch sollten die Eigenwerte des geregelten Systems nicht allzu weit von denen des ungeregelten Systems liegen, sonst werden die Stellgrößen unrealistisch groß.

Eigenwertvorgaben leicht gemacht

Nicht nur für das Beispiel, sondern generell gilt: Zustandsregelungen entwerfen bedeutet Zustandsrückführungen so zu berechnen, dass die Eigenwerte des geregelten Systems an gewünschte Stellen in der komplexen s-Ebene »platziert« werden. Das ist die Eigenwertvorgabe beziehungsweise *Polvorgabe* (*pole placement*), was das Gleiche bedeutet.

Die *Polvorgabe* (Eigenwertvorgabe) ist eine Methode, einen Zustandsregler zu entwerfen. Dazu werden zunächst die Pole des geschlossenen Regelkreises geeignet vorgegeben, daraus die Parameter der Zustandsrückführung berechnet und schließlich das Regelverhalten und der Stellgrößenverlauf überprüft.

Bei der Eigenwertvorgabe unterscheiden sich die Berechnungsmethoden für Systeme mit »einer« skalaren Stellgröße $u_x(t)$ von Systemen mit »mehreren« Stellgrößen in einem Stellvektor $\underline{u}_x(t)$.

Eine Stellgröße

Bei Zustandsregelungen mit »einer« Stellgröße und den Zustandsgleichungen

$$\underline{\dot{x}}(t) = [A - \underline{b} \cdot \underline{k}^T] \cdot \underline{x}(t)$$

kommen Sie mit der Vorgabe der Eigenwerte

$$\text{eig} (A - \underline{b} \cdot \underline{k}^T)$$

bei der Systemordnung $n = 2$ schnell zu den Parametern $\underline{k}$ der Zustandsrückführung, wenn Sie es machen wie im vorangegangenen Beispiel.

Haben Sie den Ehrgeiz, Zustandsregelungen für Systeme höherer Ordnung von Hand zu berechnen, sollten Sie die Zustandsgleichungen der Regelstrecke in der *Regelungsnormalform*

$$\underline{\dot{x}}_{RN}(t) = A_{RN} \cdot \underline{x}_{RN}(t) + \underline{b}_{RN} \cdot u(t)$$

darstellen, wie schon in Kapitel 8 im Abschnitt »Normale Formen« beschrieben.

Dort war

$$A_{RN} = \begin{bmatrix} 0 & 1 & \cdots & 0 & 0 \\ 0 & 0 & \cdots & 0 & 0 \\ \cdots & \cdots & \cdots & \cdots & \cdots \\ 0 & 0 & \cdots & 1 & 0 \\ 0 & 0 & \cdots & 0 & 1 \\ -a_0 & -a_1 & \cdots & -a_{n-2} & -a_{n-1} \end{bmatrix} \quad \text{und} \quad \underline{b}_{RN} = \begin{bmatrix} 0 \\ 0 \\ \cdots \\ 0 \\ 0 \\ 1 \end{bmatrix} .$$

Wegen der einfachen Form des Produkts

$$\underline{b}_{RN} \cdot \underline{k}^T = \begin{bmatrix} 0 & 0 & \cdots & 0 & 0 \\ 0 & 0 & \cdots & 0 & 0 \\ 0 & 0 & \cdots & 0 & 0 \\ 0 & 0 & \cdots & 0 & 0 \\ 0 & 0 & \cdots & 0 & 0 \\ k_1 & k_2 & \cdots & k_{n-1} & k_n \end{bmatrix}$$

wird dann

$$[A_{RN} - \underline{b}_{RN} \cdot \underline{k}^T] = \begin{bmatrix} 0 & 1 & \cdots & 0 & 0 \\ 0 & 0 & \cdots & 0 & 0 \\ \cdots & \cdots & \cdots & \cdots & \cdots \\ 0 & 0 & \cdots & 1 & 0 \\ 0 & 0 & \cdots & 0 & 1 \\ -(a_0 + k_1) & -(a_1 + k_2) & \cdots & -(a_{n-2} + k_{n-1}) & -(a_{n-1} + k_n) \end{bmatrix} .$$

Die charakteristische Gleichung des Regelkreises können Sie hier mehr oder weniger direkt ablesen

$$P_{ABK}(s) = (a_0 + k_1) \cdot s^0 + (a_1 + k_2) \cdot s^1 + \cdots + (a_{n-2} + k_{n-1}) \cdot s^{n-2}$$
$$+ (a_{n-1} + k_n) \cdot s^{n-1} + s^n = 0$$

und mit einer Vorgabe

$$P(s) \equiv c_0 \cdot s^0 + c_1 \cdot s^1 + \cdots + c_{n-2} \cdot s^{n-2} + c_{n-1} \cdot s^{n-1} + s^n = 0$$

vergleichen.

Die Reglerparameter der Zustandsrückführung erhalten Sie mit dem einfachen Koeffizientenvergleich

$$k_1 = (c_0 - a_0); \quad k_2 = (c_1 - a_1); \quad \cdots;$$
$$k_{n-1} = (c_{n-2} - a_{n-2}); \quad k_n = (c_{n-1} - a_{n1}).$$

Berechnung einer Zustandsrückführung

Für ein System mit der Matrix A und dem Eingangsvektor $\underline{b}$ in Regelungsnormalform

$$\underline{\dot{x}}(t) = \begin{bmatrix} 0 & 1 & 0 \\ 0 & 0 & 1 \\ -1 & -2 & -3 \end{bmatrix} \cdot \underline{x}(t) + \begin{bmatrix} 0 \\ 0 \\ 1 \end{bmatrix} \cdot u(t)$$

ist eine Zustandsrückführung $u_x(t) = -\underline{k} \cdot \underline{x}(t)$ so zu berechnen, dass der geschlossene Regelkreis alle drei Eigenwerte bei

$$s_1 = s_2 = s_3 = -5$$

besitzt.

1. **Stellen Sie die charakteristische Gleichung des Regelkreises auf.**

   $$P_{ABK}(s) \equiv (a_0 + k_1) \cdot s^0 + (a_1 + k_2) \cdot s^1 + (a_2 + k_3) \cdot s^2 + s^3 = 0$$

   mit den Parameterwerten von A.

2. **Berechnen Sie die gewünschte charakteristische Gleichung des geschlossenen Regelkreises.**

   $$P(s) \equiv (s - s_1) \cdot (s - s_2) \cdot (s - s_3) = 0$$

   mit den vorgegebenen Eigenwerten

   $$P(s) \equiv (s + 5) \cdot (s + 5) \cdot (s + 5) = 125 + 75s + +15s^2 + s^3 = 0.$$

3. **Machen Sie einen Koeffizientenvergleich von P_{ABK} mit $P(s)$ und lösen Sie nach k_1, k_2, k_3 auf.**

   $$1 + k_1 = 125 \rightarrow k_1 = 124$$

   $$2 + k_2 = 75 \rightarrow k_2 = 73$$

   $$3 + k_3 = 15 \rightarrow k_3 = 12$$

4. Berechnen Sie die Lösung.

$$u_x(t) = -\underline{k}^T \cdot \underline{x}(t) = -\left[k_1 \cdot x_1(t) + k_2 \cdot x_2(t) + k_3 \cdot x_3(t)\right]$$
$$= -\left[124x_1 + 73x_2 + 12x_3\right]$$

Es geht noch einfacher

Die Berechnung von Zustandsregelungen mit »einer« Stellgröße wird ganz einfach, wenn Sie die *Control System Toolbox* von MATLAB dafür einsetzen.

Dort gibt es die Funktion acker zur Berechnung von Eigenwertvorgaben nach Jürgen Ackermann, mit der Sie schnell zum Ergebnis kommen. Die Systemgleichung muss dazu auch nicht in der Regelungsnormalform vorliegen.

Für die Berechnung der Reglerparameter $\underline{k}^T$ müssen Sie nur drei Eingaben machen:

✔ die Systemmatrix A,

✔ den Eingangsvektor $\underline{b}$,

✔ den Vektor $\underline{p}$ der vorgegebenen Eigenwerte.

Im Programm sieht das dann so aus:

```
A = [0 1 0;
     0 0 1;
     -1 -2 -3];        % Systemmatrix
b = [0;
     0;
     1];              % Eingangsvektor
p = [-5;-5;-5];       % Vektor der Eigenwerte
k = acker(A,b,p)      % Berechnung der Zustandsrückführung
```

Ergebnis:

```
k = 124 73 12
```

 Bei einer Systemmatrix mit der Dimension dim $(A) = (n \times n)$ müssen Sie n Eigenwerte vorgeben.

Bei einer Rückführung von n Zuständen und der Bildung einer skalaren Stellgröße besitzt die Rückführmatrix die Dimension dim $(\underline{k}^T) = (1 \times n)$ mit n Reglerparametern. Da die Ordnungen n des ungeregelten und geregelten Systems gleich sind und die charakteristischen Gleichungen damit auch n-ten Grades sind, ist die Bestimmung der Reglerparameter einfach und eindeutig. Anders ist das bei mehreren Stellgrößen.

Und jetzt für mehrere Stellgrößen

Natürlich können Sie mit MATLAB auch Zustandsregelungen mit »mehreren« Eingangs-größen berechnen. Die Rückführmatrix K hat dann so viele Zeilen p, wie es Stellgrößen im Vektor $\underline{u}(t)$ gibt, und so viele Spalten n, wie es Zustände im Vektor $\underline{x}(t)$ gibt. Die Zahl der Reglerparameter wird $p \cdot n$ und Sie haben nicht mehr genügend Gleichungen für eine eindeutige Bestimmung der Reglerparameter durch Koeffizientenvergleich der charakteris-tischen Gleichungen.

 Bei mehreren Stellgrößen ist die Bestimmung der Reglerparameter für die Zustandsregelung über die charakteristische Gleichung des geregelten Systems nicht mehr eindeutig, sondern enthält Entwurfsfreiheiten.

Für diesen Fall verwenden Sie in MATLAB die Funktion place für die Eigenwertvorgabe und die Anweisung ist entsprechend

```
K = place(A,B,p).
```

Das funktioniert gut, auf zwei Dinge sollten Sie dabei achten:

✔ Die Eigenwerte im Vektor $\underline{p}$ sollten nicht exakt gleich sein, sondern sich mindestens ein wenig voneinander unterscheiden.

   Es funktioniert nicht p = [-5,-5,-5],

   aber es funktioniert p = [-5.1,-5.2,-5.3].

✔ Wie genau die gewünschten Eigenwerte des Regelkreises berechnet werden konnten, überprüfen Sie mit eig(A-B*K).

Sollzustände erreichen

Mit der Berechnung einer geeigneten Zustandsrückführung $\underline{u}_x(t) = -K \cdot \underline{x}(t)$ ist dynamisch schon viel erreicht. Das geregelte System ist stabil und wird mit gewünschter Geschwindig-keit in die Nulllage geführt. Von einer Regelung wird aber erwartet, dass sie den Prozess auf beliebige Sollwerte führen kann. Mit einer Erweiterung der Zustandsregelung ist das möglich.

Aufschalten von Sollzuständen

Die Aufgabe einer kompletten Zustandsregelung ist es, den Istzustand $\underline{x}(t)$ auf einen Soll-zustand $\underline{w}(t)$ zu führen:

$$\underline{x}(t) \Rightarrow \underline{w}(t).$$

Dazu wird neben der Zustandsrückführung

$$\underline{u}_x(t) = -K \cdot \underline{x}(t)$$

die Aufschaltung des Sollzustands mit der *Aufschaltmatrix* V gebildet, die häufig auch als *Vorfilter* bezeichnet wird:

$$\underline{u}_w(t) = V \cdot \underline{w}(t) \, .$$

 Das *Vorfilter* bei der Aufschaltung des Sollzustands für eine Zustandsregelung sorgt dafür, dass keine stationäre Regeldifferenz auftritt.

Die Differenz dieser beiden Vektoren

$$\underline{u}(t) = \underline{u}_w(t) - \underline{u}_x(t)$$

ist nun die Stellgröße, die auf die Regelstrecke

$$\underline{\dot{x}}(t) = A \cdot \underline{x}(t) + B \cdot \underline{u}(t)$$

wirkt.

Die vektorielle Zustandsgleichung des Regelkreises wird:

$$\underline{\dot{x}}(t) = A \cdot \underline{x}(t) + B \cdot \left[V \cdot \underline{w}(t) - K \cdot \underline{x}(t) \right]$$

oder anders zusammengefasst:

$$\underline{\dot{x}}(t) = [A - B \cdot K] \cdot \underline{x}(t) + B \cdot V \cdot \underline{w}(t) \, .$$

Zwei Forderungen helfen bei der Bestimmung des Vorfilters V:

✔ Der Regelkreis soll zur Ruhe kommen und stationär werden.

  Diese Forderung bedeutet $\underline{\dot{x}}(t) = \underline{0}$.

✔ Der stationäre Istzustand soll dem stationären Sollzustand entsprechen.

  Diese Forderung bedeutet $\underline{w}_{stat} = \underline{x}_{stat}$.

Mit diesen Forderungen bleibt von der vektoriellen Zustandsgleichung die Bedingung

$$\underline{0} = [A - B \cdot K] + B \cdot V$$

übrig.

Es folgt jetzt noch die Auflösung nach V. Da es sich um Matrizen handelt, ist Vorsicht geboten. Um nach der Matrix V aufzulösen, wird zunächst die Klammer negiert auf die andere Seite gebracht und anschließend beide Seiten von links mit der Inversen B^{-1} multipliziert. Mit den Eigenschaften

$$B^{-1} \cdot B = I \quad \text{und} \quad I \cdot V = V \quad (I \text{ ist die Einheitsmatrix})$$

wird das Vorfilter V mit der Dimension dim $(V) = (p \times n)$

$$V = -B^{-1}[A - B \cdot K].$$

Bei einer skalaren Stellgröße besteht V aus einer Zeile mit n Elementen.

Pseudo

Inverse Matrizen können Sie nur für quadratische Matrizen mit gleicher Zeilen- und Spaltenzahl bilden. Das ist aber bei der Eingangsmatrix B meist nicht der Fall. Man spricht dann bei B^{-1} von einer *Pseudoinversen*.

 Inverse Matrizen können nur von quadratischen Matrizen gebildet werden. Diejenige Matrix, die auch bei der Multiplikation mit einer rechteckigen Matrix eine Einheitsmatrix ergibt, heißt *Pseudoinverse*.

Bei einer rechteckigen Matrix mit der Dimension dim(B) = ($n \times p$), $n \neq p$ wird dim($B^{-1} \cdot B$) = ($p \times p$). Die Elemente der Pseudoinversen B^{-1} können mit Programmen für Matrizenrechnung aber so bestimmt werden, dass mit $B^{-1} \cdot B$ wieder eine Einheitsmatrix entsteht.

 Berechnung einer Pseudoinversen mit MATLAB

Für die Matrix

$$B = \begin{bmatrix} 5 & 0 \\ 0 & 0 \\ 0 & 2 \end{bmatrix}$$

ist die pseudoinverse Matrix B^{-1} zu berechnen.

Mit MATLAB verwenden Sie dazu die Funktion pinv:

```
B = [5 0;
   0 0;
   0 2];        % Eingabe von B
Binv = pinv(B)  % Berechnung von Binv
I = Binv*B      % Überprüfung des Ergebnisses
```

und erhalten die Pseudoinverse B^{-1}:

```
Binv =
 0.2000 0 0
 0    0 0.5000
I =
  1 0
  0 1
```

Beachten Sie, dass die Matrix B, wie in unserem Fall, mehr Zeilen als Spalten enthalten muss.

Sie sind ohnehin gut beraten, für die Berechnung von Zustandsregelungen Programmpakete wie MATLAB zu verwenden. Die Vorteile der Zustandsregelungen liegen drin, dass auch für Systeme hoher Ordnung gute Regelungen entworfen werden können, »von Hand« aber kaum zu bewältigen sind.

In Bildern denken

Die Struktur von Zustandsregelungen mit der Aufschaltung des Sollzustands zeigt Abbildung 14.3 im *vektoriellen Signalflussbild*. Die Zustandsregelung und die Regelstrecke werden hier grafisch dargestellt.

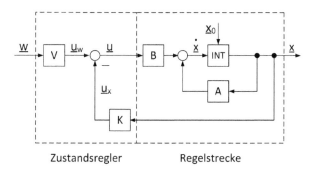

Abbildung 14.3: Das Signalflussbild macht die Gleichungen deutlich

Obwohl Sie das bereits wissen, kommt hier noch einmal die Lesart: In den Kästen stehen die Matrizen. Der Kasten INT ist die einzige Ausnahme, hier wird $\dot{\underline{x}}(t)$ mit der Anfangsbedingung $\underline{x}(t = 0) = \underline{x}_0$ zu $\underline{x}(t)$ integriert. Die Matrizen werden von links mit dem Vektor multipliziert, der in den Kasten hineingeht, das Produkt kommt aus dem Kasten heraus.

Beispiel: $\underline{u}_w(t) = V \cdot \underline{w}(t)$.

Regelstrecke: $\dot{\underline{x}}(t) = A \cdot \underline{x}(t) + B \cdot \underline{u}(t)$

Zustandsregler: $\underline{u}(t) = V \cdot \underline{w}(t) - K \cdot \underline{x}(t)$

Am Ende dieses Kapitels wird die grafische Darstellung in einem Signalflussbild auch für die Simulation des geregelten Systems verwendet.

 In der Entwurfsphase arbeiten Sie mit dem Modell der Regelstrecke und mit dem Zustandsregler auf dem Papier und im Rechner. In der Betriebsphase bleibt der Zustandsregler im Rechner und arbeitet in Echtzeit an der realen Regelstrecke, die sich hoffentlich so verhält wie das Modell.

Der Zwei-Massen-Schwinger

Die Mechatronik als Schnittmenge von Mechanik, Elektronik und Informatik kann unter Einsatz der Regelungstechnik die dynamischen Eigenschaften mechanischer Systeme deutlich verbessern.

Mechatronik und Zustandsregelung passen aus zwei Gründen gut zusammen:

✔ Für die Beschreibung der mechanischen Eigenschaften sind die Zustandsgrößen sehr gut geeignet.

✔ Zustandsregelungen erfordern genaue Kenntnisse der Prozessdynamik. Das kann bei mechanischen Systemen gut erfüllt werden.

Das Beispiel in diesem Kapitel berechnet eine Zustandsregelung für einen Versuchsaufbau, der typische, häufig auftretende Merkmale und Aufgabenstellungen enthält. Sie können damit wichtige Aspekte zum Thema Zustandsregelung kennenlernen.

Der Versuchsaufbau

Der Versuchsaufbau (siehe Abbildung 14.4) trägt den Namen »Zwei-Massen-Schwinger«. So heißen auch viele dynamische Ersatzmodelle in der Mechatronik. Der Versuch ist also ein typischer Stellvertreter.

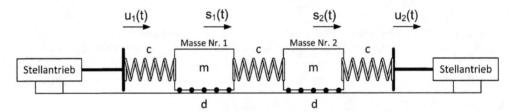

Abbildung 14.4: Der Zwei-Massen-Schwinger ist ziemlich prominent

Zwei Massen laufen auf Rollen mit geringer Reibung auf dem Untergrund. Die Massen sind mit einer Zug-Druck-Feder miteinander und mit zwei weiteren Federn nach außen gekoppelt. Mit den Stellantrieben können die Massen über die Federn bewegt werden.

Abbildung 14.4 zeigt den Ruhezustand. Von hier aus werden die Verschiebungen s_1 und s_2 der Massen Nr. 1 und Nr. 2 gemessen. Mit den Stellantrieben können die äußeren Federn um die Wege u_1 und u_2 verschoben und der Zwei-Massen-Schwinger damit bewegt werden. Bei ausgeschalteten Stellantrieben bleiben die Verschiebungen bei $u_1(t) = u_2(t) = 0$ fest stehen.

Die Stellantriebe werden von einer Zustandsregelung angesteuert. Die Zustandsregelung übernimmt zwei Aufgaben gleichzeitig:

✔ Beruhigung von auftretenden translatorischen Schwingungen der Massen,

✔ Verschieben der Massen in eine gewünschte Position.

Wie entsteht ein derartiger Versuchsaufbau? Das geschieht mit den Schritten Planen – Entscheiden – Rechnen – Konstruieren – Bauen – Messen – Regler entwerfen – Regler programmieren – Erproben.

Zwei dieser Schritte, das Rechnen und der Reglerentwurf, interessieren in einem Buch für Regelungstechnik, sie werden hier erläutert.

Die Mechanik

Für eine einfache Beschreibung der mechanischen Dynamik benötigen Sie die folgenden drei Parameter:

✔ die Massen: $m = 0{,}5\,\text{kg}$

✔ die Federraten: $c = 70\,\dfrac{\text{N}}{\text{m}}$

✔ die Dämpfungen der Rollen und Federn: $d = 2\,\dfrac{\text{N sec}}{\text{m}}$

Die Bewegungsgleichungen erhalten Sie mit der Bilanz der Feder- und Dämpfungskräfte an den Massen Nr. 1 und Nr. 2.

Masse Nr. 1: $\quad m \cdot \ddot{s}_1(t) = c\left[u_1(t) - s_1(t)\right] + c\left[s_2(t) - s_1(t)\right] - d \cdot \dot{s}_1(t)$

Masse Nr. 2: $\quad m \cdot \ddot{s}_2(t) = c\left[s_1(t) - s_2(t)\right] + c\left[u_2(t) - s_2(t)\right] - d \cdot \dot{s}_2(t)$

Das System besitzt zwei Freiheitsgrade und damit vier Zustände, die zwei Positionen $s_1(t)$ und $s_2(t)$ sowie die zwei Geschwindigkeiten $\dot{s}_1(t)$ und $\dot{s}_2(t)$. Damit können Sie den Zustandsvektor $\underline{x}(t)$ definieren:

$$\underline{x}(t) = \begin{bmatrix} x_1(t) \\ x_2(t) \\ x_3(t) \\ x_4(t) \end{bmatrix} = \begin{bmatrix} s_1(t) \\ \dot{s}_1(t) \\ s_2(t) \\ \dot{s}_2(t) \end{bmatrix}.$$

Wenn Sie die Bewegungsgleichungen durch m dividieren und die Abkürzung

$$a_1 = \frac{c}{m} \quad \text{und} \quad a_2 = \frac{d}{m}$$

einführen, erhalten Sie die vier Zustandsgleichungen:

$$\dot{x}_1(t) = x_2(t)$$
$$\dot{x}_2(t) = -2a_1 \cdot x_1(t) - a_2 \cdot x_2(t) + a_1 \cdot x_3(t) + a_1 \cdot u_1(t)$$

$$\dot{x}_3(t) = x_4(t)$$

$$\dot{x}_4(t) = a_1 \cdot x_1(t) - 2a_1 \cdot x_3(t) - a_2 \cdot x_4(t) + a_1 \cdot u_2(t)$$

Die vektorielle Darstellung der Systemgleichungen

$$\dot{\underline{x}}(t) = A \cdot \underline{x}(t) + B \cdot \underline{u}(t)$$

wird für den Zwei-Massen-Schwinger also

$$\dot{\underline{x}}(t) = \begin{bmatrix} 0 & 1 & 0 & 0 \\ -2a_1 & -a_2 & a_1 & 0 \\ 0 & 0 & 0 & 1 \\ a_1 & 0 & -2a_1 & -a_2 \end{bmatrix} \cdot \underline{x}(t) + \begin{bmatrix} 0 & 0 \\ a_1 & 0 \\ 0 & 0 \\ 0 & a_1 \end{bmatrix} \cdot \underline{u}(t)\,.$$

Auch die beiden Stellwege $u_1(t)$ und $u_2(t)$ sind im Vektor $\underline{u}(t)$ zusammengefasst.

Jetzt kommt wieder MATLAB ins Spiel, denn seine Stärke ist ja die Rechnung mit Matrizen (MATLAB =MATrix LABoratory).

Mit den Eingaben

```
m = 0.5; c = 70; d = 2;     % Parameter des Systems
a1 = c/m; a2 = d/m;         % Abkürzungen
A=[ 0    1    0    0;
  -2*a1 -a2   a1   0;
    0    0    0    1;
   a1    0  -2*a1  -a2];     % Systemmatrix
B = [ 0 0
     a1 0;
      0 0;
      0 a1];                 % Eingangsmatrix
eig(A)                       % Eigenwerte von A
```

berechnen Sie die Eigenwerte der Matrix A; es sind die Eigenwerte des ungeregelten Systems:

```
-2.0000 +11.6619i
-2.0000 -11.6619i
-2.0000 +20.3961i
-2.0000 -20.3961i
```

Sie erkennen zwei konjugiert komplexe Eigenwertpaare mit den zwei Eigenfrequenzen $\omega_1 = 11{,}7\,\text{sec}^{-1}$, $\omega_2 = 20{,}4\,\text{sec}^{-1}$ und einem kleinen negativen Realteil, was den Hinweis auf eine schwache Dämpfung gibt.

Das ungeregelte System wird nach Anstoßen der Massen schwach gedämpfte Schwingungen mit zwei Frequenzen ausführen:

$$f_1 = \frac{\omega_1}{2\pi} = 1{,}86\,\text{Hz} \quad \text{und} \quad f_2 = \frac{\omega_2}{2\pi} = 3{,}25\,\text{Hz}\,.$$

Bei der niedrigeren Frequenz f_1 bewegen sich die Massen in gleicher Richtung, bei der höheren Frequenz f_2 bewegen sie sich gegeneinander. Meist treten die beiden Bewegungen kombiniert auf.

In Abbildung 14.5 wird die Masse Nr. 1 um 0,2 Meter ausgelenkt und losgelassen. Das verursacht im ungeregelten System eine pendelnde Bewegung beider Massen.

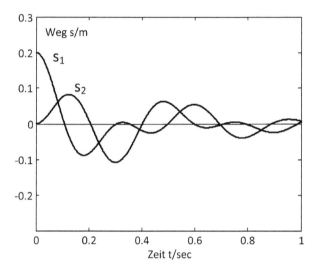

Abbildung 14.5: Massen mit Federn neigen zu Schwingungen

Aktiv dämpfen

Die erste Aufgabe der Zustandsregelung ist die Beruhigung dieser Schwingungen durch Ansteuerung der Stellantriebe mit $u_1(t)$ und $u_2(t)$, das *aktives Dämpfen* genannt wird.

 Das Beruhigen, also das Dämpfen von Schwingungen eines Systems über den Eingriff von Stellgrößen, heißt *aktives Dämpfen*.

Für eine bessere Dämpfung benötigt das geregelte System neue Eigenwerte, die einen größeren Abstand von der imaginären Achse haben als das ungeregelte System. Die Eigenwerte des ungeregelten Systems und die neue Platzierung der Eigenwerte für das geregelte System zeigt Abbildung 14.6.

Das Systemverhalten wird nicht vollständig verändert, es wird nur die Dämpfung erhöht. Diese Dämpfung erzeugt die Zustandsrückführung.

Mit dieser Vorgabe der Eigenwerte wird nun mit MATLAB die Rückführmatrix des Zustandsreglers berechnet.

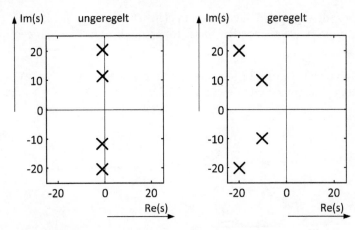

Abbildung 14.6: Zustände regeln bedeutet Eigenwerte platzieren

```
s_neu = [-10+10i
         -10-10i
         -20+20i
         -20-20i];         % Vorgabe der Eigenwerte
K = place(A,B,s_neu)       % Berechnung der Rückführmatrix
```

Ausgabe der Rückführmatrix K in $\underline{u}_x(t) = -K \cdot \underline{x}(t)$:

```
K =
   1.1323 0.1944 0.9467 -0.0719
   0.9366 0.0695 0.6073  0.1770
```

Die Anfangsauslenkungen in Abbildung 14.5 werden nun wiederholt und in Abbildung 14.7 für den geregelten Fall gezeigt. In 0,4 sec hat der Zustandsregler durch »geschickte« Stellwege $u_1(t)$ und $u_2(t)$ das System beruhigt und auf die Position Null gefahren.

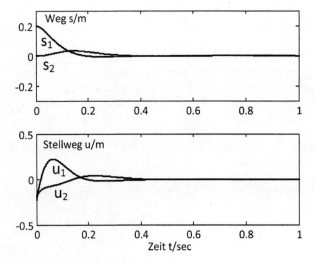

Abbildung 14.7: Der Zustandsregler macht die Dämpfung

Positionieren

Die zweite Aufgabe der Zustandsregelung ist das Verschieben der Massen in eine gewünschte Position beim gleichzeitigen aktiven Dämpfen von auftretenden Schwingungen.

Das gelingt mit der nun vollständigen Zustandsregelung

$$\underline{u}(t) = V \cdot \underline{w}(t) - K \cdot \underline{x}(t) \, .$$

Die Aufschaltung des Sollzustands

$$\underline{u}_w(t) = V \cdot \underline{w}(t)$$

mit dem Vorfilter

$$V = -B^{-1} \left[A - B \cdot K \right]$$

wird ebenfalls mit MATLAB berechnet.

Da die Eingangsmatrix B mit $\dim(B) = (4 \times 2)$ keine quadratische Matrix ist, gibt es für B nur die Pseudoinverse B_{pinv} mit $\dim(B_{\text{pinv}}) = (2 \times 4)$.

Die Berechnungen dazu sind:

```
Bpinv=pinv(B)        % Berechnung der Pseudoinversen
V=-Bpinv*(A-B*K)     % Berechnung der Aufschaltmatrix
```

mit den Ergebnissen:

```
Binv =
     0  0.0071     0      0
     0      0      0 0.0071
V =
  3.1323  0.2230 -0.0533 -0.0719
 -0.0634 0.0695  2.6073   0.2056
```

Nun können Sie Sollzustände für die beiden Massen vorgeben, zum Beispiel die Positionierung bei $s_{1,\text{soll}} = s_{2,\text{soll}} = 0{,}2$ m. Der Vektor der Sollzustände wird damit

$$\underline{w} = \begin{bmatrix} 0{,}2 \text{ m} \\ 0 \\ 0{,}2 \text{ m} \\ 0 \end{bmatrix} \, .$$

Wie das aussieht, zeigt Abbildung 14.8.

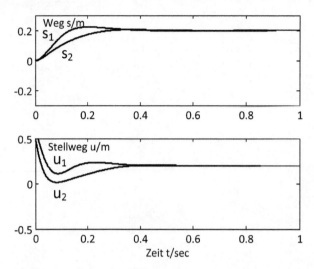

Abbildung 14.8: Jetzt kann der Zustandsregler auch positionieren

Da zwei unabhängige Stellwege zur Verfügung stehen, können die beiden Massen auch auf unterschiedliche Positionen gebracht werden. Das legen Sie mit dem Sollzustand $\underline{w}$ fest.

Simulieren

Vor der Inbetriebnahme der Zustandsregelung am realen Prozess ist die Überprüfung des Berechneten mit einer Simulation sehr sinnvoll und üblich.

Dazu bietet MathWorks® neben der Produktfamilie MATLAB die Produktfamilie Simulink® an, wobei die beiden Programme sehr gut miteinander können. Simulink ist eine blockorientierte Programmiersprache, bei der Blöcke mit unterschiedlichsten Funktionen aus einer Bibliothek grafisch zu einer Struktur zusammengeschaltet werden. Simulink ist in MATLAB integriert, sodass Sie die Eingaben und Berechnungen in MATLAB für Simulink verwenden und Simulationsergebnisse in MATLAB weiterverarbeiten können.

Die Struktur der Zustandsregelung, wie sie in Abbildung 14.3 bereits grafisch als Signalfluss-bild dargestellt wird, können Sie für Simulink direkt übernehmen (siehe Abbildung 14.9).

Sie »positionieren« im ersten Schritt die Funktionsblöcke auf der grafischen Oberfläche und »strukturieren« im zweiten Schritt das Problem durch Verbinden der Blöcke mit Si-gnallinien. Im dritten Schritt »parametrieren« Sie die Blöcke, indem Sie Namen und Werte zuweisen, die in MATLAB definiert wurden. Um die numerische Integration im Block *Integrator* brauchen Sie sich auch nicht zu kümmern, das macht Simulink mit hochwertigen Verfahren.

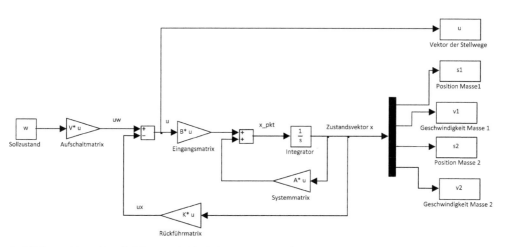

Abbildung 14.9: Simulink kann mit Blockdiagrammen rechnen

Obwohl dies kein Arbeitsbuch für Simulink ist, sollen Sie auf den Geschmack der blockorientierten Simulation mit Simulink gebracht werden. Die sechs in Abbildung 14.9 verwendeten Blöcke sind nur ein Bruchteil des Angebots in Simulink. Auf der Seite `https://de.mathworks.com/help/simulink/index.html` können Sie sich einen Überblick verschaffen.

Die hier eingesetzten Blöcke beschreibt Abbildung 14.10.

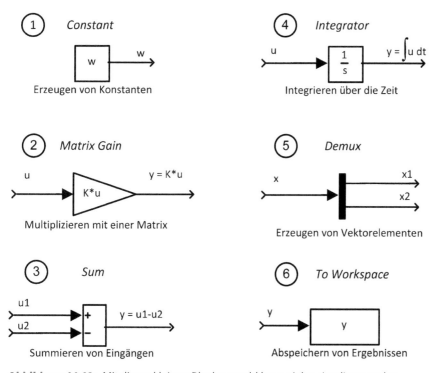

Abbildung 14.10: Mit dieser kleinen Blockauswahl kann vieles simuliert werden

✔ Der Block *Constant* ist ein Block ohne Eingangsgröße, er erzeugt einen konstanten Vektor.

✔ Der Block *Matrix Gain* multipliziert einen Eingangsvektor mit einer Matrix, die Dimensionen Vektor und Matrix müssen zueinander passen.

✔ Der Block *Sum* addiert oder subtrahiert die Eingangsvektoren, die Zahl der Eingänge können vorgegeben werden.

✔ Der Block *Integrator* integriert den Eingangsvektor elementweise, die Anfangswerte der Integration können vorgegeben werden.

✔ Der Block *Demux* (Demultiplexer) zerlegt den Eingangsvektor in seine Komponenten.

✔ Der Block *To Workspace* ist ein Block ohne Ausgang, mit ihm werden Simulationsergebnisse abgespeichert.

IN DIESEM KAPITEL

Zustandsbeobachter verstehen

Zustandsbeobachter und Zustandsregler
zusammenschalten

Festlegen von Beobachtereigenwerten

Anwendungen kennenlernen

Kapitel 15
Zustandsbeobachter ersetzen Messungen

D ie Vorteile der Zustandsregler können nur genutzt werden, wenn alle Zustände des Prozesses zur Verfügung stehen. Sind sie nicht messbar oder ist die Messung sehr aufwendig, kann an die Stelle der Messung die Schätzung mit einem mitlaufenden Prozessmodell treten. Dieses Prozessmodell ist Bestandteil eines Zustandsbeobachters. Das Prozessmodell wird mit dem Fehler zwischen messbaren Größen und deren Schätzung abgeglichen, so wie es bei einer Regelung mit der Regeldifferenz geschieht.

Mit Modellen schätzen

Sie können einen Prozess entweder mit einem PID-Regler oder mit einem Zustandsregler regeln. Der PID-Regler verwendet für die Regelung meist nur eine Regelgröße, bei erweiterten Strukturen vielleicht auch noch eine zweite Hilfsregelgröße. Der Zustandsregler dagegen verwendet alle Zustandsvariablen des Prozesses. Damit können Sie bessere Regelergebnisse erreichen. Das macht die Zustandsregelung so attraktiv.

Allerdings stellt der Zustandsregler auch höhere Anforderungen in theoretischer und praktischer Hinsicht:

✔ Höhere theoretische Anforderung: Die Dynamik der Regelstrecke müssen Sie mit den Zustandsgrößen sehr genau für die Berechnung der Zustandsrückführung beschreiben.

✔ Praktische Anforderung: Die Zustandsregelung verlangt die Rückführung aller Zustände, sie müssen also alle gemessen werden.

Die Messung der benötigten Zustandsvariablen ist in einigen Fällen entweder gar nicht oder nur mit großem messtechnischem Aufwand möglich. Die Regelungstheoretiker haben sich deshalb nach dem Motto »Schätzen statt Messen« etwas einfallen lassen.

Das Modell läuft mit

Die Beschreibung der Prozessdynamik mit dem bekannten Zustandsmodell

$$\dot{\underline{x}}(t) = A \cdot \underline{x}(t) + B \cdot \underline{u}(t)$$

gibt den Hinweis zur Lösung des Problems.

Abbildung 15.1 zeigt im oberen Teil den Signalfluss am realen Prozess. Die Wirkungen der Stellgrößen $\underline{u}(t)$ erzeugen die Zustandsgrößen $\underline{x}(t)$. Im unteren Teil des Signalflusses läuft ein Prozessmodell parallel mit, das mit denselben Stellgrößen angeregt wird und mit berechneten Zuständen $\underline{x}_B(t)$ darauf reagiert.

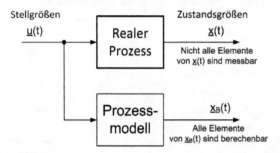

Abbildung 15.1: Ein Modell des realen Prozesses läuft mit

Die berechneten Zustände $\underline{x}_B(t)$ sind eine Schätzung der tatsächlichen Zustände $\underline{x}(t)$ und werden mit der Gleichung des mitlaufenden Prozessmodells

$$\dot{\underline{x}}_B(t) = A_B \cdot \underline{x}_B(t) + B_B \cdot \underline{u}(t)$$

berechnet.

Für den Fall, dass nicht alle Zustandsgrößen am realen Prozess messbar sind, kann dieses Modell die nicht verfügbaren Zustände liefern.

Das funktioniert aber nur in der Theorie, denn

✔ die Dynamik von Modell und Realität stimmt nie vollständig überein.

✔ die Anfangszustände von Modell und Realität weichen meist voneinander ab.

Aufgrund dieser Unterschiede würden nach diesem Konzept die Zustände von Modell und realem Prozess schnell auseinanderlaufen und die geschätzten Zustände wären für die Regelung unbrauchbar.

Um gute Zustandsschätzungen zu erhalten, wird deshalb eine verbesserte Methode mit sogenannten *Zustandsbeobachtern* eingesetzt.

Zustände beobachten

Für den Entwurf eines *Zustandsbeobachters* wird zunächst festgelegt, welche der Zustände gemessen werden können. Dazu dient die Ausgangsgleichung

$$\underline{y}(t) = C \cdot \underline{x}(t),$$

die im Ausgangsvektor $\underline{y}(t)$ die messbaren Zustandsgrößen festlegt. Die Ausgangsmatrix C stellt den Zusammenhang zwischen dem Ausgangsvektor $\underline{y}(t)$ und dem kompletten Zustand $\underline{x}(t)$ her.

Ausgangsvektor und Ausgangsmatrix

Von den vier Zuständen

$$\underline{x} = \begin{bmatrix} x_1 \\ x_2 \\ x_3 \\ x_4 \end{bmatrix}$$

eines Systems seien nur die Elemente x_1 und x_3 messbar. Der Ausgangsvektor wird damit zu

$$\underline{y} = \begin{bmatrix} x_1 \\ x_3 \end{bmatrix},$$

woraus die Ausgangsmatrix

$$C = \begin{bmatrix} 1 & 0 & 0 & 0 \\ 0 & 0 & 1 & 0 \end{bmatrix}$$

folgt.

Ein Zustandsbeobachter schätzt (beobachtet) aufgrund der Messung der Ausgangsgrößen den kompletten Systemzustand.

Voraussetzung für die Möglichkeit, den Zustand eines Systems zu beobachten, ist die Beobachtbarkeit. Die Prüfung der Beobachtbarkeit haben Sie in Kapitel 8 im Abschnitt »Prüfung der Beobachtbarkeit« kennengelernt.

Beim Zustandsbeobachter wird der Zustand $\underline{x}_B(t)$ des mitlaufenden Beobachtermodells ständig mit dem *Beobachterfehler* $\underline{e}_B$ korrigiert.

Der *Beobachterfehler* $\underline{e}_B(t)$ ist die Differenz zwischen den gemessenen Ausgangsgrößen $\underline{y}(t)$ und den vom Beobachter geschätzten Ausgangsgrößen $\underline{y}_B(t)$:

$$\underline{e}_B(t) = \underline{y}(t) - \underline{y}_B(t).$$

Den Beobachter ebenfalls regeln

Der Beobachterfehler wird dazu mit der Rückführmatrix G multipliziert und das Produkt $G \cdot \underline{e}_B(t)$ ergänzt nun die Gleichung des Beobachters. Diese Rückführung im Beobachter arbeitet wie eine Regelung, wobei die Matrix G die »Reglermatrix« im Beobachter ist:

$$\dot{\underline{x}}_B(t) = A_B \cdot \underline{x}_B(t) + B_B \cdot \underline{u}(t) + G \cdot \underline{e}_B(t) \, .$$

Die Rückführmatrix G bestimmt, wie der Beobachterfehler $\underline{e}_B(t)$ in die Modelldynamik regelnd eingreift und den Beobachterfehler abbaut.

Abbildung 15.2 zeigt das Zusammenspiel von realem Prozess und Zustandsbeobachter im vektoriellen Signalflussbild.

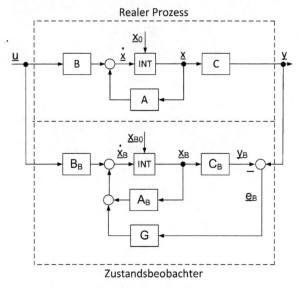

Abbildung 15.2: Der Beobachter bekommt eine Rückmeldung vom Prozess

Nur eine Frage der Dimension

Vektorielle Zustandsgleichungen bestehen aus konstanten Parametern in Matrizen und Vektoren unterschiedlicher Dimension sowie zeitlich veränderlichen skalaren oder vektoriellen Größen.

Dazu kommt im Kasten »Es gibt nur Matrizen und Vektoren« eine Zwischenbemerkung.

Es gibt nur Matrizen und Vektoren

Das Ganze können Sie vereinfachen, wenn Sie die Systemparameter einheitlich mit Matrizen bezeichnen, gleichgültig, ob es sich um zweidimensionale Zahlenfelder

$$A = \begin{bmatrix} \bullet & \bullet & \bullet & \bullet \\ \bullet & \bullet & \bullet & \bullet \\ \bullet & \bullet & \bullet & \bullet \\ \bullet & \bullet & \bullet & \bullet \end{bmatrix},$$

um Spaltenvektoren

$$B = \begin{bmatrix} \bullet \\ \bullet \\ \bullet \end{bmatrix},$$

um Zeilenvektoren $C = [\bullet \quad \bullet]$ oder

um skalare Parameter $D = [\bullet]$

handelt. Es sind einfach Matrizen unterschiedlicher Dimension.

Genauso verfahren Sie bei den zeitlich veränderlichen Größen. Hier gibt es nur Vektoren mit mehreren Elementen

$$\underline{x}(t) = \begin{bmatrix} \bullet \\ \bullet \\ \bullet \end{bmatrix}$$

oder nur einem Element $\underline{y} = [\bullet]$.

Berechnung von Beobachtern

Ein Beobachter funktioniert gut, wenn der Beobachterzustand $\underline{x}_B(t)$ mit gewünschter Geschwindigkeit auf den Systemzustand $\underline{x}(t)$ läuft. Dazu ist noch etwas Überlegung und Rechnung erforderlich.

Die regelnde Fehlerrückführung

Für die Berechnung der Rückführmatrix G des Beobachterfehlers $\underline{e}_B(t)$ ist es sinnvoll, einen weiteren Fehler, den *Schätzfehler* $\underline{e}_x(t)$, einzuführen:

$$\underline{e}_x(t) = \underline{x}(t) - \underline{x}_B(t) .$$

Der *Schätzfehler* $\underline{e}_x(t)$ als Differenz zwischen dem tatsächlichen Systemzustand des Originalsystems und dem geschätzten Systemzustand des Beobachters wird nur für die Berechnung von G benötigt. Er kann natürlich nicht gemessen werden, sonst wäre der Beobachter gar nicht nötig.

Des Weiteren wird für die Berechnung angenommen, dass Modellabweichungen zwischen dem Beobachter und dem Originalsystem sehr gering sind:

$$A_B \Rightarrow A, \qquad B_B \Rightarrow B, \qquad B_B \Rightarrow B$$

und dass deshalb

$$A_B = A, \qquad B_B = B, \qquad C_B = C$$

gesetzt werden kann. Jetzt ist es möglich, wegen

$$\underline{y}(t) - \underline{y}_B(t) = C[\underline{x}(t) - \underline{x}_B(t)]$$

den Beobachterfehler durch den Schätzfehler auszudrücken:

$$\underline{e}_B(t) = C \cdot \underline{e}_x(t).$$

In die zeitliche Ableitung des Schätzfehlers

$$\underline{\dot{e}}_x(t) = \underline{\dot{x}}(t) - \underline{\dot{x}}_B(t)$$

setzen Sie die Gleichungen von Originalsystem und Beobachtersystem ein und erhalten die Gleichung der Schätzfehlerdynamik:

$$\underline{\dot{e}}_x(t) = \underline{\dot{x}}(t) - \underline{\dot{x}}_B(t) = A[\underline{x}(t) - \underline{x}_B(t)] - G \cdot C[\underline{x}(t) - \underline{x}_B(t)] = [A - G \cdot C]\,\underline{e}_x(t).$$

Wow!

Das Ergebnis

$$\underline{\dot{e}}_x(t) = [A - G \cdot C]\,\underline{e}_x(t)$$

ist die Regelung des Schätzfehlers $\underline{e}_x(t)$ mit der Rückführung G auf null. Sie müssen der Matrix $[A - G \cdot C]$ für die Zustandsbeobachtung nur geeignete Eigenwerte eig$[A - G \cdot C]$ verpassen, so wie Sie bei der Zustandsregelung gewünschte Eigenwerte eig$[A - B \cdot K]$ mit der Rückführmatrix K erzeugen. Das, was K bei der Zustandsregelung macht, macht G bei der Zustandsbeobachtung.

Da beim Einsatz von Beobachtern geschätzte Zustände für die Regelung verwendet werden, ist es ratsam, die Dynamik des Beobachters höher zu wählen als die Dynamik der Regelung. Mögliche Beobachterfehler werden dann schnell abgebaut.

Wählen Sie deshalb die Eigenwerte des Beobachters eig$[A - G \cdot C]$ in der komplexen s-Ebene links von Eigenwerten des Zustandsreglers eig$[A - B \cdot K]$, denn je weiter links die Eigenwerte, desto schneller das System.

Die Rückführung berechnen

Für die Berechnung der Rückführung G des Beobachterfehlers setzen Sie am besten wieder regelungstechnische Programme wie MATLAB mit der *Control System Toolbox* ein.

In der *Control System Toolbox* werden Sie direkt keine Funktion finden, mit der Sie Zustandsbeobachter durch Eigenwertvorgabe berechnen können. Sie können aber die Ihnen schon bekannte Funktion `place` aus Kapitel 14, Abschnitt »Und jetzt für mehrere Stellgrößen«, für die Eigenwertvorgabe von Zustandsreglern verwenden und sollten dazu die folgenden Hinweise beachten.

Da Eigenwerte einer Matrix beim Transponieren (Vertauschen von Zeilen und Spalten) erhalten bleiben, gilt für die Eigenwerte des Beobachters

$$\text{eig}[A - G \cdot C] = \text{eig}[A - G \cdot C]^T = \text{eig}[A^T - C^T \cdot G^T].$$

Damit ist es der Funktion `place` gleichgültig, ob Regler oder Beobachter berechnet werden.

Tabelle 15.1 zeigt diese Zusammenhänge.

Parameter für die Reglerberechnung	Parameter für die Beobachterberechnung
Eigenwerte des Reglers eig$[A - B \cdot K]$	Eigenwerte des Beobachters eig$[A^T - C^T \cdot G^T]$
Systemmatrix A	Systemmatrix transponiert A^T
Eingangsmatrix B	Ausgangsmatrix transponiert C^T
Zustandsrückführung K	Ausgangsrückführung transponiert G^T
MATLAB: K=place(A,B,ewR)	MATLAB: GT=place(A',C',ewB) G=GT'

Tabelle 15.1: Eine Funktion für die Berechnung von Regler und Beobachter

Was ist also zu tun?

1. Voraussetzung ist, dass die Systemmatrix A mit der Dimension $\dim(A) = (n \times n)$ und die Ausgangsmatrix C mit der Dimension $\dim(C) = (m \times n)$ gegeben sind und das System beobachtbar ist.

2. Sie wählen n Eigenwerte für den Beobachter eig$(A - G \cdot C)$.

3. Sie bilden A^T und C^T.

4. Sie berechnen mit `place` die Matrix G^T und setzen im Beobachter die Matrix G ein.

Bei einer Messgröße ist es einfach

Steht nur eine Zustandsgröße als Messgröße zur Verfügung, ist die Berechnung der Beobachterrückführung G auch ohne Programm sehr einfach, wenn die Zustandsgleichungen des Systems in *Beobachternormalform* dargestellt sind, wie schon in Kapitel 8 im Abschnitt »Beobachternormalform« beschrieben.

$$\dot{\underline{x}}_{BN}(t) = A_{BN} \cdot \underline{x}_{BN}(t) + B_{RN} \cdot u(t)$$

$$\underline{y}(t) = C_{BN} \cdot x_{BN}(t)$$

Dort war

$$A_{BN} = \begin{bmatrix} 0 & 0 & 0 & \cdots & 0 & -a_0 \\ 1 & 0 & 0 & \cdots & 0 & -a_1 \\ 0 & 1 & 0 & \cdots & 0 & -a_2 \\ \cdots & \cdots & \cdots & \cdots & \cdots & \cdots \\ 0 & 0 & \cdots & 1 & 0 & -a_{n-2} \\ 0 & 0 & \cdots & 0 & 1 & -a_{n-1} \end{bmatrix} \quad \text{und}$$

$$C_{BN} = \begin{bmatrix} 0 & 0 & \cdots & 0 & 0 & 1 \end{bmatrix}$$

Wegen der einfachen Form des Produkts

$$G \cdot C_{BN} = \begin{bmatrix} 0 & 0 & \cdots & 0 & g_1 \\ 0 & 0 & \cdots & 0 & g_2 \\ 0 & 0 & \cdots & 0 & \cdots \\ 0 & 0 & \cdots & 0 & \cdots \\ 0 & 0 & \cdots & 0 & g_{n-1} \\ 0 & 0 & \cdots & 0 & g_n \end{bmatrix}$$

wird dann

$$[A_{BN} - G \cdot C_{BN}] = \begin{bmatrix} 0 & 0 & 0 & \cdots & 0 & -(a_0 + g_1) \\ 1 & 0 & 0 & \cdots & 0 & -(a_1 + g_2) \\ 0 & 1 & 0 & \cdots & \cdots & -(a_2 + g_3) \\ \cdots & \cdots & \cdots & \cdots & \cdots & \cdots \\ 0 & 0 & & \cdots & 0 & -(a_{n-2} + g_{n-1}) \\ 0 & 0 & & \cdots & 1 & -(a_{n-1} + g_n) \end{bmatrix}.$$

Die charakteristische Gleichung des Regelkreises können Sie hier wieder direkt ablesen:

$$P_{AGC}(s) = (a_0 + g_1) \cdot s^0 + (a_1 + g_2) \cdot s^1 + \cdots + (a_{n-2} + g_{n-1}) \cdot s^{n-2}$$
$$+ (a_{n-1} + g_n) \cdot s^{n-1} + s^n = 0$$

und mit einer Vorgabe

$$P(s) \equiv c_0 \cdot s^0 + c_1 \cdot s^1 + \cdots + c_{n-2} \cdot s^{n-2} + c_{n-1} \cdot s^{n-1} + s^n = 0$$

vergleichen.

Die Parameter der Beobachterrückführung erhalten Sie mit dem einfachen Koeffizienten-vergleich:

$$g_1 = (c_0 - a_0); \quad g_2 = (c_1 - a_1); \quad \cdots; \quad g_{n-1} = (c_{n-2} - a_{n-2}); \quad g_n = (c_{n-1} - a_{n1}).$$

Wie praktisch eine gute Theorie sein kann, zeigt das nachfolgende Beispiel.

Beobachter an einer Rührkesselkaskade

Teil eines verfahrenstechnischen Prozesses ist eine Kaskade mit drei Rührkesseln, die von einer Flüssigkeit durchströmt wird (siehe Abbildung 15.3).

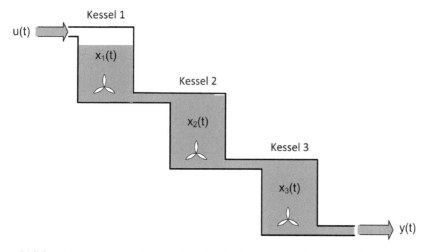

Abbildung 15.3: Der Beobachter kann in das Innere eines Prozesses schauen

Die Stoffkonzentration $u(t)$ am Eingang der Kaskade ist zeitlich veränderlich und beein-flusst die Konzentrationen $x_1(t)$, $x_2(t)$ und $x_3(t)$ in den drei Rührkesseln. Eine Erhöhung der Konzentration am Eingang wirkt sich verzögert zunächst in Kessel 1, dann in Kessel 2 und schließlich in Kessel 3 aus. Die Konzentration in Kessel 3 wird in der Ausgangsgröße $y(t)$ gemessen.

Von den drei Zuständen $x_1(t)$, $x_2(t)$, $x_3(t)$ ist also nur der dritte Zustand messbar $x_3(t)$, die beiden anderen Zustände soll ein Beobachter schätzen.

Die Zustandsgleichungen

Die Zustandsgleichungen des Systems lauten:

$$\dot{x}_1(t) = a \cdot u(t) - a \cdot x_1(t); \quad x_1(0) = x_{10}$$

$$\dot{x}_2(t) = a \cdot x_1(t) - a \cdot x_2(t); \quad x_2(0) = x_{20}$$

$$\dot{x}_3(t) = a \cdot x_2(t) - a \cdot x_3(t); \quad x_3(0) = x_{30}$$

und die Ausgangsgleichung

$$y(t) = x_3(t)$$

beschreibt, welcher Zustand gemessen werden kann.

Mit der vektoriellen Darstellung

$$\dot{\underline{x}}(t) = A \cdot \underline{x}(t) + B \cdot \underline{u}(t)$$

$$\underline{y}(t) = C \cdot \underline{x}(t)$$

werden die Matrizen

$$A = \begin{bmatrix} -a & 0 & 0 \\ a & -a & 0 \\ 0 & a & -a \end{bmatrix}, \qquad B = \begin{bmatrix} a \\ 0 \\ 0 \end{bmatrix}, \qquad C = \begin{bmatrix} 0 & 0 & 1 \end{bmatrix}.$$

Beobachtbar?

Kann der gesamte Zustandsvektor $\underline{x}(t)$ mit der Messgröße $y(t) = x_3(t)$ geschätzt werden? Diese Frage beantwortet die *Beobachtbarkeitsmatrix* Q_B. Sie muss hier den Rang 3 haben. Mehr dazu steht in Kapitel 8 im Abschnitt »Prüfung der Beobachtbarkeit«. Dort steht auch, wie Sie das mit MATLAB ausrechnen können.

Mit dem Wert $a = 0{,}2 \, \text{sec}^{-1}$ wird

$$QB = \begin{bmatrix} 0 & 0 & 1 \\ 0 & 0{,}2 & -0{,}2 \\ 0{,}04 & -0{,}08 & 0{,}04 \end{bmatrix}$$

und tatsächlich ist $\text{rang}(Q_B) = 3$.

Das System ist also beobachtbar und der Beobachter kann berechnet werden.

Eigenwerte platzieren

Mit den Eigenwerten für den Beobachter $\text{eig}(A - G \cdot C)$, platziert bei

$$s_{B1} = -1, \qquad s_{B2} = -1{,}01, \qquad s_{B3} = -1{,}02,$$

wird die Rückführmatrix

$$G = \begin{bmatrix} 13{,}28 \\ 9{,}84 \\ 2{,}43 \end{bmatrix}.$$

Die kleinen Unterschiede in den vorgegebenen Eigenwerten müssen gemacht werden, weil die Funktion place bei exakt gleichen Eigenwerten aus numerischen Gründen manchmal nicht funktioniert.

Im Listing sehen Sie, was Sie dazu programmieren müssen:

```
a=0.2;                    % Systemparameter
A=[-a 0 0;                % Systemmatrix
   a -a 0
   0 a -a];
B=[a;0;0];                % Eingangsmatrix
C=[0 0 1];                % Ausgangsmatrix
QB=obsv(A,C);             % Beobachtbarkeitsmatrix
nQB=rank(QB);             % Beobachtbarkeitsrang
eigB=[-1 -1.01 -1.02];    % Eigenwerte des Beobachters
G = place(A',C',eigB)'    % Rückführmatrix Beobachter
```

Ein Test des Beobachters

Abbildung 15.4 zeigt den Verlauf der drei Zustandsgrößen des Systems und des Beobachters bei einer sprungförmigen Erhöhung der Eingangskonzentration $u(t)$.

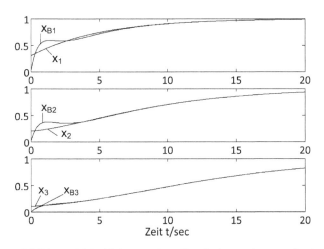

Abbildung 15.4: Nicht messbare Zustände werden vom Beobachter richtig geschätzt

Obwohl die Anfangswerte von Systemzustand und Beobachterzustand unterschiedlich sind, laufen die Schätzungen schnell auf den richtigen Wert. Die Schätzwerte der nicht messbaren Zustände können also für eine Zustandsregelung verwendet werden.

Regeln mit Beobachtern

Durch die Verwendung von Zustandsbeobachtern können Zustandsregler auch dann eingesetzt werden, wenn nicht alle Zustandsgrößen direkt messbar sind.

Die Kombination

Beim Zusammenspiel von Beobachter und Regler (siehe Abbildung 15.5) kommen die beiden sich nicht in die Quere. Das bedeutet, dass sich die Eigenwerte des Beobachters eig($A − G \cdot C$) und die Eigenwerte der Regelung eig($A − B \cdot K$) gegenseitig nicht beeinflussen.

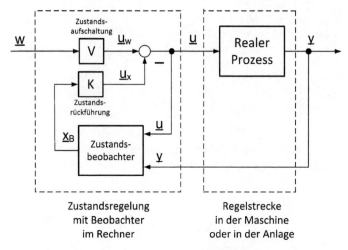

Abbildung 15.5: Jetzt ist alles zusammengeschaltet

Abbildung 15.5 zeigt, was der Regelungstechniker auf einem Rechner in Echtzeit für die Zustandsregelung eines Prozesses realisiert.

Der Zustandsbeobachter, so wie er oben hergeleitet wurde, schätzt alle Zustandsgrößen, auch die messbaren. Das, was gemessen wird, sollte aber auch verwendet werden. Die Zustandsrückführung ist dann ein Mix aus gemessenen und geschätzten Zuständen.

Sollen nur die nicht messbaren Zustände geschätzt werden, besteht die Möglichkeit, einen *reduzierten Beobachter* zu entwerfen. Da diese Anwendung eher selten ist, wird das hier nicht näher ausgeführt.

Der richtige Entwurf

Der Entwurf des Beobachters besteht im Wesentlichen darin, die Matrix G in der Rückführung des Beobachterfehlers

$$G \cdot \underline{e}_B(t) = G[\underline{y}(t) − \underline{y}_B(t)]$$

und damit die Eigenwerte

$$\text{eig}(A − G \cdot C)$$

festzulegen. Hier müssen Sie beim Beobachterentwurf genauso wie beim Reglerentwurf einen Kompromiss schließen.

Beim Reglerentwurf schließen Sie mit der Wahl von K einen Kompromiss zwischen

✔ schwacher Rückführung mit geringer Regelgüte (schlecht) und kleinen Stellgrößen (gut)

und

✔ starker Rückführung mit hoher Regelgüte (gut) und sehr großen Stellgrößen (schlecht).

Beim Beobachterentwurf schließen Sie mit der Wahl von G einen ähnlichen Kompromiss zwischen

✔ schwacher Rückführung mit langsamem Abbau des Beobachterfehlers (schlecht) und geringer Empfindlichkeit gegenüber Messstörungen (gut)

und

✔ starker Rückführung mit schnellem Abbau des Beobachterfehlers (gut) und hoher Empfindlichkeit gegenüber Messstörungen (schlecht).

Die Realteile der Eigenwerte eig($A - G \cdot C$) des Beobachters sollten um den Faktor 2 bis 6 weiter links liegen, also »schneller« sein als die *dominierenden Eigenwerte* eig($A - B \cdot K$) der Regelung.

 Dominierende Eigenwerte liegen relativ nahe am Ursprung der komplexen s-Ebene. Sind sie reell, erzeugen sie große Zeitverzögerungen. Sind sie konjugiert komplex, erzeugen sie niederfrequente Schwingungen.

Bei Messgrößen mit hohem Störanteil sollte der Faktor eher bei 2 liegen, damit das Regelverhalten hauptsächlich von der Matrix ($A - B \cdot K$) abhängt.

Beobachter und Regler an einem Antrieb

Ein Beispiel aus der Antriebstechnik zeigt Ihnen, wie Zustandsbeobachter und Zustandsregler perfekt zusammenspielen und wie Sie schrittweise zum regelungstechnischen Ergebnis kommen. Alles, was in diesem und in Kapitel 14 eingeführt wurde, können Sie hier noch einmal anwenden.

Eine Schwingerkette

Das Beispiel verwendet ein mechanisches Erzsatzmodell, das für sehr unterschiedliche praktische Systeme wie Industrieroboter, Walzwerke, Parabolantennen und Kurbelwellen verwendet wird. In all diesen Fällen werden hohe Anforderungen an geregelte Drehbewegungen elastischer Antriebsstränge gestellt.

Das mechanische Modell in Abbildung 15.6 besteht aus drei Drehmassen, die über elastische Wellen gekoppelt sind. Sie sind im Modell als Drehfedern darstellt.

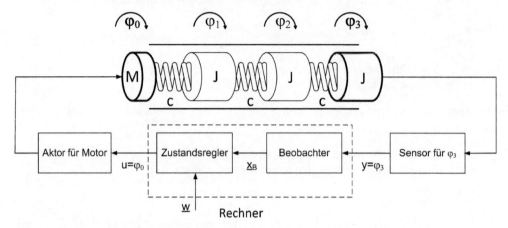

Abbildung 15.6: Die Schwingerkette beschreibt das typische Verhalten von Antrieben

Ein Motor M erzeugt die Drehung $\varphi_0(t)$, die über den gesamten Antriebsstrang von $\varphi_1(t)$ und $\varphi_2(t)$ weitergegeben wird und die gewünschte Drehung $\varphi_3(t)$ am Ausgang erzeugt. An diese Ausgangsgröße werden hohe Anforderungen gestellt: Eine gewünschte Position $\varphi_3(t)$ soll mit $\varphi_0(t)$ schnell, genau und ohne Überschwingen angefahren werden, obwohl das Gesamtsystem aufgrund der elastischen Verbindungen sehr zu Schwingungen neigt. Das bekommt man aber mit einer Zustandsregelung gut in den Griff.

Die Herausforderung dabei ist, dass nur eine Größe, der Winkel $\varphi_3(t)$, messbar ist. Es gibt aber insgesamt sechs Zustandsgrößen, drei Winkel und die zugehörigen drei Winkelgeschwindigkeiten. Der Einsatz eines Zustandsbeobachters hilft hier weiter.

In zehn Schritten zum Ziel

In zehn Schritten, die unabhängig von der Anwendung immer ähnlich aussehen, kommen Sie zum Ziel:

1. Aufstellen des Modells der Regelstrecke in Zustandsform

   $$\underline{\dot{x}}(t) = A \cdot \underline{x}(t) + B \cdot \underline{u}(t)$$

   $$\underline{y}(t) = C \cdot \underline{x}(t)$$

2. Bestimmen der Eigenwerte der Regelstrecke mit eig(A)

3. Prüfen der Steuerbarkeit mit rang(Q_S)

4. Vorgeben der Eigenwerte für den Regelkreis mit eig($A - B \cdot K$)

5. Berechnen der Zustandsrückführung K

6. Berechnen der Sollwertaufschaltung V

7. Prüfen der Beobachtbarkeit mit rang(Q_B)

8. Vorgeben der Eigenwerte für den Beobachter mit eig($A - G \cdot C$)

9. Berechnen der Beobachterrückführung G

10. Gesamtsystem zusammenschalten, testen und sich entspannt zurücklehnen.

Die Funktionen von MATLAB unterstützen Sie in allen Schritten. Wie das im Einzelnen geht, zeigt das Folgende.

Schritt 1 – Aufstellen des Modells der Regelstrecke

Bei mechanischen Regelstrecken führt meist die Aufstellung von Kräfte- oder Momenten-bilanzen zum Ziel. In diesem Fall sind es die Drehmomente an den drei Drehmassen mit dem Trägheitsmoment J. Die positiven und negativen Beschleunigungen werden von den Torsionsmomenten der Wellen mit den Verdrehsteifigkeiten c erzeugt. Die Bewegungswi-derstände d in den Lagern wirken der Beschleunigung entgegen. Die Bewegungsgleichungen werden damit zu:

$$J \cdot \ddot{\varphi}_1(t) = c[\varphi_0(t) - \varphi_1(t)] + c[\varphi_2(t) - \varphi_1(t)] - d \cdot \omega_1(t)$$

$$J \cdot \ddot{\varphi}_2(t) = c[\varphi_1(t) - \varphi_2(t)] + c[\varphi_3(t) - \varphi_2(t)] - d \cdot \omega_2(t)$$

$$J \cdot \ddot{\varphi}_3(t) = c[\varphi_2(t) - \varphi_3(t)] - d \cdot \omega_3(t) .$$

Jetzt machen Sie daraus Zustandsgleichungen. Das System besitzt drei Freiheitsgrade und damit sechs Zustände, die Sie mit sechs Zustandsgrößen beschreiben:

$$\underline{x} = \begin{bmatrix} x_1 \\ x_2 \\ x_3 \\ x_4 \\ x_5 \\ x_6 \end{bmatrix} = \begin{bmatrix} \varphi_1 \\ \omega_1 = \dot{\varphi}_1 \\ \varphi_2 \\ \omega_2 = \dot{\varphi}_2 \\ \varphi_3 \\ \omega_3 = \dot{\varphi}_3 \end{bmatrix} .$$

Die Systemeingangsgröße ist die Stellgröße $\varphi_0(t)$ des Motors

$$\underline{u} = [\varphi_0] ,$$

die Systemausgangsgröße ist die Messung des Winkels $\varphi_3(t)$

$$\underline{y} = [\varphi_3] .$$

Mit den Abkürzungen $a_1 = \dfrac{c}{J}, a_2 = \dfrac{d}{J}$ werden die Zustandsgleichungen

$$\underline{\dot{x}}(t) = A \cdot \underline{x}(t) + B \cdot \underline{u}(t)$$

$$\underline{y}(t) = C \cdot \underline{x}(t)$$

und darin die Systemmatrizen

$$
A = \begin{bmatrix}
0 & 1 & 0 & 0 & 0 & 0 \\
-a_1 & -a_2 & a_1 & 0 & 0 & 0 \\
0 & 0 & 0 & 1 & 0 & 0 \\
a_1 & 0 & -a_1 & -a_2 & a_1 & 0 \\
0 & 0 & 0 & 0 & 0 & 1 \\
0 & 0 & a_1 & 0 & -a_1 & -a_2
\end{bmatrix},
$$

$$
B = \begin{bmatrix}
0 \\
a_1 \\
0 \\
0 \\
0 \\
0
\end{bmatrix}, \qquad
C = \begin{bmatrix} 0 & 0 & 0 & 0 & 1 & 0 \end{bmatrix}.
$$

Jetzt können Sie mit MATLAB und Simulink schon einen Probelauf des ungeregelten Prozesses simulieren.

Mit den *MATLAB-Eingaben* definieren Sie die Systemmatrizen, rufen das *Simulink-Blockdiagramm* (siehe Abbildung 15.7) auf und erzeugen anschließend die MATLAB-Grafik (siehe Abbildung 15.8).

Zunächst programmieren Sie die MATLAB-Eingaben:

```
a1=150; a2=0.6; % Systemparameter
% Systemmatrizen
A=[0 1 0 0 0 0;
  -2*a1 -a2 a1 0 0 0 ;
  0 0 0 1 0 0 ;
  a1 0 -2*a1 -a2 a1 0;
  0 0 0 0 0 1;
  0 0 a1 0 -a1 -a2];
B=[0;a1;0;0; 0; 0];
C=[0 0 0 0 1 0 ];
Tsim=5; % Simulationszeit
[t]=sim('antrieb',Tsim); % Aufruf von Simulink
% 4 Diagramme untereinander
subplot(4,1,1), plot(t,u) % die Eingangsgröße
subplot(4,1,2), plot(t,x(:,1))% das 1. Element von x
subplot(4,1,3), plot(t,x(:,3))% das 3. Element von x
subplot(4,1,4), plot(t,x(:,5))% das 5. Element von x
```

Dazu gehört das Simulink-Blockdiagramm »antrieb.mdl« (siehe Abbildung 15.7).

Als Ergebnis erhalten Sie die MATLAB-Grafik (siehe Abbildung 15.8).

Bei einer sprungförmigen Anregung $\varphi_0(t)$ von 3° schwingen die drei Drehmassen schwach gedämpft um diesen Wert mit verschiedenen Frequenzen. Hierzu geben die Eigenwerte genauere Auskunft.

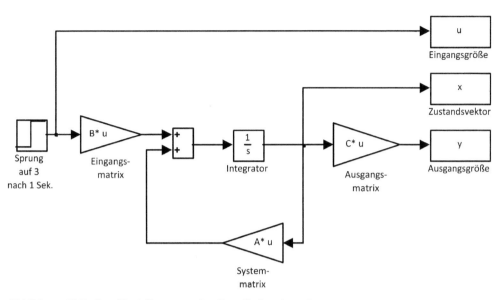

Abbildung 15.7: Das Blockdiagramm simuliert die Regelstrecke

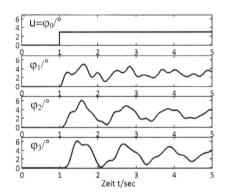

Abbildung 15.8: Ungeregelt neigt das System zu Schwingungen

Schritt 2 – Bestimmen der Eigenwerte der Regelstrecke

Mit eig(A) berechnen Sie die Eigenwerte des ungeregelten Prozesses:

```
-0.3000 +22.0671i
-0.3000 -22.0671i
-0.3000 +15.2694i
-0.3000 -15.2694i
-0.3000 + 5.4424i
-0.3000 - 5.4424i
```

Die Eigenwerte zeigen, dass das System mit drei Frequenzen schwach gedämpft schwingen kann. Die Imaginärteile der drei konjugiert komplexen Eigenwerte geben die drei Kreisfrequenzen ω an:

$$\omega_1 = 5{,}44\,\text{sec}^{-1} \quad \text{und damit} \quad f_1 = 0{,}866\,\text{Hz}$$

$$\omega_2 = 15{,}3\,\text{sec}^{-1} \quad \text{und damit} \quad f_2 = 2{,}43\,\text{Hz}$$

$$\omega_3 = 22{,}1\,\text{sec}^{-1} \quad \text{und damit} \quad f_3 = 3{,}51\,\text{Hz}$$

Schritt 3 – Prüfen der Steuerbarkeit

Bevor Sie die Zustandsrückführung berechnen, prüfen Sie die Steuerbarkeit. Die Steuerbarkeitsmatrix Q_S muss den Rang rang$(Q_S) = 6$ besitzen:

```
QS=ctrb(A,B);
rQS=rank(QS)
```

Die Antwort ist:

```
rQS = 6
```

Die Steuerbarkeit ist damit gegeben.

Schritt 4 – Vorgeben der Eigenwerte des Regelkreises

Wenn Sie mit dem Zustandsregler nun Systemschwingungen aktiv dämpfen, ist es gut, die Eigenfrequenzen zu erhalten und nur die Dämpfung mit der Regelung zu erhöhen, Damit werden die Stellgrößen klein gehalten. Die Eigenwerte werden dazu auf einem Halbkreis in der s-Ebene verschoben. Auf der Winkelhalbierenden ist der Dämpfungsgrad $D = 0{,}7$, das ist ein guter Wert. Das kennen Sie schon aus Kapitel 10 im Abschnitt »Vorgabe von Eigenwerten«.

Das führt auf eine Vorgabe der Eigenwerte von

$$s_{1,2} = (-3{,}78 \pm 3{,}78i)\,\text{sec}^{-1}$$

$$s_{3,4} = (-10{,}7 \pm 10{,}7i)\,\text{sec}^{-1}$$

$$s_{5,6} = (-15{,}7 \pm 15{,}7i)\,\text{sec}^{-1}$$

und sieht mit MATLAB so aus:

```
eigABK=[3.78*(-1+i) 3.78*(-1-i)
    10.7*(-1+i) 10.7*(-1-i)
    15.7*(-1+i) 15.7*(-1-i)];
```

Schritt 5 – Berechnen der Zustandsrückführung

Jetzt steht der Berechnung der Reglermatrix K in $\underline{u}_x(t) = -K \cdot \underline{x}(t)$ nichts mehr im Weg. Mit der Anweisung

```
K=place(A,B,eigABK)
```

erhalten Sie das Ergebnis, mit dem Sie auftretende Systemschwingungen aktiv dämpfen können:

```
K =
  6.6688 0.3904 –14.0240 0.0584 7.3111 –0.0936
```

Schritt 6 – Berechnen der Sollwertaufschaltung

Für das gedämpfte Führen auf eine Sollposition benötigen Sie noch die Aufschaltung des Sollzustands

$$\underline{u}_w(t) = V \cdot \underline{w}(t) \quad \text{mit} \quad V = -B^{-1}[A - B \cdot K]\,.$$

Und weiter geht es dazu mit MATLAB:

```
Binv=pinv(B);
V=-Binv*(A-B*K)
V =
  8.6688 0.3944 15.0240 0.0584 7.3111 –0.0936
```

Schritt 7 – Prüfen der Beobachtbarkeit

Bevor Sie den Beobachter berechnen, prüfen Sie die Beobachtbarkeit. Die Beobachtbarkeitsmatrix Q_B muss den Rang $rang(Q_B) = 6$ besitzen. Die Anweisungen

```
QB=obsv(A,C);
rQB=rank(QB)
```

ergeben mit

```
rQB = 6
```

die Beobachtbarkeit.

Schritt 8 – Vorgeben der Eigenwerte des Beobachters

Die Eigenwerte des Beobachters $eig(A - G \cdot C)$ orientieren sich an den Eigenwerten des geregelten Systems. Da die »Regelung« des Beobachters mit G jedoch nur im Rechner stattfindet, muss hier nicht auf Stellgrößen geachtet werden.

Eine gute Wahl ist:

```
eigAGC=[-10.0 -10.1
 -10.2 -10.3
 -10.4 -10.5];
```

Die kleinen Unterschiede sind erforderlich, da die Funktion `place` keine exakt gleichen Eigenwerte zulässt.

 Hat das Modell der Regelstrecke die Ordnung n, haben die Matrizen des ungeregelten Systems $[A]$, des geregelten Systems $[A - B \cdot K]$ und des beobachteten Systems $[A - G \cdot C]$ einheitlich n Eigenwerte.

Schritt 9 – Berechnen der Beobachterrückführung

Mit den Anweisungen

```
G=place(A',C',eigAGC);
G=G'
```

berechnen Sie schließlich die Rückführmatrix G des Beobachters:

```
G =
 1.0e+003 *
    0.0618
    3.3878
   -0.1074
   -2.8286
    0.0597
    0.7172
```

Der Faktor `1.0e+003 *` (1.000) bezieht sich auf alle sechs Elemente von G.

Schritt 10 – Testen des Gesamtsystems

Das Gesamtsystem besteht aus

✔ der Regelstrecke

$$\underline{\dot{x}}(t) = A \cdot \underline{x}(t) + B \cdot \underline{u}(t)$$

$$\underline{y}(t) = C \cdot \underline{x}(t)$$

✔ dem Zustandsbeobachter

$$\underline{\dot{x}}_B(t) = A_B \cdot \underline{x}_B(t) + B_B \cdot \underline{u}(t) + G \cdot \underline{e}_B(t)$$

$$\underline{y}_B(t) = C_B \cdot \underline{x}_B(t)$$

$$\underline{e}_B(t) = \underline{y}(t) - \underline{y}_B(t)$$

✔ der Sollzustandaufschaltung

$$\underline{u}_w(t) = V \cdot \underline{w}(t)$$

✔ dem Zustandsregler

$$\underline{u}_x(t) = -K \cdot \underline{x}_B(t)$$

$$\underline{u}(t) = \underline{u}_w(t) - \underline{u}_x(t)$$

Diese Gleichungen können Sie mit *Simulink* zu einem Blockdiagramm (siehe Abbildung 15.9) zusammenschalten und mit »Knopfdruck« in einer Simulation erproben.

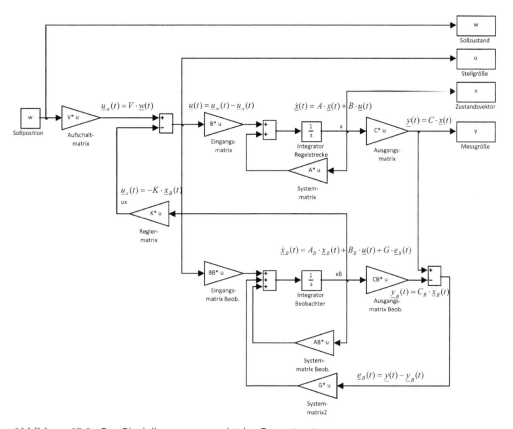

Abbildung 15.9: Das Blockdiagramm erprobt das Gesamtsystem

Das Simulationsergebnis sehen Sie in Abbildung 15.10. Zum Zeitpunkt $t = 1$ sec wird eine sprungförmige Verdrehung des Systems um 3° vorgegeben.

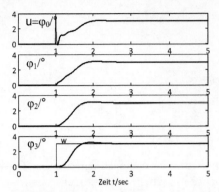

Abbildung 15.10: Es hat alles geklappt

Mit einer Messgröße und fünf geschätzten Zustandsgrößen führt der Zustandsregler den Antriebsstrang mit guter Dämpfung auf den Sollwert.

Das gelingt mit dem Verlauf von $u(t) = \varphi_0(t)$ der Stellgröße, den der Zustandsregler berechnet. Vergleichen Sie dazu die Zeitverläufe in Abbildung 15.8.

Kapitel 16
Integrales und Digitales

W enn Störgrößen im Prozess auftreten und keine zusätzlichen integralen Anteile im Reglerentwurf vorgesehen sind, bleiben beim Zustandsregler Regeldifferenzen. Diese I-Anteile werden deshalb nun im Zustandsregler ergänzt und in den Entwurf einbezogen.

Für den Einsatz von Zustandsregler und Beobachter an Prozessen benötigen Sie einen schnellen Rechner mit Echtzeitbetriebssystem, auf dem Ihre Entwürfe als zeitdiskrete Systeme laufen. Im Zeitkontinuierlichen wird zunächst alles entworfen, den Übergang vom Zeitkontinuierlichen zum Zeitdiskreten machen Ihnen anschließend Programme leicht.

Zustandsregler mit I-Anteil

Die Zustandsregelung hat gegenüber dem PID-Regler viele Vorteile. Diese wurden bereits am Anfang von Kapitel 14 herausgestellt. So, wie sie bisher behandelt wurde, hat die Zustandsregelung jedoch auch einen Nachteil. Denn bei externen Störungen, die auf die Regelstrecke wirken, entstehen bleibende Regeldifferenzen. Dagegen muss etwas getan werden.

Der Zustandsregler wird ergänzt

Die bleibenden Regeldifferenzen entstehen, weil der Zustandsregler für die einzelnen Zustände nur proportionale Rückführungen vorsieht:

$$\underline{u}_x(t) = -K \cdot \underline{x}(t) \,.$$

Anders als bei der PID-Regelung fehlt der integrale Anteil, der die Stellgröße $\underline{u}(t)$ so lange ansteigen lässt, bis die Regeldifferenz verschwindet.

Es ist also sinnvoll, die Zustandsregelung entsprechend um einen *integralen Anteil* (I-Anteil) zu erweitern.

Das können Sie am besten in einem Signalflussbild sehen (siehe Abbildung 16.1).

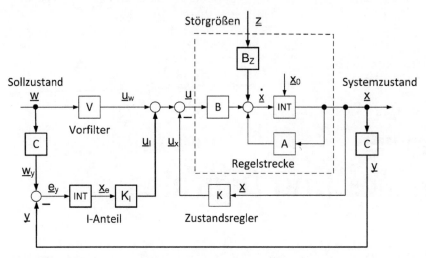

Abbildung 16.1: Der Zustandsregler bekommt einen I-Anteil

Die Ihnen schon bekannte Struktur mit Regelstrecke, Zustandsregler und Aufschaltung des Sollzustands über ein Vorfilter (siehe Kapitel 14, Abschnitt »Aufschalten von Sollzuständen«) wird nun ergänzt um einen integrierenden I-Anteil für die Störgrößen $z(t)$. Diese zusätzlichen Einwirkungen und Gegenmaßnahmen sind im Signalflussbild mit dickeren Linien dargestellt.

Die Einwirkungen der Störungen $z(t)$ auf den Systemzustand werden mit einer Eingangsmatrix B_z beschrieben, genauso wie die Eingangsmatrix B den Einfluss der Stellgrößen $\underline{u}(t)$ beschreibt:

$$\underline{\dot{x}}(t) = A \cdot \underline{x}(t) + B \cdot \underline{u}(t) + B_z \cdot \underline{z}(t).$$

Mit einer Ausgangsmatrix C wählen Sie aus dem Vektor der Sollzustände $\underline{w}(t)$ und aus dem Vektor der Systemzustände $\underline{x}(t)$ diejenigen Elemente $\underline{w}_y(t)$ und $y(t)$ aus, die bei Störungen auf keinen Fall zu bleibenden Abweichungen $\underline{e}_y(t) = \underline{w}_y - y(t)$ führen dürfen.

Dieser Vektor der Abweichungen $\underline{e}_y(t)$ wird integriert und der dadurch entstehende neue Zustandsvektor $\underline{x}_e(t)$ wird mit einer Verstärkermatrix K_I multipliziert:

$$\underline{e}_y(t) = \underline{w}_y - \underline{y}(t)$$

$$\underline{x}_e(t) = \int_0^t \underline{e}_y(t) \cdot dt$$

$$\underline{u}_I(t) = K_I \cdot \underline{x}_e(t).$$

Damit hat der Stellgrößenvektor $\underline{u}(t)$ jetzt drei Anteile:

$$\underline{u}(t) = \underline{u}_w(t) + \underline{u}_I(t) - \underline{u}_x(t) \, .$$

Wie Sie sicher schnell erkannt haben, bleibt jetzt noch eine Frage: Wie werden die Elemente von K_I berechnet?

Die Erweiterung

Sinnvoll ist es, für die Berechnung der Matrix K_I wieder die Eigenwertvorgabe zu wählen und – vor allem – dazu Programme einzusetzen.

Wie Sie die Berechnung von K_I in die Berechnung der bisherigen Zustandsrückführung einbeziehen, können Sie am besten mit einem Signalflussbild verstehen (siehe Abbildung 16.2), das im Vergleich zu Abbildung 16.1 leicht verändert ist. Für die Berechnung der Zustandsrückführung mit I-Anteil können nämlich zunächst die Sollwerte mit null angenommen werden. Das vereinfacht die Betrachtung etwas und obwohl es vielleicht nicht so aussieht, ist sonst alles gleich geblieben.

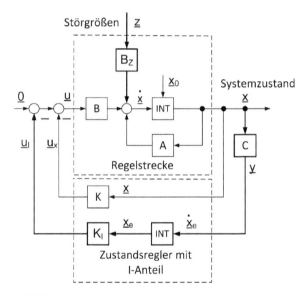

Abbildung 16.2: Der I-Anteil erweitert den Zustand

Neben dem originalen Systemzustand $\underline{x}(t)$ gibt es einen neuen Zustand $\underline{x}_e(t)$, der durch Integration der Ausgangsgrößen $\underline{y}(t)$ entsteht. Das geschieht mit einem vektoriellen *Integrator*, der aus $\underline{\dot{x}}_e(t) = \underline{y}(t)$ das Integral $\underline{x}_e(t)$ macht. Die Zahl der einzelnen Integrationen hängt von der Zahl der Komponenten des Vektors $\underline{y}(t)$ der Ausgangsgrößen ab.

Der *Integrator* ist das einfachste dynamische System erster Ordnung. Der Ausgang eines Integrators ist eine Zustandsgröße. Wenn Sie in einem System einen Integrator hinzufügen, hat dieses System eine Zustandsgröße $x(t)$ mehr.

Nun können Sie einen neuen Gesamtzustand $\underline{x}^+(t)$ bilden, der aus $\underline{x}(t)$ und $\underline{x}_e(t)$ zusammengesetzt ist:

$$\underline{x}^+(t) = \begin{bmatrix} \underline{x}(t) \\ \underline{x}_e(t) \end{bmatrix} \; .$$

Die Ableitungen dieser Zustände:

$$\dot{\underline{x}}(t) = A \cdot \underline{x}(t) + B \cdot \underline{u}(t) + B_z \cdot \underline{z}(t) \quad \text{und} \quad \dot{\underline{x}}_e(t) = C \cdot \underline{x}(t) \, .$$

eingesetzt in:

$$\dot{\underline{x}}^+(t) = \begin{bmatrix} \dot{\underline{x}}(t) \\ \dot{\underline{x}}_e(t) \end{bmatrix} \, ,$$

ergibt die erweiterten Systemgleichungen:

$$\begin{bmatrix} \dot{\underline{x}}(t) \\ \dot{\underline{x}}_e(t) \end{bmatrix} = \begin{bmatrix} A & 0 \\ C & 0 \end{bmatrix} \cdot \begin{bmatrix} \underline{x}(t) \\ \underline{x}_e(t) \end{bmatrix} + \begin{bmatrix} B \\ 0 \end{bmatrix} \cdot \underline{u}(t) + \begin{bmatrix} B_z \\ 0 \end{bmatrix} \cdot \underline{z}(t)$$

oder kurz:

$$\dot{\underline{x}}^+(t) = A^+ \cdot \underline{x}^+ + B^+ \cdot \underline{u}(t) + B_z^+ \cdot \underline{z}(t) \, .$$

Wenn Sie jetzt für die erweiterte Zustandsrückführung

$$\underline{u}(t) = - \left[K \cdot \underline{x}(t) + K_I \cdot \underline{x}_e(t) \right] = -K^+ \cdot \underline{x}^+$$

die Reglermatrix K^+ wie gewohnt berechnen, haben Sie integrale Anteile eingebaut.

Mit n Systemzuständen $\underline{x}$ und m integralen Anteilen $\underline{x}_e$ bekommt die Matrix K^+ bei p Stellgrößen $\underline{u}$ die Dimension $\dim(K^+) = \{p \times (n + m)\}$. Diese Herleitung gilt also ganz allgemein für alle Dimensionen.

Das hat einen Vorteil und einen Nachteil. Vorteilhaft ist, Sie können die Gleichungen für alle linearen Systeme anwenden, nachteilig ist, es leidet die Anschauung etwas darunter. Aber dafür kommt jetzt ein Beispiel.

Konkret

Die Regelstrecke des Beispiels hat zwei Zustände ($n = 2$), eine Stellgröße ($p_u = 1$), eine Störgröße ($p_z = 1$) sowie eine Ausgangsgröße ($m = 1$). Für die Ausgangsgröße darf keine Regeldifferenz bleiben.

Allgemein gilt

$$\dot{\underline{x}}(t) = [A] \cdot \underline{x}(t) + [B] \cdot \underline{u}(t) + [B_z] \cdot \underline{z}(t)$$

und im Beispiel

$$\dot{\underline{x}}(t) = \begin{bmatrix} 0 & 1 \\ -40 & -2 \end{bmatrix} \cdot \underline{x}(t) + \begin{bmatrix} 0 \\ 40 \end{bmatrix} \cdot \underline{u}(t) + \begin{bmatrix} 0 \\ -40 \end{bmatrix} \cdot \underline{z}(t)$$

sowie allgemein $y(t) = \underline{\dot{x}}_e(t) = [C] \cdot \underline{x}(t)$ und im Beispiel $\underline{y}(t) = \underline{\dot{x}}_e(t) = [10] \cdot \underline{x}(t)$, entsprechend wird allgemein

$$\underline{\dot{x}}^+(t) = \begin{bmatrix} \underline{\dot{x}}(t) \\ \underline{\dot{x}}_e(t) \end{bmatrix} = [A^+] \cdot \underline{x}^+(t) + [B^+] \cdot \underline{u}(t) + [B_z^+] \cdot \underline{z}(t)$$

und im Beispiel

$$\underline{\dot{x}}^+(t) = \begin{bmatrix} \underline{\dot{x}}(t) \\ \underline{\dot{x}}_e(t) \end{bmatrix} = \begin{bmatrix} 0 & 1 & 0 \\ -40 & -2 & 0 \\ 1 & 0 & 0 \end{bmatrix} \cdot \underline{x}^+(t) + \begin{bmatrix} 0 \\ 40 \\ 0 \end{bmatrix} \cdot \underline{u}(t) + \begin{bmatrix} 0 \\ -40 \\ 0 \end{bmatrix} \cdot \underline{z}(t) .$$

Wenn Sie die erweiterte Zustandsregelung mit der Eigenwertvorgabe $eig\,(A^+ - B^+ \cdot K^+)$ berechnen, müssen Sie jetzt drei Eigenwerte vorgeben, zum Beispiel

$$eig\,(A^+ - B^+ \cdot K^+) = \begin{bmatrix} -10 + j \cdot 10 \\ -10 - j \cdot 10 \\ -10 \end{bmatrix} .$$

Das ergibt eine mit der Funktion place berechnete Rückführmatrix:

$$K^+ = [K|\ K_I] = [9 \quad 0.7 \quad | \quad 50] .$$

Abbildung 16.3 zeigt das Verhalten der Zustandsregelung $y(t)$

✔ ohne I-Anteil in der linken Bildhälfte und

✔ mit I-Anteil in der rechten Bildhälfte.

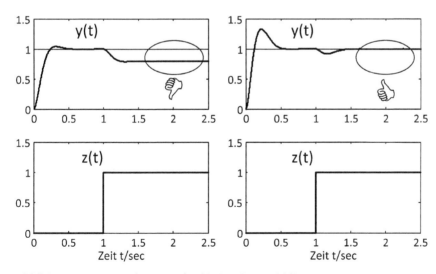

Abbildung 16.3: I-Anteile vermeiden bleibende Regeldifferenzen

Der Sollwert $w(t)$ macht zum Zeitpunkt $t = 0$ und die Störung $z(t)$ zum Zeitpunkt $t = 1$ sec einen Sprung auf 1. Während bei fehlendem I-Anteil die Störung eine bleibende Regeldifferenz erzeugt, kann der I-Anteil in der Zustandsregelung die Regeldifferenz abbauen.

Übrigens ...

Der integrale Anteil im Zustandsregler hat neben dem Vorteil, dass er Störgrößen ausregelt, noch zwei weitere Vorteile:

✔ Das Vorfilter bei der Aufschaltung von Sollwerten kann entfallen, ohne dass das Führungsverhalten deutlich schlechter wird.

✔ Die Regelung wird unempfindlicher, man sagt dazu auch robuster gegenüber ungenauen Kenntnissen des dynamischen Verhaltens der Regelstrecke.

Diskretes für den Rechner

Zustandsregler und Zustandsbeobachter können nun perfekt entweder über die Eigenwertvorgabe oder über eine Optimierung (siehe Kapitel 17, Abschnitt »Optimale Zustandsregler«) berechnet werden.

Nicht zu vergessen ist, dass der Regler und der Beobachter auf einem Digitalrechner laufen, der mit den zeitkontinuierlichen Differenzialen des Prozesszustands $\dot{\underline{x}}(t) = \ldots$ und des Beobachters $\dot{\underline{x}}_B(t) = \ldots$ nichts anfangen kann, sondern nur zeitdiskrete Werte $\underline{x}_k = \ldots$ und $\underline{x}_{B,k} = \ldots$ in den Zeitschritten mit dem Abstand der Abtastzeit T_A kennt.

Prozess und Rechner

Das Zusammenspiel der zeitkontinuierlichen Regelstrecke mit den *zeitdiskreten Regelalgorithmen* im Rechner zeigt Abbildung 16.4.

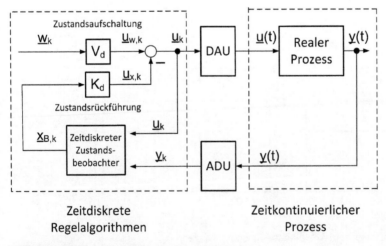

Abbildung 16.4: Im Rechner ist alles zeitdiskret

Die Digitalisierung und damit die Diskretisierung der kontinuierlichen Ausgangssignale $y(t)$ des Prozesses in die zeitdiskreten Daten $\underline{y}_k$ geschieht im Analog-Digital-Umsetzer $\overline{\text{ADU}}$.

Diese zeitdiskreten Daten werden im Rechner während der Zykluszeit T_A zu den Stellgrößen $\underline{u}_k$ verarbeitet und an den Digital-Analog-Umsetzer DAU ausgegeben, der daraus die zeitkontinuierlichen Stellgrößen $\underline{u}(t)$ für den Prozess erzeugt. Damit ist der Regelkreis geschlossen. Aus Sicht des Rechners gibt es also im Rechner und im Prozess nur zeitdiskrete Vorgänge.

Der leichte Übergang

Ein einfaches Beispiel mit einem Verzögerungssystem erster Ordnung zeigt Ihnen die Zusammenhänge zwischen dem zeitkontinuierlichen und dem zeitdiskreten System.

Die Zustandsgleichung und die Ausgangsgleichung des zeitkontinuierlichen Systems sind:

$$\dot{x}(t) = -2 \cdot x(t) + 3 \cdot u(t)$$

$$y(t) = x(t)$$

Für einen Einheitssprung des Eingangssignals $u(t) = \sigma(t)$ ist die exakte Lösung der Differenzialgleichung und damit der Zeitverlauf des Ausgangssignals:

$$y(t) = \frac{3}{2}(1 - e^{-2t})\,\sigma(t)\,.$$

Ganz gleichgültig, ob es sich um ein System erster Ordnung wie hier oder allgemein um ein System der Ordnung n handelt, die ABCD-Form ist bei linearen Systemen immer anwendbar.

Hier im Beispiel werden also in

$$\underline{\dot{x}}(t) = A \cdot \underline{x}(t) + B \cdot \underline{u}(t)$$

$$\underline{y}(t) = C \cdot \underline{x}(t) + D \cdot \underline{u}(t)$$

die eindimensionalen Matrizen $A = [-2]$, $B = [3]$, $C = [1]$, $D = [0]$.

Beim Übergang zum zeitdiskreten System muss zunächst die Abtastzeit T_A festgelegt werden, im Beispiel wird $T_A = 0{,}2$ sec gewählt.

Die zeitdiskreten Systemgleichungen sind rekursiv, das heißt auf bekannte Werte zurückgehend. Ausgehend vom Zustand $\underline{x}_k$ zum Zeitpunkt t_k wird der nächste Zustand $\underline{x}_{k+1}$ zum Zeitpunkt $t_{k+1} = t_k + T_A$ berechnet:

$$\underline{x}_{k+1} = A_d \cdot \underline{x}_k + B_d \cdot \underline{u}_k$$

$$\underline{y}_k = C_d \cdot \underline{x}_k + D_d \cdot \underline{u}_k$$

 Die Systemmatrizen des zeitdiskreten Systems haben zwar dieselben Dimensionen wie die Systemmatrizen des zeitkontinuierlichen Systems, die Matrixelemente sind jedoch unterschiedlich. Beim zeitdiskreten System hängen sie von der Abtastzeit ab.

Der Übergang von den zeitkontinuierlichen Systemgleichungen sysc zu den zeitdiskreten Systemgleichungen sysd wird Ihnen mit MATLAB leicht gemacht. Die Rechnung »zu Fuß« ist dagegen ziemlich beschwerlich.

Es gibt zwei geniale Funktionen, mit denen Sie elegant vom Kontinuierlichen zum Diskreten *continuous to discrete* c2d und vom Diskreten zum Kontinuierlichen *discrete to continuous* d2c wechseln können (siehe Abbildung 16.5). Wichtig ist immer die Vorgabe der Abtastzeit T_A.

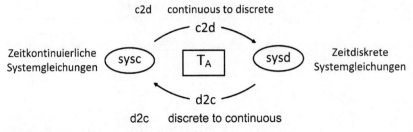

Abbildung 16.5: Funktionen, die den Übergang erleichtern

Das MATLAB-Listing zeigt, was Sie für das Beispiel programmieren müssen:

```
A=[-2]; B=[3]; C=[1]; D=[0]; % Systemmatrizen

sysc=ss(A,B,C,D); % Systemgleichungen im Kontinuierlichen
TA=0.2;           % Abtastzeit
sysd=c2d(sysc,TA); % Wechsel ins Diskrete
% Ausgabe der zeitdiskreten Systemmatrizen
[Ad,Bd,Cd,Dd]=ssdata(sysd)
```

Das Ergebnis ist:

```
Sampling time: 0.2

Discrete-time model.
Ad =   0.6703
Bd =   0.4945
Cd =   1
Dd =   0
```

Die Funktion ss steht für Zustandsraum *state space* und erzeugt die ABCD-Form. Der Begriff »space« (»Raum«) weist darauf hin, dass die vektoriellen Gleichungen symbolisch einen Vektorraum aufspannen.

Die Zustandsgleichung und die Ausgangsgleichung des zeitdiskreten Systems für das obige Beispiel sind damit:

$$x_{k+1} = 0{,}6703 \cdot x_k + 0{,}4945 \cdot u_k$$

$$y_k = x_k$$

Mit dem Anfangswert $x_k = 0$ bei $k = 0$ und für eine konstante Eingangsgröße $u_k = 1$ für alle k wird

✔ im ersten Zeitschritt $x_1 = 0{,}6703 \cdot 0 + 0{,}4945 \cdot 1 = 0{,}4945$,

✔ im zweiten Zeitschritt $x_2 = 0{,}6803 \cdot 0{,}4945 + 0{,}4945 \cdot 1 = 0{,}8260$,

✔ im dritten Zeitschritt $x_3 = 0{,}6803 \cdot 0{,}8260 + 0{,}4945 \cdot 1 = 1{,}0482$

und so weiter.

Der Vergleich mit der kontinuierlichen Lösung $y(t) = x(t)$ unter Verwendung der Werte für $t = t_0 = 0$; $t = t_1 = 0{,}2$ sec; $t = t_2 = 0{,}4$ sec; $t = t_3 = 0{,}6$ sec und so weiter ergibt die gleichen Werte. Das sehen Sie auch an den Zeitverläufen in Abbildung 16.6.

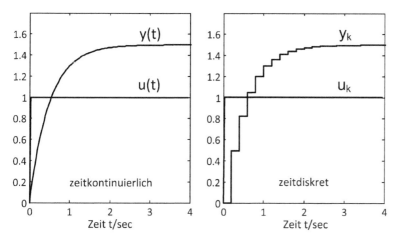

Abbildung 16.6: Im Zeitdiskreten entstehen Stufen

Der Entwurf findet im Kontinuierlichen statt

Mit dieser Methode können Sie nun sehr einfach Zustandsregler und Zustandsbeobachter, die Sie im Zeitkontinuierlichen entwerfen und berechnen, für die Realisierung auf einem Rechner in das Zeitdiskrete übertragen.

 Berechnen Sie Zustandsregler und Beobachter im Zeitkontinuierlichen und machen Sie dann, wie hier beschrieben, den Übergang in das Zeitdiskrete.

Für die Zustandsregelung benötigen Sie die Matrix der Zustandsrückführung und die Matrix der Sollzustandaufschaltung (siehe Tabelle 16.1). Im Zeitkontinuierlichen haben Sie K und V mit den bekannten Methoden bereits berechnet.

Element	zeitkontinuierlich	zeitdiskret
Zustandsrückführung	$\underline{u}_x(t) = K \cdot \underline{x}(t)$	$\underline{u}_{x,k} = K_d \cdot \underline{x}_k$
Sollzustandaufschaltung	$\underline{u}_w(t) = V \cdot \underline{w}(t)$	$\underline{u}_{w,k} = V_d \cdot \underline{w}_k$
Gesamtstellgröße	$\underline{u}(t) = \underline{u}_w(t) - \underline{u}_x(t)$	$\underline{u}_k = \underline{u}_{w,k} \cdot \underline{u}_{x,k}$

Tabelle 16.1: Der Zustandsregler zeitkontinuierlich und zeitdiskret

Die Gleichungen des ungeregelten Systems sind

$$\underline{\dot{x}}(t) = A \cdot \underline{x}(t) + B \cdot \underline{u}(t)$$

$$\underline{y}(t) = C \cdot \underline{x}(t) + D \cdot \underline{u}(t)$$

und die Gleichung des geregelten Systems wird mit

$$\underline{u}(t) = V \cdot \underline{w}(t) - K \cdot \underline{x}(t)$$

zu

$$\underline{\dot{x}}(t) = [A - B \cdot K]\,\underline{x}(t) + B \cdot V \cdot \underline{w}(t)\,.$$

Mit den Abkürzungen

$$\overline{A} = [A - B \cdot K] \quad \text{und} \quad \overline{B} = B \cdot V$$

wird daraus $\underline{\dot{x}}(t) = \overline{A} \cdot \underline{x}(t) + \overline{B} \cdot \underline{w}(t)\,.$

Wenn nun das ungeregelte und das geregelte System mit MATLAB ins Zeitdiskrete transformiert wird, können Sie daraus K_d und V_d berechnen. Zunächst transformieren Sie das ungeregelte System in das Zeitdiskrete:

```
% Die Matrizen A,B,C,D,K und V seien bereits definiert
sysc=ss(A,B,C,D);
sysd=c2d(sysc,TA);
[A_d,B_d,C_d,D_d]=ssdata(sysd)
```

und anschließend das geregelte System:

```
A_quer=A-B*K;
B_quer=B*V;
sys_quer_c=ss(A_quer,B_quer,C,D);
sys_quer_d=c2d(sys_quer_c,TA);
[A_quer_d,B_quer_d,C_quer_d,D_quer_d]=ssdata(sys_quer_d);
```

In den so berechneten Termen des diskreten Systems

$$\overline{A}_d = [A_d - B_d \cdot K_d] \quad \text{und} \quad \overline{B}_d = B_d \cdot V_d$$

sind die Matrizen K_d und V_d noch unbekannt. Deshalb lösen Sie die beiden Gleichungen nach K_d und V_d auf:

$$K_d = B_d^{-1}[A_d - \overline{A}_d] \quad \text{und} \quad V_d = B_d^{-1} \cdot \overline{B}_d \, ,$$

was Sie natürlich auch mit dem Programm erledigen können:

```
K_d=pinv(B_d)*(A_d - A_quer_d);
V_d=pinv(B_d)*B_quer_d;
```

Damit haben Sie alles, was Sie nach Abbildung 16.4 für die diskrete Zustandsregelung benötigen:

$$\underline{u}_k = V_d \cdot \underline{w}_k - K_d \cdot \underline{x}_k \, .$$

Berechnung eines zeitdiskreten Zustandsreglers mit MATLAB

Für eine Regelstrecke mit den Systemmatrizen

$$A = \begin{bmatrix} 0 & 1 \\ -39 & -1{,}4 \end{bmatrix}, \qquad B = \begin{bmatrix} 0 \\ 20 \end{bmatrix}, \qquad C = \begin{bmatrix} 1 & 0 \\ 0 & 1 \end{bmatrix}, \qquad D = \begin{bmatrix} 0 \\ 0 \end{bmatrix}$$

und den Eigenwerten

$$\text{eig}\,(A) = \begin{bmatrix} -0{,}7 + j \cdot 6{,}21 \\ -0{,}7 - j \cdot 6{,}21 \end{bmatrix}$$

soll für eine digitale Zustandsregelung mit der Abtastzeit $T_A = 0{,}1$ sec die Rückführungsmatrix K_d und die Aufschaltmatrix V_d mit einem MATLAB-Programm berechnet werden.

Die Eigenwerte des geregelten Systems sind bei

$$\text{eig}\,(A - B \times K) = \begin{bmatrix} -2 + i \cdot 2 \\ -2 - i \cdot 2 \end{bmatrix}$$

zu platzieren. Und so kann das Programm aussehen:

Schritt 1 – Systemmatrizen der Regelstrecke

```
A=[0 1; -39 -1.4]; B=[0;20]; C=[1 0;0 1]; D=[0;0];
% Definition der Regelstrecke
sys_c=ss(A,B,C,D);
```

Schritt 2 – Eigenwertvorgabe für die Zustandsregelung

```
eig_ABK=[-2+2*i -2-2*i];
```

Schritt 3 – Berechnung der Zustandsrückführung im Kontinuierlichen

```
K=acker(A,B,eig_ABK);
```

Schritt 4 – Systemmatrix des geregelten Systems

```
A_quer=A-B*K;
```

Schritt 5 – Berechnung der Aufschaltmatrix

```
V=-pinv(B)*A_quer;
```

Schritt 6 – Berechnung der Eingangs- und Ausgangsmatrizen

```
B_quer=B*V; C_quer=C; D_quer=[0 0;0 0];
```

Schritt 7 – Definition des Regelkreises

```
sys_quer_c=ss(A_quer,B_quer,C_quer,D_quer);
```

Schritt 8 – Übergang in das Zeitdiskrete

```
% Abtastzeit
TA=0.1; % kann hier geändert werden
% Diskrete Regelstrecke
sys_d=c2d(sys_c,TA);
[Ad,Bd,Cd,Dd]=ssdata(sys_d);
% Diskret geregeltes System
sys_quer_d=c2d(sys_quer_c,TA);
 [A_quer_d,B_quer_d,C_quer_d,D_quer_d]=ssdata(sys_quer_d);
% Diskrete Aufschaltmatrix
Vd=pinv(Bd)*B_quer_d
% Diskrete Rückführmatrix
Kd=pinv(Bd)*(Ad-A_quer_d)
```

Das Ergebnis ist:

```
Vd = 0.3724 0.1862
Kd = -1.5776 0.0331
```

Abbildung 16.7 zeigt für diese Werte im oberen Bildteil das Verhalten der beiden diskreten Zustandsgrößen $x_{1,k}$ und $x_{2,k}$ des Regelkreises für einen sprungförmigen Sollwert für die Zustandsgröße $x_{1,k}$. Der untere Bildteil zeigt den Verlauf der zugehörigen Stellgröße u_k.

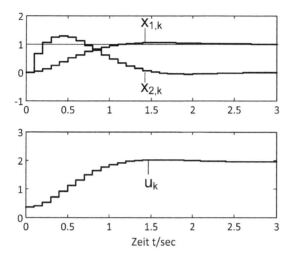

Abbildung 16.7: So funktioniert der zeitdiskrete Zustandsregler

Andere Abtastzeiten T_A wählen Sie einfach im Programm.

Tabelle 16.2 zeigt die Elemente $K = [k_1 k_2]$ des Reglers und $V = [v_1 v_2]$ der Aufschaltung für den kontinuierlichen Fall und für drei verschiedene Abtastzeiten.

Parameter	kontinuierlich	TA = 0,1 sec	TA = 0,2 sec	TA = 0,3 sec
k1	−1,5500	−1,5776	−1,5563	−1,4595
k2	0,1300	0,0331	0,0623	−0,1781
v1	0,4000	0,3724	0,3937	0,4905
v2	0,2000	0,1862	0,1968	0,2453

Tabelle 16.2: Die Reglerparameter bei unterschiedlichen Abtastzeiten

... auch für den Beobachter

Für den Entwurf des zeitdiskreten Zustandsbeobachters gehen Sie ganz ähnlich vor.

Die Beobachterrückführung G in der Zustandsgleichung des Beobachters

$$\dot{\underline{x}}_B(t) = \bar{\bar{A}} \cdot \underline{x}_B(t) + G \cdot \underline{y}(t)$$

mit $\bar{\bar{A}} = A - G \cdot C$

wird zunächst im Zeitkontinuierlichen berechnet und anschließend in das Zeitdiskrete transformiert:

$$\underline{x}_{B,k+1} = \bar{\bar{A}}_d \cdot \underline{x}_{B,k} + G_d \cdot \underline{y}_k \,.$$

Hierin erhalten Sie die diskrete Rückführung G_d des Beobachters.

Bei der Realisierung des Beobachters auf dem Rechner müssen Sie noch die Stellgröße $\underline{u}_k$ aufschalten und die Gleichung

$$\underline{x}_{B,k+1} = \bar{\bar{A}}_d \cdot \underline{x}_{B,k} + G_d \cdot \underline{y}_k + B_d \cdot \underline{u}_k$$

programmieren.

Teil V
Optimales, Menschliches und Hilfreiches

Die drei sehr unterschiedlichen Kapitel in diesem Teil runden das Thema dieses Buches ab. Sie erfahren, was optimale Regelungen sind, Sie lernen einen komplett anderen Ansatz für Regelungen kennen, der überhaupt keine Mathematik braucht, und ich stelle Ihnen sehr verbreitete Programme der Regelungstechnik vor.

Kapitel 17

Optimal – besser geht es nicht

Optimieren heißt, das Beste zu finden. Wer aber sagt, was das Beste ist? Das ist davon abhängig, wie Sie die Schwerpunkte setzen und was Ihr Optimierungsziel ist. Ohne dieses Ziel können Sie kein Optimum finden. Das Beste kann in einem Fall das Maximum einer Größe sein, in einem anderen Fall das Minimum.

Optimieren in der Regelungstechnik bedeutet, den besten Regler zu finden. Das Ziel kann sein, die Regeldifferenz möglichst schnell abzubauen, was meist zu großen Stellgrößen des Reglers führt, oder das Ziel kann sein, die Stellgrößen klein zu halten und dafür eine geringere Regelgüte in Kauf zu nehmen.

Das Prinzip der Optimierung

Das Prinzip der *Optimierung* kann ganz allgemein formuliert werden:

 Optimieren bedeutet, unter gegebenen Umständen veränderliche Größen zielgerichtet so zu verändern, dass ein vorgegebenes Ziel möglichst gut erreicht wird.

Begriffe der Optimierung

In der Fachsprache der Optimierung werden

✔ die gegebenen Umstände als »Restriktionen«,

✔ die veränderlichen Größen als »Optimierungsparameter«,

✔ das zielgerichtete Verändern als »Optimierungsstrategie«,

✔ das vorgegebene Ziel als »Gütefunktion« und

✔ das Ergebnis als »Optimum« bezeichnet.

Der Verlauf der Gütefunktion, auch Zielfunktion genannt, hängt von den Optimierungsparametern ab. Mit den optimalen Parametern wird der Wert der *Gütefunktion* je nach Zielsetzung maximal oder minimal.

 Die *Gütefunktion I* (*I* wie Index) definiert die Qualität einer Eigenschaft in Abhängigkeit von veränderlichen Optimierungsparametern. Jeder Parametersatz ergibt einen Gütewert der Gütefunktion. Je nach Optimierungsziel führen die optimalen Parameter zum Maximum oder Minimum der Gütefunktion.

Draht biegen

Ein Optimierungsbeispiel mit einem Stück Draht verwendet diese Begriffe. Der Draht hat die Länge $L = 100$ cm. Damit soll ein Rechteck mit den Seitenlängen a und b so gebogen werden, dass der Draht eine »möglichst große« Fläche A umschließt (siehe Abbildung 17.1).

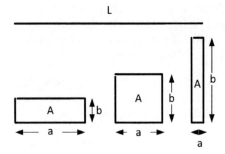

Abbildung 17.1: Das Drahtrechteck soll eine maximale Fläche bekommen

Das Optimum ist in diesem Fall also ein Maximum der Fläche A. Die Optimierungsparameter sind die Seitenlängen a und b.

Die Restriktion ist, dass die Summe der Seitenlängen die Drahtlänge $L = 2a + 2b$ ergeben muss. Sie erkennen, dass nur ein optimaler Parameter, zum Beispiel die Seitenlänge a, zu finden ist, denn es ist $b = L/2 - a$.

Die Gütefunktion I wird damit zu $I \equiv A = a \cdot (L/2 - a)$ und a ist dann optimal, wenn $I = A$ maximal wird. Abbildung 17.2 zeigt den Verlauf der Gütefunktion in Abhängigkeit des Parameters a. Dass die optimale Seitenlänge $a_{\mathrm{opt}} = L/4 = 25$ cm ist, die Fläche also quadratisch werden muss, haben Sie sicher gleich erkannt.

Bei diesem einfachen Beispiel ist die Optimierungsstrategie nichts anderes als die Lösung einer Extremwertaufgabe. An der Stelle a_{opt} wird A maximal und es ist dort

$$\frac{\partial A}{\partial a} = \frac{L}{2} - 2a = 0 \quad \text{und} \quad \frac{\partial^2 A}{(\partial a)^2} = -2, \quad \text{also} \quad a_{\mathrm{opt}} = \frac{L}{4}\,.$$

Das Optimum der Gütefunktion kann aber nicht immer durch das Lösen einer Extremwertaufgabe gefunden werden. Das ist der Fall, wenn der mathematische Zusammenhang zwischen den Optimierungsparametern und der Gütefunktion nicht bekannt ist. Dann ist eine suchende Optimierungsstrategie erforderlich, um das Maximum oder Minimum einer Gütefunktion zu finden. So ist das auch meist bei der Optimierung von Reglerparametern.

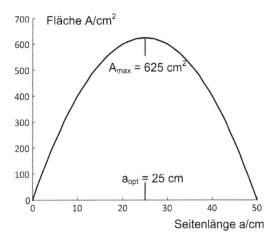

Abbildung 17.2: Die Gütefunktion hat ein Maximum

Optimierung von Reglern

Beim Entwurf von Reglern und Beobachtern fällt meist das Stichwort »Vorgabe von Eigenwerten«. Mit der Vorgabe von Eigenwerten können Sie das dynamische Verhalten des geregelten oder beobachteten Systems zwar gut festlegen, zwei Dinge bleiben dabei allerdings außer Acht:

✔ Der Verlauf von Regelgrößen kann nicht direkt beeinflusst werden.

✔ Die Höhe der Stellgrößen wird nicht berücksichtigt.

Der Entwurf ist in dieser Hinsicht manchmal nicht optimal.

Optimieren heißt: Kompromisse schließen

Wenn Sie die Frage stellen »Was ist ein optimaler Regler?«, kann es nur die Antwort geben: »Es kommt darauf an, was Sie wollen!«

Denn bei einer Regelung können Sie mit der Optimierung

    entweder die Abweichung der Regelgröße $y(t)$ vom Sollwert $w(t)$

oder

    die Einwirkung auf den Prozess mit der Stellgröße $u(t)$

möglichst klein halten.

Beides gleichzeitig wird Ihnen nicht gelingen. Sie müssen also einen Kompromiss zwischen *hoher Regelgüte* und *geringem Stellaufwand* schließen.

 Hohe Regelgüte bedeutet schnelles, gut gedämpftes Einschwingen der Prozesszustände auf die Sollwerte. *Geringer Stellaufwand* bedeutet kleine Amplituden der Stellgrößen.

Je nach den Anforderungen können Sie also unterschiedliche Gewichtungen vornehmen (siehe Abbildung 17.3).

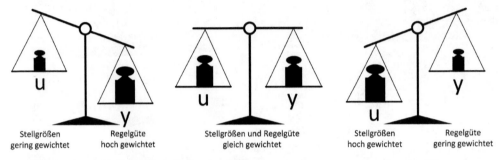

Stellgrößen	Regelgüte	Stellgrößen und Regelgüte	Stellgrößen	Regelgüte
gering gewichtet	hoch gewichtet	gleich gewichtet	hoch gewichtet	gering gewichtet

Abbildung 17.3: Gewichte legen fest, was wichtig ist

Optimieren in der Regelungstechnik bedeutet also, mit der Reglereinstellung das von Ihnen vorgegebene Ziel zu erreichen. Das Ziel formulieren Sie mit der Gütefunktion, die Optimierungsstrategie sucht dazu die optimalen Reglerparameter.

 Optimieren eines Reglers bedeutet, solche Reglerparameter zu finden, die eine vorgegebene Gütefunktion am besten erfüllen.

Abbildung 17.4 zeigt die Regelung einer Größe $y(t)$ auf null mit der Stellgröße $u(t)$ bei unterschiedlichen Zielsetzungen.

Im linken Bildteil ist die Regelgröße hoch gewichtet und die Stellgröße gering gewichtet. Das Regelverhalten ist gut, dafür ist die Amplitude der Stellgröße groß. Im rechten Bildteil ist es umgekehrt. Die Regelgröße ist gering gewichtet und die Stellgröße ist hoch gewichtet. Die Regelgüte wird damit schlechter und dafür die Amplitude der Stellgröße kleiner.

Sie können also das Verhalten einer Regelung mit der Vorgabe einer Gütefunktion bestimmen. Eine Regelung ist dann optimal, wenn mit der Reglereinstellung die von Ihnen vorgegebene Gütefunktion erfüllt wird. Es bleibt die Frage, wie eine Gütefunktion einer Regelung aussieht und wie damit die Regelung berechnet wird.

Quadrate werden nicht negativ

Zur Berechnung eines optimalen Reglers müssen Sie zunächst eine geeignete Gütefunktion finden, die den Kompromiss zwischen Regelgüte und Regelaufwand beschreibt.

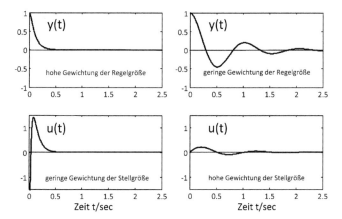

Abbildung 17.4: Die Gewichtungen bestimmen das Verhalten

Bei genauerer Betrachtung von Abbildung 17.4 erkennen Sie, dass die hohe Gewichtung einer Größe eine kleine Fläche zwischen dem Zeitverlauf und der Nulllinie ergibt. Hier ist Vorsicht geboten, denn mathematisch sind Flächen unter der Nulllinie negativ. Diese mathematische Kompensation muss verhindert werden. Das gelingt durch das Quadrieren der Zeitfunktion, denn die Quadrate $y^2(t)$ für die Regelgröße und $u^2(t)$ für die Stellgröße sind nur positiv oder null und kompensieren sich nicht.

Abbildung 17.5 zeigt beispielhaft den Verlauf $y^2(t)$ einer quadrierten Regelgröße.

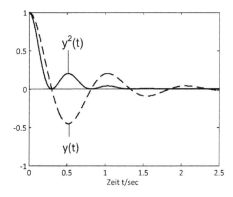

Abbildung 17.5: Quadratische Funktionen eignen sich für die Optimierung

Mit den Flächenquadraten A_y für die Regelgröße und A_u für die Stellgröße ist die Flächenberechnung für die Optimierung jetzt sinnvoll:

$$A_y = \int_0^T y^2(t)\,dt \quad \text{und} \quad A_u = \int_0^T u^2(t)\,dt.$$

Diese Flächen werden über einem möglichst großen Zeitraum T betrachtet. Die Gewichtung dieser beiden Flächen mit den Faktoren q und r führt auf die Gütefunktion I. Wird auf null geregelt, können Sie I mit

$$I = \int_0^T [q \cdot y^2(t) + r \cdot u^2(t)] \, \mathrm{d}t - \text{Min}\,!$$

berechnen.

Geben Sie einen Sollwert vor, müssen Sie in I die Regeldifferenz $e(t) = w(t) - y(t)$ bewerten:

$$I = \int_0^T [q \cdot e^2(t) + r \cdot u^2(t)] \, \mathrm{d}t - \text{Min}\,!$$

Bei der optimalen Reglereinstellung wird I minimal. Es handelt sich bei der Regleroptimierung also um eine Minimierungsaufgabe.

Große *Gewichtungsfaktoren* q und kleine Gewichtungsfaktoren r führen auf eine hohe Regelgüte, kleine Gewichtsfaktoren q und große Gewichtungsfaktoren r führen auf kleine Stellgrößen.

 Mit *Gewichtungsfaktoren* können Sie in Gütefunktionen widersprüchliche Zielsetzungen bei der Optimierung unterschiedlich bewerten und damit das Optimierungsergebnis beeinflussen.

Ein optimaler P-Regler

Das Grundlegende der Regleroptimierung sehen Sie am besten an einem Beispiel eines Regelkreises (siehe Abbildung 17.6).

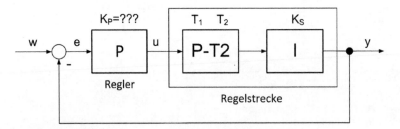

Abbildung 17.6: Es wird ein optimaler Reglerparameter gesucht

Die Regelstrecke besteht aus der Serienschaltung eines P-T2-Systems und eines I-Systems. Die Streckenparameter sind

$$T_1 = 0{,}2 \text{ sec}\,, \qquad T_2 = 0{,}2 \text{ sec}\,, \qquad K_S = 2 \text{ sec}^{-1}\,.$$

Mit den Gewichtungsfaktoren $q = 1$ und $r = 3$ ergibt sich der Verlauf der Gütefunktion I wie in Abbildung 17.7.

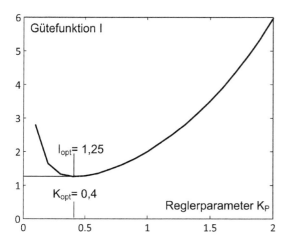

Abbildung 17.7: Die Gütefunktion hat beim optimalen Reglerparameter ein Minimum

Der optimale Gütewert $I_{opt} = 1{,}25$ liegt bei dem Reglerparameter $K_{opt} = 0{,}4$. Mit diesem Wert wird der Verlauf der Regelgröße $y(t)$ und der Stellgröße $u(t)$ wie in Abbildung 17.8.

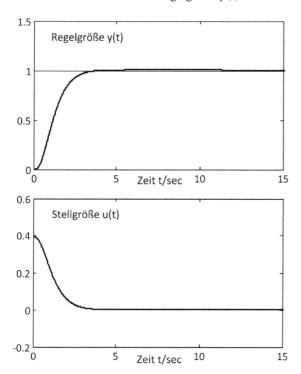

Abbildung 17.8: Regelgüte und Regelaufwand stehen in einem guten Verhältnis

Die Gütefunktion und das Optimum

Es bleiben noch zwei Fragen:

✔ Wie wird die Gütefunktion berechnet?

✔ Wie findet man das Optimum?

Zur ersten Frage: Wenn Sie einen optimalen Regler ermitteln wollen, sitzen Sie ohnehin an einem Rechner, mit dem Sie auch den Regelkreis simulieren können. Die Simulation des Regelkreises wird um die Berechnung der Gütefunktion erweitert (siehe Abbildung 17.9).

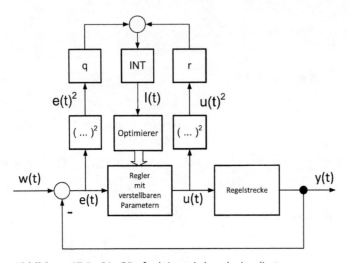

Abbildung 17.9: Die Gütefunktion wird auch simuliert

Die erste Simulation starten Sie mit Reglerparametern, die noch nicht optimal sind, und lassen die Simulation bis zu einer Endzeit T_{sim} laufen. Neben den Verläufen von $w(t)$, $e(t)$, $u(t)$, $y(t)$ erfassen Sie auch den simulierten Verlauf der Gütefunktion

$$I(t) = \int_0^T [q \cdot e^2(t) + r \cdot u^2(t)]\, dt \quad \text{mit dem Endwert} \quad I(T_{sim}).$$

Zur zweiten Frage: Um das Optimum zu finden, variieren Sie den oder die Reglerparameter von Hand oder – besser – überlassen das einem Optimierer mit einer Optimierungsstrategie. Damit finden Sie die Reglereinstellung, die den Gütewert $I(T_{sim})$ minimal macht. Sie simulieren den Regelkreis also nicht nur ein Mal, sondern mehrfach, um die Endwerte der Gütefunktion zu minimieren.

Abbildung 17.10 zeigt diesen sich wiederholenden Vorgang. Das dauert auf dem Rechner meist nur ein paar Sekunden.

Abbildung 17.11 zeigt drei der vielen Läufe einer *iterativen Simulation*. Mit $K_R = 0{,}4$ ist das Optimum gefunden, der Gütewert $I(T_{sim}) = 1{,}25$ ist minimal.

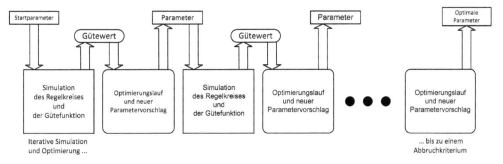

Abbildung 17.10: Simulation und Optimierung wechseln sich ab

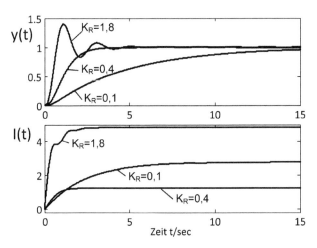

Abbildung 17.11: Der Gütewert wird minimiert

Optimale Zustandsregler

Bei vektoriellen Zustandsgrößen $\underline{x}(t)$ mit n Zustandsgrößen und vektoriellen Stellgrößen $\underline{u}(t)$ mit p Komponenten wird die Gütefunktion

$$I = \int\limits_0^T \{[q_1 \cdot x_1^2(t) + \cdots q_n \cdot x_n^2(t)] + [r_1 \cdot u_1^2(t) + \cdots r_p \cdot u_p^2(t)]\} \, \mathrm{d}t \, .$$

Alle Komponenten des Zustandsvektors und des Stellgrößenvektors werden quadriert und mit Gewichtungsfaktoren in der Gütefunktion versehen.

Gütefunktion mit Vektoren

Sie können auch die Gütefunktion in der vektoriellen Form schreiben:

$$I = \int\limits_0^T [\underline{x}^T(t) \cdot Q \cdot \underline{x}(t) + \underline{u}^T(t) \cdot R \cdot \underline{u}(t)] \, \mathrm{d}t$$

mit den Gewichtungsmatrizen Q für die Systemzustände und R für die Stellgrößen. Lesen Sie hierzu den Kasten »Vektorielle Gütefunktion«.

Vektorielle Gütefunktion

Die Gewichtungsmatrix Q für den n-dimensionalen Zustand $\underline{x}(t)$ hat die Dimension $\dim(Q) = (n \times n)$ und die Gewichtungsmatrix R für den p-dimensionalen Stellgrößenvektor hat die Dimension $\dim(R) = (p \times p)$.

Wenn Sie nicht die Produkte unterschiedlicher Komponenten von $\underline{x}(t)$ und $\underline{u}(t)$ mit Gewichtungsfaktoren versehen, haben die Gewichtungsmatrizen nur von null verschiedene Elemente auf der Hauptdiagonalen:

$$Q = \begin{bmatrix} q_1 & 0 & \cdots & 0 \\ 0 & q_2 & \cdots & 0 \\ \cdots & \cdots & \cdots & \cdots \\ 0 & 0 & \cdots & q_n \end{bmatrix} \quad \text{und} \quad R = \begin{bmatrix} r_1 & 0 & \cdots & 0 \\ 0 & r_2 & \cdots & 0 \\ \cdots & \cdots & \cdots & \cdots \\ 0 & 0 & \cdots & r_p \end{bmatrix}.$$

In der Gütefunktion

$$I = \int_0^T \left[\underline{x}^T(t) \cdot Q \cdot \underline{x}(t) + \underline{u}^T(t) \cdot R \cdot \underline{u}(t) \right] \, dt$$

werden dann $Q \cdot \underline{x}(t)$ und $R \cdot \underline{u}(t)$ Spaltenvektoren:

$$Q \cdot \underline{x}(t) = \begin{bmatrix} q_1 \cdot x_1(t) \\ q_2 \cdot x_2(t) \\ \cdots \\ q_n \cdot x_n(t) \end{bmatrix} \quad \text{und} \quad R \cdot \underline{u}(t) = \begin{bmatrix} r_1 \cdot u_1(t) \\ r_2 \cdot u_2(t) \\ \cdots \\ r_p \cdot u_p(t) \end{bmatrix}$$

und schließlich:

$$\underline{x}^T(t) \cdot Q \cdot \underline{x}(t) = q_1 \cdot x_1^2(t) + \cdots q_n \cdot x_n^2(t) \quad \text{und}$$

$$\underline{u}^T(t) \cdot R \cdot \underline{u}(t) = r_1 \cdot u_1^2(t) + \cdots r_p \cdot u_p^2(t).$$

Es wird dem Rechner überlassen

Eine nicht ganz leichte Aufgabe ist es nun, für einen Zustandsregler optimale Reglerparameter zu finden, die diese Gütefunktion minimieren. Diese Aufgabe ist auch unter dem Namen *LQR-Entwurf* bekannt.

 Der *LQR-Entwurf* erzeugt einen optimalen Zustandsregler für ein lineares dynamisches System: L = lineares System, Q = quadratische Gütefunktion, R = optimaler Zustandsregler (siehe Abbildung 17.12).

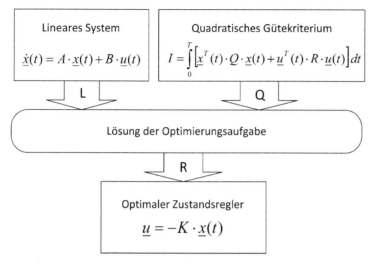

Abbildung 17.12: Der LQR-Entwurf liefert optimale Regler

Jetzt würden vier Seiten mit der Theorie zur Lösung des LQR-Entwurfs folgen – hier aber nicht! Wer sich dafür näher interessiert, kann das prima bei Jan Lunze *Regelungstechnik 2. Mehrgrößensysteme, Digitale Regelung* nachlesen.

Hier lesen Sie, wie es der Regelungstechniker in der Praxis macht: Er verwendet eine MATLAB-Funktion mit dem Namen lqr, die Sie in der *Control System Toolbox* finden.

Optimaler Reglerentwurf mit MATLAB

Für ein lineares System $\dot{\underline{x}}(t) = A \cdot \underline{x}(t) + B \cdot \underline{u}(t)$ mit $A = \begin{bmatrix} 0 & 1 \\ -39.5 & -1.23 \end{bmatrix}$ und

$B = \begin{bmatrix} 0 \\ 39.5 \end{bmatrix}$ ist für die Gütefunktion

$$I = \int_0^T \left[\underline{x}^T(t) \cdot Q \cdot \underline{x}(t) + \underline{u}^T(t) \cdot R \cdot \underline{u}(t)\right] \, dt \text{ mit } Q = \begin{bmatrix} 100 & 0 \\ 0 & 1 \end{bmatrix} \text{ und } R = [1]$$

die optimale Zustandsrückführung K in $\underline{u}(t) = -K \cdot \underline{x}(t)$ zu berechnen.

Die MATLAB-Anweisungen dazu sind:

```
A=[0  1;
  -39.5 -1.23];
B=[0;
   39.5];
Q=[100 0;
   0  1];
```

```
R=[1];
[K,S,EW] = lqr(A,B,Q,R); % Berechnung
% S ist ein Zwischenergebnis des L&ouml;sungsweges
K % Ausgabe der Reglermatrix
EW % Ausgabe der Eigenwerte von A-B*K
```

Die Ergebnisse lauten:

```
K =
 9.0499 1.1768
EW =
 -36.9801
 -10.7347
```

Dem Regelungstechniker, der am Rechner sitzt, um Regler zu entwerfen, wird damit viel Arbeit abgenommen. Die Vorgaben der Gewichtungen in der Gütefunktion bleiben aber seine Aufgaben. Diese Vorgaben werden meist in mehreren Rechenläufen variiert und mit Simulationen und Berechnungen von Eigenwerten überprüft. Das ist dann die abschließende Optimierung durch den Menschen: Es wird nicht an den Reglerparametern direkt gedreht, was beim Zustandsregler nicht funktioniert, sondern an den Gewichtungsfaktoren der Gütefunktion.

Kapitel 18

Fuzzy-Regler mit menschlichen Zügen

Technische Regler zu entwerfen und einzustellen hat immer irgendwie mit Mathematik zu tun. Die Dynamik von Regelstrecken, Reglern und Regelkreisen beschreiben Sie immer mit mathematischen Modellen. Diese Modelle sind aber nie die ganze Wahrheit und teilweise sind sie auch schwer zu finden.

Wird der Mensch dagegen als Regler tätig, zum Beispiel beim Einstellen der Duschtemperatur, beim Autofahren, beim Bedienen einer Maschine oder beim Balancieren, kann er das sehr gut ohne Mathematik. Es genügt ihm die Erfahrung und das Training. Und das, was er beim Regeln tut, fasst er in verständliche Worte und nicht in Formeln.

Auch technische Fuzzy-Regelungen gehen diesen Weg und verwenden natürlichsprachliche Anweisungen für die Regelung von Prozessen. Das klingt einfach und funktioniert auch gut. Ein Fuzzy-Regler versteht zum Beispiel die Anweisung:

```
WENN die Regelgröße etwas kleiner ist als der Sollwert,
DANN erhöhe die Stellgröße leicht.
```

Wie ein solcher Fuzzy-Regler funktioniert, lesen Sie im Folgenden gleich genauer.

Scharfes und Unscharfes

Zunächst etwas Historisches zum Fuzzy-Regler.

Fuzzy

Zunächst eine Anmerkung zum Sprachlichen: *fuzzy* ist Englisch, was für die Aussprache wichtig ist, und bedeutet »unscharf, verschwommen, fusselig«.

Den Begriff *fuzzy sets* für unscharfe, mehrdeutige Mengen führte der iranisch-amerikanische Mathematiker Lotfi A. Zadeh 1965 ein und entwickelte dazu 1973 die *Fuzzy-Logik*. In den 1980er-Jahren entstanden daraus die *Fuzzy-Regler*.

Eine neue Mengenlehre

Die klassische Mengenlehre kennt nur die Zweiwertigkeit einer Mengenzugehörigkeit:

✔ ja ↔ nein

✔ wahr ↔ falsch

✔ 1 ↔ 0

Die Mengenzugehörigkeit ist mit der *Zugehörigkeitsfunktion* definiert.

Ein Element x einer Grundmenge **G** gehört entweder zu einer Teilmenge M von **G**, dann ist die *Zugehörigkeitsfunktion* $\mu_M(x) = 1$, oder es gehört nicht zu dieser Teilmenge, dann ist die *Zugehörigkeitsfunktion* $\mu_M(x) = 0$. Andere Werte als 0 oder 1 gibt es bei den klassischen Mengen für die Zugehörigkeiten nicht. Es ist eine »scharfe« Logik. Abbildung 18.1 zeigt dazu ein Beispiel.

Wenn die Grundmenge **G** die Temperaturen x zwischen $x = 0\,°C$ und $x = 100\,°C$ umfasst und diese Menge aus den beiden Teilmengen »kalt« für Temperaturen unter 40 °C und »heiß« für Temperaturen über 40 °C besteht, können Sie die beiden Zugehörigkeitsfunktionen $\mu_{kalt}(x)$ und $\mu_{heiß}(x)$ darstellen. Diese können dabei nur den Wert 0 oder den Wert 1 annehmen und keine Zwischenwerte.

Gehen Sie nochmals unter die Dusche: Sie können die Temperatur zwar nicht genau in °C angeben, Sie können aber 10 °C als deutlich kälter als 30 °C bezeichnen, obwohl beide Temperaturen nach obiger Einteilung zur Teilmenge »kalt« gehören.

Hier kommen die *unscharfen Mengen*, die *fuzzy sets* oder *Fuzzy-Mengen*, ins Spiel.

Bei *unscharfen Mengen* können die *Zugehörigkeitsfunktionen* $\mu(x)$ alle Werte zwischen 0 und 1 annehmen. Man spricht hier auch vom *Zugehörigkeitsgrad* $\mu(x)$, der im Intervall [0, 1] liegen kann. Das sehen Sie in Abbildung 18.2.

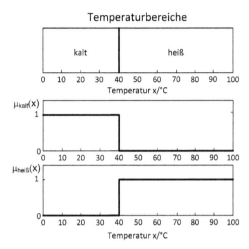

Abbildung 18.1: Die klassische Mengenlehre kennt nur Ja oder Nein

Die Zugehörigkeitsfunktion $\mu_{\text{kalt}}(x)$ hat bis 30 °C den Zugehörigkeitsgrad 1, er fällt zwischen 30 °C und 50 °C linear auf 0 ab und bleibt dort bei Temperaturen über 50 °C. Die Zugehörigkeitsfunktion $\mu_{\text{heiß}}(x)$ dagegen hat bis 30 °C den Zugehörigkeitsgrad 0, er steigt zwischen 30 °C und 50 °C linear auf 1 an und bleibt dort bei Temperaturen über 50 °C.

Die ansteigenden und abfallenden Zugehörigkeitsfunktionen sollten sich überlappen. Sonst könnte es passieren, dass ein Messwert zu keiner Fuzzy-Menge gehört. Auch in Abbildung 18.2 ist die Überlappung gegeben. Die Temperatur von 35 °C hat dort zum Beispiel die Zugehörigkeitsgrade $\mu_{\text{kalt}}(x) = 0{,}75$ und $\mu_{\text{heiß}}(x) = 0{,}25$.

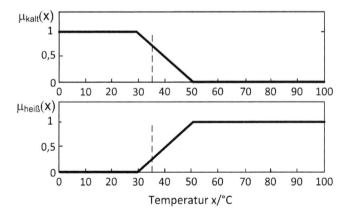

Abbildung 18.2: Die Fuzzy-Menge kennt auch Zwischenwerte

Bei *unscharfen Mengen* (Fuzzy-Mengen) können Zugehörigkeitsfunktionen auch Werte zwischen 0 und 1 annehmen.

Typische Fuzzy-Mengen

Den Wertebereich einer Größe können Sie natürlich mit mehr als nur zwei Fuzzy-Mengen beschreiben. Auch sind Sie bei der Wahl der Form der Zugehörigkeitsfunktionen und bei der Bezeichnung dieser Fuzzy-Mengen frei.

Bei den Sprachwissenschaftlern angekommen

Linguistisch bedeutet sprachlich oder sprachwissenschaftlich und drückt aus, dass für Fuzzy-Mengen natürlichsprachliche Begriffe verwendet werden. Die *linguistische Variable* bezeichnet die Grundmenge der Messgröße (zum Beispiel die TEMPERATUR), den einzelnen Messwerten werden Fuzzy-Mengen mit *linguistischen Termen* zugeordnet (zum Beispiel sehr niedrig, niedrig, mittel, hoch, sehr hoch).

Bei der Einführung von Fuzzy-Mengen legen Sie Folgendes fest:

✔ Zahl der Fuzzy-Mengen

Für die Anwendung in der Regelungstechnik haben sich drei bis fünf Fuzzy-Mengen bewährt.

✔ Form der Fuzzy-Mengen

Die Praxis arbeitet mit trapezförmigen oder dreieckigen Zugehörigkeitsfunktionen, der Maximalwert sollte immer 1 sein (siehe Abbildung 18.3).

✔ Bezeichnung der Fuzzy-Mengen

Die Anwendung bestimmt die natürlichsprachlichen Bezeichnungen. Die linguistische Variable ist die betrachtete Größe, zum Beispiel eine Temperatur.

Die linguistischen Terme sind die gewählten Fuzzy-Mengen:

sehr klein – klein – mittel – groß – sehr groß

sehr kalt – kalt – lau – warm – heiß

sehr niedrig – niedrig – mittel – hoch – sehr hoch

negativ groß – negativ mittel – null – positiv mittel – positiv groß

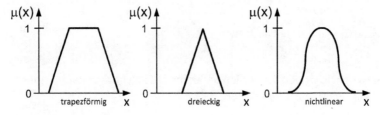

Abbildung 18.3: Fuzzy-Mengen können unterschiedliche Formen haben

Für den praktischen Einsatz reicht es aus, trapezförmige und dreieckige Fuzzy-Mengen zu verwenden. Wichtig ist, dass diese Fuzzy-Mengen am höchsten Punkt den Wert 1 erreichen. Die gewählten Fuzzy-Mengen werden in *einem* Diagramm zusammengestellt.

Wie ein Diagramm mit solchen Fuzzy-Mengen aussehen kann, sehen Sie in einem Beispiel.

Eine Messgröße x mit dem Wertebereich $[-10, 10]$ wird mit fünf Fuzzy-Mengen und fünf linguistischen Termen mit ihren Abkürzungen in fetten Großbuchstaben beschrieben:

$\mu_1(x)$: negativ groß (**NG**)

$\mu_2(x)$: negativ mittel (**NM**)

$\mu_3(x)$: null (**ZE**)

$\mu_4(x)$: positiv mittel (**PM**)

$\mu_5(x)$: positiv groß (**PG**)

Abbildung 18.4 zeigt mit diesen Fuzzy-Mengen die gewählten Zugehörigkeitsfunktionen.

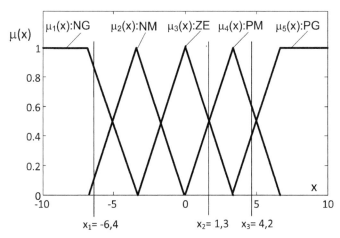

Abbildung 18.4: Die Fuzzy-Mengen beschreiben einen Messbereich

Die Fuzzy-Mengen **NG** und **PG** sind trapezförmig, die Fuzzy-Mengen **NM**, **ZE** und **PM** sind dreieckig. Zu jedem Messwert x können die Zugehörigkeitsgrade der Fuzzy-Mengen angegeben werden.

Kopfkino

Ein Buch kann keine bewegten Bilder wiedergeben. Mit einem kleinen Hinweis können Sie diese aber in Ihrem Kopf erzeugen: Legen Sie in Abbildung 18.4 ein Lineal links an die $\mu(x)$-Achse an und verschieben Sie nun das Lineal langsam nach rechts über die Grafik. Sie sehen dann, wie sich mit wachsendem Messwert x die Zugehörigkeitsgrade der einzelnen Fuzzy-Mengen verändern. Bis $x = -6{,}5$ bleibt $\mu_1(x)$ konstant 1 und fällt dann ab. Gleichzeitig steigt $\mu_2(x)$ an und erreicht bei $x = -3{,}5$ das Maximum bei 1 und so weiter.

Drei Messwerte x_1, x_2, x_3 sind als Momentaufnahmen in Abbildung 18.4 beispielhaft festgehalten. Diese Zugehörigkeitsgrade zeigt Tabelle 18.1.

Fuzzy-Menge	NG	NM	ZE	PM	PG
Zugehörigkeitsgrad μ zu Messwert x	μ_1	μ_2	μ_3	μ_4	μ_5
$x_1 = -6{,}4$	0,9	0,1	0	0	0
$x_2 = 1{,}3$	0	0	0,5	0,5	0
$x_3 = 4{,}2$	0	0	0	0,6	0,4

Tabelle 18.1: Zugehörigkeitsgrade von drei Messwerten

Die scharfen Messgrößen x werden bei der Darstellung als Fuzzy-Mengen bei n linguistischen Termen zu Listen mit n Zugehörigkeitsgraden. Das sieht für die Werte in Tabelle 18.1 dann so aus:

$$x_1 = -6{,}4 \Rightarrow x_{1,\text{Fuzzy}} = (0{,}9 \; ; \; 0{,}1 \; ; \; 0 \; ; \; 0 \; ; \; 0)$$

$$x_2 = 1{,}3 \Rightarrow x_{2,\text{Fuzzy}} = (0 \; ; \; 0 \; ; \; 0{,}5 \; ; \; 0{,}5 \; ; \; 0)$$

$$x_1 = 4{,}2 \Rightarrow x_{3,\text{Fuzzy}} = (0 \; ; \; 0 \; ; \; 0 \; ; \; 0{,}6 \; ; \; 0{,}4).$$

Fuzzifizierung – Schritte ins Unscharfe

Der Übergang von einer Messgröße x mit »scharfem« Messwert zur linguistischen Variablen x_{Fuzzy} mit Fuzzy-Werten in linguistischen Termen und Zugehörigkeitsgraden heißt *Fuzzifizierung*.

Zur Fuzzifizierung einer Messgröße gehen Sie in drei Schritten vor:

1. **Wählen Sie die Messgröße aus und legen Sie den Messbereich fest.**

   Die Messgröße x sei zum Beispiel eine Temperatur $x \equiv T$ mit dem Messbereich $[x_{\min}, x_{\max}] \equiv [T_{\min}, T_{\max}]$. Dieser Bereich ist die Grundmenge der linguistischen Variablen $x_{\text{Fuzzy}} = \text{TEMP}$.

2. **Teilen Sie die Grundmenge in Fuzzy-Mengen auf.**

   In dieser Grundmenge werden unscharfe, sich meist überlappende Fuzzy-Mengen gebildet. Hier ist ein gewisses Expertenwissen über den Prozess hilfreich, aus dem die Messgröße kommt. Der maximale Zugehörigkeitsgrad für jede Fuzzy-Menge ist $\mu = 1$. Für jede Fuzzy-Menge legen Sie die Form und die Stützpunkte fest.

   Dreieckige Fuzzy-Mengen haben drei Stützpunkte, trapezförmige Fuzzy-Mengen im Innern der Grundmenge haben vier Stützpunkte. Am Rand werden Teile von trapezförmigen Fuzzy-Mengen mit zwei Stützpunkte verwendet.

   Es ist üblich, die Fuzzy-Mengen symmetrisch anzuordnen und Überschneidungen in den Fußpunkten von 20 Prozent bis 50 Prozent vorzusehen.

3. Skalieren Sie die Abszisse.

Die Skala der Abszisse bekommt die Messwerte der betrachteten Messgröße. Damit können Sie leicht den Zusammenhang zwischen der Messgröße und den linguistischen Termen herstellen.

Das sehen Sie in Abbildung 18.5.

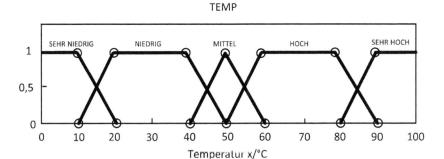

Abbildung 18.5: Das ist das Ergebnis der Fuzzifizierung

Die *Fuzzifizierung* macht aus scharfen Messwerten linguistische Fuzzy-Mengen mit Zugehörigkeitsgraden, die von den Messwerten abhängen.

Mit Fuzzy-Mengen regeln

Den Vorteil, einen dynamischen Zusammenhang mit sprachlichen Variablen und Fuzzy-Mengen zu formulieren, nutzt auch die Regelungstechnik. Dazu müssen aber nicht nur die Messgrößen, sondern auch die Stellgrößen zu Fuzzy-Mengen gemacht werden.

Der *Fuzzy-Regler* tritt zum Beispiel an die Stelle eines PID-Reglers (siehe Abbildung 18.6).

Der Fuzzy-Regler bekommt wie der PID-Regler als Eingangsgröße die Messgröße der Regeldifferenz und erzeugt als Ausgangsgröße die Stellgröße. Das Innere des Reglers sieht allerdings anders aus.

Drei Teile

Ein Fuzzy-Regler besteht aus drei Teilen. Wie in Abbildung 18.7 sind das

✔ die Fuzzifizierung,

✔ die Regelbasis mit der Inferenz und

✔ die Defuzzifizierung.

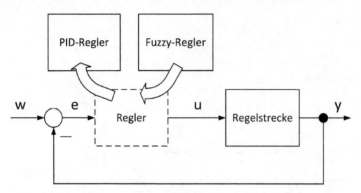

Abbildung 18.6: Der Fuzzy-Regler ersetzt den herkömmlichen Regler

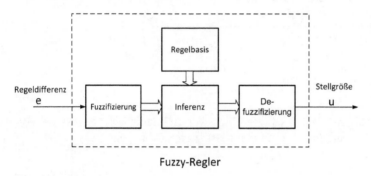

Abbildung 18.7: Ein Fuzzy-Regler besteht aus drei Teilen

Die Fuzzifizierung im ersten Teil, die Sie ja schon kennen, macht aus kontinuierlichen Messgrößen natürlichsprachliche Fuzzy-Mengen der Eingangsgrößen.

 Im zweiten Teil, der *Inferenz*, werden diese Fuzzy-Mengen zu den Fuzzy-Mengen der Ausgangsgrößen, das heißt der Stellgrößen, verarbeitet. Inferenz ist der Fachausdruck für eine logische Schlussfolgerung. Regeln dieser Schlussfolgerungen sind in der *Regelbasis* definiert.

 Im dritten Teil, der *Defuzzifizierung*, werden aus den Fuzzy-Mengen der Stellgrößen kontinuierliche Signale gemacht, die auf den zu regelnden Prozess wirken.

Wie diese drei Teile des Fuzzy-Reglers im Einzelnen aussehen können, zeigt Ihnen das Beispiel einer automatischen Abstandsregelung bei Fahrzeugen.

Ein Abstandsautomat

Die automatische Abstandsregelung misst den Abstand und die Abstandsänderung, also die Relativgeschwindigkeit zum vorausfahrenden Fahrzeug. Der Fahrer stellt den gewünschten

Folgeabstand a ein (siehe Abbildung 18.8). Der Abstandsautomat hält diesen Abstand ein, solange der Fahrer nicht eingreift.

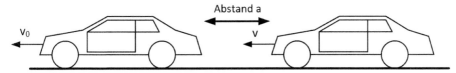

Abbildung 18.8: Ein Regler hält den Abstand

Ein Fuzzy-Regler für ein gutes Regelverhalten benötigt

✔ den Abstand a zum vorausfahrenden Fahrzeug und

✔ die Abstandsänderung $\dot{a} = v_0 - v = \Delta v$, also die Relativgeschwindigkeit Δv zum vorausfahrenden Fahrzeug.

Mit diesen zwei Eingangsgrößen kann eine unscharfe Logik für die richtige Maßnahme des Abstandhaltens bestimmt werden:

✔ Beschleunigung des Fahrzeugs (Geschwindigkeit v wird vergrößert)

✔ konstante Geschwindigkeit v des Fahrzeugs

✔ Verzögerung des Fahrzeugs (Geschwindigkeit v wird verkleinert).

Nach der Fuzzifizierung der Messgrößen werden die beiden Fuzzy-Variablen über eine Regelbasis zur Fuzzy-Menge der Stellgröße des Abstandsreglers verknüpft (siehe Abbildung 18.9).

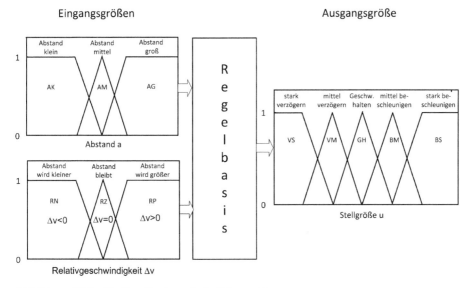

Abbildung 18.9: Die Regelbasis verknüpft Fuzzy-Mengen

In diesem Beispiel werden für die zwei Eingangsgrößen (Messgrößen) je drei Fuzzy-Mengen und für die Ausgangsgröße (Stellgröße) fünf Fuzzy-Mengen verwendet.

Die linguistischen Terme und Abkürzungen der Fuzzy-Mengen in Abbildung 18.9 für die Eingangsgröße Abstand **a** sind

Abstand klein **AK** – Abstand mittel **AM** – Abstand groß **AG**

und für die Eingangsgröße Relativgeschwindigkeit Δv (Abstandsänderung)

Abstand wird kleiner **RN** – Abstand bleibt **RZ** – Abstand wird größer **RP**.

Die linguistischen Terme und Abkürzungen für die Fuzzy-Mengen der Ausgangsgröße u (Verzögern, Gas halten und Beschleunigen) sind:

✔ stark bremsen **VS**

✔ mittel bremsen **VM**

✔ Gas halten **GH**

✔ mittel beschleunigen **BM**

✔ stark beschleunigen **BS**.

Die Abkürzungen dieser Fuzzy-Mengen sollten Sie sich einprägen, sie tauchen in diesem Beispiel mehrfach auf.

Bei der Fuzzy-Regelung gibt es für den Regler keine mathematische Rechenvorschrift, sondern eine natürlichsprachliche Verknüpfung der Eingänge (Regeldifferenzen) mit den Ausgängen (Stellgrößen) über die unscharfe Logik der Fuzzy-Mengen.

Die Regelbasis

Die Grundlage für diese Verknüpfung ist die Regelbasis.

 Am Rande bemerkt, stolpern Sie bitte nicht über die beiden Bedeutung von »Regeln«: *Das Regeln eines Prozesses geschieht mit den Regeln der Regelbasis.*

Die Regelbasis wird von einem Experten, der den Prozess und die Regelstrategien kennt, aufgestellt.

Es gibt für die Regelbasis zwei Darstellungsarten:

✔ eine Liste mit den Regeln

✔ eine Tabelle mit den Regeln (siehe Tabelle 18.2)

Die Liste der Regeln hat die Form

WENN {Annahme für die Eingänge} DANN {Folgerung für die Ausgänge}.

In der Logik heißen diese Annahmen auch *Prämissen* und die Folgerungen sind die *Konklusionen*. Aha! Prämissen gehen hinein, Konklusionen kommen heraus.

Bei mehreren Eingängen, die zu einer Folgerung führen, also wie hier im Beispiel der »Abstand« und die »Relativgeschwindigkeit«, werden diese Annahmen mit UND verknüpft.

Das Beispiel der Abstandsregelung hat neun Regeln R1 bis R9. Da die zwei Eingänge je drei Fuzzy-Mengen besitzen, gibt es neun Kombinationen. Das sehen Sie auch in Tabelle 18.2.

```
R1 : WENN »AK« UND »RN« DANN »VS«
R2 : WENN »AK« UND »RZ« DANN »VM«
R3 : WENN »AK« UND »RP« DANN »GH«
R4 : WENN »AM« UND »RN« DANN »VM«
R5 : WENN »AM« UND »RZ« DANN »GH«
R6 : WENN »AM« UND »RP« DANN »BM«
R7 : WENN »AG« UND »RN« DANN »GH«
R8 : WENN »AG« UND »RZ« DANN »BM«
R9 : WENN »AG« UND »RP« DANN »BS«
```

Relativgeschwindigkeit Δv Abstand a	Abstand wird kleiner **RN**	Abstand bleibt **RZ**	Abstand wird größer **RP**
Abstand ist klein **AK**	R1: stark verzögern VS	R2: mittel verzögern VM	R3: Geschw. halten GH
Abstand ist mittel **AM**	R4: mittel verzögern VM	R5: Geschw. halten GH	R6: mittel beschleunigen BM
Abstand ist groß **AG**	R7: Geschw. halten GH	R8: mittel beschleunigen BM	R9: stark beschleunigen BS

Tabelle 18.2: Die Regelbasis beschreibt die Maßnahmen in Abhängigkeit der Eingänge

Nochmals zum Verständnis der Abkürzungen, die Regel R1 im Klartext lautet:

WENN der Abstand klein ist (**AK**) UND der Abstand noch kleiner wird (**RN**), DANN muss das Fahrzeug stark verzögert werden (**VS**).

Die Tabelle der Regeln enthält dieselbe Information wie die Liste der Regeln. Es wird die UND-Verknüpfung der Eingänge aber nicht explizit erwähnt.

Die neun Regeln erkennen Sie in den neun Zellen im Innern der Tabelle.

 Die *Regelbasis* legt die logischen Zusammenhänge zwischen den Fuzzy-Mengen der Eingangsgrößen und den Fuzzy-Mengen der Ausgangsgrößen fest. Die Regelbasis wird von einem menschlichen Experten entworfen.

Die Inferenz

An den Fuzzy-Regler werden die zwei Messgrößen angelegt. Aus dem Messwert des Abstands $x_1 = a$ werden die Zugehörigkeitsgrade der Fuzzy-Mengen **AK**, **AM**, **AG**, aus dem Messwert der Relativgeschwindigkeit $x_2 = \Delta v$ die Zugehörigkeitsgrade der Fuzzy-Mengen **RN**, **RZ**, **RP** bestimmt.

Für unterschiedliche Messwerte a und Δv ergeben sich unterschiedliche Zugehörigkeitsgrade der Fuzzy-Mengen:

AK(*a*), **AM**(*a*), **AG**(*a*)

RN(Δv), **RZ**(Δv), **RP**(Δv)

Das sehen Sie am besten für einen aktuellen Prozesszustand

$x_1 \equiv a = 40\,\%$ und $x_2 \equiv \Delta v = 25\,\%$ wie in Abbildung 18.10.

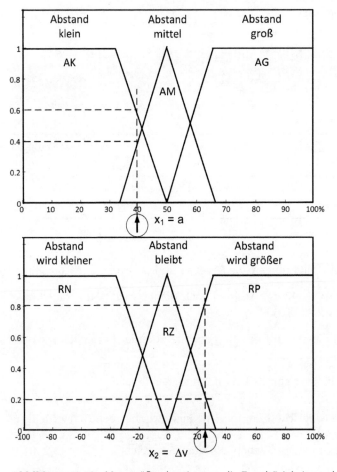

Abbildung 18.10: Messgrößen bestimmen die Zugehörigkeitsgrade

Die Zugehörigkeitsgrade für den Abstand werden

$$\mathbf{AK}(x_1) = 0{,}6, \ \mathbf{AM}(x_1) = 0{,}4, \ \mathbf{AG}(x_1) = 0$$

und für die Relativgeschwindigkeit

$$\mathbf{RN}(x_2) = 0, \ \mathbf{RZ}(x_2) = 0{,}2, \ \mathbf{RP}(x_2) = 0{,}8.$$

Mit diesen Zugehörigkeitsgraden startet die Auswertung der Inferenz. Hier wird jetzt zwischen *aktiven* und *passiven* Regeln der Regelbasis unterschieden.

 Nur wenn die Zugehörigkeitsgrade der Fuzzy-Mengen in den Prämissen ungleich null sind, werden die *Regeln aktiv*. Ist der Zugehörigkeitsgrad einer Fuzzy-Menge für einen bestimmten Messwert gleich null, wird die *Regel* mit dieser Fuzzy-Menge *passiv* und nicht ausgewertet.

Das macht Tabelle 18.3 anschaulich.

Für $x_1 = 40\,\%$ und $x_2 = 25\,\%$ sind die Regeln R2, R3, R5, R6 also aktiv und die Regeln R1, R4, R7, R8, R9 sind passiv.

Relativgeschwindigkeit Δv Abstand a	RN(25 %) = 0	RZ(25 %) = 0,2	RP(25 %) = 0,8
AK(40 %) = 0,6	R1: VS = 0 (passiv)	R2: VM = 0,2 (aktiv)	R3: GH = 0,6 (aktiv)
AM(40 %)= 0,4	R4: VM = 0 (passiv)	R5: GH = 0,2 (aktiv)	R6: BM = 0,4 (aktiv)
AG(40 %) = 0	R7: GH = 0 (passiv)	R8: BM = 0 (passiv)	R9: BS = 0 (passiv)

Tabelle 18.3: Messwerte machen Regeln aktiv und passiv.

Aus den Zugehörigkeitsgraden der Fuzzy-Mengen für die Eingänge berechnet die Inferenz die *Erfüllungsgrade* der aktiven Regeln für die Ausgänge. Diese Werte sind in der Tabelle angegeben und werden gleich erklärt.

 So wie die Zugehörigkeitsgrade der Fuzzy-Mengen der Eingangsgrößen zwischen 0 und 1 liegen können, gilt das auch für die *Erfüllungsgrade* der aktiven Regeln für die Ausgänge.

Es gibt verschiedene Methoden für die Inferenz. Eine sehr gebräuchliche Methode ist die hier beschriebene *MAX-MIN-Methode*.

 Die Bestimmung der Erfüllungsgrade von Regeln geht bei der MAX-MIN-Methode nach der MINIMUM-Regel.

Das bedeutet, dass der Erfüllungsgrad der Konklusion einer Regel sich aus dem Minimum der Zugehörigkeitsgrade der beteiligten Zugehörigkeitsfunktionen in den Prämissen ergibt.

Für die aktiven Regeln des gewählten Zahlenbeispiels sieht das so aus:

```
R2: WENN »AK=0,6« UND »RZ=0,2« DANN »VM=0,2«
R3: WENN »AK=0,6« UND »RP=0,8« DANN »GH=0,6«
R5: WENN »AM=0,4« UND »RZ=0,2« DANN »GH=0,2«
R6: WENN »AM=0,4« UND »RP=0,8« DANN »BM=0,4«
```

Es wird also immer der kleinere Wert eingesetzt. Das ist in Tabelle 18.3 so auch eingetragen.

In der Liste der aktiven Regeln und in der Tabelle sehen Sie nun aber auch, dass für die Fuzzy-Menge **GH** (Gas halten) die Regeln **R3** und **R5** zwei unterschiedliche Erfüllungsgrade **GH** = 0,6 und **GH** = 0,2 ergeben.

 Führen zwei Regeln auf unterschiedliche Erfüllungsgrade der gleichen Fuzzy-Menge, wird nach der MAX-MIN-Methode die MAXIMUM-Regel angewendet.

Das bedeutet jetzt, dass der größere Erfüllungsgrad bei einer Fuzzy-Menge eines Ausgangs gewählt wird. Für das Zahlenbeispiel dominiert somit die Regel **R3** gegenüber der Regel **R5** und es wird für den linguistischen Term **GH** der Zugehörigkeitsgrad **GH** = 0,6 gesetzt. Damit werden nach Tabelle 18.3 für den Abstand a = 40 % und für die Relativgeschwindigkeit Δv = 25 % die Zugehörigkeitsgrade aller fünf Fuzzy-Mengen

$$VS = 0, VM = 0,2, GH = 0,6, BM = 0,4, BS = 0.$$

Das ist immer noch die Fuzzy-Welt der unscharfen Logik. Daraus muss jetzt eine Stellgröße gemacht werden, die genau angibt, wie stark durch den automatischen Bremseingriff verzögert oder durch die Gaszugabe beschleunigt werden muss. Das besorgt der dritte Teil, die Defuzzifizierung.

Die Defuzzifizierung

Es bleibt bei dem oben eingeführten Zahlenbeispiel, das die Erfüllungsgrade für die Fuzzy-Mengen der Stellgröße

$$VM = 0,2, GH = 0,6, BM = 0,4$$

ergab. Bei der MAX-MIN-Methode werden die Fuzzy-Mengen der aktiven Regeln in Höhe des Erfüllungsgrades abgeschnitten (siehe Abbildung 18.11).

Die Vereinigungsmenge der auf ihren Erfüllungsgrad reduzierten Fuzzy-Mengen ergibt ein Flächengebilde, das sich aus Trapezen zusammensetzt. In Abbildung 18.11 ist es die grau markierte Fläche. Die x-Komponente des Flächenschwerpunkts markiert den kontinuierlichen Wert der Stellgröße u. Für $x_1 \equiv a$ = 40 % und $x_2 \equiv \Delta v$ = 25 % wird u = 5 %. Diese kontinuierliche Stellgröße des Fuzzy-Reglers wird an den Prozess ausgegeben. Damit ist die Defuzzifizierung erreicht.

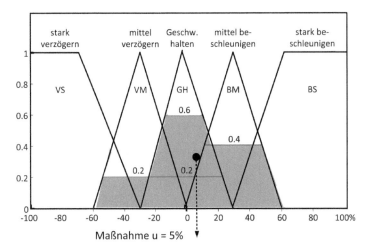

Abbildung 18.11: Erfüllungsgrade erzeugen Flächen

Es kann niemand garantieren, dass ein Fuzzy-Regler auf Anhieb das gewünschte Regelverhalten zeigt. Das gilt aber auch für konventionelle Regler.

Beim Nachjustieren von Fuzzy-Reglern werden

✔ die Regeln verändert oder

✔ die Lagen der Fuzzy-Mengen verändert.

So können zum Beispiel die Fuzzy-Mengen der Stellgröße horizontal verschoben, gedehnt oder gestaucht werden (siehe Abbildung 18.12).

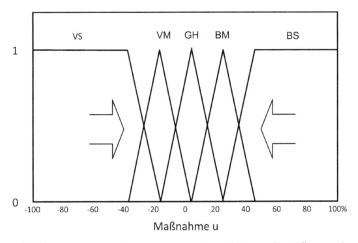

Abbildung 18.12: Verformungen von Fuzzy-Mengen beeinflussen das Regelverhalten

Auch ein Fuzzy-Regler, den Sie mit sprachlichen Regeln füttern, funktioniert oft nicht auf Anhieb so, wie Sie es wünschen. Das Wort »bitte« als linguistische Variable wird leider nicht verstanden.

Ein Vergleich

Sie konnten feststellen, dass sich das Konzept eines Fuzzy-Reglers von dem eines PID-Reglers oder eines Zustandsreglers deutlich unterscheidet. Die natürlichsprachliche Beschreibung der Regelungsaufgabe beim Fuzzy-Regler übt gegenüber der mathematischen Beschreibung eines PID-Reglers, der eine entsprechende Beschreibung des Prozesses voraussetzt, eine Faszination der Verständlichkeit aus.

Es ist sinnvoll, einen etwas genaueren Vergleich der verschiedenen Konzepte anzustellen, um Vorteile und Nachteile der Fuzzy-Regelung aufzuzeigen und sinnvolle Anwendungsbereiche zu erkennen.

Vorteile

✔ Die Regelstrategie wird in verständliche Worte gefasst, sie erfordert etwas Prozesskenntnis, aber kein mathematisches Prozessmodell.

✔ In die leicht einstellbare und leicht veränderbare Regelstrategie fließt Expertenerfahrung ein, die aber auch Laien nachvollziehen können.

✔ Der Fuzzy-Regler ist ein Kennfeldregler, der auch nichtlineare Prozesse beherrscht.

✔ Der Fuzzy-Regler ist unempfindlich gegenüber Prozessveränderungen.

✔ Je nach Gestalt und Überlappungsgrad der Fuzzy-Mengen kann schaltendes oder stetiges Regelverhalten erzeugt werden.

Diese Vorteile führten auf zahlreiche Anwendungen der Fuzzy-Regler. Sie können sie in Haushaltsgeräten, Heizungs- und Klimaanlagen und Hobbygeräten finden. Industrielle Prozesse der Verfahrenstechnik werden damit ebenso geregelt wie Untergrundbahnen.

Nachteile

✔ Der Fuzzy-Regler ist statisch ohne dynamische Anteile wie bei einem Standardregler. Für ein geeignetes Regelverhalten kann die Ergänzung von integralen oder differenziellen Anteilen von Messgrößen als zusätzliche Fuzzy-Mengen erforderlich werden.

✔ Zusätzliche Eingänge können die Fuzzy-Regelbasis unübersichtlich anwachsen lassen.

✔ Es ist nicht möglich, die eingegebenen Regeln auf ihre Stimmigkeit zu überprüfen. Widersprüchliche Regeln erkennt das System nicht.

✔ Die Stabilität einer Regelung kann im Vorfeld nicht berechnet werden. Versuche an der Anlage sind unumgänglich. Das schränkt den Anwendungsbereich ein.

✔ Unscharfe Aussagen können zu unpassenden Maßnahmen führen.

✔ Der sinnvolle Einsatz von Fuzzy-Reglern hängt stark vom Typ des Prozesses ab.

Nicht nur für die Regelungstechnik

Die Fuzzy-Logik mit den unscharfen Mengen und der natürlichsprachlichen Logik wird gerne und in unterschiedlichsten Bereichen und für unterschiedlichste Aufgaben eingesetzt. Das geht über den klassischen Regelkreis und die Fuzzy-Regelung weit hinaus.

Anwendungen finden Sie in der Automatisierungstechnik, Medizintechnik, Fahrzeugtechnik, Energieversorgung, Unterhaltungselektronik, Künstlichen Intelligenz, Spracherkennung und und und …

Aber das ist ein anderes lohnendes Thema.

Kapitel 19

Hilfreiche Software für die Regelungstechnik

I n diesem Kapitel lesen einiges über Programme zur Regelungstechnik, über die man spricht. Es gibt noch mehr, aber nicht viel Neues. Eine umfassende Beschreibung und Anleitung würde für jedes der Programme ein eigenes Buch und nicht nur ein Kapitel erfordern. Hinweise zum Schmökern werden Sie hier finden. Am besten suchen Sie auch mal selbst unter den Stichwörtern der Programmnamen im Internet. Sie werden über die vielen Anleitungen staunen. Kostenlose Demoversionen oder preiswerte Studentenlizenzen werden Sie ebenfalls finden.

MATLAB und seine Toolboxes

Die Namen der Programme *MATLAB* und *Simulink* haben Sie in diesem Buch an mehreren Stellen schon gelesen und Sie wissen bereits, dass diese Programme für die Regelungstechnik gute Dienste leisten.

MATLAB ist ein Produkt der Firma MathWorks, diese Firma wurde 1984 gegründet, der Firmensitz ist in Natick, Massachusetts (USA) mit 15 internationalen Niederlassungen.

Über die Arbeitsweise dieser Programme haben Sie in diesem Buch schon einiges gelesen. Deshalb kann sich dieser Abschnitt zum Thema MATLAB mit Simulink kurz fassen.

MATLAB ist in Unternehmen und Hochschulen eine weltweit verbreitete Standardsoftware für Berechnungen in Naturwissenschaft und Technik. Die Regelungstechnik ist dabei nur ein kleiner, aber nicht unbedeutender Anwendungsbereich.

Ein kurzer Überblick

MATLAB können Sie für Steuerungs- und Regelungssysteme, für Messaufgaben und Signalverarbeitung, Bild- und Videoverarbeitung, Signalverarbeitung und Kommunikationstechnik, für die Simulation und überhaupt für alle technisch-wissenschaftlichen Berechnungen in Lehre, Forschung und Industrie einsetzen.

Zum Grundpaket MATLAB mit dem Simulationsprogramm Simulink gibt es ergänzend über 50 Werkzeugkästen (*toolboxes*) für elf Bereiche (siehe Abbildung 19.1).

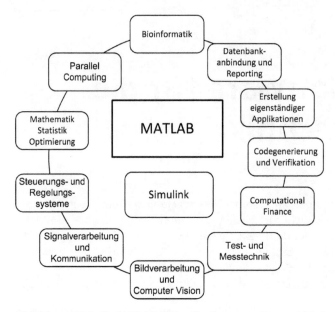

Abbildung 19.1: Zu MATLAB gibt es Toolboxes zu den verschiedensten Bereichen

Hier in diesem Buch interessiert hauptsächlich der Bereich »Steuerungs- und Regelungssysteme«, der sechs Werkzeugkästen enthält:

✔ Control System Toolbox

✔ System Identification Toolbox

✔ Fuzzy Logic Toolbox

✔ Robust Control Toolbox

✔ Model Predictive Control Toolbox

✔ Aerospace Toolbox

Eine Alternative zu MATLAB ist das Programmpaket *Octave*, das als Freeware erhältlich ist und sehr weitgehend befehlskompatibel ist. Allerdings werden die Aufgaben der Regelungstechnik nur bedingt unterstützt und insbesondere fehlt ein mit Simulink vergleichbares Tool. Zum Einarbeiten ist das kostenlose Octave jedoch in jedem Fall geeignet.

Zum Schmökern

✔ Website zu MathWorks

    https://de.mathworks.com/

✔ Website zu MATLAB

    https://de.mathworks.com/products/matlab.html

✔ Bücher zu MATLAB

    https://de.mathworks.com/academia/books.html

    Angelika Bosl: Einführung in MATLAB/Simulink – Berechnung, Programmierung, Simulation, 2012, ISBN: 978-3-446-42589-7

    Helmut Bode: Systeme der Regelungstechnik mit MATLAB und Simulink, 2013, E-Book, ISBN: 978-3-486-76970-8

Scilab – der umfangreiche Werkzeugkasten

Der Name des Programms *Scilab* klingt nicht nur ähnlich wie MATLAB, Scilab ist tatsächlich sehr ähnlich.

Scilab wurde im Jahr 1990 in Frankreich vom Institut national de recherche en informatique et en automatique (INRIA) entwickelt. Seit 2012 gibt Scilab Enterprises das Programm heraus. Scilab ist eine kostenfreie Open-Source-Software für numerische Berechnungen mit einem großen Anteil an regelungstechnischen Funktionen und damit eine Alternative zu MATLAB, allerdings nicht befehlskompatibel.

Drei Möglichkeiten

Nach dem Start von Scilab öffnet sich die Scilab-Konsole mit der Eingabeaufforderung:

    -->

Sie haben, wie auch bei MATLAB, drei Möglichkeiten, mit Scilab zu arbeiten:

✔ Die erste Möglichkeit

    Sie geben auf der Bedienoberfläche der Konsole »einzelne Befehle« ein und können sofort das Ergebnis erhalten, wenn Sie hinter der Eingabe das Semikolon (;) weglassen. Mit Semikolon können Sie auf das Ergebnis im Arbeitsspeicher nach Bedarf zurückgreifen.

    Mit der Eingabe:

    -->a=(2+9)^5

erhalten Sie die Ausgabe:

```
a =
  161051
```

So nutzen Sie Scilab wie einen Taschenrechner. Das ist bei kleinen Aufgaben in Ordnung, Sie können schrittweise Ihre Berechnungen ausführen, wie zum Beispiel die Berechnungen für eine Matrix.

Eingabe der Matrix A ohne Ausgabe lautet:

```
-->A=[1 2;5 6];
```

Die Berechnung der Eigenwerte von A:

```
-->Eigenw=spec(Ainv)
```

ergibt das Ergebnis:

```
Eigenw =
 - 1.8827822
   0.1327822
```

Die Berechnung der inversen Matrix von A:

```
-->Ainv=inv(A)
```

ergibt:

```
Ainv =
  - 1.5     0.5
    1.25  - 0.25
```

mit der Überprüfung des Ergebnisses:

```
Test=A*Ainv
Test =
    1.  0.
    0.  1.
```

Für umfangreichere und sich wiederholende Berechnungen ist diese Methode nicht zu empfehlen.

✔ Die zweite Möglichkeit

Hier schreiben Sie Ihr Programm mit einem Editor in eine Datei und führen diese dann komplett aus. Dazu rufen Sie den Editor *SciNotes* auf und programmieren dort zum Beispiel die Definition einer Übertragungsfunktion.

Mit Ihrem Programm, dem Sie einen Namen geben, t1.sce (*.sce ist die Endung der Scilab-Programme),

```
s=poly(0,'s'); //Definition der Variablen s für Polynome
Z=s+2;
```

```
N=s^2+5*s+3; //Definition des Zählers und des Nenners
G=syslin('c',Z,N); // Bildung der Übertragungsfunktion
G
```

erhalten Sie die Übertragungsfunktion:

```
G =
    2 + s
   ---------
      2
   3 + 5s + s
```

Dieses Programm können Sie testen, ändern, erweitern, abspeichern und natürlich immer wieder aufrufen. Sie müssen es allerdings, anders als bei MATLAB, mit dem Kommando

```
exec t1.sce
```

aufrufen.

✔ Die dritte Möglichkeit

Das ist die blockorientierte Programmierung von Strukturen wie bei Simulink. Bei Scilab heißt dieses Werkzeug *Xcos*. Dieses Programm verwenden Sie weniger für Entwurfsberechnungen, sondern eher für die Simulation von dynamischen Systemen, also auch von Regelungssystemen. Abbildung 19.2 zeigt Ihnen ein Beispiel. Diese Dateien haben die Endung *.xcos.

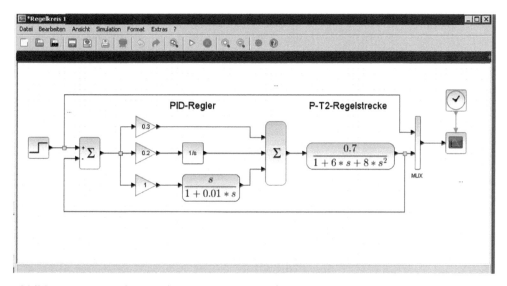

Abbildung 19.2: Simulationen bauen Sie mit Xcos auf

Für regelungstechnische Berechnungen erstellen Sie Programme *.sce mit Sci-Notes. Simulationen, die Ergebnisse dieser Berechnungen verwenden, führen Sie mit Blockdiagrammen *.xcos aus, die Sie mit Xcos erstellen.

Jede Menge Funktionen

Der Funktionsumfang von Scilab ist gewaltig, aber nicht ganz so groß wie bei MATLAB. Diesen hier zu beschreiben, ist ebenso wenig möglich wie die vollständige Beschreibung der Syntax von Scilab. Das finden Sie auf den Websites und in den Büchern zu Scilab ausführlich.

Einige Funktionen zur Regelungstechnik, die Sie in diesem Buch kennengelernt haben, sollen hier aber doch erwähnt werden. Sie finden diese in Scilab im Hilfe-Browser. Im Hilfe-Browser gibt es etliche Ordner (siehe Abbildung 19.3).

Abbildung 19.3: Die Zahl der Funktionen in Scilab ist enorm

Ganz oben bei Scilab stehen die Scilab-Sprachelemente mit ihrer Beschreibung und ausführbaren Programmbeispielen, die Sie einfach auf die Konsole kopieren können.

Für die Regelungstechnik ist der Ordner *CACSD* (*Computer Aided Control System Design*) wichtig. Er allein enthält 160 Funktionen zur Regelungstechnik. Jede Funktion ist ausführlich beschrieben und Programmbeispiele machen die Anwendung deutlich. Ein einziges Beispiel daraus soll genügen. Ohne Kosten können Sie nach der Installation von Scilab das selbst alles ausprobieren.

Der Ordner `ss2tf` enthält die Funktion »Umformung von der Zustandsdarstellung in die Übertragungsfunktion«; Abbildung 19.4 zeigt die Beschreibung, pardon, natürlich auf Englisch. Oder hätten Sie es lieber auf Französisch, das gibt es auch.

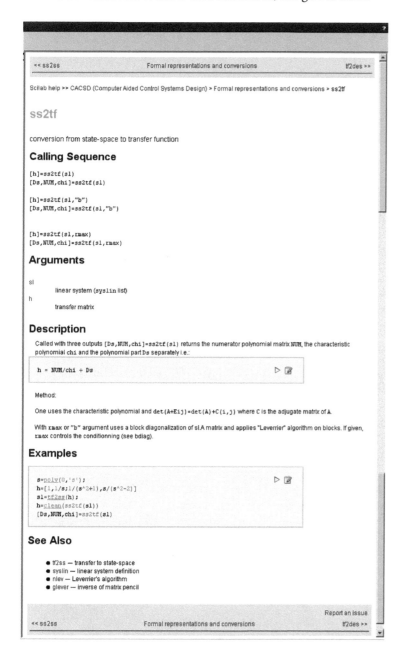

Abbildung 19.4: Die Hilfefunktion beschreibt alle Funktionen ausführlich

Die Anwendung dieser Funktion sieht dann so aus:

```
// Eingabe der Systemmatrizen

 A=[0 1;-2 -3];
 B=[0;1];
 C=[1 0];
 // Definition der Zustandsgleichungen
 [   SS]=syslin('c',A,B,C);
 // Umformung zur &Uuml;bertragungsfunktion
 [G]=ss2tf(SS);
 // Ausgabe des Ergebnisses
 G
 G =

      1

   - - - - - - -

             2
    2 + 3s + s
```

In MATLAB hätte das fast genauso ausgesehen, die Polynome werden dort nur mit absteigenden Potenzen eingegeben und dargestellt:

```
     1
 - - - - - - - - -
 s^2 + 3 s + 2
```

Scilab enthält auch ein Konvertierungsprogramm, das versucht, MATLAB-Programme in Scilab-Programme umzuwandeln. Das gelingt oft nicht vollständig, Sie werden jedoch sehr detailliert auf nicht umgesetzte Funktionen hingewiesen. Übrigens ist das dann doch alles auf Deutsch zu lesen.

Die Ergebnisse des Konvertierungsprogramms »MATLAB nach Scilab« müssen Sie genau betrachten, da meist nicht sofort ausführbare Scilab-Programme entstehen. Das wäre auch ein Wunder. Sicherer ist es auf jeden Fall, die Scilab-Kommandos zeilenweise selbst einzugeben.

Die Paletten von Xcos

Auf der Konsole von Scilab enthält der Menüpunkt ANWENDUNGEN den Aufruf von Xcos. Es öffnen sich der Paletten-Browser und ein Arbeitsfenster für den Aufbau eines Blockdiagramms. Vom Paletten-Browser können Sie die benötigten Blöcke in das Arbeitsfenster ziehen. Die Funktionsblöcke der blockorientierten Programmierung mit Xcos ist auf 21 Paletten enthalten (siehe Abbildung 19.2). Zwei dieser Paletten, HÄUFIG VERWENDETE BLÖCKE und ZEITKONTINUIERLICHE SYSTEME, sind in Abbildung 19.5 im Einzelnen gezeigt.

Der Hilfe-Browser beschreibt auch die Blöcke ausführlich. Ein Klick mit der rechten Maustaste hilft Ihnen da weiter.

Wenn Sie die Blöcke im Arbeitsfenster positioniert haben, ziehen Sie die Verbindungslinien zwischen den Blöcken. Schließlich werden die Blöcke parametriert. Dies geschieht mit einem Doppelklick auf den jeweiligen Block. Danach können Sie die Simulationsparameter setzen und die Simulation starten. Sie sehen natürlich nur ein Ergebnis, wenn Ihr Blockdiagramm einen Block zur Ergebnisdarstellung aus der Palette Senken enthält.

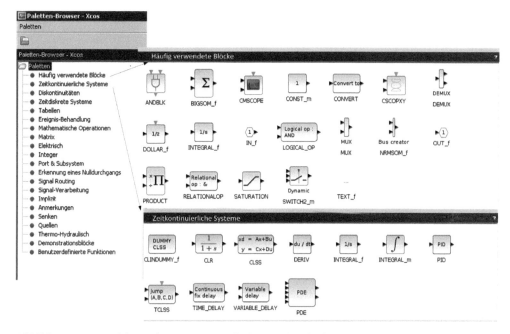

Abbildung 19.5: Auf den Paletten von Xcos finden Sie die Blöcke

Zum Schmökern

✔ Website zu Scilab

`www.scilab.org/`

✔ Website zu Scilab-Bedienungsanleitungen

`www.scilab.org/tutorials`

✔ Website zu Scilab Enterprises

`www.scilab-enterprises.com/`

✔ Bücher zu Scilab

Günter Faes: Scilab. Eine Einführung in das Mathematikprogramm Scilab. BoD Norderstedt 2014, ISBN 978-3-7322-9754-2

Frank Thuselt, Felix Paul Gennrich: Praktische Mathematik mit MATLAB, Scilab und Octave für Ingenieure und Naturwissenschaftler, Springer Spektrum Heidelberg, 1. Auflage 2013, ISBN 978-3-642-25824-4

Stephen L. Campbell, Jean-Philippe Chancelier, Ramine Nikoukhah: Modeling and Simulation in Scilab/Scicos with ScicosLab 4.4, 2nd ed. 2010, ISBN 978-1-4419-5526-5

Peter Beater: Regelungstechnik und Simulationstechnik mit Scilab und Modelica, Eine beispielorientierte Einführung für Studenten und Anwender aus dem Maschinenbau, 1. Auflage 2010, ISBN 978-3-8370-5010-3

Mit WinFACT alle Register ziehen

Das Programmpaket *WinFACT* ist ein Produkt des Ingenieurbüros Dr. Kahlert – Software-Engineering & Automatisierungstechnik in Hamm, Deutschland. Zum Kennenlernen können Sie mit kostenlosen Demo-Versionen arbeiten, die von der Firma Kahlert angeboten werden.

WinFACT steht für Windows Fuzzy and Control Tools, es ist ein sehr umfangreiches und leicht zu bedienendes Werkzeug für die Untersuchung, den Entwurf und die Simulation von Regelungssystemen, einschließlich der Fuzzy-Regelungen. Die Referenzliste der Firmen und Institute, die mit WinFACT arbeiten, ist eindrucksvoll.

WinFACT besitzt Hardwareschnittstellen, über die Sie eine Prozessankopplung aufbauen können. WinFACT unterstützt eine Vielzahl von Einsteckkarten mit Analog-Digital-Wandlern und Digital-Analog-Wandlern unterschiedlicher Hersteller. Damit ist WinFACT für die Lehre, die Entwicklung und Forschung sehr geeignet.

Der ganze Baukasten

WinFACT ist ein Programmsystem und besteht damit aus mehreren einzelnen Programmen, unter denen Sie Daten austauschen können (siehe Abbildung 19.6).

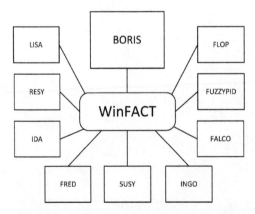

Abbildung 19.6: WinFACT besteht aus mehreren Einzelprogrammen

Was hinter den fantasievollen Programmnamen steckt, sagt Ihnen die folgende Kurzbeschreibung.

✔ **BORIS – blockorientierte Simulation**

Das Programm BORIS bildet den Kern des Programmsystems WinFACT. Sie haben hier eine umfangreiche Bibliothek von Blöcken zur Verfügung, die Sie zu beliebigen dynamischen Systemen verbinden und anschließend simulieren können; die Modelle lassen sich in den anderen Programmen aufrufen. Mit einer Prozessschnittstelle lässt sich BORIS auch an Prozesse koppeln. BORIS enthält alle üblichen Signale und Systembausteine für Regler und Regelstrecken, Fuzzy-Regelungen eingeschlossen.

✔ **LISA – lineare Systemanalyse**

Mit LISA können Sie lineare Systeme mit einer Eingangsgröße und einer Ausgangsgröße in Form der Übertragungsfunktion nach allen Regeln der Kunst untersuchen, also das Zeitverhalten, das Frequenzverhalten, die Wurzelortskurve und die Lage von Polen und Nullstellen.

✔ **RESY – lineare Regelkreissynthese**

Mit RESY simulieren und untersuchen Sie den Standardregelkreis. Sie können alle üblichen Modelle für Regler und Regelstrecke wählen und alle Signale des Regelkreises darstellen.

✔ **IDA – Systemidentifikation**

Systemidentifikation bedeutet, Sie messen mit IDA zum Beispiel die Sprungantwort einer Regelstrecke und überlassen es einem Programm, eine dazu passende Übertragungsfunktion zu ermitteln.

✔ **FRED – experimentelle Frequenzgangermittlung**

Mit FRED erzeugen Sie frequenzveränderliche Sinussignale, um Amplituden- und Phasengänge von Prozessen und damit ihr Übertragungsverhalten zu ermitteln.

✔ **SUSY – Simulation und Synthese im Zustandsraum**

Das Modul SUSY untersucht und simuliert vektorielle Zustandsgleichungen mit einer Eingangsgröße und einer Ausgangsgröße. Sie können Zustandsregler berechnen und entscheiden, ob Sie das geregelte oder das ungeregelte System betrachten wollen.

✔ **INGO – grafische Präsentation**

Mit dem Grafikmodul INGO können Sie die Grafiken aller WinFACT-Dateien aus den anderen Programmen in gewünschter Größe darstellen und exportieren.

✔ **FUZZYPID – Entwurf einfacher Fuzzy-Regelkreise**

FUZZYPID ist für den interaktiven Entwurf einfacher Fuzzy-PID-Regler geeignet. Sie können den Regelkreis simulieren und alle Zeitverläufe darstellen. Anspruchsvollere Fuzzy-Regelungen machen Sie am besten mit BORIS.

✔ **FLOP – Fuzzy-Shell**

Mit Fuzzy-Shell FLOP (Fuzzy Logic Operating Program) analysieren und entwerfen Sie auf Fuzzy-Logik basierende Systeme. Sie definieren linguistische Variablen, erstellen Regelwerke und bilden Inferenzen.

✓ FALCO – Fuzzy-C-Code-Generator

Mit FALCO erzeugen Sie C-Code für Fuzzy-Systeme, die Sie mit FLOP entwickelt haben.

 Wenn Sie erste Schritte mit WinFACT machen, sollten Sie das mit dem Programm BORIS tun.

Mit BORIS geht es los

Eine etwas genauere Betrachtung von BORIS zeigt Ihnen die blockorientierte Programmierung regelungstechnischer Themen. In Abbildung 19.7 sehen Sie im oberen Teil des Fensters die große Zahl von Funktionen, die Ihnen zur Verfügung stehen.

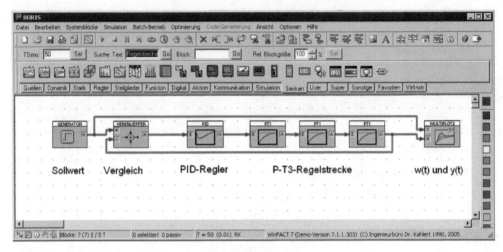

Abbildung 19.7: Ein Regelkreis ist schnell zusammengebaut

Am besten verstehen Sie das, wenn Sie einfach eine Demoversion von WinFACT von der WinFACT-Website laden und aufgrund Ihrer guten regelungstechnischen Kenntnisse gleich ausprobieren.

Zunächst platzieren Sie Blöcke, die Sie benötigen. Jede Blockstruktur braucht mindestens eine Signalquelle, hier den *Generator* für den Sollwert, und eine Signalsenke, hier den *Multiplot* zur Darstellung des Sollwerts und der Regelgröße. Quellen haben nur einen Ausgang (A), Senken nur einen Eingang (E).

Als Nächstes geben Sie den Blöcken die gewünschten Parameter. Dazu öffnen Sie das Parameterfenster mit einem Doppelklick auf den jeweiligen Block.

Schließlich ziehen Sie die Signalverbindungen zwischen den Ausgängen (A) und den Eingängen (E) der Blöcke.

Sie geben die Simulationszeit ein (TSimu), starten die Simulation und erhalten sofort das Ergebnis (siehe Abbildung 19.8).

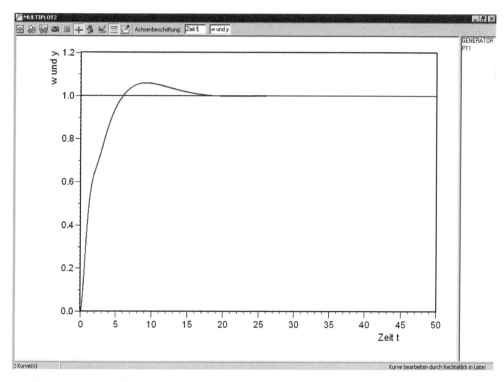

Abbildung 19.8: Mit dem Block »Multiplot« sehen Sie das Ergebnis

Damit Sie eine Vorstellung davon bekommen, welche Blöcke für die Simulation zur Verfügung stehen, zeigt Ihnen Abbildung 19.9 die wichtigsten Blöcke einiger Blockgruppen. Aber da gibt es noch mehr!

 Bei der Demoversion von WinFACT können Sie erstellte Dateien nicht abspeichern.

Fuzzy-Regelung mit BORIS und FLOP

Mit WinFACT können Sie sehr einfach Fuzzy-Regelungen entwickeln und erproben. Dazu setzen Sie die beiden Programme BORIS und FLOP wie in dem folgenden Beispiel ein.

Es ist eine Temperaturregelstrecke mit einem Fuzzy-Regler zu regeln. Die Regelstrecke enthält eine Verzögerung erster Ordnung und eine Totzeit. Der Fuzzy-Regler bekommt zwei Eingänge, die Regeldifferenz $e(t)$ sowie die Ableitung der Regeldifferenz $\dot{e}(t)$. Der Sollwert der Temperatur ist konstant. Diese Regelungsstruktur bauen Sie mit Simulationsblöcken mit BORIS wie in Abbildung 19.10 auf.

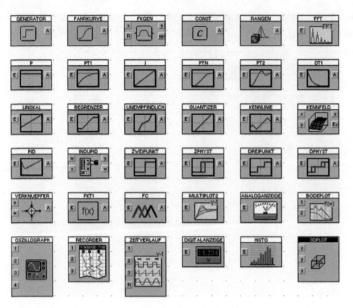

Abbildung 19.9: Das sind noch nicht alle Blöcke von BORIS

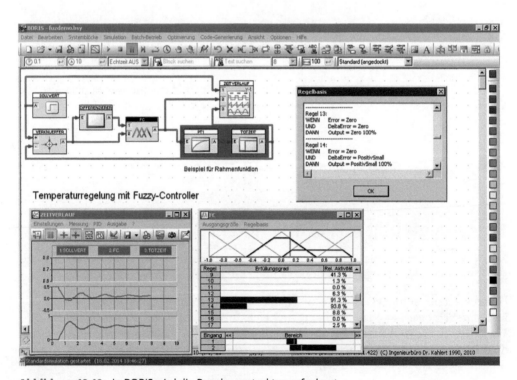

Abbildung 19.10: In BORIS wird die Regelungsstruktur aufgebaut

Die Simulation enthält sieben Blöcke:

1. die Vorgabe des Sollwerts (SOLLWERT)

2. die Bildung der Regeldifferenz (VERKNÜPFER)

3. die Ableitung der Regeldifferenz (DIFFERENZIERER)

4. den Fuzzy-Regler (FC)

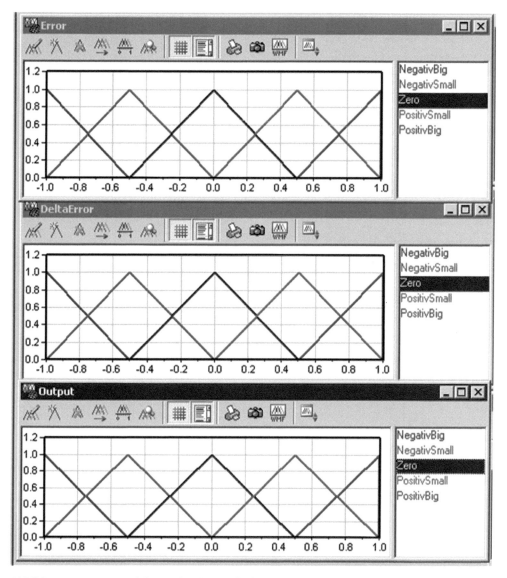

Abbildung 19.11: FLOP definiert die Klassen der linguistischen Variablen ...

	Error	DeltaError	Output	Gewichtung/%
1	NegativBig	NegativBig	NegativBig	100
2	NegativBig	NegativSmall	NegativBig	100
3	NegativBig	Zero	NegativSmall	100
4	NegativBig	PositivSmall	NegativSmall	100
5	NegativBig	PositivBig	Zero	100
6	NegativSmall	NegativBig	NegativBig	100
7	NegativSmall	NegativSmall	NegativSmall	100
8	NegativSmall	Zero	NegativSmall	100
9	NegativSmall	PositivSmall	Zero	100
10	NegativSmall	PositivBig	PositivSmall	100
11	Zero	NegativBig	NegativSmall	100
12	Zero	NegativSmall	NegativSmall	100
13	Zero	Zero	Zero	100
14	Zero	PositivSmall	PositivSmall	100
15	Zero	PositivBig	PositivSmall	100
16	PositivSmall	NegativBig	NegativSmall	100
17	PositivSmall	NegativSmall	Zero	100
18	PositivSmall	Zero	PositivSmall	100
19	PositivSmall	PositivSmall	PositivSmall	100
20	PositivSmall	PositivBig	PositivBig	100
21	PositivBig	NegativBig	Zero	100
22	PositivBig	NegativSmall	PositivSmall	100
23	PositivBig	Zero	PositivSmall	100
24	PositivBig	PositivSmall	PositivBig	100
25	PositivBig	PositivBig	PositivBig	100
26				
27				
28				
29				
30				

25 Regeln definiert

Abbildung 19.12: ... und die Regelbasis

5. die Verzögerung der Regelstrecke (PT1)

6. die Totzeit der Regelstrecke (TOTZEIT)

7. die Ausgabe von drei Zeitverläufen (ZEITVERLAUF)

Der Fuzzy-Regler wird mit FLOP parametriert und von BORIS mit der Dateiendung $*$. fuz übernommen.

Das ist in Abbildung 19.10 schon geschehen, die Zeitverläufe der Blöcke 1, 4 und 6 und der aktuelle Zustand des Fuzzy-Reglers sind dargestellt.

Das eingeblendete Fenster der Regelbasis zeigt die momentan aktiven Regeln 13 und 14.

In FLOP definieren Sie Klassen der beiden Eingänge $e(t)$ und $\dot{e}(t)$ beziehungsweise »Error« und »DeltaError« sowie des Ausgangs »Output« des Fuzzy-Reglers (siehe Abbildung 19.11).

Mit diesen Klassen werden die 25 Regeln in die Regelbasis eingegeben (siehe Abbildung 19.12).

In FLOP müssen Sie jetzt noch den Inferenzmechanismus und die Methode der Defuzzifizierung eingeben. Der Mechanismus der Inferenz ist hier mit MAX-MIN gewählt, die Methode der Defuzzifizierung ist hier die Höhenmethode. Die Begriffe haben Sie in Kapitel 18 gelesen.

Sie können nun die Fuzzy-Regelung in BORIS laufen lassen und überprüfen.

Eingabefehler können immer passieren. Sollte bei der Eingabe der Regeln ein logischer Fehler entstanden sein, wird das im 3-D-Kennfeld, das Sie auch in FLOP erzeugen können, sichtbar (siehe Abbildung 19.13). Hier sieht das sehr gut aus, das Kennfeld hat keine unlogischen Löcher und positive Regeldifferenzen müssen eine positive Stellgröße erzeugen.

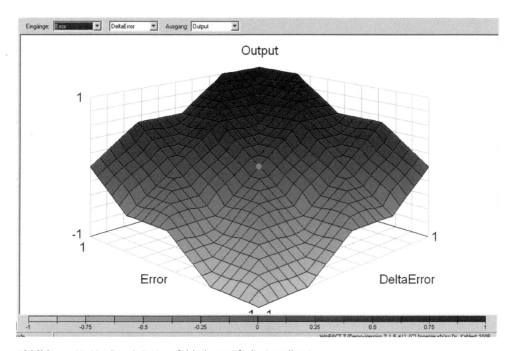

Abbildung 19.13: Das 3-D-Kennfeld überprüft die Regelbasis

Zum Schmökern

✔ Website zu WinFACT

www.kahlert.com/winfact-uebersicht/

✔ Bücher zu WinFACT

Jörg Kahlert: Einführung in WinFACT, 2009, E-Book, ISBN: 978-3-446-42099-1

Jörg Kahlert: Crash-Kurs Regelungstechnik, Eine praxisorientierte Einführung mit Begleit-Software, 2010, ISBN: 978-3-8007-3066-7

Virtuelle Instrumente mit LabVIEW bauen

Das Programm *LabVIEW* ist ein Produkt der Firma National Instruments. National Instruments bietet Hardware und Software für die Entwicklung von Mess-, Steuerungs- und Regelungssystemen an. LabVIEW steht für »Laboratory Virtual Instrument Engineering Workbench«, mit dem Sie auf einem Rechner »virtuelle« Geräte aufbauen können, so ähnlich wie reale Geräte. LabVIEW verwendet eine grafische Programmiersprache, die den Ablauf von Programmen und den Datenflüssen bildlich darstellt. *LabVIEW* können Sie als Studentenversion sehr preisgünstig beziehen.

Außen und innen

Die Entwickler der grafischen Programmiersprache G haben sich von der Denkweise der Ingenieure inspirieren lassen, die mit realen Messgeräten arbeiten. Wenn Sie ein Gerät vor sich haben, gleichgültig ob Voltmeter oder CD-Player, das Gerät besteht immer aus einem Gehäuse mit Bedien- und Anzeigeelementen auf einer Frontplatte und dem Geräteinneren, wo die Elektronik die gewünschten Gerätefunktionen erzeugt.

Ein virtuelles Instrument VI (*virtual instrument*) von LabVIEW unterscheidet wie ein reales Instrument zwischen der Gerätefrontplatte (*front panel*) und dem Geräteinneren mit den »verdrahteten« Bauelementen (*block diagram*).

Deutschsprachige Programmversionen verwenden die Begriffe *VI, Frontpanel, Blockdiagramm* (siehe Abbildung 19.14).

Das einfache Beispiel in Abbildung 19.15 gibt Ihnen einen ersten Eindruck vom Frontpanel und vom Blockdiagramm.

Sie möchten mit einem Schieber eine Größe x vorgeben und mit einer numerischen Eingabe y multiplizieren. Das Produkt $z = x \cdot y$ soll mit einem Zeiger auf einem Drehinstrument ausgegeben werden.

Auf dem Frontpanel platzieren Sie die beiden Eingabeelemente und das Ausgabeelement. Damit werden automatisch die Elemente dieser drei Blöcke im Blockdiagramm als Funktionen erzeugt, um die Verdrahtung mit weiteren Elementen vornehmen zu können.

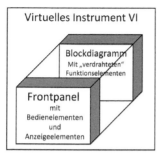

Abbildung 19.14: Ein virtuelles Instrument hat auch ein Äußeres und Inneres

Frontpanel

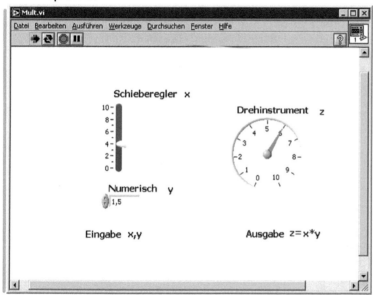

Blockdiagramm

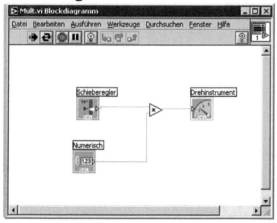

Abbildung 19.15: Virtuelle Instrumente werden auch »verdrahtet«

Im Blockdiagramm benötigen Sie jetzt noch die Funktion, die die Eingangsgrößen multipliziert. Die vier Funktionen verbinden Sie dann mit Datenleitungen.

Da die »Bildersprache« der Programmiersprache G von National Instruments in Austin, Texas, USA entwickelt wurde, sind viele Begriffe in der deutschsprachigen Version »eingedeutscht«.

Für die virtuellen Instrumente in LabVIEW werden die folgenden Begriffe verwendet:

Virtuelle Instrumente VIs bestehen aus dem *Frontpanel* und dem *Blockdiagramm*. Auf dem Frontpanel sind die *Elemente* zum Bedienen und Anzeigen angeordnet. Das Blockdiagramm mit den *Funktionen* besteht aus *Knoten*, *Terminals* und *Verbindungen* (siehe Abbildung 19.16). In Knoten werden kleine und große Programme ausgeführt, die die Funktionen des Knotens erzeugen. In herkömmlichen Programmen sind das Anweisungen und Unterprogramme. Terminals sind Anschlüsse an den Knoten, über die Daten zwischen dem Frontpanel und dem Blockdiagramm sowie zwischen den Knoten im Blockdiagramm laufen. Verbindungen sind die Datenwege zwischen den Terminals.

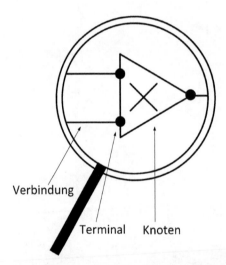

Abbildung 19.16: Der Knoten »Multiplikation« hat Terminals und Verbindungen

Auf den Paletten stapelt es sich

Die Elemente für das Frontpanel und die Funktionen für das Blockdiagramm finden Sie in Bibliotheken. In LabVIEW werden sie Paletten genannt werden. Abbildung 19.17 zeigt die Palette der Elemente für das Frontpanel.

Dahinter steckt aber mehr, als man zunächst sieht. Das verrät ein kleines schwarzes Dreieck auf den Bildchen der Elemente (*icons*). Wenn Sie das entsprechende Icon anklicken, öffnet sich eine neue Palette mit einer ebenso großen Zahl von Icons in dieser Elementegruppe. So gibt es zum Beispiel ein Dutzend verschiedene numerische Eingaben wie in einem Katalog für reale Eingabeelemente.

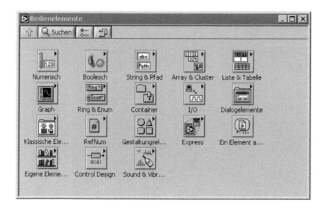

Abbildung 19.17: Palette der Elemente für das Frontpanel (Ausschnitt)

Ähnlich umfangreich ist die Palette der Funktionen für das Blockdiagramm (siehe Abbildung 19.18).

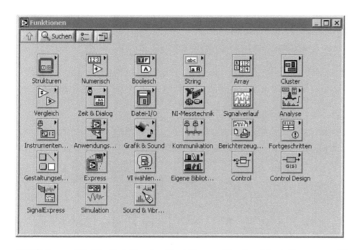

Abbildung 19.18: Palette der Funktionen für das Blockdiagramm (Ausschnitt)

Frontpanel und Blockdiagramm können Sie mit den Werkzeugen der Werkzeug-Palette bearbeiten (siehe Abbildung 19.19)

Besonders hübsch ist das Icon zum Verbinden von Funktionen (5), das aussieht wie eine Spule mit Verbindungsdraht.

Auf der Palette der Funktionen für das Blockdiagramm sehen Sie unter anderem das Icon STRUKTUREN mit einer Unterpalette für Programmierstrukturen wie FOR-Schleifen, WHILE-Schleifen, CASE- und Sequenzstrukturen, die in der Programmiersprache G ebenfalls grafisch dargestellt sind.

1 Automatische Werkzeugwahl
2 Wert einstellen
3 Position/Größe/Auswahl
4 Text bearbeiten
5 Verbinden
6 Objekt-Kurzwahl
7 Fenster verschieben
8 Setzen/Löschen Haltepunkt
9 Daten des Testers
10 Farbe lesen
11 Farbe setzen

Abbildung 19.19: Palette der Werkzeuge für Frontpanel und Blockdiagramm

Wenn Sie ein VI erstellt haben, können Sie es in anderen VIs verwenden. Ein VI, das im Blockdiagramm eines anderen VI aufgerufen wird, heißt SubVI. In der herkömmlichen Programmierung nennt man das ein Unterprogramm (*subroutine*). Ein SubVI benötigt ein eigenes Anschlussfeld und ein eigenes Symbol.

Ein Schrank voller Instrumente

Der Vorteil der virtuellen Instrumente ist, dass Sie die Gestaltung und den Funktionsumfang an die Anforderung der konkreten Aufgaben anpassen können.

Enthält der Rechner, auf dem LabVIEW läuft, eine Prozessperipherie mit Digital-Analog-Wandlern und Analog-Digital-Wandlern, können Sie diese mit VIs ansprechen und damit Prozesse steuern und regeln.

Abbildung 19.20 zeigt das VI eines Sinusgenerators mit einstellbarer Frequenz und Amplitude. Ergänzen Sie das Blockdiagramm mit einem Digital-Analog-Wandler aus der Funktionen-Palette, können Sie das erzeugte Sinussignal als Spannung ausgeben.

Regelkreise

Zwei Icons der Funktionen-Palette sind für die Regelungstechnik wichtig:

✔ Control und

✔ Control Design.

Die Unterpalette der Funktion *Control* enthält

✔ diverse PID-Regler sowie

✔ Fuzzy-Regler.

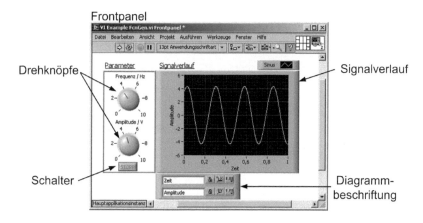

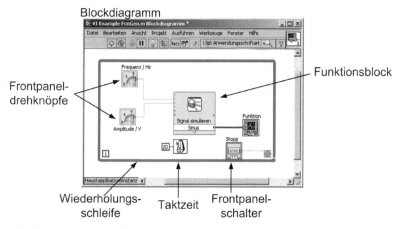

Abbildung 19.20: Ein Signalgenerator wird aufgebaut

Die Unterpalette der Funktion *Control Design* enthält alle wichtigen regelungstechnischen Funktionen im Zeitbereich und Frequenzbereich:

✔ Modellbildung (*model construction*)

✔ Modellumwandlungen (*model conversion*)

✔ Modellzusammenschaltungen (*model interconnection*)

✔ Systemantworten im Zeitbereich (*time response*)

✔ Systemantworten im Frequenzbereich (*frequency response*)

✔ Dynamische Kennwerte (*dynamic characteristics*)

✔ Untersuchung von Zustandsgleichungen (*state-space model design*)

✔ Entwurf von Zustandsreglern (*state feedback design*)

Das Blockdiagramm in Abbildung 19.21 simuliert einen Regelkreis mit PI-Regler und P-T1-Regelstrecke. Der Regelkreis wird über die Struktur einer FOR-Schleife geschlossen.

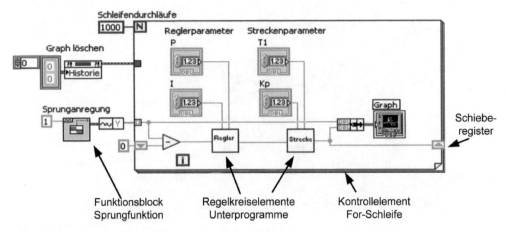

Abbildung 19.21: Das Blockdiagramm simuliert einen Regelkreis

Die Regelgröße am Ausgang der Regelstrecke läuft über ein Schieberegister zum Eingang der Vergleichsstelle vor dem Regler. Das ist eine Besonderheit von LabVIEW.

Ein Werkzeugkasten für Reglerentwurf und Simulation

National Instruments bietet zusätzlich zur Basisversion von LabVIEW eine Reihe spezieller Werkzeuge (*tool kits*) an. Für die Regelungstechnik ist das Modul *Control Design and Simulation Module* interessant. Damit können Sie Steuer- und Regelsysteme entwerfen, simulieren und implementieren.

Großer Vorteil dieses Toolkits ist die grafische Darstellung des Regelkreises in der für die Regelungstechnik üblichen Form (siehe Abbildung 19.22).

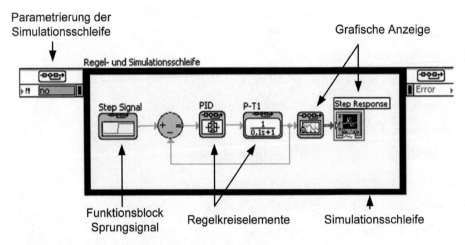

Abbildung 19.22: Dieses VI simuliert einen Regelkreis

Es ist nun sehr einfach, diesen Regler an einer realen Regelstrecke zu erproben und einzusetzen. Dazu wird die simulierte Regelstrecke wie in Abbildung 19.23 aus dem

Schema herausgenommen und das VI über Digital-Analog-Wandler (DAQ-AO) und Analog-Digital-Wandler (DAQ-AI) an die reale Regelstrecke angeschlossen.

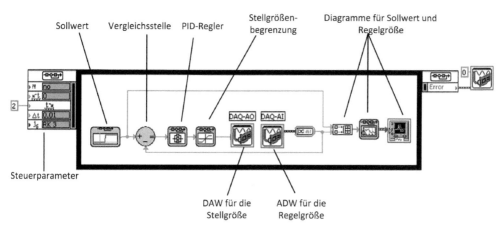

Abbildung 19.23: LabVIEW regelt jetzt die reale Regelstrecke

In Abbildung 19.24 sehen Sie das Ergebnis. Ein PI-Regler regelt eine P-T1-Regelstrecke.

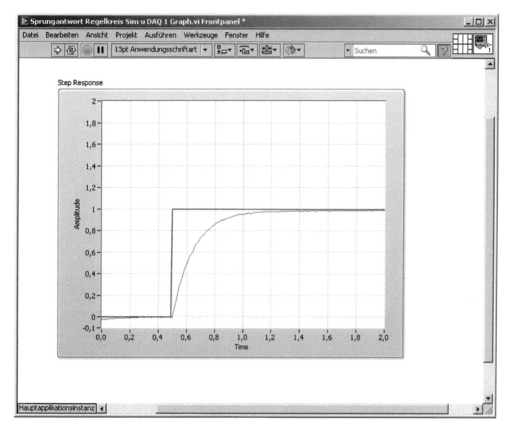

Abbildung 19.24: Der Regelkreis zeigt das gewünschte Verhalten

Zum Schmökern

✔ Website zu National Instruments

germany.ni.com/

✔ Website zu LabVIEW

www.ni.com/labview/d/

✔ Website zu »Wie kann ich LabVIEW erlernen?«

www.ni.com/academic/lv_training/d/how_learn_lv.htm

✔ Bücher zu LabVIEW

Wolfgang Georgi, Ergun Metin: Einführung in LabVIEW, 5. überarbeitete und erweiterte Auflage 01/2012, ISBN: 978-3-446-42386-2

Bernward Mütterlein: Handbuch für die Programmierung mit LabVIEW, mit Studentenversion LabVIEW 2009, 1. Auflage 2007. Nachdruck 2009, ISBN 978-3-8274-2338-2

Der Top-Ten-Teil

 Besuchen Sie uns auf www.facebook.de/fuerdummies!

Teil VI ist schöne Tradition der ... *für Dummies*-Bücher. Das Kapitel gibt Ihnen zehn Toptipps zur Regelungstechnik.

Kapitel 20

Zehn Toptipps zur Regelungstechnik

Merkregeln

✔ Ein Regler

- bringt eine Prozessgröße auf einen gewünschten Wert,

- mit einer vorgegebenen Dynamik,

- trotz Störeinwirkungen auf den Prozess.

✔ Die Struktur und die Einstellungen des Reglers müssen an die Dynamik des Prozesses angepasst sein.

✔ Ein Regler kann auch instabile Prozesse »in den Griff bekommen«.

✔ Richtig ausgewählte Sensoren und Aktoren sind Voraussetzungen für eine gute Regelung.

✔ Regelungstechnik ist

- ein Teil der Automatisierung,

- branchenübergreifend,

- international.

Tipps für Studenten

✔ Vergessen Sie nie das Grundprinzip der Regelungstechnik: die Rückkopplung, das heißt das *Feedback*.

✔ Verwechseln Sie nicht die Begriffe »Regelstrecke« und »Regler«.

✔ Denken Sie immer an die Reihenfolge:

- Regelstrecke beschreiben

- Regelkreisverhalten vorgeben

- Regler danach entwerfen

✔ Prägen Sie sich die Grundtypen von Regelstrecken und Reglern ein.

✔ Machen Sie sich das Leben leicht und arbeiten Sie mit der Algebra der Übertragungsfunktionen.

✔ Prägen Sie sich die Übertragungsfunktion des geschlossenen Regelkreises ein. Diese muss nicht immer neu berechnet werden.

✔ Vergessen Sie nicht, dass der Regelkreis immer einen I-Anteil enthalten muss, gleichgültig ob in der Regelstrecke oder im Regler.

Hinweise für den Praktiker

✔ Checken Sie die Vorzeichen der Signale im realen Regelkreis. Passt die negative Rückführung zum Rest?

✔ Beginnen Sie bei der empirischen Reglereinstellung mit kleinen Einstellwerten in der Reihenfolge: erst der P-Anteil, dann der I-Anteil und, falls erforderlich, schließlich der D-Anteil.

✔ Sehen Sie immer die Möglichkeit der Umschaltung auf manuellen Betrieb vor.

✔ Wenn der Stellbereich und die Leistung des Aktors nicht ausreichen, kann die Regelung auch nichts erreichen.

✔ Prozesse können sich auch verändern. Dann passt der Regler plötzlich nicht mehr.

✔ Wenn die Regelung zufriedenstellend läuft, kommt Freude auf: Alles geregelt!

Damit wir uns nicht missverstehen

✔ Prozesse können immer nur mit einer gewissen Genauigkeit modelliert werden. Vorhersagen des Regelverhaltens enthalten deshalb oft Unsicherheiten

✔ Simulation und Wirklichkeit stimmen nie hundertprozentig überein.

✔ Obwohl sich der reale Prozess etwas anders verhält als die Vorhersage des Modells, kann der entworfene Regler funktionieren. Ein feiner Zug des Reglers ist: Er ist sehr tolerant.

✔ Viele Regler werden in der Praxis empirisch eingestellt. Aber auch dabei hilft das Verständnis der Regelungstechnik sehr.

Schöne Gesellschaften

✔ Deutschland:

Gesellschaft Mess- und Automatisierungstechnik (GMA) des VDI/VDE

www.vdi.de/technik/fachthemen/mess-und-automatisierungstechnik/

✔ International:

International Federation of Automatic Control (IFAC)

www.ifac-control.org/

Brauchbares Internet

✔ Das Portal »Mess-, Steuerungs- und Regelungstechnik« von Wikipedia gibt einen guten Überblick über die Themen der Regelungstechnik: de.wikipedia.org/wiki/ Portal:Mess-,_Steuerungs-_und_Regelungstechnik.

✔ Das Roboternetz führt sehr schön in die Regelungstechnik ein: www.rn-wissen.de/ index.php/Regelungstechnik.

✔ Die Seite der Ruhr-Universität Bochum stellt alle regelungstechnischen Institute in Deutschland zusammen: www.ruhr-uni-bochum.de. Dort finden Sie viele Skripte zur Regelungstechnik.

✔ Produkte, Dienstleistungen und Firmen zur Regelungstechnik finden Sie hier: www.wlw .de/treffer/mess-steuer-und-regelungstechnik-e-msr.html.

Feine Videos

✔ **Regelungstechnik-Tutorials**

Von dieser Seite kommen Sie direkt zu den vielfach gelobten Videos von H. H. Wagener, Mönchengladbach, wo Sie fünf Tutorien zur Regelungstechnik finden: www.tutorials-aus-mg.de.

• Regelungstechnik-Tutorial 01: Grundlagen, Grundbegriffe

www.youtube.com/watch?v=FDIchWfZL28

- Regelungstechnik-Tutorial 02: Zeitverhalten von Regelkreisgliedern

  www.youtube.com/watch?v=Lwckq_nbfbM

- Regelungstechnik-Tutorial 03: Regelstrecken

  www.youtube.com/watch?v=pzxe56mk8LE

- Regelungstechnik-Tutorial 04: Regler

  www.youtube.com/watch?v=c43QJz13B7o

- Regelungstechnik-Tutorial 05: Regelkreis

  www.youtube.com/watch?v=wVQWMbPdRKk

 Wenn Ihnen das Eintippen der URLs für die Videos zu lästig ist, können Sie auch einfach den QR-Code einscannen.

Tutorial 01

Tutorial 02

Tutorial 03

Tutorial 04

Tutorial 05

✔ **Das inverse Pendel – FH Technikum Wien**

www.youtube.com/watch?v=fTK37EZzruk

✔ **Double Pendulum on a Cart**

www.youtube.com/watch?v=tyyitW4WS14

✔ **Schwebende Taschentücher – wissenschaftliches Projekt WS11/12 – Regelungstechnik**

www.youtube.com/watch?v=v70Tm9VSQpc

✔ **Schwebende Kugel – Levitating magnetic Sphere**

www.youtube.com/watch?v=_Jh1pFy_XGY

✔ **Einführung Regelungstechnik – Beispiel Autopilot – Teil 1/2**

www.youtube.com/watch?v=6UVtFKREZGs

www.youtube.com/watch?v=1wrWom5DRY0

Autopilot Teil 1

Autopilot Teil 2

Let's talk in English

Dass Sie Regelungstechnik auf Englisch verstehen oder erklären müssen, passiert schneller, als Sie es wahrscheinlich für möglich halten. Deshalb bekommen Sie hier schon mal die wichtigsten Fachausdrücke mit auf den Weg.

Deutsch	English
Abtastzeit	*sampling period*
Aktor	*actuator*
Amplitudengang	*amplitude response*
Beobachtbarkeit	*observability*
Differenzialgleichung	*differential equation*
Eigenwert	*eigenvalue*
Frequenzgang	*frequency response*
Führungsübertragungsfunktion	*control transfer function*
Gütekriterium	*performance criterion*
Istwert	*actual value*
Kaskadenregelung	*cascade control*
Nennerpolynom	*denominator polynomial*
Optimierung	*optimization*
Phasengang	*phase response*
Prozess	*process*
Rampenfunktion	*ramp function*
Regler	*automatic controller*
Regeldifferenz	*control error*
Regelgröße	*controlled value*
Regelkreis	*feedback control system*
Regelstrecke	*plant*
Regelungstechnik	*control engineering*
Rückkopplung	*feedback*
Sensor	*sensor*
Signalflussbild	*block diagram*
Sinusfunktion	*sine function*
Sollwert	*reference value*
Sprungfunktion	*step function*
Stellgröße	*actuating signal*
Steuerbarkeit	*controllability*
Störgröße	*disturbance input*
Übergangsfunktion	*unit-step response*
Übertragungsfunktion	*transfer function*
Verzögerungszeit	*lag time*
Zählerpolynom	*nominator polynomial*
Zustandsregelung	*state control*
Zwei-Punkt-Regelung	*bang-bang control*

Zum Blättern

Fachzeitschriften sind teuer, aber in den Hochschulbibliotheken zu finden. Das Blättern darin lohnt sich.

✔ Zeitschrift atp edition (Automatisierungstechnische Praxis), DIV Deutscher Industrieverlag GmbH, München

✔ MSR Magazin (Zeitschrift für Messen, Steuern, Regeln), Vereinigte Fachverlage GmbH, Mainz

✔ International Journal of Control, Automation and Systems, Springer-Verlag GmbH, Heidelberg

Zum Vertiefen

Nachdem Sie mit diesem Buch durch sind, kann es gut sein, dass Sie in die Regelungstechnik tiefer einsteigen wollen. Das geht mit folgenden Büchern gut.

✔ Holger Lutz, Wolfgang Wendt: Taschenbuch der Regelungstechnik mit MATLAB und Simulink, 2012, 9. Auflage, ISBN 978-3-8085-5678-8

✔ Jan Lunze: Regelungstechnik 1, 2013, 9. Auflage, E-Book, ISBN 978-3-642-29533-1

✔ Jan Lunze: Regelungstechnik 2, 2013, 7. Auflage, E-Book, ISBN 978-3-642-29562-1

✔ Otto Föllinger: Regelungstechnik. Einführung in die Methoden und ihre Anwendung 11. Auflage 2013, VDE-Verlag Berlin, ISBN 978-3-8007-3231-9

✔ Otto Föllinger: Laplace-, Fourier- und z-Transformation, 10. Auflage 2011, VDE-Verlag Berlin, ISBN 978-3-8007-3257-9

Stichwortverzeichnis